Beschäftigungen

der

Berlinischen Gesellschaft

Naturforschender Freunde.

Zweeter Band.

Mit Kupfern.

Berlin,

bey Joachim Pauli, 1776.

Innhalt

des zweeten Bandes der Beschäftigungen der Naturforschenden Freunde in Berlin.

X. J.

Vor-

Vorerinnerung.

Bey der Ausgabe des 2ten Bandes unserer gesellschaftlichen Beschäftigungen haben unsre Verbindlichkeiten sich schon ansehnlich vermehret. Von unsern auswärtigen verehrungswürdigen Mitgliedern und gelehrten Herrn Korrespondenten waren wir durch thätige Proben versichert, blos nach unsern guten Absichten beurtheilet zu werden. Jetzo hatten wir noch hauptsächlich das Urtheil derjenigen Gelehrten zu erwarten, die unser Institut, oder auch die ersten Früchte desselben, mit ganz unpartheyischen Augen betrachten. Mit einer dankbaren Zufriedenheit müssen wir bekennen, daß auch dieses gänzlich unsern Wünschen gemäß ausgefallen. Man hat, in Beurtheilung unserer

Beschäftigungen allenthalben, wie es scheint, die bekannte Wahrheit vor Augen gehabt, daß man von angehenden oder neuen Stiftungen billig nicht gleich die gröste mögliche Vollkommenheit erwarten, oder nicht alles auf einmal von ihnen fordern könne. So schmeichelhaft indessen für uns der günstige Beyfall war, den man unsern Einrichtungen und Beschäftigungen zu gönnen schien; so gewiß ist es, daß wir uns desselben blos zu einer Aufmunterung annehmen, den Eifer in unsern Bemühungen zu verdoppeln, und alles anzuwenden, was uns fähig machen kann, die edelmüthigen Unterstützungen unserer theilnehmenden Gönner und Freunde sowohl, als diese günstigen Aufmunterungen des unpartheyischen Theiles Naturforschender Gelehrten, immer mehr und mehr zu verdienen.

Unser vorzüglichster Wunsch, unter der Menge Naturforschender Gelehrten in unterschiedenen Gegenden und Reichen eine nähere, freundschaftliche Verbindung zu errichten, und uns dadurch einen nähern Weg zu einer genauern und richtigern Kenntniß ausländischer Naturprodukte, besonders auch der Seltenheiten des Meeres, zu bahnen, ist uns besser, als wir zu hoffen wagten, geglükket. In der That haben die freundschaftlichen Bande der Naturliebe, durch Vermittelung edel denkender, patriotischer Freun=

Freunde, schon viele Gelehrte, sogar des neuern Welttheiles, mit in unser Interesse geknüpfet, und wir hoffen, aus mehr als bloß muthmaßlichen Gründen, durch diesen Umweg der Natur manchen verborgenen Schatz abzugewinnen, auch hie und da noch eine fremde Seite derselben kennen zu lernen. Gestehen wir dadurch nicht ausdrüklich, daß ein grosser Theil unserer getroffenen Maasregeln unsre eigne Belehrung durch entfernte Gelehrte und die weitere Ausbreitung neuer, uns gütigst bekannt gemachter Wahrheiten oder Entdekkungen zum Grunde hat? Wär es aber wohl möglich, dieser Absicht eine zweydeutige Auslegung zu geben?

Wir Deutsche suchen in allen Wissenschaften die Kentnisse fremder Gelehrten zu nutzen und uns eigen zu machen. Wer ist aber hierzu wohl mehr, als der Naturforscher, genöthiget? In der Naturwissenschaft kömmt es nicht sowohl darauf an, sich willkührliche Begriffe bilden und viel Schlüsse machen, sondern mit ungeblendeten Augen erst gut sehen, alsdann aber, nach äussern und innern Merkmalen der Körper, von selbigen richtig und gesund urtheilen zu können. Die Schätze der Natur sind aber in allen Welttheilen vertheilet. Man wünscht sie zu kennen. Wer kann indessen allenthalben selbst gegenwärtig seyn, und sehen und fühlen und

urthei-

urtheilen? — was bleibt uns also übrig, zum gewünschten Zwekke zu gelangen? Gewiß nichts vortheihafters, als Freunde, welche in den Gegenden, wo wir nicht selbst hinkommen, für uns sehen, fühlen, betrachten und urtheilen, und dies wechselseitig von uns erwarten. — Die Erfahrung hat uns von der Zuverläßigkeit und von der einzigen Möglichkeit dieses Weges, der Natur mehr verborgene Seiten und Schätze abzugewinnen, hinlänglich überführet. Unsre Absichten sind also hierdurch sattsam gerechtfertiget, und unsre Dankbarkeit gegen die vielen Edeln, welche sie bisher so rühmlich befördern halfen, ist ohne Grenzen.

Mögen aber nicht manche unserer schätzbarsten Freunde durch mich unschuldig zu der Versuchung gereitzt werden, an der Zuverläßigkeit einer solchen Versicherung zu zweifeln, wenn sie auf die liebvollesten Briefe, auf die thätigsten Beweise der edelmüthigsten Gesinnungen, oft länger, als es billig scheinet, auf schriftliche Zeugnisse des immer lebhaftesten Gefühls unserer Dankbarkeit hoffen müssen? Ich bin hierbey ausser Sorgen. Wer uns der Ehre Seines ganzen Zutrauens würdig achtet — und wie vielen grossen Männern haben wir diese uns ehrende Gesinnungen nachzurühmen! — der wird gewiß auch Sich zu groß fühlen, uns überhaupt, oder mich ins besondere, durch Verdacht oder Mißtrauen zu demüthigen. Von

einem

einem Manne, der bloß durch dringende Geschäfte von hurtiger Ausübung seiner liebsten Pflichten abgehalten wird, fordert man gewiß nicht mehr, als bisher geleistet worden, und ich bin überzeugt, man werde nie die unvermeidliche Langsamkeit dieses einzigen Gliedes dem ganzen Körper der Gesellschaft anrechnen oder empfinden lassen.

Von den Abhandlungen und Nachrichten dieses II. Bandes habe ich, überhaupt betrachtet, weiter nichts zu erinnern, als daß die Gesellschaft sich bemühet hat, in der Wahl der zum Abdruk bestimmten Aufsätze den Reitz der Abwechselung mit den Vortheilen der Gemeinnützigkeit, so viel die Umstände verstatteten, zu verbinden. Vom Werthe jedes Aufsatzes ins besondre lassen wir billig das Publikum, ohne den geringsten Eingriff in Seine Vorrechte, allein urtheilen. Dennoch kann ich mich des Wunsches nicht enthalten, daß man es meinem Eifer für die Erweiterung der Naturgeschichte mögte verzeihen können, wenn ich hier einige Stellen aus schriftlichen Beurtheilungen eines unserer würdigen Mitglieder, von einzelnen mineralogischen und chymischen Aufsäßen, beyläufig anführte. Von dem Aufsatze des Herrn Vize-Berghauptmann von Trebra z. B. (Nro. XVI. p. 326. ꝛc.) schreibt Herr D. Brum-

Brumbey *): „Mit ausserordentlichem Ver-
„gnügen habe ich des Herrn von Trebra Nach-
„richt von den eingesandten Marienberger
„Stuffen und seine kurze Geschichte der dorti-
„gen Fundgrube gelesen Bey Beschreibung
„der ersten Stuffe scheint Er mir die Natur in
„ihrer geheimsten Werkstätte überraschet, und
„ihr beynahe den ganzen Kunstgriff abgelauert
„zu haben, wodurch sie in den Erzgängen das
„Silber bereitet. Mich dünkt, ich finde hier
„alles beysammen, was zur natürlichen Erzeu-
„gung desselben sowohl, als zu den Nach-
„ahmungen der Kunst erfordert werden mögte.
„Bey genauer Betrachtung der Stuffen selbst
„habe ich noch mehr gefunden, als die kurze
„Beschreibung sagen konnte. Man will noch
„nicht wissen, wie es zugehe, daß das Silber,
„als Rothgüldenerz, seine schöne rothe Farbe
„vom Arsenik erhalten, weil man, bey Aus-
„einandersetzungen des Rothgüldenerzes,
„nichts als reinen Arsenik zu Gesichte bekömmt.
„Hier

*) Da dieser würdige Freund, seiner Schwachheit wegen, unsre Versammlungen selten besuchen kann, in der Chymie aber, Metallurgie, auch im Bergbau und Hüttenwesen u. s. w. ungemein viel Kenntniß und Erfahrung besitzet; so werden ihm, wie alle übrige, also auch besonders die mineralogische Aufsätze, jedesmal billig zur Prüfung überschikket, in welchem Fall er sein Urtheil schriftl. einzugeben pfleget, woraus ich, von dessen mit eben so viel Rechtschaffenheit verbundnen Kenntniß überzeugt, hier einen kurzen Auszug beyfüge.

„Hier aber, wo der Durchwitterungsschwaden
„die ganze Stuffe auf solche Art durchdrungen,
„daß er nicht allein in den entblößten Klüftchen,
„sondern auch so gar auf der Oberfläche, als
„ein zartes, kaum merklich gefärbtes Auripig=
„ment erscheinet, wird die Natur durch Kunst,
„und diese durch Natur deutlich verrathen.
„Man weis, wie wenig Schwefel dazu gehöret,
„ein schönes Rauschgelb zu machen, und noch
„weniger bedarf es desselben, ein recht schönes
„Zitronfarbiges Auripigment darzustellen.
„Daher darf man sich nicht wundern, daß bey
„einer so sehr verdünneten Auripigmentfarbe
„kein Schwefel, bey der Auseinandersetzung
„des Rothgüldenerzes, in kleinen Pröbchen,
„wobey der Schwefel gar leicht verbrennen kann,
„zu Gesichte kömmt. Da bey der Sublimation
„besonders der Schwefel zuerst fortgehet; so
„kann sich ein so geringer Theil gar leicht ver=
„rauchen, oder an einem weiten Gefäße so zart
„anlegen, daß er dem Gesicht unmerklich wird,
„und folglich die weisse Farbe des Arseniks die
„Oberhand behauptet. Sogar die Nach=
„ahmungen des Rothgüldenerzes durch die Kunst,
„welche man bisher als ein Geheimniß betrachtet,
„kann dieses klar machen, ob ich wohl zugebe,
„daß ein künstliches dem naturlichen an Schön=
„heit weichen müsse.

Von des Herrn Hofapotheker Meyers Untersuchungen des stralichten Zeoliths (Nro. XXIV. p. 462. x.) urtheilt unser Freund, es werde dadurch die Mineralogie mit Entdekkung einer noch unbekant gewesenen Miner der Alaunerde bereichert, beyläufig auch mit einer Solution des Kiesels in allen Säuren, die zwar durch Verbindung der Alaun- und Kalkerde im Zeolithe bewerkstelliget, aber deshalb nicht minder wichtig ist. Besonders hatte die daraus entstandene Gallerte und deren Untersuchung bey Ihm viel Aufmerksamkeit erreget. „Vielleicht, schreibt er, mögte der „Herr Verf. dieser Versuche wohl im Stande „seyn, die Auflösung des Kiesels durch Wasser „und Feuer, nach Bechers Art, auch ohne „Säure zu Stande zu bringen, und alsdann „zu einem Gebrauch anzuwenden, der unter „den Scheidekünstlern billiges Nachdenken ver„ursachen könnte.

In den vermischten Auszügen aus Briefen unserer gelehrten Herrn Korrespondenten hoffen wir manche Nachrichten, die unsern günstigen Lesern willkommen seyn dürften, mit ausgezeichnet zu haben. Es bedarf, unsers Erachtens, nicht allemal ganzer Abhandlungen, um eine nützliche Wahrheit oder Entdekkung bekannter zu machen, und wir glauben

ben überdies unsern Gönnern und Freunden so wohl, als unsern übrigen Lesern, die Achtung schuldig zu seyn, leztern nichts Bemerkenswürdiges von dem, womit uns die erstern oft so lehrreich unterhalten, zu entziehen.

Verschiedene unserer auswärtigen Mitglieder schienen zu wünschen, daß bey unsern gesellschaftlichen Beschäftigungen auch, wo es nöthig wäre, illuminirte Kupfer statt finden mögten. Es that uns leid, dem ersten Band einen Vortheil entzogen zu haben, zu dessen Erfüllung der Verleger sich so willig finden lies, In gegenwärtigem Bande sind also die Vorstellungen, welche durch lebendige Farben mehr Deutlichkeit erhalten konnten, sämmtlich illuminiret, andere hingegen, wo es nicht nöthig zu seyn schien, zu billiger Einschränkung der Kosten, schwarz gelassen worden.

Mit Beziehung auf das im I. Band unserer Beschäftigungen abgedrukte Verzeichniß der Mitglieder habe ich noch in der einmal vestgesetzten alphab. Ordnung und in fortlaufender Zahl folgende uns höchst schätzbare neuere Mitglieder bekannt zu machen.

Unter den hiesigen Mitgliedern:

Herrn Friedrich Wilhelm Otto, Geheimen Sekretär beym hiesigen Königl. General-Postamt, Mitgl. der Helmstädt. Deutschen Gesellschaft und zweeter Sekretär unserer Gesellschaft.

Unter den auswärtigen Ehrenmitgliedern:

80) Herrn Johann Jakob D' Annone Doktor der Weltweisheit und beyder Rechte, Professor der Beredsamkeit und Syndikus ꝛc. zu Basel.

81) Herrn N. N. Ammann, der Arzneygelahrheit Doktor zu Schafhausen in der Schweitz.

82) Den Ritter, Herrn Joseph Banks, beyder Rechte Doktor, Mitglied der Königlichen Gesellschaften der Wissenschaften und der Alterthumsforscher zu London, Korresp. der Pariser Königl. Akad. der Wissenschaften.

83) Herrn Joh. Bartram, ordentl. Prof. der Kräuterkunde, Mitglied der Königl. Schwed. Akad. zu Stokholm und der Amerikanischen Gesellsch. der Wissenschaften in Philadelphia.

84) Herrn Jens Michelsen Beck, Königl. Dänischen Kanzleyrath zu Kopenhagen.

85) Herrn **Elias Bertrand**, Oberprediger der Französischen Kirche zu Bern, Mitgl. der Königlichen Berlinischen, Göttingischen, Stokholmischen, Florentinischtn, der Leipziger, Mäynzer, Bäyerischen, Lyonischen, Nanzyschen und Basler Akademien, imgleichen der Oekonom. Gesellsch. zu Bern.

86) Herrn **Julius Eberhard Gabriel Bode**, Hochgräflich Stollberg. Bergrath zu Ilsenburg.

87) Herrn **J. P. Brinkmann**, der Arzeneygelahrheit Doktor, Sr. Durchl. zu Pfalz Jülich- und Bergischer Hofrath und Direktor des Medizinalrathes zu Düsseldorf.

88) Herrn **Martin Thrane Brünniche**, der Oekonomie und Naturhistorie Professor bey der Kopenh. Universität, der Königl. Kopenh. und Norweg. Gesellschaft Mitglied.

89) Herrn **Peter Davila**, Prof. und Inspektor des Naturalienkabinets von Sr. Kathol. Majestät in Spanien. Zu Madrit.

90) Herrn **de la Faille**, beständigen Sekretär der Akademie der schönen Wissenschaften und der Akkerbaugesellschaft des Bezirks oder der Generalité von Rochelle, Mitgl. der Käyserl. Akad. der Naturforscher, der Akademien zu Lüneburg und Bern, der Akkerbau Gesellsch.

Gesellsch. zu Lyon, der Königl. Gesellsch. zu Tours und Bretagne, Korresp. der Königl. Akademien zu Paris und Angers. Zu Rochelle.

91) Herrn Reinold Forster, Doktor beyder Rechte, Mitglied der Königl. Akademien der Wissenschaften und Antiquitäten zu London.

92) Herrn Jodokus Leopold Frisch, Pastor secundarius zu Grüneberg in Schlesien.

93) Den Chorherrn, Herrn Johann Gesner, Dokt. der Arzeneywiss., der Physik und Mathematik ordentl. Professor, Mitgl. der Kayserl. Akad. der Naturforscher, der Königl. Berlinischen, Stokholmischen, Upsalischen, Göttingischen Akademien, auch der Florentinischen physikalisch botanischen Sozietät.

94) Herrn Friedrich Wilhelm, Freyherrn von Gleichen, genannt Rußworm, Herrn auf Greifenstein, Bonnland und Ezelbach, Großkreuz des Hochfürstl. Brandenb. rothen Adlerordens, Hochfürstl. Brandenb. Kulmbachischen Geheimen Rath.

95) Herrn Niels Dorph Gunnerus, Königl. Dänischen und Norrweg. Vogt über

Inde-

Inderoëns Vogtey, Mitgl. der Königl. Norrweg. Soziet. der Wissenschaften.

96) Herrn N. N. Hacquet, ordentl. Prof. der Arzneygelahrheit und beständigen Sekretär bey der Kayserl. Königl. Akkerbau-Gesellschaft im Herzogthum Krain. Zu Laybach im Krainischen.

97) Herrn D. Johann Gerhard König, Königl. Dänischen Naturalhistorikus und Mißionsmedikus auf Tranquebar.

98) Herrn Adam Kühn, der Arzneygelahrh. Doktor, Prof. der Kräuterkunde und Mathematik, Kurator der Amerikan. Gesellsch. der Wissenschaften zu Philadelphia.

99) Herrn Erich Laxmann, Mitglied der Kayserl. Peterb. Akad. der Wissenschaften, Lehrer der Chymie beym Kayserlichen Kadettenkorps zu Petersburg.

100) Herrn Heinrich Friedrich Meineke, Konrektor am Fürstl. Gymnasio zu Quedlimburg.

101) Herrn D. Johann Morgan, der Arzneygelahrheit und Physik ordentl. Professor im Kollegio zu Philadelphia.

102) Herrn Karl Christoph Oelhafen von Schöllenbach, der Reichsstadt Nürnberg Waldamtmann ꝛc.

103) Herrn Joh. Matthäus Otto, der Arzneygelahrtheit Doktor zu Bethlehem und Mitglied der Amerikan. Sozietät der Wissenschaften in Philadelphia.

104) Herrn Benjamin Ruhs, der Arzeneygelahrtheit Doktor, Prof. der Chymie und Kuratur der Amerik. Sozietät in Philadelphia.

105) Herrn de Saussure, Prof. der Weltweisheit zu Geneve.

106) Herrn Jakob Christian Schäffer, der Gottesgelahrtheit und Weltweisheit Doktor, Königl. Dänischen Konsistorialrath, Prof. am akad. Gymnasio zu Altona, Mitgl. der Römischen und Petersb. Käyserl. der Londner, Berlin. Stokholm. Müncher und Mannheimer Akademien, der Duisburg. Florentin. botanisch-physikal. Gesellschaft, des Historischen Institutes zu Göttingen, der Bernischen ökonom. der Leipz. Götting. Altorf. und Erlang. Deutschen Gesellschaften, auch Korrespondent der Pariser Akademie der Wissenschaften. Zu Regensburg.

107)

107) Herrn Daniel Solander, Doktor der Arzeneygel. und beyder Rechte, Bibliothekar der Bibl. des Brittannischen Kabinettes, Mitglied der Londner Gesellsch. der Wissensch. und Korrespondent der Pariser Akademie der Wissenschaften. Zu London.

108) Herrn G. A. Sukow, der Arzneygel. Doktor, Prof. der theoret. Arzeneywiss. beständ. Sekretär der Kurfürstl. Mannheim. Sozietät.

109) Herrn Pater Franz Ubelaker, der Weltweisheit Doktor, des unmittelbaren freyen Reichsstifts zu Petershausen und Konstanz Kapitular, Sekretarius und Pfalzgraf ꝛc.

110) Herrn Hans Dietrich von Zanthier, Hochgräfl. Stolberg. Wernigerödischen Oberforstmeister zu Ilsenburg.

111) Herrn Eberhard August Wilhelm Zimmermann, Prof. der Mathematik und Naturlehre am Karolino zu Braunschweig.

Da uns bey etlichen, von auswärtigen Freunden empfohlnen Mitgliedern, nicht allemal hinlängliche Nachrichten von ihren Vornamen und vollständigen Karaktern ertheilet worden; so denken wir entschuldigt zu seyn, wenn in diesem Stük irgend ein merklicher

Unterlassungsfehler vorgegangen, den wir, auf nähere Belehrung, gern in der Folge verbessern werden. Einen Irrthum, welchen theils die Zweydeutigkeit Französischer Aufschriften, theils die Verschiedenheit der Ehrentitel an unterschiedenen Höfen veranlassete, und welchen ich im Vorberichte zum 1. Band unserer Beschäftigungen S. V. bey Nro. 74. begangen, muß ich bey dieser Gelegenheit, auf ausdrükliches Verlangen meines würdigen Freundes, des Herrn Christian Albrecht Günther, Freyhern von Brokkenburg, ändern, welcher sich in einem seiner letzten Briefe beklagte, daß ich seinen wirklichen Karakter verändert hätte, da er eigentlich Kammerjunker, Berghauptmann und Kammerrath bey Sr. Hochfürstl. Durchlaucht von Schwarzb. Rudolstadt wäre.

So glüklich wir bisher auf der einen Seite gewesen, uns eines beständigen Zuwachses an gelehrten Theilnehmenden Gönnern und Freunden erfreuen zu dürfen, so schmerzhaft ist es für uns auf der andern Seite, wenn wir vom frühzeitigen Verluste würdiger und eifriger Mitglieder unerwartete Nachrichten erhalten. Schon im vorigen Bande hatten wir uns über einen doppelten Verlust sehr thätiger und geschikter Mitglieder zu beklagen, und in gegenwärtigem

Bande

Bande sehen wir uns abermal in der traurigen Nothwendigkeit, uns über das frühzeitige Absterben zweyer sehr würdigen Freunde zu beunruhigen.

Am 9 Dezemb. der vergangnen Jahres erhielten wir aus Königsberg die Nachricht, daß den 30 November Abends um 9 Uhr unser geschäftiger Freund, Hr. Joh. Heinr. Hagen, Apotheker daselbst, an einer drey monatlichen abzehrenden Krankheit schon im 37ten Jahre seines Alters verstorben. Für uns war diese Nachricht desto schmerzhafter, je mehr wir Ursach hatten, diesen Freund, um seiner bekannten Rechtschaffenheit und seines unermüdeten Fleises willen, zu lieben, und jemehr er uns durch thätige Proben bewiesen, daß ihm das Wohl unserer Gesellschaft nahe am Herzen läge. Sein frühzeitiger Tod hat viel wichtige, für unsre Gesellschaftliche Schriften bestimmte Versuche unterbrochen. Wir hoffen durch Seinen Herrn Bruder, den Herrn D. Hagen einst in den Stand gesetzt zu werden, von seinen Lebensumständen und Früchten seines Fleises nähere Nachrichten ertheilen zu können. Unter uns wird sein Andenken nie verlöschen.

Ausser diesem Verlust wurde uns im Febr. dieses Jahres der plötzliche Tod des Hrn. Prof.

 Phil.

Phil. Ludw. Statius Müller zu Erlangen gemeldet. Ein Mann von so vielen Kenntnissen, von so unermüdetem Fleiß und so vortreflichem Herzen, als unser zu früh erblaßter Freund gewesen, war uns im Leben viel zu schätzbar, als daß die Nachricht von seinem plötzlichen Tode nicht in den Herzen aller Mitglieder ein wehmüthig traurendes Gefühl hätte erregen sollen. Zum Vortheil des naturforschenden Publikums und unserer Stiftung wäre zu wünschen, daß Männer, welche sich dem Publikum so willig und großmüthig aufopfern, ein höheres Ziel eines rühmlichen Lebens, als mehrentheils geschieht, erreichen mögten. Am Schlusse dieses Bandes werden wir zum Andenken dieses unvergeßlichen Freundes mehr zu sagen Gelegenheit haben. Berlin den 20ten April 1776.

D. Martini.

Anrede
des beständigen Sekretairs der Gesellschaft,
an die
beym zweeten jährigen Stiftungs-Tag
versammlete
Mitglieder
den 9ten Julii 1775.

Meine verehrungswürdigste Freunde! Hochgeschätzte Herrn Kollegen!

Sie haben es mir zu einer Pflicht zu machen beliebt, an dem heutigen feyerlichen Tage Sie öffentlich mit meinen Gedanken und Empfindungen unterhalten zu dürfen. Ich habe mich noch nie einer Pflicht mit mehrerm

rerm Vergnügen, grösserer Bereitwilligkeit und aufrichtigerer Zufriedenheit unterzogen, als dieser. Mein Herz und meine Seele sind allemal bey der Annäherung des feyerlichen Stiftungstages, jenes, mit den lebhaftesten Empfindungen der Freude, des Dankes und der Hochachtung, diese, mit den heitersten Vorstellungen des Vergangenen, Gegenwärtigen und Zukünftigen, so weit es den Anfang, die gegenwärtige Verfassung und den Fortgang unserer freundschaftlichen Privatstiftung betrifft, aufs angenehmste beschäftiget. Unsre süssesten Empfindungen erhalten ihre wirkliche Fühlbarkeit und ihren eigentlichen Werth durch die Mittheilung. Sie werden uns desto schätzbarer und feyerlicher, je weiter sie sich in theilnehmenden Herzen und edeln Seelen fortpflanzen, und je mehr sie sich in selbigen vervielfältigen. Das ist gerade die glükliche Stellung, in der ich mich anjezo befinde. In einer Versammlung so harmonischer, so edelgesinnter, so patriotisch denkender Freunde, wie diese ist, vor welcher ich die Ehre habe zu reden, ist nichts leichter, auch bey der schwächsten Beredsamkeit nichts leichter, als gute Gesinnungen, rühmliche Vorsätze und patriotische Entschliessungen allgemein zu machen; weil sie alle bey Ihnen, **meine zärtlichst verehrten Freunde**, nicht erst erreget werden müssen, sondern Ihnen bloß Gelegenheiten, sie

zu

zu äussern, angegeben werden dürfen. Wenn ich die fortdaurende, immer mehr anwachsende, uns immer stärker bindende Harmonie unserer Denkungsart, unserer Gesinnungen und der gemeinschaftlichen Berathschlagungen und Bemühungen mit einem ungeblendeten Auge betrachte; so gerathe ich in die Versuchung, zu glauben, die Vorsehung selbst würde zu einem gesellschaftlichen Körper patriotischer Freunde, wodurch sie gute Absichten sicher zu erreichen suchte, nicht anders, als wir thaten, gewählet haben. Erfahrungen, deren jede mein Herz in süsse Aufwallungen der dankbarsten Freude versetzten, scheinen meinen Satz und meine stolze Vermuthung zu bestätigen. Hatten wir aber wohl alle diese glüklichen Erfahrungen lediglich der Harmonie unserer Gesinnungen zu danken? oder gründet sich die Dauer dieser unwandelbaren Uebereinstimmung vielleicht hauptsächlich auf die mit vieler Ueberlegung vestgesetzte Grundregeln unserer Stiftung? Wenn ich ungeheuchelt meine Gedanken sagen darf, meine herzlich verehrten Freunde, so glaube ich, daß ohne die letzten die erstere weder so dauerhaft, noch so rühmlich, weder so einig, noch so angenehm seyn würde. In gesellschaftlichen Verbindungen, wo jedes Mitglied gleiche Rechte, gleichen Antheil und völlige Freyheit — jedes aber doch seinen eignen Kopf, seinen eignen Willen, und eine ungehinderte

Freyheit

noch unter unsern entferntesten Nachfolgern eine Stiftung blühen, welche ihren ersten Urhebern seit nunmehro zwey Jahren schon so viel Vergnügen, Zufriedenheit und Nutzen, so viel Unterhaltung für das Herz und für den Geist gewähret hat, und, wenn Gott meinen redlichsten Wunsch mit Wohlgefallen höret, uns allen, wie wir jetzo versammlet sind, noch viele Jahre hindurch vergönnen wird.

Bey den günstigen Gesinnungen unserer entferntesten Korrespondenten wird allerdings der blühende Zustand unserer Gesellschaft größtentheils von unserer Unverdrossenheit, fortdaurenden Einmüthigkeit, unermüdetem Fleiß und Beobachtung genauer Ordnung abhängen. So gehäßig also in den Ohren einer freyen Gesellschaft die Worte Zwang und Observanz nothwendig klingen müssen, so sehr haben wir doch in unsern Berathschlagungs- und Vorlesungsstunden, wenn uns das fortdaurende Wohl unsrer Gesellschaft am Herzen lieget, ferner, wie bisher, auf Anstand, Ordnung und Regelmäßigkeit zu sehen. Aufmerksamsamkeit und Stille beym Vortrag, ruhig überlegender Ernst bey Berathschlagungen, eine von allen andern Geschäften abgezogene Seele bey Vorlesungen, sind Eigenschaften, ohne welche wir gewiß nicht leicht eine fruchtbare Versammlung würden gehalten haben. Wie sehr freue ich mich, daß ich die Nothwendigkeit derselben

vielmehr

vielmehr aus dem glüklichen Erfolg ihrer Ausübung unter uns abziehen konnte, als meinen **würdigen Herrn Kollegen**, aus fremden Erfahrungen anpreisen durfte. Fahren Sie fort, **meine Theuresten**, den **Eifer**, der alle gute Stiftungen verewiget, die **gute Absichten**, welche diesen Eifer rechtfertigen, die **Ordnung**, welche die ganze Welt erhält, und eine nie zu erschütternde **Vertraulichkeit**, wodurch allen vernünftigen Verbindungen eine Art von Unzertrennlichkeit ertheilet wird, so redlich, als bisher, auszuüben, so werden unsre Zusammenkünfte für uns alle Zeitlebens eine Wollust, unsre Sitzungen eine Quelle vieles Guten, und unsere Verbindung wird uns ein süsser Vorschmak des Umganges der Seligen seyn.

Ich kann mich, bey ernstlicher Betrachtung **unserer Beschäftigungen, unserer Vergnügungen und unserer Verbindungen** kaum eines hinreissenden Enthusiasmus enthalten. Haben sie, **meine verehrten Hrn. Kollegen**, einige Augenblikke Geduld mit einer Seele, die, von Freuden berauscht, und von zärtlichen Empfindungen der Freundschaft erfüllet, im Begriff ist, sich einer süssen Ausschweifung zu überlassen! Ich bin dermassen geizig auf die Vortheile und Freuden unserer Gesellschaft, daß ich mir nicht getraue, mich in diesem kurzen Leben daran zu sättigen. Lassen Sie mich immer die Scheidewand zwischen diesem und jenem vollkommenern Leben vor Ihren Augen niederreissen, und genüssen mit mir die Entzükkung, die Dauer der Vortheile unserer Stiftung nach Ewigkeiten auszumessen! — Das wäre lächerlich? — Nicht so sehr, als man beym ersten Anblik denken mögte. Erlauben Sie, daß ich mich darüber näher erklären darf.

Unsere Beschäftigungen sind eine nähere Kenntniß und Beobachtung der Natur und ihres göttlichen Urhebers. Zuverläßig haben alle meine hier versammlete würdige Freunde Ehrfurcht genug für den allweisesten Schöpfer, ihn für keinen Tyrannen zu erkennen, der vernünftige Wesen mit der Fähigkeit, eine Ewigkeit zu denken, und mit dem sehnlichen Verlangen, sie zu genüssen, geschaffen, zugleich aber beschlossen haben sollte, nach einem beschwerlichen und kurzen Gefühl ihres Daseyns, alle ihre Hoffnungen, Einsichten, Sehnsucht und Wünsche durch eine Vernichtung zu vereiteln. Gewiß haben wir insgesammt auch so viel Ehrfurcht für unsre eigene Seelen, sie nicht mit dem vergänglichen Staub in einerley Rang und Ordnung zu setzen. Ich kann also sicher, und ohne mich mit Beweisen dabey aufzuhalten, annehmen, daß ein jeder unter uns von der Unsterblichkeit des in uns denkenden Wesens, und von einem künftigen, unserer natürlichen Hoheit würdigern Leben, überzeugt ist. Ich betrachte unser jetziges Daseyn als

eine

eine Vorbereitung, den Tod, als einen Uebergang zum Leben, die Zukunft nach dem Tod aber, als die unvergängliche Periode und als den wahren Genuß unsers wirklichen Lebens. Diese Voraussetzungen waren nothwendig, wenn ich erweisen wollte, daß unsre jetzige Beschäftigungen eine Vorbereitung zu der Wissenschaft sind, welche uns durch alle Ewigkeiten hindurch beschäftigen wird. Es läßt sich keinesweges gedenken, daß menschliche Seelen in einem vollkommnern Leben minder geschäftig und minder gesellig, als in der Vorbereitungsperiode zum Leben, seyn würden. Und was ist natürlicher, als daß in jener glüklichen Zukunft alle Wissenschaften, die bloß irrdische Bedürfnisse nothwendig machten, mit diesen Bedürfnissen zugleich aufhören, und ihren Werth sowohl, als ihren ehemaligen Einfluß auf das allgemeine Beste verlieren? Nach meinen Einsichten von einem, der verklärtern Menschheit angemessenen glüklichen Leben, wird unser gröstes und wichtigstes Geschäfte durch alle Ewigkeiten hindurch in der nähern Kenntniß und reinern Verehrung des Gottes, den wir schon hier anbeteten und in seinen Werken bewunderten, bestehen. Das Anschauen Gottes, was ist es anders, als die nähere Kenntniß der vollkommnen Eigenschaften dieses unendlichen Wesens? Kein sterbliches Auge hat sich wohl die Hoffnung zu machen, jemals Gott

 selbst

selbst zu sehen. Bloß in den Wirkungen seiner Eigenschaften, bloß in den Werken seiner Macht und Gnade, in seinen Geschöpfen werden wir ihn sehen, bewundern, preisen und anbeten. Thun wir dieses nicht schon jezo, wenn wir die Werke der Schöpfung, ihren Zusammenhang und Entzwek, ihren Einfluß auf einander und ihre Kräfte näher kennen zu lernen suchen? Und können wir dieses wohl thun, ohne im rohesten so wohl, als im kleinsten Geschöpfe die Allmacht, Weisheit und Liebe seines Urhebers zu entdekken? Ist es möglich, ein einziges, unserm Urtheile nach geringes Geschöpfe recht aufmerksam und nach seinen unterschiedenen Verhältnissen zu betrachten, ohne den Urheber desselben mit Ehrfurcht anzubeten, und als die Quelle unsers eignen Daseyns zu verehren? Ist also die Betrachtung der Natur nicht ein wahrer, gefühlvoller, inniger, unsern Empfindungen angemessener, unsern Seelen feyerlicher Gottesdienst? Ist sie nicht wirklich ein Geschäfte, das wir hier nur unvollkommen anfangen, und in Ewigkeit ungehindert, mit glüklicherm Erfolge fortsetzen werden? Sammlen wir uns nicht offenbar durch jede neue Wahrnehmung und Entdekkung natürlicher Körper, ihrer Eigenschaften und ihres Zusammenhanges, einen Schatz von Kenntnissen, der uns in die Ewigkeit folgen und uns fähig machen wird, dort hurtigere Schritte in unsern

Kennt-

Kenntnissen thun zu können? Nennen Sie mir, meine Theuresten, neben der geoffenbarten Religion, die uns in das Reich der Gnade führet, eine einzige Wissenschaft, ausser der Naturgeschichte und den dazu vorbereitenden philosophischen und mathemathischen Kenntnissen, deren wirklicher Genuß und Nutzen sich so unläugbar über die Grenzen des gegenwärtigen Lebens erstrekket? und wenn Ihnen dieses eben so unmöglich fällt, als mir, so sagen sie mir, ist nicht selbst in dem Gegenstand unserer Bemühungen, in der Absicht unserer Verbindung ein sichtbarer und fühlbarer Segen für die Zukunft verborgen? Müssen wir nicht auch in dieser Absicht unserer und allen ähnlichen Verbindungen einen höhern Werth beylegen, und einer glüklichen Beförderung unserer Absichten die ernstlichste Aufmerksamkeit widmen? Durch das allgemeine Loos der Menschheit, durch den beschwerlichen Uebergang aus diesem scheinbaren in das wahre Leben, wird vielleicht keiner von den Begriffen erlöschen, die wir hier gesammlet haben. Desto glüklicher also, je mehr unsre Seelen sich mit solchen Kenntnissen bereicherten, welche dort nur mehr entwikkelt und ihrer Vollkommenheit immer näher gebracht werden durften! Es ist Irrthum, gefährlicher Irrthum, das gegenwärtige Leben als eine besondre Periode unsers Daseyns zu betrachten, welche mit dem zukünftigen Leben in gar keiner Verbindung stehet. In so fern ich mich hierüber in einer besondern Abhandlung schon anderwärts *) ausführlich erkläret habe, und hier vor einer Gesellschaft rede, der die wiederhohlten Beweisgründe der natürlichsten Wahrheiten ganz überflüßig scheinen müßen, will ich hier ohne Bedenken vom ersten Theil meiner Betrachtungen abbrechen.

Ist aber Ihre Geduld, meine verehrungswürdigsten Freunde, noch nicht ganz ermudet; so erlauben Sie mir, noch einige meiner Vorstellungen von den Vortheilen unserer gesellschaftlichen Verbindungen zu sagen. Den angenehmen und vortheilhaften Einfluß dieser Verbindungen aufs Gegenwärtige, habe ich bereits in meiner Anrede am ersten jährigen Stiftungstage **) gezeiget. Ich bin aber weit entfernt, zu glauben, daß dieser Vortheil seine Grenzen in diesem Leben schon finden sollte. Wesen, die zu einer vernünftigen Geselligkeit geschaffen waren, können in einem vollkommnern Leben unmöglich zu einer traurigen Einsamkeit bestimmet seyn. Wir werden also, nach einer sehr natürlichen Folge, in jenem Leben nicht allein Gesellschaft, sondern auch, wie es schon hier geschiehet, vorzüglich solche Gesellschaft

*) S. Berl. Mag. II Band S. 221. Zufällige Gedanken über die Frage: Wird diese Welt vernichtet oder verändert werden?

**) S. unsre gesellschaftl. Beschäftigungen I Band S. LVII. &c.

schaften suchen und unterhalten, die uns in Ansehung der Denkungsart und ehemahligen Lieblingsbeschäftigungen besonders ähnlich sind. Unsere Neigung wird uns ohnstreitig am allerstärksten an diejenigen fesseln, die wir in der Welt schon um ihrer edlen Rechtschaffenheit, um ihrer freundschaftlichen Zuneigung, um ihrer ähnlichen Bemühungen und gleichen Absichten willen, hochschäzten und liebten. Und was wird das für ein freundschaftlicher Himmel seyn, wo wir alle hier verehrte bekannte Freunde wieder finden, die unbekannten Freunde von Angesicht kennen lernen, und mit ihnen gemeinschaftlich auf den hier zur Kenntniß und Verehrung Gottes gelegten Grund fortbauen, uns abwechselnd für die Aufmunterungen zu dieser unvergänglichen Wissenschaft danken und uns ewig unserer hier angewandten Bemühungen freuen, Gott immer näher, den Zusammenhang und die Absichten der Schöpfung immer deutlicher begreifen, alle Dunkelheiten uns gemeinschaftlich aufheitern und unaufhörlich die Glükseligkeit, welche wir hier suchten, genüssen werden!

Von dieser Seite betrachtet, **meine Theuresten**, ist jede Verbindung zur Beförderung unvergänglicher Kenntnisse in meinen Augen eine höchst ehrwürdige Stiftung, und ich bin überzeugt, es werde sich unter uns Niemand finden, der der unsrigen die gebührende Achtung im Herzen und im Betragen versagen könnte.

Möge

Möge doch die Zahl treu verbundner und zu den edelsten Absichten vereinigter Freunde noch eine lange Reihe von Jahren des Glükkes genüssen, sich dieser Stiftung, Ihrer eignen Bemühungen, und geselliger Gesinnungen ungetrennt erfreuen zu können! Wie sehr sind auch in diesem Jahr unsre Verpflichtungen gegen auswärtige Beförderer unseres Institutes erhöhet, wie sehr unsre Bewunderung ihres edelmüthig Theilnehmenden Eifers verstärket worden! Das Andenken so vieler, oft so unerwarteter Gewogenheit und Güte wird in unsern Herzen und Tagebüchern gewiß nie verlöschen, und es wird einen Theil unserer vorzüglichsten Bestrebungen ausmachen, unsern entfernten Gönnern, Freunden und Korrespondenten bey allen Gelegenheiten Hochachtungsvolle, dankbare Herzen zu zeigen.

Billig ist es, meine Theuresten, Ihnen die aufrichtigsten Danksagungen für die mir schmeichelhafte Zufriedenheit abzustatten, welche Sie bey der bisherigen Führung des mir anvertrauten Amtes zu äussern beliebet. So lange die Vorsehung mir Kräfte verleihet, ist es Pflicht und Freude für mich, einen beträchtlichen Theil derselben dem Besten der Gesellschaft zu widmen. Beehren sie mich ferner mit einem so schäzbaren Wohlwollen, als ich Sie mit inniger Hochschätzung verehre! Unvergeßlich sey uns allen der Tag unserer heutigen Feuer!

D. Martini.

I. Be-

I.

Bemerkungen über die von Herrn Bertier angestellte Versuche, aus welchen er folgert, daß das Gewicht der Körper zunimmt, je mehr man sie vom Mittelpunkte der Erde entfernet.

von

Franz Karl Achard.

Es ist jetzt eine von den meisten Gelehrten als gewiß angenommene Wahrheit, daß die Schwere der Körper von einer anziehenden Kraft herzuleiten sey. Der große Neuton hat sowohl durch Versuche, als durch scharfsinnige Beurtheilungen, wo nicht diese Meynung völlig bewiesen, doch ihr einen solchen Grad der Wahrscheinlichkeit gegeben, mit welchen man immer in der Naturlehre, die keiner mathematischen Beweise fähig ist, zufrieden seyn kann.

Durch viele von geschickten und gelehrten Männern mit grosser Sorgfalt angestellte Versuche, sowohl auf hohen Thürmen, als auf Gebirgen, hat man entdeckt, daß die anziehende Kraft, welche die Ursache der Schwere der Körper in sich enthält, desto geringer ist, je mehr man sich von der Erdfläche entfernet. Dieses Gesetz scheint, durch die aus allen gemachten Versuchen gezogene Schlüsse, so einstimmig bewiesen zu seyn, daß eine geraume Zeit verfloß, wo es nicht einmal den Naturkündigern einfiel, den allergeringsten Zweifel dagegen zu hegen.

Bey der Rechnung der Bewegungen der himmlischen Körper, nimmt man an, daß sie sich, im umgekehrtem Verhältnisse der Quadrate ihrer Entfernungen, anziehen, oder daß sie in diesem Verhältnisse gegen einander wiegen, welches ebendasselbe ist. Hierdurch bestimmt man sowohl ihre Laufbahn, als ihre Bewegung, und den Ort, in welchem sie zu einer jeden gegebenen Zeit seyn müssen. Vergleicht man nun die Beobachtungen mit den durch die Rechnungen erhaltenen Resultaten, so wird man sich durch ihre genaue Uebereinstimmung leicht überzeugen können, daß die Rechnung richtig, und folglich auch die Grundsätze, auf wel-

welchen sie ruhet, gegründet seyn müssen. Diese Uebereinstimmung aller Versuche und Beobachtungen, mir dem Neutonianischen Gesetz der Abnahme der anziehenden Kraft, nach dem umgekehrten Verhältnisse der Quadrate der Entfernungen, hinderte dennoch nicht einen gewissen katholischen Geistlichen zu Paris, Namens Bertier, einen Versuch anzugeben, vermöge dessen er nicht nur dieses Gesetz der Verminderung der anziehenden Kraft umzustoßen glaubte, sondern aus welchem er sogar folgerte, daß die Schwere der Körper zunähme, je mehr man sie vom Mittelpunkte der Erden entfernte, welches dem Neutonianischen Lehrgebäude gerade entgegen gesetzt ist.

Herr le Sage, ein sehr eifriger Neutonianer, widersetzte sich den Versuchen des Herrn Bertier mit vieler Hitze. Dieser sonst große Gelehrte verräth in diesem Stück eine Partheylichkeit, welche der Naturforscher niemals haben muß; vorzüglich wenn er von zwey entgegengesetzten Meynungen urtheilen will.

Die Hauptursache, warum er die Versuche des Herrn Bertier verwirft, ist, daß der berühmte Hook diese Versuche schon mit vieler Sorgfalt angestellet hat, ohne die Resultate des Herrn Bertier daraus zu ziehen.

Ohne mich aber dabey länger aufzuhalten, werd ich zu den Versuchen unsers Geistlichen übergehen.

Herr Bertier bevestigte eine Wage, nebst ihren Schalen an der Oeffnung des Gewölbes einer Kirche, die ohngefähr 75 Fuß hoch ist; am untern Theile der einen Schale brachte er einen 74 Fuß langen Bindfaden an; hierauf setzte er die Wage im Gleichgewichte, und that auf jede Schale ein Gewicht von drey Pfunden, wodurch das Gleichgewicht nicht gestöret wurde, nachher hieng er die drey Pfunde, die auf der Schale lagen, an welcher der Bindfaden angebracht war, an den untern Theil dieses Bindfadens: hierdurch wurde das Gleichgewicht gehoben, und das Gewicht, welches oben in der Schale geblieben, zog dasjenige herauf, welches am untern Theile des Bindfadens bevestiget war.

Unser Naturforscher wiederholte diesen Versuch, indem er auf jede Schale ein Gewicht von 25 Pfund legte. Hierbey bemerkte er, daß, wenn das eine Gewicht herunter gebracht, und an dem untern Theile des Bindfadens bevestigt wurde, er wenigstens eine Unze und drey Drachmen hinzusetzen mußte, um das Gleichgewicht wieder herzustellen.

Ein anderer katholischer Gottesgelehrter, Namens Rotte, wiederholte den Versuch des Herrn Bertier in Gegenwart dreyer Zeugen, und nur in einer Höhe von 40 Fuß, mit einem Gewichte von 24 Pfund auf jeder Schale. Da das eine Gewicht herunter gebracht wurde, nahm es 6 Unzen 6½ Drachmen am Gewichte zu.

Diese

Diese Bemerkungen haben sehr viel Aufsehen gemacht, und so wichtig geschienen, daß die Turiner Akademie Willens ist, zur Bestätigung derselben, die Versuche mit den Penduln auf den Samoenschen Gebirgen in Savoyen wiederholen zu lassen.

Herr de la Periere glaubt, die Versuche des Herrn Bertier, durch die abnehmende Dichtigkeit der Luftscheiben, in verschiedenen Entfernungen der Erdfläche erklären zu können. Denn, da die Luft desto dichter, je näher sie dem Mittelpunkte der Erde, und aus der Hydrostatik bekannt ist, daß veste Körper, welche in flüssige getaucht sind, desto mehr von ihrem Gewichte verlieren, je dichter die flüssige Körper sind; so folget daraus, daß, wenn sonst die Kraft der Schwere in allen Entfernungen vom Mittelpunkte der Erde gleich wäre, ein Körper weniger wiegen müßte, wenn er näher am Mittelpunkte der Erde, als wenn er in einer größern Entfernung von derselben ist, weil er im ersten Fall, von einer dichtern Luft umgeben wird, als im zweeten.

Die Gründe dieses Naturforschers sind vollkommen richtig, allein, wenn man bedenkt, daß die Verminderung der Schwere der Körper, die von der verschiedenen Dichtigkeit der vom Mittelpunkte der Erde ungleich entfernten Luftscheiben herrührt, nicht einmal etliche Granen austragen kann, so wird man sich leicht überzeugen können, daß die Resultate der Bertierischen Versuche eine ganz andere Ursache zum Grunde haben müssen.

Man könnte mit sehr geringer Mühe ausrechnen, wie viel die Verminderung des Gewichts eines Körpers vom gegebenem Umfang ausmacht, die von der verschiedenen Dichtigkeit der Luftscheiben herrühret; da dieses aber keinen weitern Nutzen haben würde, so werde ich mich dabey nicht aufhalten, sondern vielmehr zu den Bemerkungen übergehen, welche ich bey Wiederholung des Bertierischen Versuchs gemacht habe.

Ich stellte diesen Versuch zu verschiedenen Zeiten, in einer Höhe von 40 Fuß an, mit einer sehr schnellen Wage, die $\frac{1}{16}$ Gran Ausschlag gab, wenn sie wenig beschweret war. Die Erfolge der Versuche waren aber niemals übereinstimmend, sondern allemal von einander unterschieden. Zuweilen stimmten die Resultate meiner Versuche mit den Bertierischen ziemlich genau überein, zuweilen aber auch waren sie von denselben nicht nur sehr verschieden, sondern ihnen ganz entgegen gesetzt, so, daß der Körper, der am untern Theil des Bindfadens angebracht wurde, schwerer war, als der, welcher in der andern Schale der Wage geblieben, und vorher mit dem andern das Gleichgewicht gehalten hatte.

Diese Verschiedenheit der Resultate machte mir Hofnung, den Irrthum des Herrn Bertier zu entdek-

ken,

ken: denn sie muste nothwendig von einem veränderlichen, und dem Versuche nach fremden Umstände herrühren.

Nun werden alle Naturforscher, welche sich mit Beobachtungen eingelaßen haben, einstimmig zugeben, daß der Zustand der Athmosphäre auf den meisten Versuchen einen sehr beträchtlichen Einfluß hat, und daß dieser Zustand sich fast alle Augenblikke verändert. Die Verschiedenheit der Temperatur, der Schwere, und der Feuchtigkeit der Luft, zu verschiedenen Zeiten, wird durch die meteorologische Beobachtungen hinreichend bewiesen.

Ich glaubte also, die Ursache des Versehens bey dem Bertierischen Versuch in der Veränderlichkeit der Athmosphäre zu finden. Die folgenden Versuche und Bemerkungen werden diese Meynung völlig beweisen.

Statt eines Bindfadens bediente ich mich einer aus dünnem meßingenen Drath verfertigten Kette. Unter diesen Umständen war die Verschiedenheit der Resultate niemals so beträchtlich, und es trug sich oft zu, daß die Wage im Gleichgewichte blieb, wenn ich den Körper, der oben in der Schale lag, am Ende der Kette bevestigte. Da ich es für nöthig hielt, eine genauere Untersuchung der Umstände anzustellen, unter welchen mir eben derselbe Versuch, so verschiedene Resultate gegeben hatte, so wiederholte ich denselben, und bemerkte folgendes:

1) Hatte der Bindfaden an einen Orte gelegen, wo die Luft trockner war, als an demjenigen, wo der Versuch gemacht wurde; so waren die Resultate meiner Versuche den Bertierischen ähnlich, und nachdem ich den Körper herunter gebracht hatte, muste ich auf die andere Schale Gewichte bringen, um das Gleichgewicht wieder herzustellen.

2) Hatte der Bindfaden an einem Orte gelegen, wo die Luft feuchter war, als an dem, wo der Versuch gemacht wurde; so geschahe das Gegentheil, und meine Versuche waren den Bertierischen ganz entgegen gesetzt.

3) Hatte ich den Bindfaden eine Zeitlang an dem Orte liegen lassen, wo der Versuch gemacht werden sollte, aber so, daß er aufgewickelt war; so wurde das Gleichgewicht immer etwas gehoben, wenn ich den Körper, der oben auf der einen Schale war, am untern Theil des Bindfadens anbrachte. Bald wurde das Gleichgewicht so gehoben, daß es zum Nachtheil, bald auch zum Vortheil der Bertierischen Meynung ausschlug.

4) War der Bindfaden eine Zeitlang an eben dem Orte gewesen, wo der Versuch gemacht werden sollte, aber so, daß er mit einer Kraft ausgespannt,

spannt, die dem Gewichte gleich war, welches auf jeder Schale der Wage beym Versuch gebraucht wurde; so blieb das Gleichgewicht allemal, es wäre dann, daß man den Körper oben in die Schale brächte, oder ihn am untern Theil des Bindfadens bevestigte.

5) Wenn man die Wage, nebst dem an der einen Schale angebrachten Bindfaden ins Gleichgewichte setzt, und sie alsdann so beschweret, daß das Gleichgewicht immer beybehalten wird; so wird man bemerken, daß, wenn man den Körper, der in der einen Schale war, an dem untern Theile des Bindfadens anbringt, der Unterschied der Schwere des Körpers, und desjenigen, der oben in der einen Schale geblieben, sich fast stündlich verändert.

6) Bedienet man sich einer Kette, an der Stelle des Bindfadens, so sind ebenfalls die Resultate der Versuche verschieden, je nachdem die Luft an den Oertern, wo der Versuch gemacht wird, und wo die Ketten vor dem Versuche gelegen haben, in Absicht ihrer Temperatur und Feuchtigkeit, unterschieden ist. Das Gewicht aber, das zur Wiederherstellung des Gleichgewichts erfodert wird, wenn der eine Körper von der Schale weggenommen, und am untern Theile der Kette bevestiget wird, ist in diesem Fall niemals so be-

trächtlich, als wenn man sich eines Bindfadens bedienet.

Aus diesen Bemerkungen erhellet zur genüge, daß die Resultate dieser Versuche allein von dem Zustande der Luft herrühren, in so fern der Grad der Wärme uud der Feuchtigkeit derselben sich verändert.

Aus n. 4. siehet man, daß, wenn man die Versuche unter solchen Umständen anstellet, wo der Zustand der Luft keine Veränderung auf den Versuch machen kann, das Gleichgewicht nicht gestöret wird, man mag den Körper oben auf die Wageschale bringen, oder ihn unten an dem Bindfaden bevestigen. Der Bindfaden hat bekanntermassen die Eigenschaft, die Feuchtigktit der Luft mit sehr viel Schnelligkeit anzuziehen, und auch selbige mit eben so vieler Feuchtigkeit wider fahren zu lassen; daher man ihm auch zur Verfertigung der Hygrometer den Vorzug gegeben hat.

In dieser Eigenschaft des Bindfadens, und in der Eigenschaft der metallenen Ketten, von der Feuchtigkeit der Luft sehr leicht zu beschlagen, ist der Grund des Versehens beym Bertierischen Versuch anzutreffen.

Dieses bewiesen meine Versuche nicht nur hinlänglich, sondern man wird auch bey jedem Versuch angeben können: warum die Resultate so, und nichs anders ausgeschlagen sind, wenn man auf den Einfluß

fluß einer mehr, oder weniger warmen oder feuchten Luft aufmerksam ist.

Herr Bertier fand auch noch, daß die Differenz der Schwere der Körper desto beträchtlicher ist, je grösser das Gewicht des Körpers war. Diese Beobachtung habe ich vollkommen richtig befunden. Die Ursache davon ist, daß der Bindfaden mit desto grösserer Schnelligkeit die Eindrücke der Trockenheit und Feuchtigkeit der Luft annimt, je grösser die Kraft ist, mit welcher er auseinandergedehnet wird.

Da nun in diesen Versuchen der Bindfaden desto mehr gespannet wird, je grösser die auf beyden Seiten der Wage angebrachten Gewichte sind; so muß auch der Unterschied der Gewichte dieser Körper, in diesem Fall, am beträchtlichsten seyn.

Diese Bemerkung dienet also vielmehr zur Bestätigung, als zur Widerlegung meiner Meynung.

II.

Abhandlung von den elektrischen Erscheinungen, die durch das Reiben des Quecksilbers auf verschiedene, vorzüglich harzige Körper, hervorgebracht werden.

von Franz Karl Achard.

Man pflegt das Leuchten des Barometers der Elektrizität beyzumessen; auch die Erscheinungen des Anziehens und Zurückstoßens, die sich an dem obern Theile der Barometeröhre, nachdem man das Quecksilber hin und her in derselben bewegt, wahrnehmen lassen, bestätigen die Richtigkeit dieses angegebenen Grundes auf eine unwidersprechliche Weise.

Herr de Luc * glaubte, daß, wenn das Leuchten des Barometers wirklich von der Elektrizität, die durch

* Recherhes sur les modifications de l'Atmosphere, Tom. I. pag. 54. et suiv.

durch das Reiben des Quecksilbers gegen die Wände der Glasröhre hervorgebracht würde, herrührete, so müßte ebenfalls eine gläserne Kugel, die man an einer Drehemaschine dergestalt anbrächte, daß, anstatt dieselbe gegen ein Küssen reiben zu lassen, man sie gegen Quecksilber reiben ließe, elektrisch werden. Er unternahm diesen Versuch; aber kaum hatte er die Kugel in Bewegung gesetzt, so zerstäubte das Quecksilber in kleinen Kügelchen, welche sich nach der Richtung der Tangente der Kugel von selbiger entfernten.

Dieser Versuch des Herrn de Luc würde sonder Zweifel von glücklichem Erfolge gewesen seyn, wenn ein sehr geringes und wenig beträchtliches Reiben hinlänglich wäre, die Kugel in den Stand der Elektrizität zu versetzen; weil sie alsdann die gehörige Zeit gehabt hätte, elektrisch zu werden, ehe sie ihre Bewegung dem Quecksilber hätte so stark mittheilen können, da es davon geflogen wäre.

Es kam mir daher sehr wahrscheinlich vor, daß das Reiben des Quecksilbers gegen Körper, deren Elektrizität leicht rege gemacht werden kann, und welchen ein geringanhaltendes Reiben die Eigenschaften der Elektrizität mittheilen kann, auch vermögend seyn würde, sie selbst außer einer sehr verdünnten Luft elektrisch zu machen.

Das Pech und die Harze schienen mir zu dieser Untersuchung am bequemsten zu seyn, indem bekann-

terma-

termaßen die Elektrizität in selbigen sehr leicht erregt werden kann. Ich stellte dieserhalb mit selbigen folgende Versuche an:

Erster Versuch.

Ich ließ schwarzes Pech in einem zylindrischen Glase zergehen, dessen Durchschnitt $2\frac{1}{2}$ Zoll, und neun Zoll an Höhe betrug, und welches an einem Ende offen, und am andern durch seinen Boden verschlossen war. Nachdem das Pech ganz geschmolzen, drehte ich das Glas immer herum, damit das Pech dessen ganze innere Oberfläche umziehen konnte, doch so, daß eine Streife von ohngefähr 4 Linien breit, die Länge des Glases hinab, übrig blieb, die nicht mit Pech überzogen war, um die etwannigen Erscheinungen im Glase beobachten zu können. Als das Pech kalt geworden, that ich ein Pfund Quecksilber in dieses Glas, hielt die Hand auf die Oeffnung desselben, und schüttelte das Glas an einem finstern Orte. Es entstand in selbigem ein Leuchten, welches demjenigen gleich war, das man in dem obern Theil eines guten luftleeren Barometers bemerkt, wenn man das Quecksilber in selbigem steigen und fallen läßt, doch mit diesem Unterschiede, daß das Leuchten bey gegenwärtigem Versuch ungleich stärker war. Ich hieng darauf einen seidenen Faden in dies Glas, und er wurde mit vieler Schnelligkeit vom Pech angezogen. Zugleich bemerkte ich, daß, wenn ich das Quecksilber auch nur über das Pech laufen ließ, ohne es zu schütteln, dieses schon hinreichend war, demselben die elektrische Eigenschaft des Anziehens mitzutheilen, und daß diese gleichwol sich einige Tage, bey trockner Luft, in dem Pech erhielte.

Zweeter Versuch.

Ich überzog die innere Seite eines eben solchen Glases, wie beym vorigen Versuche, mit rothem Siegellack, und schüttelte das hinein gegossene Quecksilber ebenfalls im Finstern. Das Leuchten, welches ich beobachtete, war vom Leuchten des vorhergehenden Versuches, auch von dem, welches man beym Barometer wahrnimt, sehr verschieden; denn anstatt einer Flamme, zeigten sich kleine Sternchen, die an der Oberfläche des Siegellacks anzuhangen schienen. Das Anziehen aber war, wie beym ersten Versuche.

Dritter Versuch.

In einem andern, mit weissem Peche nach erwähnter Art überzogenen Glas, entstand beym Schütteln des in selbigem befindlichen Quecksilbers nur ein sehr schwaches Leuchten, und um selbiges hervorzubringen, mußte ich aus allen Kräften schütteln. Ebenfalls waren es nur kleine lichte Sternchen, die an der Oberfläche des Peches angeheftet schienen. Die Handlung des Anziehens aber war sehr gering im Verhältniß mit derjenigen, bey obigen Versuchen.

Vierter Versuch.

Eben so nahm ich in einem mit weissem Wachse nach voriger Angabe zubereitetem Glase, wobey ein langer heruntergehender Streif nicht bezogen, beym Schütteln des in selbigem enthaltenen Quecksilbers im finstern einige leuchtende Punkte auf dem Wachse gewahr. Das Anziehen war auch nur gering, und die leuchtenden Punkte mußten durch starkes Schütteln hervorgebracht werden.

Fünfter Versuch.

Hingegen gab ein mit Kolophonium überzogenes Glas, mit seinem in sich schliessenden Quecksilber eine sehr starke Flamme, welche derjenigen, die vom schwarzen Peche, nach dem ersten Versuche, hervorgebracht wurde, gleich kam. Auch erhielt ich sie, wenn das Glas nur ein wenig bewegt ward. Das Anziehen war ebenfalls ungemein stark, und noch lange Zeit nachher fortdaurend.

Sechster Versuch.

Eine gläserne Röhre von einem Fuß lang und einem Zoll im Durchmesser, innerhalb mit geschmolzenem Zucker überzogen, und so, wie beym vorhergehenden, im Finstern mit dem darein gethanen Quecksilber geschüttelt, gab ein Licht, welches dem vom Siegellack verursachten gleich war, und der Zucker

erhielt

erhielt die Eigenschaft, leichte Körper anzuziehen, und zurückzustoßen.

Siebenter Versuch.

Aber in einer gläsernen Röhre, in welcher ich schwarzen seidenen Band vest innerhalb derselben angespannt, die beyden Oeffnungen derselben zugestopft, und sodann das Quecksilber hineingelassen und geschüttelt hatte, konnte ich nicht das geringste Leuchten bemerken.

Achter Versuch.

Ich that Quecksilber in verschiedene gläserne Röhren, und schüttelte sie stark, da ich dann bey einigen ein ziemlich starkes Leuchten bemerkte; bey andern aber war es mir unmöglich, auch durch das stärkste Schütteln, nur das allergeringste Leuchten hervor zu bringen. Dieser Unterschied rühret vermuthlich von der Verschiedenheit des Glases, oder von den mehr oder wenigern Feuchtigkeiten her, die sich an den Wänden desselben vestgesetzet haben.

Neunter Versuch.

Ferner goß ich in eine gläserne Röhre etwas Quecksilber, den übrigen Theil der Röhre füllte ich mit Terpentinöl so vollkommen als möglich, dergestalt aus, daß nur oben in der Röhre eine sehr kleine Luftblase blieb. Sodann schüttelte ichs im Finstern;

allein ich konnte nicht das geringste Licht in selbigem wahrnehmen, und das Quecksilber zertheilte sich durch den Widerstand der Flüßigkeit, in welcher es bewegt ward, in kleine, dem feinsten Sand ähnliche Kügelchen. Noch muß ich hiebey erinnern, daß die Röhre an beyden Enden hermetisch zugeschmolzen war.

Zehnter Versuch.

Ich spannte seidenes Zeug von verschiedenen Farben auf Glasscheiben aus, hielt selbige in einer schiefen Richtung, und lies Quecksilber darüber laufen. Wenn die Luft trocken, und den elektrischen Versuchen günstig war, so fand ich alsbald, daß die aufgespannte seidene Zeuge die Eigenschaft des Anziehens und Zurückstoßens erlangt hatten.

Diese, wie ich vermuthe, neue Versuche, scheinen nicht nur zu erweisen, daß das Glas nicht der einzige Körper, der durch das Reiben des Quecksilbers gegen dasselbe die Eigenschaften der Elektrizität annimmt, sondern daß es auch einer von den Körpern ist, welche auf diese Art am schwersten elektrich gemacht werden können, indem das in einer gläsernen Röhre geschüttelte Quecksilber derselben eben keine merkliche Kennzeichen der Elektrizität mittheilte, zumal, wenn sie nicht mit sehr verdünnter Luft angefüllet war; da doch diese Bedingung nicht erforderlich war, das Pech und die übrigen erwähnten Körper durch das

Reiben des Quecksilbers gegen dieselben in den Zustand der Elektrizität zu versetzen.

Endlich scheinen diese Versuche noch mehr die Meynung zu bestätigen, daß das Leuchten des Barometers der Elektrizität zugeschrieben werden müsse, weil das Pech und die übrigen versuchten Substanzen, die für sich schon elektrische Körper sind, eben dieselben Erscheinungen, und selbst in einem höhern Grade, wahrnehmen ließen.

III.

Otto Friedrich Müllers Nachricht von der vielgestalteten Vortizelle.

Tab. I.

Aus dem wenigen, was ich von diesem mannigfaltigen Thier, in meiner Historiâ vermium* in allgemeinen Ausdrücken gesagt habe, wird man schlüßen, daß mich seine Veränderlichkeit in ein solches Erstaunen gesetzet, und den Muth so sehr benommen habe, daß ich lieber keine Gestalt angeben, als ein Wesen, das seinen Karakter von der Unbestimmt-

* Vol. I. part. I. p. 98. Vorticella *polymorpha*, multiformis, viridis opaca. Oculo punctum agilissimum viride, sub microscopio momentis paucissimis tam multas et varias formas induit, ut nec calamo, nec verbis exprimi possint. Ex omnibus Naturae mirandis, quae videre mihi contigit, hoc sanè maximè mirabile, ac summum naturae artificium, quod animus stupet, quo oculus hebescit, inopsque spectator quovis momento roget:

Quo teneam vultus mutantem Protea nodo?

bestimmtheit hat, bestimmen wollen. Ich wagte doch einige Züge zu erhaschen, meldete sie meinem beobachtenden Mahler, der sie in den Augenblicken, da einer derselben erschien, mit seinem Pinsel fesselte. Viel schwerer ward es mir, Bewegungen und Stellungen, die, so unterhaltend sie auch sind, die Armuth der reichsten Sprache, und unsere wenige Kenntnisse verrathen, mit Worten auszudrücken, und daher entstand eine Beschreibung, die, wie der Gegenstand derselben, mannigfaltig und unordentlich ist.

Das bloße Auge siehet nichts, als ein grünliches Pünktchen. *) Unter der Vergrößerung entdeckt man eine hell- oder dunkel-grüne Masse, die sich im Wasser geschwinde hin und her beweget, und ihre Gestalt mannigfaltig verändert. Die längste Zeit ist sie wie ein gefüllter Sack **) anzusehen, und hat oben eine weite Mündung, unten am Boden einen dunkelgrünen Fleck; der übrige Theil ist insgemein hellgrün. Der äußerste Rand ist an der Mündung durchsichtig und weiß, und mit kurzen Haren besetzet; diesen giebt das Thier nach Belieben eine Räderförmige Bewegung. Wenn es stille sitzet, und die Hare keinen Kreislauf machen, ist der Rand hell und weiß. Bisweilen beweget es die Hare an der einen Seite langsam, und läßet sie auf der andern in Ruhe, da dann gleichfalls der halbe Rand zu sehen ist. Oft scheinet es, als wäre die Mündung in zwo Oefnungen ***) getheilet, davon sich die eine nie-

 driger

*) fig. 1. **) fig. 3. ***) fig. 8.

driger zeiget. Beyde sind mit Härchen umgeben; allein, wegen ihrer geschwinden Bewegung läßet sichs nicht bestimmen, ob es wirklich besondere Oefnungen sind, oder nur eine veränderte Beugung der Hauptöfnung. Die Bewegung geschieht dergestalt, daß die rechte Seite der Mündung sich ein wenig niederwärts beuget, da alsdann die linke sich erhebet; gleich darauf erhebt sich die rechte, und die linke sinket. Durch dieses wechselseitige Wackeln rückt das Thier sehr geschwind im Wasser umher. Oft ist sein Schwimmen ein geschwindes Drehen des ganzen Körpers, als um eine Axe.

Bald ziehet sichs zusammen, und wird Kugelrund; alsdann lieget es ganz unkenntbar, als ein nichts bedeutender Fleck da a). Ehe man sichs versiehet, verschwindet die Rundung an der einen Seite dieses Flecks, und die Hare stellen sich in vollem Spiele dar b); oder es nimmt in einem Augenblick die Gestalt einer Düte, c) oder auch eines Trichters d) an, oder es entstehet ein Becher, und endlich ein hohes Spitzglas, oder es verändert sich wiederum, noch eh es bis dahin kömmt, in die Gestalt der Kugel. Bald liegt es ruhig und fast in der Gestalt eines Parallelogramms; auf einmal läuft es davon, so dünn und platt, als ein durchsichtiges Häutchen. Da die gewöhnliche Gestalt ein dicker Zylinder, oder ein angefüllter

a) fig. 6. b) fig. 4. c) fig. 5. d) fig. 2.

füllter Sack ist, so hat mich die letzte Veränderung sehr gewundert.

Bald ruhet es in der Gestalt einer Birn, und ist nächst am Stiel und am Rande der Krone durchsichtig, und in dieser Stellung beobachtete ich an der Krone ein Glied, das ich sonst nicht gewahr worden; es war ein Haken an der einen Seite, zweymal so lang als die Hare; diese spielten, wie gewöhnlich; allein sie kamen fast bis gegen die Mitte der einen Seite herunter. Bald beuget es schleunig das untere Ende der Birne aufwärts, und wird rund; bald strecket es dasselbe ganz schmal aus, und bekömmt einen Stiel, der fast so lang, als der Körper selbst ist; in dieser Stellung ist es dem Mundstück eines Waldhorns (e) nicht unähnlich.

Nun setzet es sich mit dem Aeussersten des Stiels an fremde Körper, und bleibt einige Minuten ruhig. Man entdeckt nicht mehr die spielenden Hare. Zuletzt äussern sich zu beyden Seiten einige wenige neben einander in der Gestalt zwoer Ohrspitzen. In diesem Anzug schwimmt es auf eine andere Art, nicht durch Wackeln, auch nicht durchs Umwälzen um eine Axe, sondern es schleicht sich fort, ohne daß man einige Seitenbewegungen wahrnimmt. Bald heftet sichs mit dem Aeussersten des langen Stiels an ein Stäubchen, drehet sich zu allen Seiten langsam herum, und ma-

e) fig. 7.

chet allerhand Beugungen; alsdann kann man deutlich sehen, daß es etwas erhaschet und einschlucket, vermuthlich noch kleinere Thierchen, davon immer eine Menge in seinem Wirbel umher schwimmen. Hier verwandelt sichs auch bisweilen in einen Becher. Und wer kann alle die Verwandelungen, welche sich alle Augenblicke zeigen, erzählen! Es muß gesehen seyn, und dann wird man sich ehe müde sehen, als das Thierchen an veränderten Gestalten erschöpfet wird. Noch eins muß ich bemerken, wenn es die Gestalt des Mundstücks a) hat, scheinet es, als sähe man eine Erhabenheit mitten in der Mündung; dieses ist nichts, als ein Theil des in der Mitte eingezogenen äussern Randes; alsdann siehet man auch längs dem Stiel einige kleine weisse Punkte.

Es kann kaum etwas wunderbarers seyn, als die verschiedene und geschwinde Veränderungen dieses Geschöpfes. Wenn es, wie gesaget, sich an ein Stäubchen mit der Spitze des Schwanzes vestgestellet, so zeiget es oft an dem Orte der Mündung zwo Zirkelförmige Oefnungen, b) eine niedriger als die andere; beyde spielen mit ihren Härchen, bald jede für sich, bald beyde auf einmal; bald machen sie nur eine große Oefnung, gleich sind ihrer zwey wieder da. Bisweilen verlieren sich die Härchen, und erscheinen gesammelt an zwo entgegen gesetzten Stellen des Umkreises, wo sie

a) fig. 7. b) fig. 8.

sie das Ansehen kleiner Lichtflammen haben, welches von ihrer heftigen Bewegung herrühret. Wenn es sich, an das Stäubchen geheftet, in verschiedenen Beugungen rund umher drehet, um seinen Raub zu suchen, ziehet es plötzlich den ausgestrekten Kopf zurück, gleichwie die andere Vortizellen, und bekömmt den dritten Theil seiner Größe in der Gestalt einer Zitrone. Nun ist der Leib mit einer Reihe heller Punkte der Länge nach besetzt, und die Härchen fließen von der Mündung längs dem Leibe herab. Fast so oft man das Auge abwendet, und wieder hinkehret, erblikket man ein neu-verändertes Geschöpf. Es ist nicht zu beschreiben, oder mit Worten auszudrükken, was man an diesem Thier Veränderliches wahrnimmt. Einmal sah ich die Mündung ausstrecken, und perpendikulär in die Höhe richten; ich suchte die innere Theile zu betrachten, und das Innere, der ganze Leib und der Schwanz kam durch die Oefnung heraus, gleichwie man einen Strumpf umkehret.

Wenn sich die Mündung wie eine einzige zeiget, und das Thier die Gestalt eines Bechers oder eines Mundstücks mit einem hohen Rande hat, so entdekket man in der Tiefe zween Kreise neben einander. Durch die Bewegung der Härchen schwimmet das Thier nicht nur, sondern ziehet beym beständigen Laufen auch Wasser in sich. Es ist wahrscheinlich, ob ichs gleich nicht habe wahrnehmen können, daß das

Wasser zu einem hinein gehet, und zum andern hinaus. Mikroskopische Thiere und vegetabilische Molekula fahren zugleich mit dem Wasser in den Becher hinein, allein sie werden nicht verschlukket. Das Wasser treibt sie an dem inwendigen Rande des Bechers umher, und jagt sie alsbald wieder heraus.

Wozu diese Pracht, diese Kunst und diese Wunder in einem Geschöpfe, das dem bloßen Auge ein Punkt, ein Sonnenstäubchen ist: in einem Thiere, das vielleicht seit der Schöpfung von keinem Menschen betrachtet worden? Wie oft habe ich Ursache gehabt also zu denken! Unwissender! sind nicht tausend Arten unsichtbarer denkender Geister, die alltäglich in diesen und andern Kreaturen, ehe sie aus deinem Herzen zu unserm gemeinschaftlichen Schöpfer Seufzer gezogen, den Meister bewundert und angebetet haben? Wie sehr würde Gott seines Zwecks verfehlet haben, wenn er die Welt des Menschen halber gebauet hätte! Alsdann erst würde man seinen stolzen Brüdern diesen kurzsichtigen Gedanken zu gute halten können, wenn sie seit Adam unverrükt so viel Aufmerksamkeit auf die Werke des Schöpfers gewendet hätten, als man jezt zu thun sich anlässet. Soll der Allerhöchste erst von dem Menschen die Erhebung des Herzens für die Wunder seiner Macht, die er in jedem Sumpf, so wie auf dem Boden des Meers niedergelegt, erwarten? Wie spät wird ihm sein verdientes Lob dann werden! Nein,

sein

sein Ruhm und seine Ehre hängt nicht von dem Eigensinn und dem Willkühr eines so trägen Geschöpfes ab. Tausend dienen Ihm, und zehntausend stehen vor Ihm.

Friedrichsdal, im May, 1769.

IV.

D. Blochs Beschreibung der Schleicheidexe, Lacerta serpens.

Tab. II.

Die Absicht unserer gesellschaftlichen Schriften ist, nicht blos ganz neue Entdeckungen, welche in die Naturgeschichte einschlagen, bekannt zu machen; sondern auch von bereits bekannten Körpern etwas nähere Berichtigungen, genauere Beschreibungen und getreue Abzeichnungen zu liefern.

Das Thier, welches ich hier beschreiben werde, gehöret unter die ungemein seltenen, oder noch wenig bekannten, von welchem noch gar keine Abbildung geliefert worden. Der Ritter von Linné hat in der 12ten Ausgabe seines Natursystems dieses Thier zum erstenmale kurz beschrieben. Es scheint aber dieser grosse und aufmerksame Naturforscher gewisse wesentliche

Theile

Theile, welche dieses Thier karakterisiren, übersehen zu haben; weil er es zu einer Ordnung von Thieren brachte, wohin es nicht eigentlich zu rechnen war, und ihm deswegen einen unschicklichen Namen beylegte. Er zählet es unter die Schlangen *) und giebt ihr den Namen Anguis quadrupes; nach den allgemeinen Kennzeichen aber, welche der Ritter von dieser Ordnung angiebt, daß es Amphibien wären, die weder Füsse, noch äussere Gehörgänge **) hätten, ergiebet sich, daß hier der Ort nicht sey, wo es hingehöre, und daß der Name nicht füglich auf selbiges passe.

Auch von unserm berühmten Herrn Professor Müller in Erlangen, der ein solches Thier, das über einen Fuß lang war, vormals besessen, blieben gleichfalls die Ohren unbemerket. Er nennet es in seiner Uebersetzung des Linneischen Systems, den Vierfuß *). Allein ist es wohl möglich, daß, bey der ungeheuren Menge von Geschöpfen, der Naturforscher alles genau betrachten könne? Darzu gehöreten mehr als ein Menschenalter, und weit mehr Kräfte, als der Schöpfer einzelnen Menschen verliehen hat. Die grossen Verdienste des Ritters und die rühmlichen Bemühungen seines Kommentators, sind allzubekannt, als daß ich

*) Gen. 126. n. 1. pag. 390.

*) Aures non habet. L. Cum haec anguis auribus destituatur, nequit commodè lacertis adnumerari. L.

**) 3ter Theil, p. 209.

ich nöthig hätte, sie wegen einer kleinen Irrung weitläufig zu vertheidigen. Ich will demnach hier nur eine genaue Beschreibung und Abzeichnung meiner beyden Exemplare der Schleicheidexen liefern, alsdann wird sich der Ort, wo dieses Thier hingehöret, und eine Rechtfertigung seiner Benennung, von sich selbst darbieten. Dieses Thier hat eine Wurmförmige Gestalt. Man bemerket weder am Kopfe, noch am Schwanz einen Absatz. Vom Kopfe bis an die Hinterfüsse ist es zylindrisch. Der Körper ist über und über mit Schuppen besetzet, die, gleich den Dachziegeln, übereinander liegen. Der Ritter zählete an seinem Exemplare 14 bis 15 Striche, die am Rücken, der Länge nach, herunter laufen *). An meinem habe ich 20 solcher Striche oder feiner Linien gezählet.

Ich besitze zwey Stück von diesen Geschöpfen, und habe sie auf der beygefügten IIten Kupfertafel, nach ihrer natürlichen Grösse zeichnen lassen. Die grosse ist fünf und einen halben, die kleine vier und einen halben Zoll lang. Der Schwanz beträgt gerade die Hälfte der ganzen Länge, wird immer schmäler, und endiget sich in eine braungefärbte Spitze. Die grosse ist oben aschgrau, unten mit weissen, wie Silber glänzenden Schuppen, bedecket. Die braunen Flecke, welche der Mahler anzeiget, sind weiter nichts, als die von Schuppen entblössete Stellen, die das Thier durch einen Zufall

verloh-

*) Striis 14. f. 15. fuscis longitudinalibus. l. c.

verlohren hat. Die kleine ist oben von röthlich brauner, unten von grauer Farbe. Der Kopf ist klein und endiget sich in eine stumpfe Schnautze. Der Mund ist mit zwo Reihen kleiner Zähne besetzet, und hat eine braune Einfassung, die bis an die Augen reicht, welche davon eingeschlossen werden. Die Ohrgänge sind bey Lit. a. a. deutlich angezeiget. Die Füsse sind im Verhältniß des Thieres besonders klein und stehen weit auseinander. Der Zwischenraum beträgt zween und einen halben Zoll. Sie sitzen auch höher nach dem Rücken zu, als sie bey den übrigen dergleichen Thieren zu sitzen pflegen. Sie haben fünf Zeen, an jeder einen kleinen Nagel. Der Daumen und die kleine Zee, sind die kürzesten, die mittelste hingegen die längste. Die Vorderfüsse sitzen sehr nahe beym Kopfe, sind kaum zwo Linien lang, und nicht viel stärker, als ein guter Zwirnsfaden. Es lassen sich daran weder Beugungen, noch Gelenke wahrnehmen. Die Hinterfüsse sind etwas stärker, und in der Mitte mit einem Gelenke versehen. Die Zeen und Nägel sind so klein, daß man sie mit blossen Augen kaum unterscheiden kann. Zwischen den Hinterfüssen befindet sich eine Spalte, die von einem Fuße bis zum andern gehet. (S. Fig. 1. b. b.) In deren Mitte nimmt man eine Vertiefung wahr. Dem Ansehen nach sind diese kurze, dünne, so weit auseinander gesetzte Füße nicht hinreichend, ein so lang gestrecktes Thier von einer Stelle zur andern zu bringen: es wäre dann, daß es

wie

wie die Spannenmesser damit fortschreite, und alsdann würde es das unter den Eidexen seyn, was das Faulthier in Verhältniß mit den Affen ist. Mich dünket es wahrscheinlich, daß es derselben blos zum Klettern sich bediene, wenn es, von Feinden verfolget, sich in der Nothwendigkeit siehet, das Wasser zu verlaßen, um sich auf Felsen, oder auf andere erhöhete Oerter in Sicherheit zu begeben, oder auch an solchen Oertern seinen Unterhalt zu suchen. Zu dieser Absicht kommen ihm die kleine, mit spitzigen Klauen versehenen Zeen vortreflich zu statten.

Daß aber diese Thiere sich auch im Wasser aufhalten, versichert mich ein Freund, der mir berichtet, daß man sie ohnweit Batavia in einer Bay finde. Uebrigens läßet mich der ganze Wurmförmige Bau dieser Thiere glauben, daß sie sich, wie andere Schlangen, im Wasser bewegen, und folglich zwischen den Schlangen und Eidexen mitten inne stehen, oder die Stufen zwischen den kriechenden und schleichenden Amphibien in der Stufenleiter der Natur ausfüllen: so, wie jene Eidexe mit den vier Floßen, die Seba *) vermis sepentiformis, Linné aber **) Lacerta anguina, und Müller ***) Aaleidexe nennet, den Uebergang von den kriechenden zu den schwimmenden Amphibien ausmacht.

Es

*) Thesaur. tom. II. Tab., 68. fig. 7. et 8.

**) I. Gen. 122. n. 48.

***) 3tter Theil. p. 120. Tab. 3. fig. 8.

Es gehöret also dieses beschriebene, nakkende, geschwänzte und vierfüßige Thier zu den Eidexen, und zwar wegen seines länglich runden kurzen Schwanzes, zu der 3ten Abtheilung, oder zu den Kamäleonartigen. Denn diese Kennzeichen werden vom Ritter bey den Eidexen angegeben *). Der Name Lacerta anguina oder Schlangeneidexe würde diesem Thiere recht gut angemessen seyn; weil aber der Ritter diesen Namen bereits einer andern Eidexe (n. 48.) gegeben, ohngeachtet sie die vollkommene Eidexengestalt hat, und Müller auch den deutschen Namen zu der Lacerta Seps (n. 17.) gebrauchet; so habe ich, um allen Irrungen vorzubeugen, den Namen Schleicheidexe, Lacerta serpens für den schiklichsten gehalten. Man wird sie übrigens von den beyden erwähnten Arten Lacerta seps, Schlangeneidexe, und Lacerta anguina, Aaleidexe, leicht unterscheiden können; denn beyde sind wie Eidexen gebildet. Ueberdem hat auch die erste zwar kurze, aber doch starke Füße, und die letzte ist nur mit Floßen versehen, dahingegen unsere mit einer Schlangenförmigen Gestalt, und nur mit sehr schwachen und kurzen Füßen begabet ist.

*) Reptilia Lacerta, Gen. 122.

Erklärung der Kupfertafel.

Fig. 1. stellet die große Eidexe von der Unterseite in natürlicher Größe vor.

Fig. 2. Die kleine, ebenfalls in ihrer natürlichen Größe von der Rükkenseite.

a. a. zeigen die Gehörgänge an.

b. b. die Querspalte zwischen den Hinterfüßen.

Fig. 3. einen Vordersuß durch eine Lupe, von einem Zoll im foco, vergrößert.

Fig. 4. der Hintersuß ebenfalls vergrößert.

V.

Abhandlung,

wie das

Pflanzen- und Steinreich

sowohl als besonders

das Thierreich

manche Körper enthält,

welche zum

Weißmachen der Leinwand

dienen.

von Christ. Friedr. Reuß.

I. Einige allgemeine Begriffe von der Fäulniß.

Alle natürliche Körper des Pflanzen- und Thierreichs bestehen aus erdichten, wässerichten, ölichten und salzigen Theilen.

Ihr Unterschied beruhet theils auf dem verschiedenen Verhältniß der Vermischung dieser Theile, theils auf der verschiedenen Aneinandersetzung, und Vereinigung der kleinesten Theile in- und aneinander.

Sowohl die verschiedene Anlegung und Aneinandersetzung, als das vermehrte oder verminderte Verhältniß der mancherley vesten Theile hängt von dem Bau der Körper ab, der ihnen nach gewissen Endzwekken ihres Daseyns und Nutzens in der Welt von der Natur gegeben worden. Eine Ziege, und ein Schaf, wenn sie gleich beyde einerley Futter, einerley Lebensunterhalt genüßen, haben doch sehr unterschiedene Hare, Klauen, Hörner, Fleisch, Haut und Knochen.

Gehen wir zum Pflanzenreich; so sehen wir auch da, wie vielerley Reiser, auf einen wilden Stamm gesetzt, aus einerley Saft so verschiedene und mancherley Blätter, Rinden, Obst und Säfte geben können. Der Samen eines fasrichteu Gewächses, wie Flachs, und eines saftigen Gewächses, wie Portulak, in einerley Erde gebracht, mit einerley Wasser begossen, bauet sich, unter seinem Wachsthum, nach der innern Natur, einen, seiner Gattung gemäßen, eigenen Körper.

Alle Theile der Körper von Thieren und Pflanzen sind der Fäulniß, und durch diese der gänzlichen Zerstörung unterworfen. Oefters aber geht ein Theil in die Fäulung früher über, als der andere. So sind die vesten Theile nach dem Maaß ihrer verschiedenen

Vestig-

Vestigkeit, weniger der Fäulniß ausgesetzt, als die flüßige, oder die Säfte, die weit leichter, weit geschwinder faulen.

Zur Fäulniß wird vorzüglich eine innere *) Bewegung erfordert. Diese entstehet bey einem Verhältnißmäßigen Grade der warmen Luft, und einer hinreichenden Menge wässerichter Theile, in dem todten Körper, so bald als die Umtreibung der Säfte aufhöret, (durch welche sonst immer die genaue Verbindung der Theile verschiedener Art erhalten wird) und sobald sich die von Natur nicht leicht sich zusammen schikkende ölichte, wässerichte, salzichte, erdichte Theile trennen, oder in eine ganz andere Beschaffenheit und Verhältniß gegen einander übergehen.

Eine allzugeschwind überhand nehmende Fäulniß der Säfte kann auch die vestere Theile mit angreifen. Die Bewegung wird oft so groß, daß eine Hitze entsteht, die nebst der Schärfe der entwickelten Salze auch die zäheste Theile zerfrißt. Schränkt man aber die Fäulung so ein, daß sie nur die Säfte allein in eine andere, und wegen Entwikkelung der Salze im Wasser leichter aufzulösende, oder in eine sich in der Luft verflüchtigende Beschaffenheit bringet, daß ferner die kleinsten verfaulten Theile beständig abgespült und hinweg geräumet werden, daß die Menge der faulen-

*) Sukow, Entwurf einer physischen Scheidekunst, 1769. S. 136.

den scharfen Theile niemals zu dem Verhältniß der gegenwärtigen wässerichten Theile zu stark anwachse, sondern von letztern allezeit auseinander gesetzt wird; so bleiben die letztern Theile unbeschädigt zurücke.

Je nachdem nun der Bau der vesten Theile beschaffen ist, läßt sich auch die Fäulung eher von denselben abhalten. Ist also der Bau von der Art, daß nur immer ein kleiner Erdstaub an den andern durch die klebrichten Säfte zusammengehängt ist; so zerfällt der veste Theil, so bald der Kleber durch die Fäulung zerstöret wird, zu einer schwarzen Erde. Haben aber die vesten Theile einen solchen Bau und Gewebe, daß sie, als Fibern oder als Kanäle, von Natur zu mehrerer Dauerhaftigkeit dienen; so behalten sie doch, auch nach Zerstörung der zwischen hängenden Säfte, noch eine Dauer. So sind die Häute, die Hare der Thiere, die Rinden, oder Theile derjenigen Gewächse beschaffen, deren Fibern wir zu einem Gewebe zu nutzen pflegen.

II. Wie uns die Natur das Weißmachen der Leinwand gelehret.

Die schwefelichte ölichte, harzichte Theile, und was noch sonst unter dieser Gattung begriffen, geben allen Körpern und derselben Theilen eine Farbe. Besonders aber zeigt sich bey diesen färbenden Theilen, daß sie sich nicht im Wasser auflösen laßen, hingegen

daß

daß die Salze, besonders die laugenhafte, sowohl flüchtige, als Feuerbeständige, ein Mittel sind, sie mit dem Wasser zu verbinden. Die Fäulniß macht diese Salze, besonders die flüchtig laugenhafte, loß. Diese können in die ölichte, harzichte, fette, schwefelichte Theile wirken, sie auflösen, daß dieselbe in dem Wasser sich leicht abwaschen, und in der Luft verfliegen können. Je mehr von den farbenden, das ist, von den harzichten, ölichten, fetten und schwefelichten Theilen aufgelößt, und im Wasser ausgewaschen werden, oder in der Luft verfliegen, desto weniger bleiben dergleichen Theile in dem natürlichen vesten Körper hängen. Sind alsdann alle diese färbende Theile aufgelößt und ausgewaschen, so bleibt der veste Theil immer ungefärbter, das ist, weisser zurück.

Läßt man solche Körper eine Zeitlang in der Nässe und Feuchtigkeit; so entsteht bey ihnen eine Fäulung. Die Fäulung setzt bey ihnen die Theile auseinander. Die Salze kommen loß, und machen, daß die klebrichte Theile im Wasser aufgelöset werden, und in der Luft ausdünsten können. Ein Regen, ein Thau, mit abwechselnder Ausdünstung und Austrocknung, raubet immer die schärfsten Theile wieder hinweg, damit sie sich nicht anhäufen, und die vesten Theile mit angreifen können; es wird also täglich etwas von den färbenden und leicht faulenden Theilen entzogen, und endlich müssen die vesten Theile ohne Farbe zurück bleiben. Sind nun diese so beschaffen, so nennet man sie weiß. Die ganze Behandlung aber dieses Vorgangs heißt im gemeinen Leben das Bleichen.

Bleichen ist also eine Sache der Natur. Faul Holz, ein Holz, wovon das Faulbare, die Säfte, durch eine gelinde Fäulung und wiederholte Ausspülung der faulbaren Theile nach und nach ausgeflößt worden, wird weißlicht, oft ganz weiß. Wird dieses Holz mit dem Flachs verglichen; so zeigt sich, daß der Bau der Flachsfibern von Natur weicher und zärter ist, als der Bau der Holzfasern; daß das faule Holz seinen Zusammenhang gänzlich verliert, welchen der Flachs aber behält, wenn anders die Fäulung nicht allzuheftig ist.

Wird ein Tuch oder eine Leinwand der verschiedenen abwechselnden Wirkung der Sonne, der freyen Luft, des Thaues und Regens ausgesetzet; so wird es ohne weitere Kunst ganz weiß, oft nur gelbweiß, wie das faule Holz, worzu aber fast ein ganzer Sommer gehöret. Ein solcher Bleichplatz kann auch auf diese Art nur einmal überlegt werden, also nicht mehr, als den dritten Theil Nutzen abwerfen. Siehet man auch auf die Witterung; so ist diese in manchen Sommern sehr unterschieden. Ein Tuch, das blos durch die Wirkung der Sonne und Luft, wie das faule Holz, weiß werden soll, wird eher vermürben, als gänzlich weiß werden. Um diese schädliche Vermürbung abzuwenden, und das Tuch schneller und schöner weiß zu machen, ist man der Natur durch Kunst zu Hülfe gekommen.

III. Wie

III.

Wie weit es die Kunst und Geschiklichkeit im Weißmachen der Leinwand gebracht.

A) Die Art zu bleichen, mit Laugen.

Beym Weißmachen der Leinwand durch Kunst hat man vorzüglich darauf zu sehen, daß durch eine dünne Lauge die gröbste Unreinigkeiten herausgewaschen werden, damit die Sonne und der Thau desto eher in die Leinwand dringen und darinn wirken können. Dieses Auswaschen und Auslegen in die Sonne muß aber Verhältnüßmäßig wiederhohlet werden, damit, so oft die Luft den braunen Unrath in den Tüchern wieder in einige Fäulniß gesetzet hat, diese faulbare Theile alsdann leichter herausgewaschen werden, ehe sie die zähen Fibern des Flachses angreiffen, und mit sich in die Fäulung reissen oder vermürben.

So wenig wir läugnen können, daß die Natur selbst uns das Bleichen gelehret, so gewiß hat uns die Erfahrung mit Schaden klug gemacht, daß die Witterung unsere Absichten zwar allezeit erfüllet, und das derselben ausgesetzte Tuch weiß macht, hingegen auch die vesten Theile ziemlich ermürbet, angreiffet, und zerstöret. Wie nöthig ist also eine genaue Beobachtung, welche Anleitung giebt, was für eine Witterung un-

unsern Absichten am gemässesten sey? Sehen wir ferner auf die Natur beym Bleichen; so finden wir, daß ein abwechselndes Ausdünsten und wieder Benetzen das Bleichen der Leinwand am besten beschleunige. Man hat ihr daher nachgeahmt, und die Zeuge mit Wasser, so oft sie wieder trocken waren, gesprenget. Dieses hat ohnstreitig zu der ältesten und nächsten Art zu bleichen, und der Natur nachzuahmen, Gelegenheit gegeben. Es werden auf diese Art wenige Theile zugleich in die Fäulniß gesetzt, auch durch das öftere begiessen die gröbsten Theile abgewaschen. Faulen wieder neue, so werden diese wieder so behandelt, wie die erste, und so wird abwechselnd fortgefahren, bis alles ausgefault ist. Wie aber die Untersuchung der Naturwissenschaft nach und nach gewachsen, so hat man auch gefunden, daß diese Art der Fäulung ziemlich langsam sey, daß ohne sie die Salze eben die Theile, welche sich in der Fäulung von selbst auseinander setzen, geschwinder auflösen, ohne die vesten Theile allzusehr anzugreifen und zu zerstören. Die Wäscherin hat also zuerst dem Naturforscher es abgelernt, mit Lauge zu waschen, bis es der Bleicher im Grossen angefangen.

Auf den meisten wohleingerichteten Leinwandbleichen wird jetzo das Tuch nicht mehr der Natur gemäß ohne Kunst gebleichet, sondern beym Waschen der Leinwand wird ein laugenhaftes Salz ins Wasser gebracht, welches das meiste von den faulbaren Theilen auflößt, und durch welches die erst von der Spinnerin und dem Weber hineingebrachte fette, ölichte, klebrichte Theile sehr leicht ausgewaschen werden, und die Leinwand zu einer angenehmen Weisse gelangen kann.

Damit aber das Waschen mit Laugensalz nicht allzukostbar werde, läßt man die Leinwand in eine besonders darzu wohleingerichtete Walke bringen, so lange walken, bis alles Unreine im Wasser ausgewaschen ist, und das Wasser dann rein abläuft; alsdann wird es erst der Sonne und dem Regen auf einige Zeit ausgesetzet. Eine gut eingerichtete Walke kann jährlich viel Holz und Asche, die zum Waschen und Bäuchen nöthig ist, ersparen, ohne der Leinwand einen Schaden zu verursachen, besonders wenn solche Walke in hölzerne, mit einem frischen Zufluß von Wasser versehene Tröge läuft, wenn sie mit hölzernen Stampen versehen ist, welche von einem Wellbaum und Wasserrad so bewegt werden, daß sie gegen einen halben Schuh von dem Grunde des Troges entfernt bleiben.

4. Die Zubereitung der Lauge und ihre rechte Anwendung bey der Leinwand (welche sonst Bäuchen genennt wird,) erfordert eine besondere Einrichtung. Grosse Zober werden mit ungebleichtem Tuch, das noch grau aussieht, vollgefüllet, hierauf ein grobes Tuch gebreitet, um eine gewisse Menge Asche darauf zu streuen, sodann wird aus dem benachbarten Kessel, bis der Zober voll ist, fleißig siedend Wasser aufgegossen. Dieses an der Asche und dem Tuch eine Zeitlang gestandene Wasser, oder Lauge (worinnen ein Laugensalz von der

Asche

Asche enthalten) läßt man in den Kessel ablauffen, um es wieder zu erwärmen. Aus dem Kessel wird es wieder siedend, in den mit Leinwand und Asche gefüllten Zober etliche mal gepumpet, wie bey dem Bäuchen der Wäscherinnen im Kleinern. Durch dieses öftere Aufgiessen wird die Lauge in einem zur Auflösung immer geschicktern gleichen Grad von Wärme, der dem Sieden am nächsten kömmt, erhalten, und es werden immer neue, zum Reinigen sehr dienliche Salztheile aus der Lauge dardurch ausgezogen.

Bey dem öftern Uebergiessen der Lauge über die Leinwand bleibt immer wieder ein Theil des aufgelösten Schmutzes in der Asche hängen, und beym Durchsäugen durch die alte Asche wird immer wieder etwas gereinigte Lauge zur weitern Auflösung des Schmutzes geschickt gemacht. Damit aber das Tuch nicht durch die Lauge, oder das in Wasser aufgelößte Laugensalz verderbt werde, so sucht man die noch in der Leinwand stekkende Lauge durchs Aufgiessen des Wassers aus den Tüchern zu bringen, ehe selbige auf dem grünen Bleichplatz ausgebreitet werden. Beobachtet man dieses nicht sorgfältig. so kann eine scharfe Lauge, die vesten Theile angreifen, die dünneste Lauge kann beym Eintrocknen scharf werden, und das Tuch leicht mürbe machen. Eine solche gebäuchte Leinwand oder Tuch wird hierauf der Sonne, dem Regen, kurz der Witterung ausgesetzt, die es alsdann in kurzer Zeit zu einem weitern Grade der Weisse bringen.

Es

Es würde dieses Bleichen in noch kürzerer Zeit geschehen, wenn man die grosse Anzal von Tüchern, besonders bey trokkenem warmem Wetter, täglich fleißig benetzen könnte. Ist ein solches Tuch eine Zeitlang der Witterung ausgesetzt gewesen; so wird es wieder gebäucht, gewaschen, und so lange mit der Abwechselung fortgefahren, bis es die verlangte Weisse bekömmt. Je mehr Asche und heiß Wasser zum Bäuchen genommen wird, desto kürzere Zeit und einen desto kleinern Platz hat man dabey nöthig: desto weniger hat man sich nach der ungewissen Witterung zu richten; denn in je geringerer Maasse die Asche und das heisse Wasser gebraucht werden, desto mehr Platz, Zeit, und Einfluß der Witterung wird erfordert. In beyden Fällen kann den Tüchern ein beträchtlicher Schade geschehen. Eine zu scharfe und zugleich zu heisse Lauge kann die Tücher vorzüglich mürbe machen; wo aber das Maaß der Asche nicht unachtsamer Weise überschritten worden, da kann man versichert seyn, daß die Lauge, wenn sie vor dem Auslegen fleißig ausgeflößt worden, gewiß nichts schade, sondern viele Zeit und Kosten erspare, ja oft hindere, daß das sonst zu lange im Wind und Wetter herumgeschleifte, oft wieder grau und ganz mürb gewordene Tuch nicht abermals durch eine scharfe Lauge zur Weisse darf gebracht werden.

Die vom Weber verfertigte Leinwand, welche theils von der hineingebürsteten mehlichten Schlichte, theils:

theils von dem ungebleichten *) Garn eine unangenehme graue Farbe bekommen, wird also nach der beschriebenen Art fast an den meisten Orten der Schärffe einer Aschenlauge; und alsdann den Sonnenstralen auf einer grünen Bleiche, ausgesetzt, in eine angenehme Weisse verwandelt und als gebleichte b) Leinewand verkaufet.

An manchen Orten ist die bisher erwähnte gewöhnliche Aschenlauge entweder nicht sowohl zu haben, oder man trauet ihr in Absicht der Reinigung nicht so viel zu, daß man sie entweder gar nicht, oder statt derselben andere weißmachende Körper allein, oder mit Aschen ver-

*) Der Flachs und Hanf, woraus die Leinwand verfertigt wird, hat noch faulbare Theile in sich, so lange er noch grau und nicht vollkommen weißlicht ist. Indem die Spinnerin denselben spinnt, benetzt sie ihn mit dem Speichel, oder meistens mit fast faulendem Wasser. Sie bringt also noch mehr faulbare Theile ins Garn, wodurch es vielmehr grauer und brauner, als weiß wird. Der Weber, wenn er das Tuch gezettelt hat, überstreicht es mit einem Brey von dem besten Stärkmehl, und darauf mit Schweineschmalz, damit es wieder durch den Weberstuhl, ohne zu kleben, gehet. Alle diese Theile, welche das Tuch grau färben, muß der Bleicher durch eine dünne Aschenlauge, durch Waschen und Bleichen herausbringen. Ein solch gebleichtes Tuch wird um ein Drittel des Gewichts leichter werden, als vorher ungebleicht; denn ein Maaß eingesottene Lauge hält 1 Loth Aschensalz, 5 Loth Unreinigkeit von dem vegetabilischen Extrakt, vom Speichel, von der Schlichte und vom Schweineschmalz. Troknet man diese Lauge ein und verbrennt sie, so stinkt sie, wie verbrannte Kno-

vermengt, gebrauchet. Die durch den weitern Fortgang in der Naturkunde entdekte verschiedene Hülfskörper bey dem Leinwandwaschen und Bleichen haben zu manchem Unterschied der Leinwandbleiche Anlaß gegeben, deren wir nur einige zum Beyspiel anführen wollen.

B. Die Holländische Art zu bleichen.

Die Holländer legen ihre feine und grobe, mit Bändern an den Enden zugerichtete Leinwand, Stückweise in große Zober, die mit Dekkeln versehen, und mit reinem laulichten, (oder auch mit Rokkenmehl und Kleye gemengten,) Wasser angefüllt sind; alsdann zwölf Stunden, oder so lange, bis der Schaum anfängt zu Boden zu fallen, in kaltes Wasser. Hierauf suchen sie der Leinwand die Lauge zu geben, oder Salze in sie zu bringen. Sie laßen hierzu in kupfernen Gefäßen drey Viertel Wasser eine Viertelstunde kochen, etwa 270 Schottische Gallonen Wasser mit 30 Pfund blauer und eben so viel weißer Perlasche (Pearlasche), 200 Pfund Markkrostasche, oder statt deren 300 Pfund Kashubasche (von Cassoup) (S. Bremisches Magazin erster Band p. 571.) 300 Pf.

Mos-

Knochen. Läßt man sie stehen, so fault sie mit einem sehr starken üblen Geruch, weil sie sehr viel von thierischen und Pflanzenartigen Theilen enthält, die gern in die Fäulniß gehen.

b) Das allgemeine weitere Verfahren bey der Leinwandsbleiche mit Aschenlauge hat Hallen in seiner Kunsthistorie, im Iten Band p. 390. ausführlich beschrieben.

Moskowitische oder weiße Asche (vermuthlich Potasche,) die alle wohl zerrieben sind. Aus der ersten Mutterlauge macht man die zwote so, daß man mit 30 Gallonen Wasser zwey Pfund weiche Seife kocht, oder statt der Seife, zu Ersparung der Kosten, 14 Gallonen solcher Lauge, die man zur weißen Leinwand gebraucht hat, sie heißt daher die weiße Leinwandlauge. Inzwischen wird die Leinwand vom Bleichfelde, trocken aufgehoben, in ein groß Faß Schichtweise nach dem Ende gelegt, damit die darüber gegossene Milchwarme Lauge durchgängig durch das Tuch gehen kann. Alsdann läßt man diese Lauge wieder in den Laugenkessel ablaufen, stärker erhitzen, wo sie dann wieder auf die Leinwand gegossen wird.

Das Aufgießen wird 6 oder 7 Stunden nacheinander, zuletzt siedend heiß, wiederholet; alsdann breitet man die Leinwand aufs Gras, spannt sie aus in freyer Sonne, und wässert sie die ersten 6 Stunden so oft, daß sie nie trocken wird. Alsdann begießt man sie nicht eher, als wenn sich trockene Flekken zeigen, und es den Tag über sehr trokken gewesen. Zehn bis 16 mahl wiederholt man diese Abwechselung mit Lauge Geben und Wässern, ehe man saure Sachen auf dieselbe bringen darf. Man gießet nämlich über die in Zöber gelegte Leinwand, wenn sie an Farbe durchgängig gleich ist, Buttermilch, oder dünne saure, mit Wasser vermengte Milch, oder statt derselben eine Säure aus Kleyen, Rokkenmehl und Wasser. Hat nun die Leinwand etliche Stunden so

gele-

gelegen, so steigen Luftblasen auf, mit einem weißen Schaum auf der obern Fläche, der in 7 Tagen zu Boden fällt, wobey aber eine innere, öfters von einem starken Grade des warmen Wetters entstandene Bewegung sich zeiget. Nach dieser Gährung wird die Leinwand ausgebunden, mit Seifenwasser ausgewaschen, und so dazu gelegt, daß der Rand zuerst mit Seife und warmem Wasser der Länge nach kann zerrieben werden, bis zum zulänglichen Anfüllen. Die Leinwand kömmt in die nach und nach zu verstärkende Lauge, welche nichts Seifenhaftes mehr enthalten darf, als das, was sie von der Leinwand bekömmt. Aus der Lauge, kömmt die Leinwand zum Bewässern, wie zuvor, nur daß man die Ränder bedeckt und sie mit Seilen niederzieht, damit sie nicht zerreiße. Hierauf bringt man sie in die Säure, wäscht sie aus, seift sie wieder ein, bringt sie abermals in die Lauge, und bewässert sie. Dieses Geschäfte muß mit die Leinwand so lange abwechselnd fortgesetzt werden, bis sie weiß ist. Um der Leinwand eine angenehme blaulichte Farbe und Stärke zu geben, wird sie geblauet und gestärket. Die Stärke muß nicht so dik seyn, als diejenige, welche die Wäscherinnen zum weißen Zeuge machen. (Bremisches Magazin. I. B. p. 579.)

C. Die Bleichart zu Harlem.

So bedienen sich also bey dem Leindwand bleichen die Holländer mancher Zusätze von andern Körpern, ausser der gewöhnlichen Aschenlauge. Die Butter-

 milch

milch ist einer von ihren vorzüglichsten Zusätzen, da das Holländische Vieh ungleich mehr Milch als anders giebt, auch in ungleich grösserer Anzal daselbst angetroffen wird und mancher Bauer auf den Dörfern um Harlem 50 bis 60 Stück Kühe haben kann, davon die Buttermilch fast alle, oft mehr als etliche hundert Eimer, zum dortigen Bleichen angewandt wird. (Schrebers neue Kameralschriften Iter Theil p. 695.) Die Harlemer Bleiche ist eine von den berühmtesten in Europa, theils weil die daselbst gebleichte Leinwand die vortreflichste Weisse bekömmt, theils auch weil die Leinwand vorzüglich daselbst geschonet wird. Die Ursache der vortreflichen Weisse der in Harlem gebleichten Leinwand, wird auch vorzüglich von den meisten Kunstverständigen der Rußischen Potasche, (die sie meist von Archangel erhalten; Schwedisch. Abhandl. 21 B. p. 13.) und dem Wasser aus Dünen, zugeschrieben.

Das Seewasser ist eigentlich dieses Wasser aus Dünen. Es läuft durch Dünen oder Sandberge, (deren es um Harlem viele giebt,) sehr rein und durchgeseiht, als ein vollkommen süsses und helles Wasser. Wie nicht ein jedes Wasser zum Bleichen dienlich sey, wenn auch sonst die Behandlung des Waschens und Bleichens einerley; davon zeugen manche Bleichen Deutschlandes. Wenden wir uns zu der in Würtemberg. berühmten Bleiche bey Urach, welche in einer angenehmen, mit vielen waldichten Bergen umgebenen Gegend angebracht ist; so sehen wir daselbst viele reine

Quell-

Quellwasser fliessen. Diese Gewässer bringen nicht nur die graue Leinwand auf dortiger Bleiche zu einer lieblichen Weisse, sondern auch das weisse Zeug und Hausgeräthe von Leinwand ist ungebleicht, blos gewaschen, in diesem reinen Quellwasser um ein, Beträchtliches weisser, als anderer Orten.

Die zu Harlem eingeführte Potasche ist eine feine Asche von Weinhefen, die als getrocknet in der freyen Luft in Gruben verbrannt worden, damit das flüchtige Salz der Weinhefen verflieget, und ein sehr Feuerbeständiges Salz zurükke bleibt, welches eine so veste, derbe, brennende, auflösende, beitzende, eröfnende Asche giebet. Um die Menge dieser so theuren Potasche auf eine wohlfeile Art zu vermehren, wurden die Harlemer veranlaßt, die Dauben der mit Potasche gefüllten eichenen Tonnen zu Asche zu verbrennen. Weil sie diese Asche viel schärfer und mit mehr vitriolischem Salz angefüllet fanden.

In Hessen machte man daher einige Zeit eine solche Asche von Eichenholz. Es wurde ein Kommerz mit dieser Potasche zwischen Hessen und Holland getrieben, so lange, bis die Holländer fanden, daß die Rußische Eichen besser dazu dienten, als alle andere. Diese sehr harte Asche von Eichenholz lassen die Harlemer von diesem äussersten Theil Europens in Fässern eingestampft kommen, wo sie dieselben mit Schlägeln zerschlagen, durchsieben und in grosser Menge, mit dem erwünschtesten Vortheil, zum Leinwandbleichen anwenden. Sie kochen eine Lauge von dieser Potasche in kupfernen Kesseln so lange, bis sie so hell als Wein ist. In dieser siedend heissen Lauge bäuchen sie die schon in einer andern Lauge gebäuchte Leinwand, worauf sie ausgewaschen und gewalket wird. Etliche Eimer Buttermilch schüttet man in die, in der Erden eingemauerte hölzerne Gefäße, legt Stücke Leinwand hinein, auf diese wohleingetretene Stücke gießt man wieder Buttermilch. Ist so abgewechselt worden, bis zur gänzlichen Anfüllung des Fasses, so preßt man die Tücher mit Brettern, und einem darauf gerichteten Pfahl wohl ein. Sind alsdann diese Leinwandstücke noch nicht allenthalben in der sauren Milch ganz weiß geworden, so weicht man sie wieder ein, wäscht sie dann jedesmal mit scharfer Seife, und hernach auf dem Spühlplatz in reinem Wasser wohl aus, ehe noch eine solche ausgewaschene Leinwand zum Bleichen auf dem begraßten Bleichplatze kann ausgebreitet werden. Bey trocknem Wetter besprengt man die Leinwand, vermittelst grosser schmaler Sichelförmig gemachter Schauffeln, mit dem Wasser, das aus den Dünen in die allenthalben auf dem Bleichplatz angebrachte Wassergräben fließet. Dieses öftere Besprengen mit reinem hellen Wasser giebt der Leinwand den völligen Glanz; denn das trübe werden, wird durch die tieffe Gräben, die man öfters reinigt, verhindert. Der größte Vortheil von auswärtiger Leinwand, die zu Harlem gebleicht wird, kömmt aus Schlesien und Oberrüssel, wo der Flachs in grosser Menge und Länge wächset. Alle diese ausländische

dische, zu Harlem gebleichte, weich und glänzend gemachte Leinwand wird für Holländische verkauft, welche schon seit vielen Jahren für die schönste und kostbarste Art von Leinwand gehalten wird. (Natur- und Kunstkabinet 1. B. p. 341.) Leipziger Samml. von Wirthschaftl. Sachen. 3ter B. p. 273.)

Das Behandeln der Leinwand mit Buttermilch ist zwar eine späte Erfindung, aber eine nützliche, die der Leinwand eine gute Farbe giebt, und die erdichten Theile darinn auflößt. Bremisch. Magaz. 1ter B. p. 576.) Es wird daher diese thierische Säure, diese Molke oder Waddike, wo sie in Menge zu haben ist, sehr von den Bleichern aufgesuchet.

Einige ziehen zwar das sauere Kleesalz, das vom Sauerklee (Acetosella,) erhalten wird, den Molken der sauren Milch vor, weil sie durch Schlagen, Treten, und Stampfen im Wasser ganz rein aus der Leinwand muß gebracht werden, da sonst die darauf folgende Büke oder Bäuche und das in der Asche stekkende Laugensalz, die aus den Molken zurückgebliebene erdichte Theile vest bindet, und Flekken in der Leinwand daraus entstehen. Das saure Kleesalz aus dem Pflanzenreich löset die erdichte Theile schneller auf, und während dem Bleichen wird die Leinwand zu einer früheren Weisse gebracht. Auf einen Eimer Wasser werden nur 2 Loth Sauerkleesalz genommen, und also weniger Saures in einer grossen Anzal Wasser mit einem eben so grossen Nußen, als mit der Molke oder sauren Milch. (Hannöv. Magaz. 1767. p. 653.)

D) Die Art zu bleichen in Flandern und Ravensberg.

In Flandern sucht man die Leinwand durch einige andere Zusätze auf eine einfachere Art zu bleichen. Die vom Leinweber überbrachte Leinwand wird in warmem Wasser gewaschen, damit die darinn enthaltene Schmiere herausgehe; alsdann kömmt sie in starke Lauge von Aschen und Rettigwurzel. Ist die Leinwand in reinem Quellwasser wohl ausgewaschen, mit schwarzer Seife gut eingeschmiert; so wird sie an der Luft, bey schönem hellen Wetter auf dem Gras ausgebreitet, an der Sonne begossen, 8 Tage lang liegen gelassen, bis sie weiß ist. (Leipz. Samml. 11. B. p. 842.)

In der Grafschaft Ravensberg, besonders in den Städten Bielefeld und Herford, suchen sie auf eine Art ihre Leinewand oder Linnen zu bleichen, die hier auch verdient angeführt zu werden. Man stekt die zu bleichende graue Leinwand 6 bis 8 Tage ins Wasser, worauf sie gewaschen, geklopft, und alsdann 3 bis 4 Tage auf die Bleiche gelegt und begossen, darauf wieder gewaschen, 24 Stunden gebükt, geklopft, gewaschen, wieder gebleicht, und so lange 10 bis 12mal auf diese Art verfahren wird, bis die entweder dichte oder dünne Leinwand völlig weiß ist. Dazwischen legt man die Leinwand in die Molken; 4 Stück zu 80 Ell. erfordern einen Eimer Molke. Liegt die Leinwand

so

so im Fasse; so werden bey jeder Lage eine halbe Hand voll Salz, und Weitzenkleye dazwischen gestreuet, das mit einem Dekkel versehene Faß 14 Tage lang mit einigen schweren Steinen beschweret, in welcher Zeit die Molke zu gähren, und die Leinwand es anzunehmen anfängt. Die Leinwand wird alsdann wohl ausgewaschen, und bekömmt 3 bis 4 Stunden auf einmal eine sogenannte Schierbüke, die aus heissem Wasser und Seife besteht, wordurch sie vollends rein und schier wird; doch muß die Leinwand noch einmal ausgewaschen, gebleicht, und alsdann erst gerollt, gefalten und zubereitet werden. (Hanöv. Magaz. 1756. p. 46.)

E. Neu = erfundene Vortheile und Maschinen zum Weißmachen der Leinwand.

Andere Kunstverständige haben mit Vortheil Leinen, wollen Zeug, und Stoffe, mit Indianischen Kastanien, (Marron d'Inde) gebleichet. Die geschälte und getrocknete Kastanien kann man auf einem Reibeisen, oder einer Mühle ganz fein, in Regen- oder fließendem Wasser mahlen, und zu einem zerquetschten Teig bringen, der sich im Wasser leicht auflößt. Hat die Leinwand darinn 10 — 12 Stunden gelegen; so vertritt dieser Saft die Stelle einer Seife: weil diese Frucht viele zusammenziehende Alaunartige, Laugen- und Seifenhafte, öhlichte Säfte in sich enthält.

Wird sie siedend heiß gebraucht; so haben nicht nur die Bleicher bey der Leinwand, sondern auch die Strumpf- und Zeugwalker vieles an dem fernern Bleichen ersparet. Nach einem gelinden Reiben werden alle Hanfarten, die eine Zeitlang in diese Lauge eingeweicht gewesen, weich und viel weisser, als vom Waschen in bloßem Wasser. Das Salzichte und Oelichte in diesen Kastanien lößt das noch am Hanf hangen gebliebene Harz völlig auf. Das Zurückgebliebene, mit Kleyen vermengt, giebt ein Futter fürs Federvieh, die Asche hingegen eine dienliche Lauge. (Hamb. Magazin 22. B. p. 636. Hannöv. Magazin 1758. pag. 1040.)

Endlich hat man gesucht das leinene Zeug durch besondere Waschmaschinen zu einer Weiße zu bringen, und es von seinen unreinen Theilen zu befreyen. Stender hat in einem Zober eine Drille oder Hülse, in der Mitte desselben, durch den Dekkel angebracht, vermittelst dessen das darein gelegte Zeug, leinenes, gefärbtes und ungefärbtes, in dem Zober mit Wasser angefüllt, durch diese Drille herumgeschmissen, und dadurch gerieben wird, um die unreinen Theile loszumachen. Damit aber diese Drille oder Hülse leichter herumgeht, hat einer, Namens Schaler, die starke Reibung des Drillers durch Räder zu erleichtern gesuchet. Diese Maschine läßt sich auch bey Maschinen im Großen anbringen, wenn man nicht auf die dabey verknüpfte Unkosten zu sehen hat. Eine ausführliche

Beschrei-

Beschreibung, nebst derselben Verbesserung, hat uns der berühmte D. Schäfer zu Regensburg Ao. 1767. gegeben.

Manche Umstände hindern öfters, alle bisher erzählte Körper beym Bleichen im Großen einzuführen, theils, weil man solche Körper nicht allenthalben in Menge haben kann, theils, weil sie durchs Weiterführen zu kostbar werden, oder weil die Handgriffe, solche Körper gehörig anzuwenden, oder zu behandeln, nicht allgemein bekannt sind, und ihr Gebrauch mit manchen Weitläuftigkeiten verbunden, auch manche gar unnöthig sind, u. s. w.

F. Vermischte Beobachtungen, und einige neue Versuche.

Nachdem der Vortheil, die laugenhafte Salze mit Kalk zu schärfen, bekannt worden, haben ihn gewisse Bleicher zu ihrem Nutzen anzuwenden gesuchet. Diese an sich nützliche Salze, mit Kalk gemischt, kamen allmählich in unvernünftiger Knechte Hände, deren Herren nicht achtsam, und der Sache nicht kundig waren.

Die unvorsichtige Versuche solcher Leute machten diesen Vortheil sehr verdächtig. Es wurden daher von manchen solche Bleichstädte, besonders von Frauenzimmer, für schädlich erkannt.

Verschiedene Kaufleute, nebst manchen andern, machten sich, aus Mangel besserer Einsichten, von den schädlichen Folgen, welche die üble Anwendung und nicht der Kalk für sich, hervor gebracht, gleichsam ein Gesetz daraus, daß man keinen Kalk zum Bleichen gebrauchen sollte. Ja, es war an manchen Orten sogar nöthig, wegen der üblen Anwendung des Kalks, daß die Bleichknechte beschwören mußten, nicht gescheider, als ihre Voraltern, bleichen zu wollen, und weil sie den Kalk nicht vernünftig zu gebrauchen wußten, ihn lieber gar wegzulaßen.

Dieses Vorurtheil in Ansehung des Kalkgebrauchs beym Bleichen, ist fast allenthalben so weit eingerissen, daß es allemal verdienet, von einem Naturforscher genau untersucht zu werden. Folgende gemachte Versuche werden die Unschädlichkeit des Kalkes beym Bleichen, auf rechte Art gebraucht, genugsam erweisen.

Es wurde zuerst eine gewöhnliche sehr starke Lauge von Asche verfertigt, ein Theil davon blieb lauter, der andere hingegen wurde mit Kalk geschärfet; in beyden so zubereiteten Laugen wurde, unter gleichen Umständen, ein gleich langer und gleich starker Faden von etlichen Ellen gekochet. Ein Stück davon wurde nur getrocknet, ohne die Lauge auszuwaschen und aufgehängt, die andere zween Fäden, davon der eine in der geschärften Kalklauge, und der andere in der allein gelaßenen

laßenen

laßenen, doch scharfen Aschenauge gelegen, wurden so- gleich fleißig mit frischem Wasser ausgewaschen, ge- trocknet, und auch zum Anhängen einer Wagschale, wie die andere Fäden, zurecht gemachet.

Die Stärke eines jeden Fadens wurde hierauf, durch das Anhängen der Wagschale, und der darein gelegten Gewichte, genau untersuchet. Der in schar- fer Kalklauge gekochte und getroknete Faden trug am wenigsten Gewicht; der in der einfachen und scharfen Aschenlauge gekochte und getroknete Faden trug kaum etwas mehr; beyde, als naß, trugen gleiches Gewicht, und beträchtlich mehr, als getroknet.

Die ausgewaschene Fäden trugen kaum etwas we- niger, als der für sich, bloß, unbehandelt beschwerte Faden. Die in der geschwächten Kalklauge waren, zeigten sich getroknet stärker, als die trokkene und be- handelte Fäden. Die mit der Lauge getroknete und unausgewaschene Fäden waren fast eben so mürb, als die mit der scharfen Lauge getroknete; hingegen dieje- nige, welche in der geschwächten Lauge gesotten wor- den, und mit Wasser ausgewaschen waren, hatten gar nichts gelitten. Sie trugen gleiches Gewicht mit dem unbehandelten Faden.

Diese, und mehrere dergleichen Versuche, bewei- sen also, daß die Schärfe einer simplen Lauge fast eben so viel, als eine mit Kalk geschärfte Lauge schaden könne; daß eine um so schwächere Lauge mit Kalk gar nichts schade, wenigstens nicht mehr, als eine stärkere, ungeachtet sie merklich geschwinder bleichet.

Man könnte einwenden, die Salze wirken bloß als aufgelößt; also sollten sie naß mehr schaden, als trokken. Ja! in viel Wasser aber ausgebreitet, greifen sie nicht an. Wenn die Tücher trokken sind, wegen des wenigen Wassers, so bleiben die Salze doch in einerley Menge, mithin wirken sie, wie die starke Lauge. Da sie öfters eintroknen, wenn sie sich gleich von jedem Thau und jeder Feuchtigkeit auflösen laßen, vermittelst ihrer Neigung zur Feuchtigkeit; wirken sie doch zu wiederholten malen desto schärfer und schädlicher.

Nun fragt sichs: Wär es nicht klüger, mit einer schwachen Aschenlauge und Kalk, unter gewissen Handgriffen zu bleichen, vermittelst welcher die Knechte solche Lauge immer gleich stark zu machen im Stande wären, und die Hälfte Asche, Holz, Zeit und Mühe ersparen könnten, als mit mehr Asche, und anderm vielen Auswand, die Tücher länger umzuschleifen, eben dadurch mürber zu machen, und mehr anzugreifen?

Warum sollte man Bedenken tragen, mit so wenig Kalk, als man nöthig hat, (da ein Paar Pfund auf einen Eimer genug sind,) die erste molkige Lauge wieder zu reinigen, und sie zu neuem Gebrauche tüchtig

tig zu machen? Die Erfahrung lehret vielmehr, daß es Länder giebt, wo das Holz rar, die Asche theuer, und dieser Weg zu bleichen bey ihnen unthunlich ist, wo sie sich mancher anderer Mittel und Zusätze bedienen, wie wir schon oben gehört haben. Solchen kann der Kalk, wenn man klug damit umgeht, besonders dienlich werden.

Unter die besondere Versuche gehöret auch noch, daß man mit Vitriolöl, mit Scheidewasser, oder Salzgeist die Körper weiß machen, und eben so unschädlich bleichen könne. Der Grund davon erhellet leicht aus oben schon angeführten Sätzen. Weil aber diese sonst nützliche Körper zu hoch im Ankauf sind, und man leichtere Wege einschlagen kann, die das nämliche leisten; so hat man diese Art bis daher auch nicht so gemein machen wollen.

Das Thierreich bietet uns eben so vorzügliche, wo nicht noch dienlichere Körper zum Bleichen an, die nicht nur unschädlich sind, sondern auch sehr schnell bleichen. Als die Seife, die Galle von allen Arten Thieren, in so fern dieselbe Seifenhafter Natur ist. Die Galle kann sehr wohl zum Waschen, Bleichen und Reinigen der Leinwand gebraucht werden, da sie nicht einmal die Farben der gemalten Kattune und Zitze verdirbt, und gelinder, als Seiffe ist. Nur Schade, daß sie zu sehr ins Kostbare fällt, und nicht in Menge zu großen Bleichen kann angeschaft werden!

Bey den Holländern und Indianern, auch zum Theil den Kattundrukkern, treffen wir einen zum Bleichen, zum Weißmachen der Leinwand eben so nüzlichen Körper, als die Galle, nämlich den Viehkoth, besonders den Kühmist an. In Schlesien braucht man vorzüglich zum Bleichen den Kuhmist und Kalk. (Schrebers neue Kameralschriften 3r Th. pag. 695.) So bleichet man damit auch zu Kaval in Brittannien. Frischgewebete Leinwand wird daselbst in warm Wasser geweicht, wohl gewaschen, getrocknet, wieder mit laulichtem Wasser gewaschen, alsdann in Kühmist, der mit warmem Wasser zerrieben, getaucht, 24 Stunden darinn liegen gelaßen, wieder in warmem Wasser ausgewaschen, 5 bis 6 Tage lang in Thau gelegt, an der Sonne begossen, und so wiederum von vorn angefangen, bis solche Leinwand, höchstens in 10 Tagen, schön weiß und wohl gebleichet ist. (Leipz. Samml. II. Band pag. 842.)

In Schweden hat auch ein Königlicher Kapellmeister das Bleichen mit Kuhmist angerathen, und viele vortheilhafte Versuche damit gemacht, so daß die Leinwand so weiß gebleicht worden, als die Holländische, ohne röthlich oder gelb zu werden.

Man darf nach seinem Vorschlag nur den Viehmist in See- oder Flußwasser thun, das Leinwandzeug 24 Stunden darein legen, alsdann aufhängen, ohne es abzuspühlen, (welches leztere aber nicht rathsam).

Wenn

Wenn die Sonne scheint, so soll man die Leinwand des Tages einmal in eben dergleichen Wasser, darinn es zuvor gelegen, eintunken. Diese Lauge soll nachgehends durch hinzugethanen mehreren Mist verstärkt werden. Am besten ists, vor die Mistgrube eine Vertieffung zu machen, damit auch dieses Mistwasser in die Vertieffung läuft, wenn es regnet, und zugleich viel von solchem nützlichen Wasser mit leichter Mühe gewonnen werde (Schwedische Abhandl. 3. B. pag. 314.)

Der Viehkoth wirkt bey dem Bleichen, wie die Galle, auf die Leinwand. Es wird ja täglich die Galle der Thiere ausgeschieden, und unter den Koth derselben, nachdem sie bey der Verdauung ihre Dienste gethan, ausgestossen. Im Viehkoth steckt also eben die Kraft, als in der Galle. Demnach ist hier der Weg, die Galle der Thiere in Menge zu bekommen, und zum Bleichen anzuwenden. Es ist nicht zu läugnen, daß man die Leinwand sehr verderben und unbrauchbar machen kann. Man darf sie nur in Wasser tunken, worein Kühmist gerühret worden, und auf den Rasen oder Wasen legen, und allda trocknen lassen; so werden sich bald die übelsten Folgen davon zeigen, und zwar nicht nur wüste Flecken, sondern ein baldiges Mürbewerden. Wenn man aber in Viehwasser die Leinwand oder das Garn 1 bis 2mal 24 Stunden leget, ohne sie trocknen zu lassen, sondern

aus

aus dem Kühkothwasser gleich am Bach das Kühwasser auswäscht; so erhält man vollkommen seinen Endzwek; noch geschwinder aber, wenn man mit Kühkothwasser das Tuch, nachdem es über Nacht darein geweicht blieb, ordentlich, wie bey Laugenwäschen bäuchet, das ist, wenn man das Kühkothwasser abläßt, heiß macht, wieder abläßt, um es heisser zu machen, bis man es nach wiederhohltem Erwärmen endlich siedend darüber giessen, und es durchlauffen lassen kann, wenn es bis zum Erkalten darüber gestanden. Hierauf muß alsdann solche Leinwand an einem Fluß rein ausgewaschen, 8 Tage der Witterung ausgesetzt, auch bis zur verlangten Weise mit Auslegen und Bäuchen im Kühkothwasser fortgefahren werden. Auf diese Art kann man in 14 Tagen die weisseste Baumwolle, und in 4 Wochen das weisseste leinene Zeug fertig machen, wenn anders die Witterung auch gut ist.

Der allzutrocknen Witterung muß man vorzüglich durch fleißiges Begiessen abhelfen; da ohnehin bey der nassen und so schädlichen Witterung nicht viel zu verderben ist. Bey ungefärbter, ungebleichter Leinwand thut der Kühkoth seine beste Wirkung. Das ausgewikkelte, flüchtige Laugensalz thut hier eben das, und fast noch mehr, als das Feuerveste der Laugen. Man könnte daher leicht zweifelhaft werden, ob man es dem Seifenhaftigen Wesen, oder dem entwickelten Laugensalz zuschreiben soll, was der Kühkoth thut, um so mehr, als sonst angestellte Versuche erwiesen haben,

daß

daß die flüchtigen Urinartigen Salze sehr scharf bleichen. Es ist aber eben gesagt worden, daß man den verfaulten Dünger nur bey ungefärbter Leinwand anwenden könne. Das flüchtige Salz ändert nicht nur die Farbe, sondern es greiffet auch ihren Grund an, und schwächet sie. Zum Kattunwaschen und Bleichen muß man also frischen Kühkoth nehmen. Wenn man die Farbe schonen will, muß man die Kattune im blossen kalten Kühkothwasser einweichen und auswaschen, oder wenigstens nicht zu heiß bäuchen.

Was der Kalk bey der Lauge thut, das leistet er auch beym Kühkothwasser. Er schärft es. Vier Kübel verfaulten Kühkoth, und 1 Pfund gemahlenen Kalk mit einem Eimer Wasser angerührt, sich setzen, und durch ein Tuch das Helle ablauffen lassen, giebt eine hurtig bleichende Lauge, die nicht im geringsten angreift, man mag das Garn oder Tuch nur einweichen, oder damit bäuchen, wenn man es nur rein auswäscht, eh es trocknet.

Es ist aber auch noch zu beobachten, daß man dem Vieh nicht viel Stroh streuet, weil manches Stroh färbet, und die Leinwand gelbweiß machet. Der einreissende Holzmangel und Theuerung, die Menge der zu bleichenden Tücher bey zunehmender Anzal von Leuten, der Werth der Aschen, und die Beschwerlichkeit, solche viele Stunden weit zusammen zu führen, geben Gelegenheit, diese Vortheile in Zukunft erst recht zu benutzen. Es ist zu verwundern, daß man nicht neben den Landgütern, wo es Melkereyen, mithin auch Mistplätze und fliessende Wasser giebt, dergleichen Bleichplätze anlegt, deren Anlegungskosten nicht so groß sind, da sie in einer so nützlichen Verbindung mit den andern Stücken zu einem Landgute stehen, und eine gute Einrichtung das Gut fast zweymal so einträglich machen kann.

Manchen werden verschiedene scheinbare Anstösse und Hindernisse, auch vorzüglich manche Einwendungen bey solchem Waschen, Bäuchen und Bleichen mit Viehmist vorkommen; Es wird ihnen aber leicht zu antworten seyn. Einige könnten sagen, daß es nicht im Grossen angehe; erstlich, weil man viel Vieh darauf halten müsse, um vielen Mist ohne Stroh zu erlangen. Ja! die Anzal der Stükken des Viehes darf nicht gering seyn, sie können aber auch leicht erhalten werden; denn der Bleichplatz erhält sie selbst, weil ohnehin die Viehzucht zu einer Melkerey nützlich und nöthig ist, wo man den Dünger nur auf die Güther führt, um so mehr hier, da er selbst den vornehmsten Ertrag ausmacht.

Zweytens könnte man einwenden, es würde sehr viel Arbeit erfordert, die Tücher täglich oder alle 2 Tage aufzuheben und einzutunken. Hierauf dienet folgendes zur Antwort. Anstatt dieser geringen Mühe ist man vieler anderer mühsamer Geschäfte gänzlich überhoben, und werden dabey zugleich viel Unkosten erspa-ret. Ein jedes Tuch muß gewalkt und 4 mal gebäucht,

alſo

also 4 mal aufgehoben und 4 mal wieder ausgebreitet werden; man muß es alsdann von neuem über die Schranken ziehen, es läutern, mithin wird es an den ungefähr 60 Tagen, die zum Bleichen höchstens erfordert werden, 6 Tage ohnedies hin und hergetragen; es fällt also richtig ein grosser Theil der Bemühung hinweg, bloß durch das außerdem nöthige Hin- und Hertragen. Hierzu kommt noch die leichte Einrichtung, in jedem Stall eine Wasserrinne anzubringen, um das Wasser, es sey aus einer Quelle oder Wässerungsgraben, in der Nähe herein zu leiten, und durch sein Ueberlauffen täglich einigemal den Stall auszuspühlen, wo alsdann durch 2 oder 3 Bohlen der Stallspühlig, und der in Wasser verkehrte Viehmist, ohne weitere Mühe, in eine wasserhaltende Grube hineingeleitet werden kann, wenn diese besonders gleich hinter dem Stall angebracht ist.

Zween kleine Wagen, jeder mit 1 Zug Ochsen eingerichtet, und 2 Knechte sind hinreichend, die Tücher aufzuheben, zu laden, und zur Leinwandgrube zu führen. Zween andere kleine Wagen aber müssen auf der andern Seite der Grube, über welche ein breiter Steg gemacht ist, mit Ochsen und 2 Knechten in Bereitschaft stehen, um das Tuch von den Knechten beym vollen Wagen auf der andern Seite aufzunehmen, wenn dieses Tuch zuvor in die Mistgrube eingetunkt, und gleich darauf aus reinem Wasser gewaschen worden. Auf solche Art können 300 Stück Tuch in 1 Stunde leicht durchzogen, und jedes auf den Bleichplatz an seinen Ort, zusammengewikkelt, gebracht werden, bis andere kleine Wagen wieder so gefüllt und eben so abgeleret werden.

Aus dem bisherigen wird also einem jeden deutlich in die Augen fallen, wie nützlich, und wie leicht die ungebleichte Leinwand im Viehmistwasser könne gewaschen und zu einer angenehmen Weisse gebracht werden, und wie also nicht nur das Pflanzen- und Steinreich, sondern besonders das Thierreich so verschiedene zum Bleichen der Leinwand sehr dienliche und nöthige Körper enthalte.

VI.

Eine bequemere Einrichtung der Insektensammlungen,

von

Johann Beckmann.

Diejenigen, welche Insektensammlungen besitzen, und solche von Zeit zu Zeit zu vermehren suchen, haben längst die Schwierigkeit bemerkt, die Nadel, worauf das Insekt befindlich ist, in dem Boden des Kastens genugsam zu bevestigen. Ist dieser, wie er gemeiniglich zu seyn pflegt, von Holz, so hat man, auch selbst, wenn weiches Holz gewählet worden, Mühe genug, die Nadel so tief einzudrükken, daß sie vor dem Umfallen gesichert wird, und ist sie nicht sehr stark, wie sie es doch nicht bey allen Insekten seyn kann, so biegt sie sich, und nicht selten zerdrückt man alsdann wenigstens einen Theil des Körpers. Diejenigen, welche die Gewohnheit haben, um das Insekt schneller zu tödten, die Spitze der Nadel am Lichte glühend zu machen, erfahren diesen Unfall

fall am öftersten. In der That taugt dieses Verfahren nicht, ob es gleich noch vom Herrn Dokt. Kühn in seiner Anleitung Insekten zu sammlen, S. 75. gebilligt worden. Denn, da die Nadel aus Messing, dieses aber nur aus Zink und Kupfer besteht, so verbrennet das flüchtige Halbmetall, und das spröde, und oft schon gesplitterte Kupfer bleibt zurükke. Eiserne Nadeln würden zwar das Ausglühen eher aushalten: aber wenn man sie auch, wie ich gethan habe, dazu besonders machen ließe; so würde man sie doch bald, wegen des Rostes, dem sie ausgesetzt sind, zurükwerfen. Zudem habe ich viele Insekten dadurch gar nicht tödten können, wenn ich auch die Nadel sechs und mehrmal glühend gemacht habe. Diesen Versuch, der mir, ohne ein Banianer zu seyn, immer grausam geschienen, habe ich, nicht ohne Widerwillen, bey einigen Phalänen, und vornämlich bey dem Tarokan der Russen, (Blatta orientalis) oft angestellet. Die Schwierigkeit, die Nadel in dem hölzernen Boden zu bevestigen, wird größer, wenn man sie oft an demselbigen Ort wieder einstekken will. Dadurch erweitert sich die Offnung übermäßig, und doch ist es nicht allemal schiklich, dem herausgenommenen Insekt einen andern Platz anzuweisen. Auch gewinnet man nicht, wenn man die Löcher mit einer Pfrieme vorher einbohren will.

Wegen dieser Unbequemlichkeiten sind einige darauf verfallen, den Boden des Insektenkastens mit

Kork

Kork zu überziehen, worinn die Nadel, mit weit leichterer Mühe eingedrükt werden kann. Aber es ist keine geschwinde und keine angenehme Arbeit, den Boden mit Kork zu bekleben, zumal, da man nicht viele große unschadhafte Stükke erhalten kann, und wenn auch einmal das Bekleben geschehen ist, und man den Ueberzug mit Mühe geebnet hat, so macht der Kork einen Uebelstand, den man, durch einen neuen Ueberzug von Papier heben muß, und nicht selten pflegt der Kork dennoch wieder abzuspringen.

Andere haben den Vorschlag gethan, im Boden des Kastens lange Vertiefungen zu machen, und solche mit Wachsstock oder gezogenem Wachslicht auszufüllen. Hiedurch erhält man allerdings mancherley Bequemlichkeiten; soll aber alles gut gerathen, und in die Augen fallen, so gehört ein geduldiger und nicht ungeschikter Arbeiter dazu. Inzwischen bin ich, der ich meine Insektensammlung nicht zur Pracht, auch nicht zum Zeitvertreib, sondern allein zu meinem und anderer Unterricht unterhalte, durch diesen lezten Vorschlag auf ein anderes Mittel gerathen, welches mir so ungemein bequem ist, daß ich kein besseres erwarte. Ich nehme mir die Freyheit, es hier anzuzeigen, weil ich nicht weis, daß es schon sonst bekannt gemacht sey.

Man läßt einen Kasten, aus vollkommen ausgetroknetem Holze, mit Schiebladen verfertigen. Leztere können nur aus dünnen und leichten Brettern, auch nur aus Schachtelbrettern, wenn man diese haben kann, gemacht seyn. Damit dem Staube und den gefährlichen Insekten aller Eingang versperret werde, giebt man dem Kasten einen Dekkel, der sich senkrecht vor den Schiebladen einschieben läßt, und sich in Falzen der hervorspringenden Seitenwände und des Bodenbretts tief einfugt, auch oben mit einem breiten Leisten überspringet. Der Kasten muß, um alle Oeffnungen zu verhüten, nicht zusammen geleimt, sondern zusammen gefugt seyn, und zu noch mehrerer Vorsicht, habe ich ihn auswärts mit starkem Papier überall bekleben laßen, wozu ich Kleister mit Koloquintenwasser genommen.

Ferner läßt man vom Buchbinder aus dünner, doch steifer Pappe, für jede Schieblade einen Einsatz machen, der ganz genau in denselben einpasset, und durch Bänder, die auswärts an den Seitenwänden angeklebt sind, sich bequem heraus heben läßt. Wenn diese Einsätze wohl ausgetroknet sind, so begießet man den Boden mit folgender Mischung. Man läßt nämlich aus der Apotheke zehn Unzen gelbes Harz, sechs Unzen gelbes Wachs, zwo Unzen Ziegentalch, und eine Unze Terbentin zusammen schmelzen, so, wie es etwa bey der Bereitung des Baumwachses geschiehet. Diese Mischung läßt man über dem Feuer noch einmal zergehen, und wenn sie wohl zerflossen und eingerührt ist, gießt man davon in den auf einen horizontalen Tisch hingestellten Einsatz so viel, daß der Boden eine Linie

hoch

hoch damit bedekket wird. Man gießt die Materie in die Mitte des Einsatzes ein, und verhütet leicht, daß nichts an den Rand sprützt, und solchen beschmutzet. Nachdem der Boden begossen worden, läßt man ihn in der horizontalen Stellung langsam erkalten. Merkt man, daß das Wachs geronnen ist, aber sich doch noch eindrükken läßt, so legt man ein vorher zurecht geschnittenes Stük Papier hinein, welches den Boden völlig bedekket. Man fährt mit einem Falzbein behutsam darüber her, und ebenet dadurch nicht nur das Papier, sondern auch den Einguß vollkommen, so, daß nirgend etwas von dem Wachse sichtbar bleibet. Der gänzlich erkaltete Einsatz wird in die ihm zugehörige Schieblade eingesenkt, und da hat man nun die Bequemlichkeit, daß man, mit der geringsten Gewalt, auch die schwächeste Nadel, vollkommen vest, an jedem beliebigen Orte der Schieblade, so oft man will, einstekken kann.

Wer will, kann sich das Wachs leicht selbst bereiten; indessen gehört die Vorsicht dazu, daß man, erst wenn Harz und Wachs geschmolzen sind, Talch und Terbentin hinzu thut, und daß man die Entzündung verhütet. Beschmutzt man sich etwa bey dieser Bereitung die Finger mit diesen Materialien; so kann man sie leicht mit etwas Butter oder Unschlitt reinigen. Unschlitt ist zu dieser Mischung, so wie Terbentin, nothwendig, um sie weich, klebrich, und zähe zu erhalten. Herr Landdrost von Münchhausen hat deswegen im

Hausvater, ohne Grund, diejenigen getadelt, welche dem Baumwachse Talch beymischen. Dieses animalisch Fett soll keinesweges etwas zum Wachsthum der Bäume beytragen, sondern es soll das Baumwachs weich erhalten, damit es gehörig aufgeschmiert werden könne. Vielleicht wird manchem, der meiner Vorschrift folgen will, die ganze Mischung anfänglich zu weich scheinen, aber er wird finden, daß sie die Nadeln vest genug hält, und daß sie in kurzer Zeit noch um ein vieles erhärtet. Wenn die Schiebladen und Einsätze gar groß sind; so wird der Einguß etwas mißlich, weil es schwer hält, ihn alsdann überall gleich hoch zu erhalten. Einsätze, die einen Schuh lang und 14 Zoll Engl. Duodezmaaß breit sind, machen keine Schwierigkeit. Auch ist mir die Arbeit gerathen, wenn die Länge sechszehn und die Breite achtzehn Zoll, gewesen ist. Mit noch größern habe ichs nicht versuchen wollen.

Verfährt man mit hinreichender Behutsamkeit, so klebt sich das Papier vollkommen vest und gleich an. Gesetzt aber, die Arbeit sey mißgeglückt, oder man wolle mit der Zeit das alte, etwa durch einen Zufall beschmutzte, oder schon zu oft durchstochene Papier abheben, und ein neues auflegen, so habe ich ein Mittel gefunden, dieses ohne Schwierigkeit zu verrichten. Um ein einmal aufgelegtes und angebakkenes Papier abzunehmen, läßt man den Stiel einer noch nicht gebrauchten Tobackspfeiffe an einem Ende glühend, oder sehr heiß werden. Dies heisse Ende hält man über die Stelle, wo man das Papier abheben will, und bläset durch das andere darauf; sogleich löset sich das Papier, weil sich das Wachs erweichet. Hernach darf man das schon abgelösete Papier nur in die Höhe halten, und auf gleiche Art auch zwischen das Papier und den Einguß blasen, so trennet sich jenes durch den geringsten Zug, und schälet sich, ohne zu zerreissen, ganz und schnell ab. Um nun ein neues Papier hinauf zu legen, ist nur nöthig, daß man den Einsatz verkehrt über glühende Kohlen hält, dergestalt daß die Masse zwar durchaus erwärmt, aber nur auf der Oberfläche etwas zum Schmelzen gebracht wird. Sogleich legt man das Papier darauf, und streicht es eben und veste. Auch habe ich eben dieses oft dadurch bewirket, daß ich den Einguß nur wenig erwärmte, und alsdann gleich das neue Papier auflegte. Ich habe noch ein Paar Bogen darüber gedekt, und solche vorsichtig mit einem erwärmten Eisen, dergleichen sich die Wäscherinnen bedienen, überfahren. Trift man den gehörigen Grad der Erwärmung des Eisens, so pflegt alles leicht und gut zu gerathen.

Will man jede Schieblade mit einer Glastafel bedekken; so verfahre man auf folgende Art: Der Rand des Einsatzes von Pappe muß zu dieser Absicht etwas niedriger, als der hölzerne Rand der Schieblade seyn. Die Glastafel legt man so, daß sie überall auf dem Rande des Einsatzes ruhe. Um die Fugen an den Seiten zu vermachen, verschmiert man solche mit demjenigen Kütt, dessen sich die Glaser oder Fenstermacher bedienen, um die Fensterscheiben zu verwahren. Man kann ihn von diesen Handwerkern für ein geringes Geld haben, doch ist es auch nicht schwer, ihn selbst zu bereiten. Hier ist dazu die Vorschrift, die auch denen dienen kann, welche Fenster zu Treibebeeten in Gärten verschmieren wollen. Man kocht Leinöl, thut ein wenig Silberglätte hinzu, mischt ganz fein zerriebene Kreide mit etwas Bleyweiß darunter, und giebt ein wenig Terbentin hinzu, bis der Teig die erforderliche Dikke hat. Dieser Kütt kann in einem feuchten Keller, in einer Blase, lange frisch erhalten werden, auch kann er, wenn er zu dik geworden, mit etwas Leinöl, worinn Glätte zerkocht ist, verdünnet werden. Hat man die Fugen damit vermacht, so kann man den Kütt mit Zinnober, oder einer andern beliebigen Farbe überstreichen, Er dient auch dazu, die R tzen zu verkleben und auszufüllen, die der Kasten zu erhalten pflegt, wenn er aus nicht ganz trockenem Holze gemacht worden.

Durch diese Verrichtung sichert man seine Sammlung wider den Angriff gefährlicher Insekten;, ;nur ist nothwendig, daß man kein Stück eher in den Kasten einsetze, als bis man gewiß weis, daß es nicht schon feindliche Eyer bey sich habe. Um darüber sicher zu seyn, lasse man jedes Insekt erst eine Zeitlang, in einem andern, auch wohl verwahrten Kasten, stehen; findet

findet man, nach einigen Monaten keine bedenkliche Veränderung, so kann man es an den gehörigen Ort seiner Sammlung einstecken. Zu noch mehrer Sicherheit dient es, wenn man das Insekt vorher mit der Nadel auf ein Stükchen Kork stekket, und es mit demselben Sommers in die strengsten Sonnenstralen, oder Winters auf den Ofen setzet. Meine eigenen Versuche haben mich gelehrt, daß Maudil *) mit Recht behauptet, schon die mäßige Wärme des Stubenofens, oder der Sonnenstralen tödte Eyer, Raupen und Puppen. Bey dieser Vorsicht habe ich Insekten acht, zehn bis zwölf Jahre unbeschädigt erhalten.

Die bisher erzählte Zurichtung giebt auch ein vortrefliches Mittel ab, Insekten, so weit man will, auf der Post, unbeschädigt zu verschikken. Man stekke sie in ein Kästchen von Blech, oder von Holz mit einem Einsatze von Pappe, dessen Boden man mit dem oben beschriebenen Wachs übergossen hat. Das Kästchen umwickelt man entweder mit Pferdehar, so wie H. Kühn S. 91. verschreibt; oder welches wenigstens eben so gut ist, man setzt es in ein etwas grösseres Kästchen, und füllt überall den Zwischenraum mit Hülsen von

*) Ich meyne die vortrefliche Abhandlung des H. Maudil, welche in des Roziers Observations 1773. II. pag. 391, 473 steht, aus der ich einen umständlichen Auszug in meiner physikalisch-ökonomischen Bibliothek V. S. 132. gegeben habe.

von Buchweitzen oder Heidekorn aus. Diese Hülsen sind weich genug, um einen Stoß zu schwächen, und doch zugleich elastisch, so daß man in Gouda die Tobackspfeifen damit einpakt, und sie auf solche Weise, ohne allen Schaden, weit und breit versendet; dahingegen unsere Pfeifenhütten durch Hexel, oder Hekkerling, oder klein geschnittenes Stroh, womit sie ihre Waaren einpakken, nicht völlig ihre Absicht erreichen. Ich kann versichern, daß ich einige hundert Insekten, einige hundert Meilen weit, auf den unsanften Deutschen Postwagen, auf jene Weise verwahrt, unversehrt neben meinen Büchern und andern Sachen transportirt habe.

Göttingen, den 18 Dezemb. 1775.

VII.

D. Karl Joseph Oehme.

Ueber die

Reitzbarkeit im Pflanzenreich.

So sehr man in unserm Jahrhunderte die Kräuterkunde bearbeitet hat, so viel Dunkelheiten bleiben dem wißbegierigen Naturforscher noch in diesem Gebiete übrig. Die wahre Ursache hiervon ist doppelt. Einmal hat man mehr historische und systematische, als physiologische und philosophische Kenntnisse zu erlangen gesuchet. Hernach hat man vielleicht auch in den wenigen physischen Untersuchungen, die man angestellt hat, noch zu viele Vorurtheile beybehalten. Man hat nämlich die Pflanzen zu sehr von den Thieren unterschieden, und es hat den ächten Naturforschern sehr viel Mühe gekostet, die Menge zu überzeugen, daß Thiere und Pflanzen Aehnlichkeit mit einander hätten. Thiere und Pflanzen gehören beyde in das große Gebiete der organischen Körper, die sich von den rohen Massen des Mineralreichs durch äußere Werkzeuge und eine Regelmäßige Bewegung

gung wohlgemischter Säfte durch eigne Kanäle unterschieden. Grund genug, warum man sie nicht so sehr trennen sollte, wenn wir auch nicht ihren Zusammenhang durch die Entdekkung der Polypen so unwidersprechlich bestätiget sähen.

Unter allen Unterscheidungszeichen aber, die man zur Trennung des Thier- und Pflanzenreichs angeführet hat, ist vielleicht auf keines mehr gerechnet worden, als auf den Mangel der Empfindung, den man im Pflanzenreiche durchgängig wahrzunehmen glaubte. Der Ritter von Linne macht hieraus einen vorzüglichen Grund zur Trennung der beyden Reiche:

Plantæ crescunt, nec vivunt ac sentiunt.

Gleichwohl hat man schon sehr lange Pflanzen gekannt, die von dieser Regel, dem ersten Anscheine nach, abweichen, uud die man deswegen Fühlkräuter, (Plantas sensitivas) nennete Der Ausspruch des großen Schwedischen Naturforschers scheint daher der Erfahrung gerade zu entgegen zu seyn. Eine Sache, die jeden Verehrer der Natur aufmerksam machen muß! Ich glaubte aus diesem Grunde meine Mühe nicht ganz vergebens anzuwenden, wenn ich meine Gedanken und geringen Bemerkungen über diesen ohnedies nicht hinlänglich bearbeiteten Gegenstand, in diesen Blättern zu eröfnen wagte.

Dem Menschen ist die feinste, die vollkommenste und dauerhafteste Empfindung zugefallen. Die Thiere empfin-

empfinden alle dunkler und ihre Empfindung nimmt in dem Verhältnisse des Abstandes ab, in welchem sie von dem Menschen stehen. Die edelste Art von Empfindung, die uns allein zukömmt, ist die, welche mit Vernunft und Ueberlegung verbunden ist. Die übrigen Thiere empfinden blos, indem sie sich selbst und dessen, was mit ihnen vorgeht, bewußt sind. In den untern Klassen von Thieren scheint auch das Bewußtseyn abzunehmen und der Polyp, hat gewiß einen Grad der Empfindung, der von der unsrigen so sehr, als seine Organisation, verschieden ist. Was sollen wir hieraus schlüssen? Können wir noch den Pflanzen wahre Empfindung zuschreiben, und wenn wir es nicht können, wie sind die Erscheinungen an den Fühlkräutern zu erklären? Den Pflanzen ein Bewußtseyn zuschreiben, hiesse sie zu sehr erheben, und paradoxe Meynungen vertheidigen, die mehr ein Spiel der erhitzten Einbildungskraft, als eine Frucht der durch Nachdenken erregten Ueberzeugung sind. Im Gegentheile den Fühlkräutern alle Fähigkeit, Eindrücke von äussern Gegenständen anzunehmen, und sie an sich bemerken zu lassen, absprechen, hiesse sie zu sehr vom Thierreiche trennen und das schönste Kettenglied zwischen zwey benachbarten Reichen vernachläßigen. Man muß ihnen daher eine Empfindung ohne Bewußtseyn verstatten, oder, wenn dieses ein Widerspruch ist, einen andern Namen dafür erfinden. Die Beobachtungen eines von Hallers, haben uns diese Mühe merklich erleichtert. Er hat uns deutlicher, als jemand vor ihm belehrt, daß es im thierischen Körper, ausser der den Nerven eignen Empfindung, noch andere Erscheinungen gäbe, die mit derselben Aehnlichkeit haben, und doch nicht aus gleichen Grundsätzen erkläret werden können; ja sogar in todten Körpern noch einige Zeit übrig bleiben *). Er unterscheidet sehr in die Augen fallend die Kraft der Nerven und die Kraft der Muskelfiber, und nennt die letztere Reitzbarkeit. Lassen Sie uns, meine Leser, diesen so wohl gewählten Namen beybehalten, und die Erscheinungen der Reitzbarkeit auf die Fiber der Pflanzen anwenden, um daraus die Fühlbarkeit einer Pflanze zu erklären!

Nur vorher noch einen Schritt ins Thierreich! Der Polyp ist das Mittelgeschöpf zwischen dem Thier und der Pflanze, und er hat so viel von beyden, daß man nicht bestimmen kann, welchen Rang er am richtigsten behauptet. Seine Bewegungen, die ihm nahe Beute zu erhaschen, oder vor dem, was ihn gewaltsam berührt, zurükzufliehen treiben, sind ein Mittel zwischen Empfindung und Reitzbarkeit, vielleicht mehr noch das leztere, als das erstere. Auch Bonnet, der übrigens sehr die Thierheit des Polypen vertheidiget, hat die meisten Bewegungen desselben aus der Reitzbarkeit erkläret. Wir wollen ihm aber nicht ganz das Bewußtseyn seiner Empfindungen und Bewegungen absprechen,

*) Mem. sur les part. irritables und Elem. Physiolog. T. IV. lib. XI. lect. II.

sprechen, sondern uns seine Beweglichkeit in das Pflanzenreich hinüber führen lassen.

Ellis hat uns vor wenig Jahren eine Pflanze beschrieben, die, wenn man den Polypen eine Thierpflanze nennt, ganz gewiß den Namen eines Pflanzenthiers verdient. Er nennt sie die Fliegenklappe (Dionæa muscipula) *). Nach dem System scheint ihr Geschlecht der Oxalis und Drosera benachbart zu seyn; sie unterscheidet sich aber von beyden durch die besondere Struktur ihrer Blätter und noch mehr durch eine sehr wunderbare Eigenschaft derselben. Diese Blätter, die inwendig fleischig und mit Drüsen versehen sind, ziehen sich nämlich bey der Berührung eines fremden Körpers, besonders aber der Fliegen und anderer kleiner Insekten zusammen, und fangen dadurch das Insekt. Ohngeachtet ich eben nicht mit dem angeführten Naturforscher Ellis für wahrscheinlich halte, daß die Pflanze sich von den Säften der gefangenen Insekten nähre; so halte ich sie nichts destoweniger für das erste Kettenglied im Pflanzenreiche, das die Pflanze mit dem einfachesten Thiere verbindet. Wenn der Polyp empfindet, so ist es gewiß in sehr geringem Grade, und wenn die Dionäa blos durch Reitzbarkeit

 ihre

*) *Ellis* de Dionaeâ muscipulâ ad Perill. Car. a *Linné* epistola, mit der Deutschen Uebersetzung des Hn. Hofr. Schreber Erlang. 1771. 4.

ihre Bewegungen äussert; so muß diese die Reitzbarkeit anderer Pflanzen weit übersteigen. Dem ohngeachtet ist sie nicht die einzige Pflanze, bey welcher wir diese Eigenschaft in einem in die Augen fallenden Grade wahrnehmen. Man könnte ein ganzes Verzeichniß von Pflanzen machen, deren Blumen oder Blätter diese merkwürdige Erscheinung wahrnehmen laßen. Das Mimosengeschlecht hat allein sieben bis acht Gattungen empfindlicher Pflanzen; die Oxalis eine, die Aeschinomene zwo bis drey, ohne diejenige, die vielleicht noch unbekannt sind. Wir wollen nur die bekannte Mimosa sensitiva anführen, welche in vielen Gärten gezogen wird, und daher die meisten Zeugen ihrer bis zur Bewunderung starken Reitzbarkeit hat. Wir haben sie selbst einen Sommer hindurch sehr genau beobachtet, und bewundert, und wollen unsre Bemerkungen theils noch in diesen Blättern, theils bey anderer Gelegenheit mittheilen.

Ausser diesen Fühlkräutern giebt es aber noch einige Gattungen von Aftermooßen, die sich dem Thierreich auch ungemein nähern, ihre Empfindlichkeit aber auf eine andere Art äussern. Dieses sind die Tremellä des Ritters von Linne. Die merkwürdigste davon ist der Nostoch, ein Gallertartiges Gewächs, ohne alle sichtbare Organisation, welches beständig zittert, und woran Adanson eine Art von Lokalbewegung ihrer

klein-

kleinsten Theile bemerket *). Ohngeachtet ich nicht mit diesem Schriftsteller behaupte, daß diese Zitterpflanze mehr Antheil an der thierischen Bewegung habe, als die übrigen Fühlkräuter; so scheint sie sich wenigstens durch ihre Gallertartige Struktur dem Polypen und andern Thierpflanzen zu nähern. Ich will es wagen, aus dem wenigen, was ich vorigen Sommer an der Mimosa sensitiva bemerkt habe, mich über die Reitzbarkeit der vegetabilischen Fiber näher zu erklären.

Die äussere Struktur der Sensitiva, so wie sie bey dem ersten Anblik in die Augen fällt, gab mir hierzu hinlänglichen Anlaß. Ich fand, daß ihr Stängel mit zarten Stacheln bewachsen, und an den Biegungen der Zweige mit einer Art von Drüse versehen ist. Bey der geringsten Bewegung wich sie zurük, und legte ihre Blätter zusammen, am stärksten und geschwindesten aber alsdann, wenn man sie nahe an einer von diesen Drüsen berührte. Nothwendig mußte daher die gröste Reitzbarkeit an dieser Stelle liegen, einer Stelle, die mehr animalischer, als vegetabilischer Struktur ist, und ordentliche Papillen vorzustellen scheinet. Auch die zarten Stacheln schienen mir eine Aehnlichkeit mit vielen Geschöpfen des Thierreichs zu veranlassen, da wir wissen, daß Theile, die zu einer besondern Empfindung bestimmt sind, gemeiniglich mit zarten Haren bewachsen sind. Ich wendete das, was

*) S. Avant-Coureur. 1767.

bey der sensitiva gleich in die Augen fällt, auf die übrigen empfindlichen Pflanzen an, deren Beschreibungen man bey den Schriftstellern antrift. Die vorhin erwähnte Dionæa hat in der Mitte ihrer Blätter eine Fleischartige, zum Theil drüsichte Substanz, und eben diese Blätter sind nach außen zu mit dünnen Haren bewachsen Die Tremelle ist ganz Gallertartig und fleischig. Beynahe alle andere Pflanzen, die einige Empfindlichkeit zeigen, laßen uns eine gleichförmige Struktur wahrnehmen. Die Aehnlichkeit dieser Struktur mit der thierischen scheint also in der That die ähnlichen Effekte hervorzubringen. Nun sind aber die Effekte des Zurükweichens bey einem empfangenen Stoß, oder vermerkter Hinderniß in den Thieren nicht allemal die Wirkungen der Empfindung, sondern öfterer blos Wirkungen der Reitzbarkeit; folglich wird eben diese auch die Ursache der Bewegung in den Fühlkräutern seyn müssen. Ich sage noch mehr, die Reitzbarkeit der Pflanzenfibern ist noch stärker, als die Reitzbarkeit der thierischen. Im Thiere sind Ueberlegungen, eigentliche Empfindung, es sind Nerven und Lebensgeister vorhanden, die bey den Erscheinungen der Reitzbarkeit, so lange das Thier lebt, konkurriren können. In den Pflanzen nehmen wir nichts davon wahr und dennoch bringt sogar der Eindruk der Luft Erscheinungen hervor, welche die Stärke der Reitzbarkeit beweisen. Die Sensitiva schlüßt ihre Blätter bey trübem Himmel, bey Regen, und besonders bey Gewittern, sie schlüßt sie auch alle Abende, und öfnet sie bey heiterm Wetter, insonderheit bey dem Eindrukke der wohlthätigen Sonnenstralen. Wie stark muß die Reitzbarkeit in den Organen dieser so lange für lebloß erkannten Geschöpfe seyn!

Allein, nicht blos die Vorzugsweise sogenannte Fühlkräuter haben diese Reitzbarkeit. Wir sehen, daß die Empfindung im Thierreich sehr viele Stufen habe. Die Reitzbarkeit im Pflanzenreiche hat deren gewiß eben so viel.' Man kann davon durch die Beobachtung dessen, was der Ritter von Linne *) und einige Neuere den Schlaf der Pflanzen nennen, ganz ungezweifelt überzeuget werden. Es laßen nämlich eine Menge von Pflanzen an ihren Blättern und Blumen zu bestimmten Stunden des Tages gewisse Veränderungen bemerken. Der Ritter von Linne hat daher Gelegenheit genommen, eine Pflanzenuhr zu verfertigen, das ist, die Pflanzen nach der Folge der Stunden, in denen sie ihre Kelche oder Blätter schlußen, zu ordnen. Man hat sich Mühe gegeben, diese Erscheinungen bald aus dem Einfluß der Sonnenwärme, bald aus der Wirkung des Lichts, bald aus der Veränderung der Luft zu erklären. Man hat aber alles dieses unzureichend gefunden; und Zinn **), ein sorgfältiger Beobachter, hat erklärt, es müßten noch andere

 bisher

*) Linné Amœnit. T. IV. Diss. Somnus plantarum.

**) S. dessen Abhandlung vom Schlaf der Pflanzen.

bisher unbekannte Ursachen in den Pflanzen seyn, wel. diese Veränderung hervorbrächten.

Wenn ich nun annehme, daß die Pflanzen für die geringste Veränderung in der Luft, nach ihrer Reitzbarkeit empfindlich sind, und hinzusetze, daß die Luft in einem Tage zu einerley Jahreszeit immer beynahe nach einerley Gesetzen sich verändere; so scheint sich das Rätzel etwas mehr aufzulösen, da man mit Grund vestsetzen kann, daß die verschiedene Struktur der Pflanzen, und die verschiedene Lage ihrer reitzbaren Fibern wohl verursachen könne, daß generisch unterschiedene Subjekte, besonders aber Pflanzen aus verschiedenen Himmelsstrichen, den Eindruk der Luft nicht zu einerley Zeit und in einerley Grad annehmen. Was diese Meynung mehr als wahrscheinlich macht, ist, daß ich die Blätter der unächten Akazie (Robinia Pseudoacacia Linnæi) und einiger Gattungen des Lathyrus, bey einbrechenden Gewittern sich schlüßen gesehen habe, ehe die Zeit gekommen war, wo sie ihre Blätter zusammen zu legen, oder, nach dem neuern Ausdrukke, zu schlafen pflegen. Ich wenigstens schlüße hieraus, daß diese Pflanzen nicht aus Mangel des Lichts, oder wegen der Kühle der Abendluft, sondern aus einer natürlichen Disposition ihrer Fibern, bey einer gewissen Veränderung der Luft reitzbar zu seyn, ihre Blätter zusammengeleget haben.

Man hat angemerkt, daß die Pflanzen mit zusammengesetzten Blättern reitzbarer, als die einfach blättrichten sind, und die meisten eigentlich sogenannte Fühlkräuter haben zusammengesetzte Blätter. Es ist schwer, eine Ursache hiervon anzugeben, und es ist dieses, so wie noch vieles in der Oekonomie und Physiologie der Pflanzen, künftigen Beobachtungen achtsamer Schüler der Natur aufbehalten.

Man könnte nach der Reitzbarkeit der Pflanzen eine natürliche Methode des Kräuterreichs machen, die nach dem Gange der Natur ganz richtig wäre. Nur wird es dem Verfertiger derselben wie denen gehen, welche die Geschöpfe des Thierreichs nach den Graden ihres Erkenntnißvermögens ordnen wollten. Denn so, wie dieses bey den Thieren mit der Struktur ihres Körpers nicht in Verhältniß steht; so steht auch die Reitzbarkeit der Pflanzen nicht mit ihrer Gestalt, Größe und Blüthe im Verhältnisse. Kleine Pflanzen sind empfindlich, und viele größere nicht, und hingegen giebt es doch Bäume, die gegen Abend die Lage ihrer Blätter verändern.

Dieses wenige, wozu mir einige geringe und eilfertige Beobachtungen vom vorigen Sommer, und eine Arbeit über den Zusammenhang der Natur, Gelegenheit gegeben hat, könnte noch viel mehr erweitert werden; es hat mir aber bisher Zeit und Gelegenheit gefehlet, diese Betrachtungen in das gehörige Licht zu

 setzen.

setzen. Da aber doch die nähere Entwikkelung dieses Gegenstandes in der natürlichen Geschichte ihren Nutzen haben kann; so werde ich mir es zum Geschäfte machen, bey nächster Gelegenheit darinnen fortzuarbeiten, um das, was jetzt bloße Muthmaßungen sind, zu dem geringen Grade der Gewißheit zu bringen, den wir in Betrachtungen dieser Art zu erreichen fähig sind.

VIII.

VIII.

D. Blochs Beytrag zur Naturgeschichte des Kopals.

Erster Abschnitt.

Vom Kopal überhaupt.

§. 1.

Je mehr in den neuern Zeiten die Naturgeschichte allenthalben, wo Künste und Wissenschaften blühen, mit einem bewundernswürdigen Eifer und Fortgange getrieben wird; desto befremdender scheint es uns, daß die Naturgeschichte gewisser Körper, die wir so häufig verbrauchen, doch viel zu wenig bearbeitet worden.

§. 2.

Der Kopal, dessen jährlich viele Zentner verbraucht werden, mag uns zum Beyspiel dienen. Man wird wod nicht leicht von einem so gemeinen und bekannkannten Gegenstande so viel einander widersprechende Nachrichten, und der Sache so wenig anpassende Beschreibungen, als vom Kopale finden. Man würde mir es zur Last legen können, wenn ich hier die verschiedene Beschreibungen der Schriftsteller weitläuftig widerholen wollte. Um sich hievon zu überzeugen; darf man nur die Verzeichnisse der einfachen Arzneymittel und die Kaufmannslexika nachschlagen; so wird man finden, daß man ihn bald für ein Gummi, bald für ein Harz ausgiebt, das bald aus diesem, bald aus jenem Baum flüßen soll. Einige behaupten, er werde aus gewissen Bächen gesammelt, und lediglich aus Amerika zu uns gebracht; andre geben ihm mehrere Welttheile zu seinem Vaterlande ꝛc. ꝛc. Damit ich aber den Zusammenhang dieses kleinen Beytrags nicht unterbreche; so will ich doch gelegentlich die Meynungen der vorzüglichsten Schrifsteller mit wenigem berühren.

§. 3.

Die vornehmste und hauptsächlichste Ursache, warum unsere Kenntnisse von diesem Naturkörper noch so dunkel sind, ist wohl die Unwissenheit und Nachläßigkeit vieler Reisenden, von denen man billig die beste Nachrichten erwarten konnte. Die Meisten sahen, vielleicht aus Mangel chymischer Erfahrungen, ein jedes klares Harz oder Gummi für Kopal an, und beschrieben die Pflanzen, die dieses Produkt liefern, so gut, als sie ohne weitere Kenntniß vermogten. Hierzu kömmt noch, daß, wie Piso sagt, die Amerikaner alle klare durchsichtige Harz- oder Gummiarten mit dem Namen Kopal belegen. Hieraus läßt sich die große Verwirrung, und die wenige Uebereinstimmung der Beschreibungen sehr leicht erklären.

§. 4.

Daß der Kopal aus verschiedenen Welttheilen, zum wenigsten sowohl aus Amerika, als Afrika zu uns gebracht werde, ist wohl außer Zweifel: denn der sogenannte feine Levantische oder orientalische Kopal, der sehr schwer zu haben seyn soll, ist wohl nur eine Benennung der Kaufleute, die mit einem klingendern Namen auch gern ihre Preise erhöhen, und vermuthlich nichts anders, als die ausgesuchte klare und weiße Stükke des gemeinen Kopals. Zwar ererwähnt Pomet in seiner Histoire de Drogues, das Copal oriental, welches aus dem Stamme gewisser mittelmäßiger Bäume flöße, deren Blätter dem Nußlaub, und die Früchte den Gurken glichen, habe die Eigenschaft, daß es sich zerreiben laße, im Feuer flüße, und fast wie Weyrauch rieche. Allein diese Eigenschaften hatte aller Kopal, den ich bisher meinen Versuchen unterworfen; sie können also nicht als ein Karakter einer besondern Gattung angesehen werden.

Ich will indessen die Möglichkeit, daß uns der Orient sowohl, als das ganze südliche Asien auch Kopal, oder einen dem Kopal ähnlichen Körper liefern könne,

könne, nicht läugnen. Von den Chinesern ist es bekannt genug, daß sie viel Lakkierarbeit verfertigen, aber die Ingredienzen ihres Laks oder Firnisses kennt man, meines Wissens, noch nicht hinlänglich. Es ist also von diesem Welttheile wenigstens noch nichts gewisses zu versichern.

§. 5.

Korrespondenten aus Amsterdam versichern, daß sie ihren Kopal von den Spaniern erhielten, die ihn aus Amerika brächten; auch von den Franzosen weis man, daß sie ihn aus eben diesem Welttheile herführen, und zu Nantes und Rochelle einen starken Handel damit treiben. Selbst der Name Kopal, der, wie ich angeführt, Amerikanisch ist, beweiset schon, daß er uns, wenigstens unter diesem Namen, zuerst aus dieser Weltgegend zugekommen seyn müße.

Daß er uns aber auch häufig aus Afrika zugeführt werde, beweißt schon der selige Sendel, dem Lehmann und Kartheuser beypflichten, in seinem Brief an den berühmten Breyn in Danzig, de Succino indico seu Pseudo-Succino, wie er den Kopal nennt, wo er meldet, daß er in der Provinz Benin, die an der Küste von Guinea liegt, im Sande gefunden und zu uns gebracht werde. Diese Nachricht stimmet mit einer andern von einem glaubwürdigen Freunde, dem jetzigen Apotheker zu Frankfurt an der Oder, Herrn Seidenburg überein. Dieser erzählt, daß der Apotheker

theker Herr Teisse zu London, der auf der Küste von Guinea, in dem Fort Sierra Leona, drey Jahr als Gouverneur gewesen, allda den Kopal in großer Menge für Rechnung der Englischen Afrikanischen Kompagnie aufkaufen und sammeln lassen. Man fände ihn, zuweilen ziemlich tief, im Sand, ohnweit des Meeres. Dieser Freund setzt hinzu, daß er während seines Aufenthalts in Londen gesehen habe, wie Herr Teisse nach seiner Rükkehr in London noch 20 Fässer mit Kopal von daher bekommen habe. Beyläufig will ich hier erinnern, daß der Hofapotheker, Herr Meyer in Stettin, welcher etwas von diesem Guinäischen Kopal aus London erhielt, nach einigen angestellten Versuchen keinen merklichen Unterschied zwischen diesem und dem gewöhnlichen, der aus Amerika kömmt, habe wahrnehmen können.

§. 6.

Ob dieser Kopal den Römern schon bekannt gewesen, ist noch nicht ausgemacht. Geoffroy meynt, er wäre nur erst durch die Entdekkung der neuen Welt, und zwar aus Neu-Spanien, zu uns gekommen. Lehmann hingegen glaubt, die Römer hätten den Kopal unter dem Namen des morgenländischen Bernsteins, Succini Africani gekannt: denn Plinius erwähne im 2ten Kapitel des 37sten Buchs seiner Naturgeschichte verschiedener Oerter, wo man Bernstein gefunden haben soll; da man aber in den neuern Zei-

ten

ten auch nicht die geringste Spur von Bernstein dort fände, so glaubt Lehmann behaupten zu können, Plinius müsse unsern Kopal darunter verstanden haben*)

Ob ich schon selbst nicht zweifle, daß Plinius unter dem Namen Succinum Africanum unsern jetzigen Kopal gemeynet habe; so kann ich indessen Lehmanns Beweis, daß jetzo keine Spur mehr vom Bernstein in Afrika sich finden lasse, nicht ganz für zulänglich halten. Es finden sich Beyspiele genug, daß unterirrdische Schätze auch erschöpflich sind, und die tägliche Erfahrung lehrt, daß flüßende Wasser ihr Bett aus mancherley Ursachen, als Erdbeben, Versenkungen rc. ändern. Es kann daher ein Wasser viele Jahrhunderte hindurch ein unterirrdisches Produkt mit sich führen, so lang es über dessen ergiebige Quelle herflüßt, und unter gegebenen Umständen auch aufhören, solches zu liefern; und so kann gegentheils ein Wasser einen Schatz erhalten, den es vormals nicht besessen. Ein Fluß in Sizilien, der erst in den neuern Zeiten Bernstein auszuwerfen anfieng, mag uns hier zum Beyspiel dienen. Brydone erzählt uns diesen merkwürdigen Umstand im zweeten Theil seiner Reisebeschreibung durch Malta und Sizilien p. 225. und ich trage kein Bedenken, hier seine eigene Worte herzusetzen: „Auf dem Wege von Katanea nach Syrakus, „heißt es, giengen wir vor der Mündung verschiedener

Flüsse

*) S. Mem. de l'Academie des Scienc. de Berlin, Année 1758. p. 34.

„Flüsse vorbey. Der erste und beträchtlichste ist die
„Giaretta oder Fluß des heiligen Pauli, der ehemals
„Simäthus hieß, und unter diesem Namen von den
„Poeten besungen wurde. Er entspringt an der Nord-
„seite des Aetna, umfließet das westliche Ende des
„Berges, und fällt bey den Ruinen des alten Mor-
„gantia in die See. Er sinkt nicht mehr, wie er ehe-
„mals that, unter die Erde, ist aber nun wegen einer
„einer Eigenschaft berühmt, die er vor Alters nicht ge-
„habt zu haben scheint, indem keiner der alten Schrift-
„steller derselben gedenket. Er wirft nämlich bey seiner
„Mündung eine große Menge sehr guten Bernstein
„aus, welchen die benachbarten Bauern sorgfältig sam-
„meln und nach Katanea bringen. Da werden
„Kreuze, Rosenkränze und Heilige daraus verfertigt.
„Wir kauften verschiedene solche ehrwürdige Figuren,
„und fanden, daß sie im höchsten Grad elektrisch waren.
„Sie zogen Federn, Stroh, und andere leichte Körper
„an sich.

§. 7.

Die meisten Schriftsteller beschreiben den Kopal als ein wohlriechendes Baumharz, das an Geruch dem Weyrauch, oder wie andre wollen, dem Gummi Anime beykomme. Die Amerikaner sollen dieses Harz ihren Göttern zu Ehren anzünden, und weil sie die ersten Europäischen Eroberer für Götter hielten; so würdigten sie dieselbe gleichfalls dieser Ehre. Kondamine erzählt in seiner Reise nach dem innersten Südamerika *) daß die dortigen Indianer sich des Kopals statt der Lichter bedienen, nachdem sie ihn vorher in Blätter von der Panamer- oder Pisangstaude gewikkelt, und daß die Gummi, Harze und Balsame, die aus verschiedenen Bäumen durch Einschnitte abgezogen würden, imgleichen die Oele, die man daraus ziehen könne, unzählich wären. Dies alles aber lehrt uns wenig von seiner Naturgeschichte.

§. 8.

Etwas mehr sagt uns Hernandez in seiner Historia mexicana davon. Er nennet 8 Bäume, die Kopal geben sollen, unter denen der vornehmste Quohill hieße, und Blätter trage, wie unsere Eichen, denen er auch an Stärke und Größe gleich komme; seine Früchte wären rund und Purpurfarbig. Johnston zählt zwanzig Kopalpflanzen. Lemery und Ludovici in seiner Akademie der Kaufleute geben vor, der Kopal flösse von sich selbst aus den Stämmen und Aesten großer Bäume, die unsern Pappeln glichen, welches auch Pomet in seiner Histoire de Drogues erwähnt, ob er gleich, wie ich schon oben angemerkt habe, den ächten Orientalischen Kopal einem gewissen mittelmäßigen Baume zuschreibt, der Blätter wie Nußlaub, und eine Gurkenartige Frucht trage, welche Kastanienbraun aussehe, und ein wohlschmekkendes Mehl enthalte. Besagte Pappelngleiche Bäume sollen in großer

*) S. Hamburg. Magazin. VI. p. 49.

ßer Menge auf den höchsten Bergen und unzugänglichen Oertern der Antillischen Inseln wachsen, von welchen der Kopal durch die Regengüsse in die Gewässer geführt werde.

§. 9.

Ich übergehe die übrigen Schriftsteller, die uns Kopalpflanzen verzeichnet haben, und wende mich zum Ritter von Linné.

Unerachtet der vielen im vorigen Paragraphe schon angegebenen Pflanzen nennt uns dieser nur eine einzige, und diese ist das

Rhus VI. *copallinum*, foliis pinnatis integerrimis petiolo membranaceo articulato. *Roy.* Lugd Bat. 24.

Rhus elatior foliis impari pinnattis, petiolis membranaceis articulatis. *Gronov.* Virgin. 149.

Rhus virginianum Lentiscifoliis. *Raji.* hist. 1799.

Rhus obsoniorum similis americana, Gummi candidum fundens, non serrata, foliorum rachi medio alatâ. Plukn. Almag. 318. t. 56. f. 1.

Sumach mit geflügelten Blätterstielen, von Münchhausen, im Hausv. 5 Th.

Narrow leaved Sumach, Beech. Sumach with Lentiscus Leaves. *Mill.*

Sein Vaterland ist Nordamerika. Weiter hat uns der Ritter nichts umständliches davon erzählet. Es ist aber doch nicht wahrscheinlich, daß dieses die einzige Kopalpflanze seyn sollte, zumal da wir, so viel ich weis, aus Nordamerika, als ihrem eigentlichen Vaterlande, noch keinen Kopal erhalten haben. Ueberdies haben wir das Beyspiel an unsern Steinobstbäumen, die vorzüglich in dem wärmern Theil von Europa fast alle einerley Gummi ausschwitzen; eben so wohl kann auch einerley Kopal aus verschiedenen Pflanzen fließen. Zumal da der heissere Himmelsstrich dieses Ausschwitzen sehr begünstiget.

Im hiesigen Botanischen Garten der Akademie stehen etliche Bäumchen von dieser Linneischen Kopalpflanze schon seit einigen Jahren im freyen Lande. Sie wurden aus Amerikanischem Samen erzogen, hielten bis jetzo die Winter ziemlich aus, wuchsen schnell und stark, und blühen schon seit zwey oder drey Jahren sehr häufig. Da der hiesige sandige Boden den Wachsthum der Harztragenden Bäume sehr begünstigt; so sind wir vielleicht in einigen Jahren so glüklich, zum wenigsten eine Spur von Kopal an dieser Pflanze zu entdekken, wenn sie anders ihn wirklich in ihrem Vaterland ausschwitzt. Hierdurch würde man doch der Wahrheit von der Entstehung dieses Körpers endlich näher kommen.

§. 10. Die-

§. 10.

Diese wenige Uebereinstimmung der Botanisten und die zu sehr verwirrte Nachrichten über die vegetabilische Entstehung dieses Naturkörpers, verleiteten einige, den sogenannten ächten Levantischen oder Orientalischen Kopal (worunter wohl gröstentheils der Afrikanische zu verstehen seyn wird) für ein mineralisches Produkt zu erklären; dagegen sey der Amerikanische Kopal, als ein vegetabilisches Produkt, ein vom erstern ganz verschiedener Körper, und habe, als eine Gummiresina, auch ganz andre Eigenschaften. Der Umstand, daß er im Sande gefunden wird, bestärkte sie vorzüglich in dieser Meynung.

Unter diesen war Lehmann derjenige, welcher diesen Satz am ersten vertheidigt. Er suchte durch scheinbare Gründe und verschiedene chymische Versuche zu beweisen, daß der Kopal als ein wirkliches mineralisches Produkt unter die Erdharze, neben den Bernstein, Asphalt, Gagat, Steinkohlen, Ambra ꝛc zu klaßifiziren sey; und alle nachfolgende Schriftsteller zählten ihn, durch das Ansehen dieses Gelehrten gereitzt, insgesamt zum Mineralreich. Ich schmeichle mir aber, daß besser unten bey der chymischen Zergliederung sich die Unzulänglichkeit seiner Beweise zeigen, und überhaupt im folgenden unstreitig erwiesen werden wird, daß der Kopal, so vielerley Sorten ich auch nach vieler angewandten Mühe erhalten können, insgesamt zum Pflanzenreich gehöre. Ehe ich aber in den chymischen Abschnitt übergehe, will ich vorher noch etwas weniges vom rohen Kopale vortragen.

§. 11.

Unter dem Namen Kopal, Pankopal, Gummikopal, *Succinum indicum*, *Succinum vegetabile*, Kopalkarabe, Resinekopal, versteht man ein Baumharz, das im Wasser, in Terbentinöl und in den ausgepreßten Oelen für sich gar nicht, im höchstrektifizirten Weingeist über die Hälfte, und im Aether des Vitriols, und den feinern ätherischen Oelen, sich fast ganz auflöset.

Dem äusserlichen Ansehen nach hat der Kopal, so wie in mehrern Eigenschaften, mit dem Bernstein viel Aehnlichkeit. Auf dem Bruche glänzt er, wie geschmolzenes Glas. Für sich hat er keinen sonderlichen Geruch; wenn er aber gerieben wird, so zeigt sich sein angenehmer gewürzhafter Geruch ganz deutlich, noch mehr aber wenn man ihn auf Kohlen wirft, oder anzündet. Dieser eigenthümliche Geruch übertrift, nach meiner Empfindung, bey weitem den Geruch des Weyrauchs, und des Gummi Anime. Der feinere brennt mit einer stillen Flamme noch schneller, als Bernstein, behält, wenn man sie ausbläßt, eine glatte und helle Oberfläche, und tröpfelt, wie das sogenannte Gummilak, in klaren Tropfen ab, hinterläßt auch fast gar keine Kohle; der gemeine dagegen brennt

mit

mit mehr Geräusche, nicht minder angenehm, er macht im Schmelzen mehrere Blasen, giebt mehrern Rauch, die abfliessende Tropfen sind braun, löscht leicht und seine Oberfläche ist alsdann blasicht, weil er mehrere Luftbläschen enthält, und uns, nachdem er mehr oder weniger rein ist, auch mehr oder weniger Kohle hinterläßet.

Durch das Reiben wird er, wie Bernstein und mehrere harze, elektrisch, und läßt im Finstern sich starke Funken ausziehen. Auch nimmt er eine gute Politur an, und läßt sich fast so gut, wie Bernstein bearbeiten, wovon ich einige Stükke aufweisen kann. Zwischen den Zähnen läßt er sich zermalmen, ohne daß man dabey einen merklichen Geschmak empfände. Im Wasser sinkt er unten. Ein Kubikzoll des feinern wiegt $319\frac{8}{16}$, des mitlern $313\frac{14}{16}$, und des gemeinsten dunkelgelben $313\frac{5}{16}$ Grane.

§. 12.

Von seinen Farben, worinn er fast durchgängig mit dem Bernstein übereinkömt, will ich zulezt noch etwas zu reden Gelegenheit nehmen.

Die Gestalt seiner Stükke ist unbestimt, wie man von einem zuvor flüßig gewesenen Körper erwarten kann, der sich, bevor er hart wird, nach Beschaffenheit der Fläche, auf die er sich ansezt, bildet. Doch sind die weisse feinere Stükke mehrentheils rundlich. Daß er übrigens in seiner flüßigen Gestalt schon ziemlich dichte müsse gewesen seyn, sieht man auch aus der Art, wie sich die Lagen an manchen Stükken allmählig angelegt und umzogen haben. Eben so unbestimmt ist auch ihre Grösse. Sie sind von der Grösse einer Erbse, bis zur Grösse einer Faust. Ich besitze ein Goldgelbes Stük in meiner Sammlung, das $\frac{3}{4}$ Pf. wiegt und 9 Zolle lang ist.

§. 13.

Man findet die Oberfläche des Kopals, besonders des gemeinen, zuweilen mit einer Rinde* von Thon, Sand, Mergel ꝛc. umgeben, nachdem etwa der Boden, auf den er, als er noch flüßig war, gerathen, beschaffen gewesen. Solche Stükke sind aber etwas selten, ob sie gleich in ihrem natürlichen Zustande meist so gefunden werden; weil die Kaufleute, um ihn gehörig zu sortiren, erst die Rinde davon absondern, und nach der mehrern oder mindern Reinigkeit und Klarheit seinen Preiß bestimmen. Vermuthlich erschaffen sie bey dieser Gelegenheit einen guten Theil ihres feinen Orientalischen Kopals, da man es vielen Stükken ansehen kann, daß sie vorher von einer dunkeln Rinde umzogen gewesen; ob ich gleich nicht in Abrede seyn will, daß sie auch solche klare Stükke ohne Rinde erhalten können, wie ich bald nachher weiter davon reden werde. Dem Naturforscher thun sie mit dieser Sorgfalt eben keinen Dienst, weil dieser in seinen

nen Nachforschungen weit glüklicher seyn würde, je roher er dieses Produkt erhalten könnte.

§. 14.

Gemeiniglich pflegen die Holländer den Kopal in 6 Sortimenter abzutheilen, wie aus ihren Preißkuranten zu ersehen ist. Der theuerste oder bey ihnen sogenannte ächte Levantische kostet das Pfund 4 Rthl. dagegen die übrigen Sorten, nachdem sie mehr oder weniger rein sind, von einem halben Thaler bis zu zween Thalern zu stehen kommen.

§. 15.

Ausser den angeführten Haupteigenschaften hat der Kopal auch noch diejenige, daß viele fremdartige Körper in demselben eingeschlossen gefunden werden. Größtentheils sind solches kleinere Insekten, und unter diesen sind besonders die Ameisen ausserordentlich häufig, so daß zuweilen Stükke gefunden werden, die von der Menge dieser eingeschlossenen Thiere ganz undurchsichtig sind. Da diese Thiere das trokkene und sandige Land vorzüglich lieben; so ist dieser Umstand auch besonders ein grosser Beweiß mit, daß wir die Entstehung des Kopals blos dem trokkenen Lande und dem Pflanzenreich zu danken haben. Grössere Insekten, oder einzelne Theile derselben, Kräuter, Moose, Samen, Baumrinden, Stükchen Holz, Wassertropfen und Luftblasen sind seltener.

§. 16.

Die Art und Weise, wie der Kopal gesammelt werde, ist noch von Niemand genau beschrieben worden. Der gröste Theil wird wohl, wie ich schon oben angeführt, an den Ufern der Flüsse gesammelt. Inzwischen ist es ganz ausgemacht, daß er, wie Kondamine, Lemery und andre anmerken, auch von dem Einschneiden in die Pflanzen erhalten, und so, wie noch mehrere Harze, von den Indianern gesammlet werde. Durch diese Methode bekommen wir vermuthlich den mehresten feinern Kopal, der auch in so fern, wegen der mehrern Mühe und geringern Quantität, um vieles theurer seyn muß, als derjenige, der sich schon Jahrhunderte hindurch von selbst zusammen häufte.

§. 17.

Bevor ich zum zweeten Abschnitt übergehe, will ich nochmal wiederholen, daß ich den so genannten feinern oder Levantischen Kopal für keine besondere Gattung ansehe. Er unterscheidet sich vom gemeinern blos durch eine größere Auflösbarkeit, feinern Geruch, leichteres Brennen, und die weisse fast Wasserhelle Farbe der Stükke. Ich besitze Stükchen in meiner Sammlung, deren Kern gelber gemeiner Kopal, mit starken Lagen feinern Kopals umzogen ist, und so auch umgekehrt. Die Figur seiner Stükke, die, im Durchschnitt genommen, rundlicht ist, und selten die Grösse einer Baumnuß übertrift, nebst dem Umstand, daß man selten Schichten in ihnen findet, bestärken meine Vermuthung, daß er durch eine künstliche Aderlasse gewonnen werde, wordurch die Menge des Harzes, das sich in der Gegend des Einschnitts befindet, in kürzerer Zeit ausfließt, ehe sich besondere Lagen bilden können. Vermuthlich wählen die Indianer eine bequeme Jahreszeit zu dieser Operation, und suchen sich junge und gesunde Pflanzen dazu aus, die, wie wir an unsern Fichtenarten sehen, allezeit ein helleres und weißeres Harz liefern, als die alte abgelebte und stokkende Bäume, die wieder an der Menge ersetzen, was ihnen an Feinheit der Bestandtheile abgeht. Eben diese Beschleunigung des Ausfließens ist auch wohl die Ursache, warum man so selten Insekten oder andere Körper darinnen wahrnimmt, weil sich die ganze Masse schneller bildet, und bey der grossen Hitze auch geschwinder mit einer trokkenen Haut umzogen wird, auf welcher die Insekten nicht mehr kleben bleiben. Ubrigens kann die Sorgfalt der Kaufleute im Sortiren ebenfalls das Ihrige hiezu beytragen.

Ich könnte außer diesem noch mehreres zur Unterstützung meiner Muthmaßung beyfügen; weil aber bloße Muthmaßungen keine überzeugende Beweise und Erläuterungen abgeben, so wende ich mich nun zur Chymischen Bearbeitung.

Zwey-

Zweeter Abschnitt.

Von der chymischen Bearbeitung des Kopals.

§. 18.

Der Endzwek dieser chymischen Bearbeitung *) ist zweyfach. Einmal, die Naturforscher auch durch Versuche zu überführen, daß der Kopal nicht, wie der Bernstein, Gagat, Ambra u. s. weiter zum Mineralreich gehöre, sondern sich in allen Stükken wie ein Baumharz verhalte.

Mit diesem ist der zweete, in Absicht des ökonomischen Nutzens nicht minder wichtige Endzwek verbunden worden; nämlich den Liebhabern und Professionisten der Lakkierkunst verschiedene auf Erfahrung gegründete Mittel anzuzeigen, wodurch sie den Kopal am besten auflösen können.

§. 19.

Hauptsächlich ist der gewöhnliche Kopal, so, wie er im Handel vorkömmt, der Gegenstand dieser Versuche. Außer

*) Diese mit vieler Aufmerksamkeit angestellte chymische Versuche rühren von einem jungen geschikten Scheidekünstler, dem Herrn Klaproth her, welcher allhier der Rosenschen Apotheke vorstehet.

Außer diesen habe auch noch einige Versuche mit dem feinen oder Pankopal angestellet. Zum Unterschied mag der ordinäre, Kopal schlechtweg, der feine hingegen, Pankopal heißen.

§. 20.

Um zu erfahren, ob der Kopal durch die Hitze des kochenden Wassers weich werde, oder schmelze, nahm ich von jeder Sorte eine Portion pulverisirt, band jedes besonders in eine Blase, welche ich in ein Gefäß mit Wasser legte, so, daß das Wasser drüber stand, und ließ es eine Stunde lang kochen. Beyde Sorten waren vest und hart zusammengebakken, mit dem Unterschiede: der Pankopal war eine kompakte, auf dem Bruch glänzende Masse geworden, der gemeine aber war voller Hölungen. Die Durchsichtigkeit fehlte beyden. Um zu sehen, ob auf diese Art der Kopal sich auch in ganzen Stükken erweichen laße, wiederholte ich den Versuch, und nahm dazu von jeder Sorte ein ganzes Stük, ohngefähr einer welschen Nuß groß. Nachdem ich sie in Blase gebunden, in Wasser gelegt, und wie voriges eine Stunde gekocht hatte, fand sich, daß am gemeinen Kopal keine weitere Erweichung statt gefunden, als daß die äußern scharfen Ekken etwas abgestumpft waren. Der Pankopal hingegen hatte die Figur ganz verändert, und war zu einem runden Stük umgeformt, welches äußerlich die Eindrükke von den Falten der zusammengebundenen Blase angenommen

hatte,

hatte. Er zeigte eine dünne Opalfarbene Rinde, im Bruch aber war er vollkommen so klar, durchsichtig und glänzend, als vorher.

§. 21.

Eine halbe Unze von jeder Sorte pulverisirt, und mit 8 Unzen destillirten Wassers gekocht, machte das Wasser ein wenig trübe, und theilte ihm einen äußerst schwachen Kopalgeschmack mit, welcher bey dem, mit der feinen Sorte gekochten, noch mit einer geringen Bitterkeit vergesellschaftet war. Beyderley Kopal gieng, so bald das Wasser zu kochen anfieng, in eine zähe Masse zusammen. Nachdem er aus dem Wasser genommen, troknete beydes wieder zu harten zerbrechlichen Stükken.

§. 22.

Ich wende mich nun zu der Zerlegung durchs Feuer. Acht Unzen Kopal in einer gläsernen Retorte eingelegt, gaben bey gelindem Feuer eine Unze hellgelblichtes und ziemlich zartes Oel, das im Alkohol des Weingeistes auflöslich ist. Vor und mit diesem Oele kam zugleich ein hellgelbes Phlegma, am Gewicht drey Drachmen. Nachdem ein anderes Gefäß vorgelegt, und die Destillation bey verstärktem Feuer fortgesetzt worden, fanden sich, nebst noch einer geringen Portion Phlegma, beynahe fünf Unzen eines dunklern Oeles, welches, nachdem das Licht darauf fiel, bald bräunlich,

bald

bald Olivenfarben aussahe, sich aber nicht, wie ersteres, im Weingeist solviren ließ. Von einem Salze fand sich nicht die geringste Spur, so, wie auch an dem Phlegma nichts salinisches zu entdekken war. Das Residuum betrug eine Unze. Eben so verfuhr ich mit dem Pankopal, wovon ich eine Unze einlegte. Zuerst kamen einige Tropfen Phlegma, hierauf ein helles schwachgelbes Oel, mit mehrerm Phlegma. Als bey diesem gelinden Feuersgrad nichts mehr übergehen wollte, nahm ich es ab. Das Oel wog anderthalb Drachmen, und das Phlegma ohngefähr einen halben Skrupel. Letzteres hatte keinen salinischen Geschmak, zeigte auch mit Reagentibus keine Spur von Säure oder Alkali. Das Oel lößte sich ziemlich leicht in Alkohol auf. Bey vermehrtem Feuer wurde endlich alles Oel ausgetrieben, das nun dunkler aussahe, und fast fünf Drachmen wog, und Phlegma war noch ein halber Skrupel. Ich verstärkte das Feuer bis zum Glühen der Kapelle, worauf noch einige schwere Dämpfe folgten, die sich aber sogleich, als sie sich im Retortenhalse sammleten, als eine zähe hellrothe Resina anlegten, davon nur wenig mühsam abtröpfelte, das mehreste aber im Retortenhalse sitzen blieb. Das Kaput mortuum, welches eine glänzende poröse Kohle war, wog 1 Skrupel, woraus der Magnet etwas Weniges anzog. Von dieser Unze Pankopal erhielt ich also: Phlegma 1 Skrupel, Oel, sechs und eine halbe Drachme, Kaput mortuum, 1 Skrupel. Die fehlende funfzig Granen beträgt theils die gedachte rothe pechichte

Sub-

Substanz, welche sich im Hals und Gewölbe der Retorte vestgesetzt hatte, und was sich sonst verschmieret haben mag; theils ist die durch die Gewalt des Feuers aus dem Kopal entbundene Luft, bey Berechnung des Gewichts, mit in Anschlag zu bringen.

§. 23.

Das Kaput mortuum wurde in einem Tiegelchen vollends ausgeglühet. Das Phlogiston hieng so vest daran, daß es fast 2 Stunden Zeit brauchte, ehe sichs verzehrte. Die erhaltene hellbraune Asche, am Gewicht kaum 1 Gran, übergoß ich mit verdünneter Salpetersäure, filtrirte es, und schlug mit Alkali daraus weißlichte Flokken nieder, deren Beschaffenheit aber zu untersuchen, wegen der zu kleinen Quantität nicht möglich war.

Da ich bey der Destillation des ordinären Kopals versäumt hatte, das Kaput mortuum weiter zu untersuchen, so legte davon nochmals eine Unze ein, und verfuhr damit, wie eben gedacht mit dem feinem Kopal. Ich erhielt, außer dem Phlegma, nur 6 Drachmen Oel, und das zur glänzenden Kohle gebrannte Residuum wog 32 Grane, welches, eben so im Tiegelchen ausgebrannt, drittehalb Grane graue Asche hinterließ. Die übrigen Erscheinungen kamen mit obgedachten überein.

§. 24.

Diese Zerlegungen zeigten mir schon genugsam, daß beyde Sorten Kopal nicht so sehr von einander unterschieden wären, als ich mir anfänglich vorgestellt hatte. Von beyden war sowohl das Oel, als das Phlegma, an Farbe, Geschmak und Geruch sich gänzlich gleich. Der ganze Unterschied bestand darinn, daß der Pankopal etwas mehr Oel und weniger erdichte Theile enthielt, als der ordinaire Kopal, daher auch vielleicht eines Theils die in der Folge zu zeigende mehrere Auflösbarkeit desselben in den dazu geschikten Menstruis herrühren mag.

Mit meiner Zergliederung des Kopals kommen die, welche Geoffroy in seiner materiæ medicæ 2tem Theil und Lehmann in seiner chymischen Untersuchung des Kopals, angegeben, ziemlich überein; außer, daß ersterer von einem sauren Phlegma redet, wovon Lehmann so wenig, als ich, etwas haben entdekken können. Hat aber Geoffroy wirklich ein säuerliches Phlegma erhalten; so bleibt mir der Zweifel, ob er sich auch genugsam gehütet habe, keine andere, als ausgesuchte, und von Insekten ganz reine Stükke zur Destillation anzuwenden: denn in 2 Pfund Kopal, als soviel er auf einmal destilliret hat, können leicht so viel Ameisen und andere Insekten eingeschlossen gewesen seyn, daß das übergegangene Phlegma davon eine merkliche Säure hat erhalten können.

§. 25.

Die Auflösung des Kopals zu erforschen, habe ich nicht wenig Versuche mit verschiedenen Auflösungsmitteln angestellt, wobey ich auch in der That glüklicher gewesen bin, als ich vorher hoffen konnte, indem ich sonst die Auflösbarkeit dieses Körpers, auf guten Glauben der Schriftsteller sowohl, als der gemeinen Sage, wirklich für weit schwerer gehalten habe.

§. 26.

Zum auflösenden Mittel erwählte ich zuerst den Aether, oder die Naphta Vitrioli. Herr Beaumé schreibt zwar in seiner Dissertation sur l'Aether, daß, als er Kopal mit Aether übergossen, er keine merkliche Auflösung wahrgenommen habe; allein, meine Versuche zeigen, daß eine beynahe gänzliche Auflösung dadurch erfolget.

Einen Theil präparirten Kopal übergoß ich mit 4 Theilen Aether, schüttelte es stark, und in Kurzem war der Kopal aufgelöset. Die Solution sahe schwachgelblich, aber nicht ganz klar aus. Sie wurde aber nach einigen Stunden ganz helle, und auf dem Boden des Glases setzte sich ein zartes halbdurchsichtiges Sediment. Eben solche Auflösung erhielt ich, als ich, anstatt präparirten, fein gestoßenen Kopal nahm. Das Sediment war durchsichtig, und sahe aus als ein Haufen höchst zarter schleimiger Kügelchen. Als ich mit Pankopal die Auflösung versuchte, gieng sie eben so leicht von statten, sie klärte sich aber geschwinder, setzte weniger schleimiges Sediment ab, und blieb ganz ungefärbet.

Ferner

Ferner nahm ich von beyden Sorten ganze Stükke, und übergoß jedes besonders mit Aether. Dieser durchdrang bald die Stükke, und man sah es deutlich, wie er nach und nach den Theil, den er durchdrang, in einen durchsichtigen Schleim verwandelte, welcher den noch nicht vom Aether durchdrungenen hellen Kern der Kopalstükke nicht verließ, bis endlich die ganze Substanz aufgelöset, oder in einen solchen klaren Schleim verwandelt war. Ich goß das Flüßige ab, und fand das Rükständige weich und schlüpfrig, wie Eyerweiß, oder eine zarte helle Gallerte. Diesen rükständigen Schleim übergoß ich nochmals mit Aether, welcher aber von dieser schleimigen Substanz gänzlich eingesogen wurde, die dann davon sehr aufquoll, so, daß sie einen viermal grössern Raum einnahm, als vorher die rohen Stükke. Etwas davon nahm ich aus dem Glase, legte solches auf Papier, und so wie der Aether davon verflog, verlor es die Durchsichtigkeit, und sahe aus, als ein Stükchen gekochtes Eyweiß. Nachdem es ganz trokken geworden, ließ es sich zu einem grauen Pulver zerreiben, das keiner Auflösung weiter fähig schien.

§. 27.

Alle diese Auflösungen in Aether zeigten meist einerley Erscheinung Ein Tropfen davon auf eine Schale Wasser getröpfelt, überzieht sogleich die Wasserfläche mit einer weißen zusammenhängenden Haut die sich mit einer Nadel oder anderm Instrument vom

Wasser abnehmen läßt. Ein Tropfen der Auflösung auf die Zunge genommen, drükt selbiger einen hitzigern Geschmak ein, als der Aether an sich thut. Eine kleine Portion solcher Auflösung lies ich in einem ofnen Gläschen in warmer Stube verdunsten. Sie troknete zu einer grauen zähen Masse ein. Zu einer andern Zeit aber ist mir dergleichen Auflösung bey warmer Sommerluft, zu einem klaren durchsichtigen Stük eingetroknet, welches dem Ansehn nach vom rohen Kopal kaum zu unterscheiden, außer daß es nicht völlig so hart war. Es könnte dieses eine Methode abgeben, Insekten u. d. gl. künstlich in Kopal einzuschlüßen.

§. 28

Anderthalb Unzen Kopalauflösung in Aether legte ich in einer Retorte zum Abziehen ein. Bey der gelindesten Wärme waren 7 Drachmen Aether übergegangen, dessen Geschmak und Geruch rein war. Der bey etwas mehrer Wärme folgende Aether hatte nun einigen Geruch vom Kopal angenommen. Als nichts mehr übergehen wollte, fand ich in der Retorte den im Aether aufgelößt gewesenen Kopal oberwärts undurchsichtig, grau, und zähe; unterwärts aber poröse, hellbraun und zerreiblich. Ich ließ ihn bey gelinder Wärme vollends austroknen, worauf er sich vom Boden der zerschlagenen Retorte in glänzenden Schuppen absondern ließ. Er wog 2 Drachmen, zehn Grane.

Grane. Von diesem wiedererhaltenen Kopal glaubte ich nun, daß er, bey neuer Uebergießung, im Aether sich leicht und völlig auflösen würde. Ich versuchte es; allein ich fand, daß die Auflösung weit unvollkommner, als mit rohem Kopal wurde. Der Aether färbte sich röthlich, die Stükke quollen sehr auf, ohne ganz zu zergehen, und nach einiger Zeit fand ich sie noch eben so.

§. 29.

Daß der im Aether aufgelößte Kopal einen fürtreflichen Firniß abgeben müßte, war leicht zu vermuthen, und die Proben, welche ich damit, obgleich nur obenhin, machte, zeigten es auch. Sollten nun Liebhaber, ohne den kostbaren Werth des Menstrui zu achten, sich dieser Methode bedienen wollen; so müßen sie Sorge tragen, daß der Aether, oder die vitriolische Naphtha, ächt und ganz rein sey, ohne von dem größern fettigen sogenannten Oleo vini, oder Oleo vitrioli dulci etwas an sich zu haben. Zu diesem Ende muß die Naphtha bey der allergelindesten Wärme rektifizirt seyn, da denn das, was zuerst übergeht, das reinste und beste ist.

Zu meiner Auflösung habe ich, wie gedacht, vier Theile Naphtha gegen einen Theil Kopal genommen; allein wenn die Auflösung als ein Lakfirniß gebraucht werden soll; so muß das Verhältniß der Naphtha gegen den Kopal weit größer seyn, widrigenfalls er sich nicht dünne und gleichförmig genug mögte auftragen lassen. Eine warme trokkene Sommerluft ist, wie zu allen feinen Lakkirarbeiten, die beste. Die ätherische Kopalauflösung mit Weingeist zu verdünnen, geht nicht wohl an. Sie verträgt davon kaum die Hälfte ihres Gewichts, ohne trübe zu werden, und gießt man mehr zu, so schlägt sich ein Theil des Kopales nieder.

§. 30.

Gleicherweise versuchte ich auch die Naphtha Salis, und die Naphtha Aceti. Beyde lößten den Kopal eben so leicht auf, als die vitriolische Naphtha: doch ließ die Naphta Aceti mehr schleimige Materie fallen; die Naphtya Salis hingegen setzte nur sehr wenig Schleim ab, und die Auflösung wurde gelber.

§. 31.

Naphta Nitri hingegen schien die schwächste Auflösung zu bewirken. Einige kleine Stükke Kopal, welche ich mit dieser Naphtha übergoß, verlohren die Durchsichtigkeit bald, wurden anfangs Milchweiß, nach und nach aber gelblicht. Das Volumen derselben nahm wegen eingesogener Naphtha mehr als doppelt zu. Als ich nach einigen Tagen das Glas, welches diesen, mit salpetrigtem Aether übergossenen Kopal enthielt, öfnete, fand ich, daß sich eine ansehnliche Menge Luft erzeugt hatte, welche nun, nach erlangter Freyheit, mit dem angenehmen Dufte der Naphtha begleitet, gewalt-

sam

sam aus dem Glase fuhr, und aus den Kopalstükken stiegen Luftbläschen an verschiedenen Orten schnell hervor, welches der Mischung auf einen Augenblik das Ansehn einer kochenden Wallung gab. Die Stükken Kopal fanden sich weich und schwammig. Nach Verlauf mehrerer Tage nahm ich das Glas wieder zur Hand, und nun sah ich mit Verwunderung, daß der Kopal sich völlig, ohne den geringsten Saß zurükzulaßen, aufgelößt hatte. Die Solution war klar und helle, von angenehmer Goldfarbe, und von der Konsistenz eines Oeles. Weingeist sowohl, als Wasser, schlug daraus den Kopal zum weißen Koagulo nieder.

Diesemnach hat die Naphtha Nitri vor allen übrigen Naphthis in Absicht der Auflösung sich sehr ausgezeichnet. Der anfängliche geringe Anschein dazu ließ die mit der Zeit erfolgte ganz vollkommene Auflösung gar nicht vermuthen: dahingegen die übrigen Naphthae zwar sogleich nach der Uebergießung sich wirksam bezeigten; aber doch allemal einen bald mehrern, bald geringern, schleimigen Bodensaß fallen ließen. Um meine Naphtha von aller Säure vollkommen zu befreyen, habe ich dazu nicht nur eine hinlängliche Menge destillirtes Wasser angewandt, sondern auch noch das flüchtige Alkali zu Hülfe genommen. Es fällt daher die Vermuthung weg, daß vielleicht eine der Naphtha noch anhangende rohe Säure etwas zur vollkommenern Auflösung habe beytragen können. Mir ist vielmehr folgende Ursach wahrscheinlich. Die

Naphtha Nitri hat nämlich vorzüglich die Eigenschaft, der in und um ihr befindlichen Luft eine größere Schnellkraft mitzutheilen; weswegen auch bey deren Bereitung viele Vorsicht nöthig ist, um der damit verknüpften Gefahr vorzubeugen. Daß sie diese Eigenschaft auch noch lange nach ihrer Verfertigung behält, erfährt man, wenn man das Glas, worinn sie eine Zeitlang wohl verwahrt worden, öfnet. Kann nun diese elastische Luft in einem wohl verschlossenen Glase keinen Ausgang finden, so tritt, im Fall sie nicht gar das Glas zersprengt, ein Theil davon in die Flüßigkeit zurük, und äußert daselbst nach Umständen ihre Wirksamkeit. Meines Erachtens verdient dieses einige Aufmerksamkeit und weitere Versuche, ob nicht vielleicht auch andere Auflösungsmittel, durch Hülfe künstlicher Luft, zur Auflösung des Kopals noch vollkommener könnten gemacht werden. Einige in dieser Absicht mit andern Körpern angestellte Erfahrungen, laßen dergleichen vermuthen.

§. 32.

Wegen der Auflösung des Kopals in Weingeist, hätte ich, dem ersten Anscheine nach, beynahe den Muth sinken laßen, daß es mir hierinn gelingen würde. In den Autoren findet man wenig Trost, ja einige läugnen gerade zu die Auflösbarkeit desselben im Weingeist. Herr Spielmann schreibt sogar in seinen Institut. materiæ medicæ, daß die Unauflösbarkeit in Alkohol

kohol ein Zeichen der Güte des Kopales sey. Hierüber habe ich mich nachgehends um so vielmehr gewundert, da er doch bey der Beschreibung des Kopals anführt, daß die größten Stükke desselben kaum einer Wallnuß groß wären, woraus ich schlüße, daß er eben die Sorte vor sich gehabt, die ich unter den Namen Pankopal bearbeitet habe, und welche bey allen Versuchen sich um ein merkliches auflösbarer bewiesen hat, als der gemeine. Die Künstler, deren schöne Lakkierarbeiten man bewundert, gebrauchen, aller Vermuthung nach, auch den in Weingeist aufgelößten Kopal: allein, ihres Interesse wegen ist ihnen daran gelegen, daß ihre Verfahrungsart ein Geheimniß bleibe.

Von meinen mannigfaltigen Versuchen, durch welche ich, nach Verschiedenheit des Verfahrens, bald mehr, bald weniger Kopal in Alkohol aufgelöset fand, werde ich nur diejenigen anführen, die zum Zwekke dienen. Vorher aber erinnere ich, daß ich mich stets des allerreinsten, aufs höchste rektifizirten Weingeists bedienet habe.

§. 33.

Die nach gewöhnlicher Art angestellte Digestion des Kopals in Alkohol schien mir gleich Anfangs nicht hinlänglich zu seyn. Denn der Kopal bäkkt sogleich als ein Teig zusammen, welches ich als eine Hinderniß der Auflösung ansahe, und mich veranlaßte, die Auflösung kalt zu versuchen. Zu 2 Drachmen Kopal goß ich in einem geraumigen Glas anderthalb Unzen Alkohol, und schüttelte diese Mischung aufs stärkste, etwan eine halbe Stunde lang. Nachdem die Tinktur, die hellgelb aussahe, klar geworden, wog ich davon eine halbe Unze ab, ließ solche in gelinder Wärme evaporiren, und erhielt davon 19 Granen einer klaren Goldgelben Resina.

Um den Kopal mehr zertheilt zu erhalten, vermischte ich ihn mit verschiedenen Körpern, die aber dem Weingeist nichts fremdartiges beybringen konnten, als, zerstoßenes Krystallglas, gewaschenen Sand, Glätte, Spiesglas, u. d. gl. und ich fand es nicht ganz ohne Nutzen. Eine halbe Unze von einer Auflösung, welche ich von 2 Drachmen Kopal, mit einer halben Unze gestoßenem Spießglase vermischt, und mit anderthalb Unzen Alkohol kalt, durch starkes Schütteln verfertigt hatte, ließ nach dem Ausdunsten, 22 Grane Resina zurükke.

§. 34.

Ob ich nun gleich durch ebengedachte Handgriffe vom Kopal allemal die Hälfte beynahe aufgelöset fand, so verließ ich nachgehends doch diesen mühsamen Weg, weil ich entdekte, daß die Digestion, wenn sie bis zum starken Kochen fortgesetzt wird, mehr leistet. Eine halbe Unze Kopal digerirte ich mit 4 Unzen Alkohol, wobey ich es am Ende stark kochen ließ. Den folgenden Tag goß ich die Auflösung ab, welche schön klar und

gelb

hellgelb war. Das Rükständige digerirte ich von neuem mit 2 Unzen Alkohol, bis zum Kochen, goß es ab, nachdem es erkaltet, und wiederholte die Digestion nochmals mit 2 Unzen Alkohol. Von der ersten Solution abstrahirte ich den mehresten Theil des Alkohols, und ließ das Uebrige in einem ofnen Gläschen vollends verdunsten. Ich erhielt eine schöne Goldgelbe, klare Resina, am Gewicht 2 Drachmen und 26 Grane. Die zwote und dritte Auflösung goß ich zusammen, abstrahirte eben so den mehresten Theil des Menstrui davon, und ließ es darauf in einem offenen Gläschen vollends eintroknen. Es gab noch 25 Grane klare Resina. Die unauflösbar zurükgebliebene zähe, schwammige und weißgraue Masse troknete ich völlig, und sie wog eine Drachme 28 Grane. Es hat also der Alkohol von dieser halben Unze Kopal, 2 Drachmen und 32 Granen, das ist über $\frac{5}{8}$ aufgelöset. Eine Drachme Pankopal digerirte ich mit einer Unze Alkohol. Die Mischung wurde weißlicht trübe, nachdem es aber einige Stunden gestanden, wurde sie klar und Wasserhell. Der unaufgelößte Theil hatte sich auf den Boden der Phiole dichter, als von obigem gemeinen Kopal, gesezet; er sahe Silberfarben aus, und war so zähe, daß er sich zu einem einige Ellen langen Faden ziehen ließ, ehe er riß. Nachdem er völlig getroknet, wog er 10 Granen; folglich waren von dieser Drachme feinen Kopal im Alkohol 50 Granen, das ist $\frac{5}{6}$ aufgelöset enthalten.

§ 35.

§. 35.

Diese so gut von statten gegangene Auflösungen haben mich belehrt, daß der Kopal nicht ein so sehr widerspenstiger Körper ist, als ich bisher dafür gehalten. Zwar löset er sich nie ganz und gar im Weingeist auf sondern, nachdem die Kopalsorten sind, bleibt allemal bald mehr, bald weniger, unauflösbar zurük: allein dieses ist die Natur mehrerer vegetablischer Harze. Zum Beweis will ich den Mastich anführen. Hiervon suchte ich die allerklärsten Körner aus, pulverisirte und digerirte sie eben so stark, als den Kopal, mit genugsamem Alkohol. Allein der Mastich lösete sich nicht ganz auf, sondern er lies eine Silberfarbene zähe Masse zurük, welche den zehnten bis zwölften Theil seines Gewichts beträget, so, daß seine Auflösung fast dieselben Erscheinungen zeigte, als die Auflösung des Kopals, besonders des feinen.

§. 36.

In Ansehung des Nutzens, die mit reinen Weingeist verfertigte Kopalauflösungen als Firniß zu gebrauchen, muß ich es den Künstlern und Liebhabern der Lakkirarbeiten überlaßen, die Anwendung davon zu machen. Doch will ich noch einiges zur Verfertigung eines solchen guten Firnisses gehörendes erinnern. Zuvörderst wiederhole ich die beyden nöthigsten Stükke, nämlich, daß ein dazu anzuwendender Weingeist aufs beste verfertigt, und von allem Phlegma vollkommen befreyet

befreyet seyn. Zweytens, daß eine bloße Digestion nicht hinlänglich, sondern eine ziemlich starke und etwas anhaltende Aufwallung zu Hülfe genommen werden müsse. Hiezu schikken sich, wie bekannt, die Phiolen mit langem Hals am besten, deren Mündung nicht gar zu vest verstopft werden muß, um der durch das Kochen sehr verdünnten Luft einigen Ausgang zu verschaffen. Sollte auch schon ein geringer Theil vom Alkohol mit verlohren gehen; so ist darauf nicht sehr zu achten; der Verlust wird desto unbeträchtlicher seyn, je länger der Hals der Phiole ist. Ein Künstler aber, welcher mit chymischen Arbeiten etwas bekannt ist, wird, ohne mein Erinnern, seine Phiole mit Helm und Vorlage, nach den Regeln der Kunst, gehörig versehen. Ein vom besten Franzbranntewein gemachter Alkohol scheint, in Absicht einer leichtern Auflösung harter harziger Körper, für den übrigen gemeinern Branntweinarten einen merklichen Vorzug zu haben. Ferner ist auch Rüksicht zu nehmen, daß eine schikliche Proportion vom Weingeist gegen den Kopal sey, damit der Firniß weder zu dik, noch zu dünne werde. Ist bey einer Kopalauflösung des Alkohols zu viel, so darf man nur, vermittelst einer kleinen Retorte, den überflüßigen Alkohol abstrahiren, welcher zu einer neuen Auflösung wieder sehr gut zu gebrauchen ist. Man darf nicht befürchten, daß die rükständige konzentrirtere Solution dadurch phlegmatischer werden mögte, wenn nur der dazu angewandte Alkohol von der erforderlichen Stärke und Güte ist. Kürzer aber kann man bey Bereitung des Kopalfirnisses zum Zwek kommen, wenn man gleich zu einer bestimmten Menge Alkohol so viel Kopal nimmt, als zu einer konzentrirten Auflösung nöthig ist, ohne den im Rükstand übrigbleibenden noch auflöslichen Theil zu achten. Der Alkohol sättigt sich alsdann so sehr er kann, und der Firniß erlangt sogleich seine gehörige Stärke. Denn, als ich eine Drachme Kopal mit einer halben Unze Alkohol kochend extrahirt hatte, so gab die klare Auflösung, nach dem Eintroknen, 35 Grane helle Goldgelbe Resina, und eine Drachme Pankopal mit einer halben Unze Alkohol eben so behandelt, gab 42 Grane. Nimmt man noch weniger Alkohol, z. E nur 3 Theile gegen einen Theil Kopal, so erhält man einen noch mehr ge sättigten Firniß.

§. 37.

Eine mit Weingeist bereitete Kopalauflösung erfordert aber nothwendig erst einige, aus der Uebung am besten zu erfahrende Zusätze, bevor ein recht brauchbarer und vollkommener Lakki-firniß daraus werden kann. Dergleichen Zusätze wären z. E. Mastich, Sandarach, Kopaivabalsam, Venedischer Terbentin, u. s. w. Letzterer aber scheint mir dazu von vorzüglichem Nutzen. Denn als ich einer von ihrem Rükstande noch warm abgegossenen, und also noch ganz trüben Solution, aus 3 Theilen Weingeist und einem Theil Kopal, ein wenig Venedischen Terbentin zusetzte, so wurde alles sogleich völlig klar und helle, ohne den

gering-

geringsten Bodensatz; da doch sonst eine bloße Kopalsolution nicht gern eher, als den folgenden Tag ganz klar zu erscheinen pfleget. Eine aus allen diesen Erfahrungen zu ziehende Vorschrift zum Kopalfirniß könnte ohngefähr also lauten: Nimm 8 Loth schönen reinen, fein pulverisirten Kopal; schütte diesen in eine Phiole, und gieße darüber 24 Loth höchst rektifizirten Weingeist. Trag Sorge, daß die Phiole nur halb damit angefüllet sey, und ihre Oefnung nur leicht verstopft werde. Schüttle es gut um, und dann setze es in eine Sandkapelle. Gieb Anfangs gelindes Feuer, bis es gehörig durchgewärmt ist. Alsdann lege mehr Kohlen unter, damit es ins Aufwallen komme. Laß es so lange kochen, bis du siehst, daß sich nichts mehr auflösen mag. Laß es dann ein wenig sich abkühlen, und gieß alles Flüßige ab, und in ein andres Glas. Thue dazu 3 Loth Venedischen Terbentin, schüttle es ein wenig um, und stelle es wieder in die Wärme bis sich der Terbentin aufgelöset hat, so hast du deinen weißen Kopalfirniß fertig.

§. 38.

Beyläufig will ich hier zugleich der Verschiedenheit des bisher mit dem Kopal so nahe verwandt geglaubten Agtsteins, gegen den Aether sowohl, als gegen den Weingeist gedenken. Keines von beyden genannten Menstruis giebt eine wahre Auflösung des Agtsteins, sondern nur eine mit dessen feinern ölichtsalzigen

salzigen Theilen geschwängerte Tinktur. Das Agtsteinpulver bleibt, ohne zusammen zu bakken, lokker auf dem Boden des Digerirgefäßes liegen. Neumann hat daher Recht, wenn er von der Auflösung des rohen Agtsteins sagt: Jedes Menstruum thut zur Noth etwas, aber nur extrahendo, keineswegs solvendo.

§. 30.

Nachdem ich nun von dem Verhältniß beyderley Kopals, gegen Aether sowohl, als gegen Alkohol, belehrt war; so wollte ich weiter erfahren, was mit andern Menstruis auszurichten sey, und das Oleum Terebinthinä war nun das erste. Ein Jeder, der des Herrn Bergrath Lehmanns chymische Untersuchung des Kopals gelesen, wird, auf die Zuverläßigkeit seiner Versuche sich verlaßend, als wahr und bekannt annehmen, daß das Terbentinöl ein Solvens des Kopals sey. Eben das glaubte auch ich aufs Wort dieses Gelehrten: allein zu meiner Verwunderung muste ich das Gegentheil erfahren Ich mogte es angreifen, wie ich wollte, so war und blieb es mir auf alle Weise unmöglich, eine Auflösung in diesem Oele zu Wege zu bringen. Der Kopal bakte sich allemal zu einer schwammigen Masse zusammen, und das Terbentinöl blieb, wie es war. Ferner sagt Lehmann, daß er auch den im Weingeist unauflöslich zurükgebliebenen Theil mit diesem Oele solvirt habe. Auch dieses versuchte ich; aber es lösete sich davon eben so wenig, als vom rohen

Kopal,

Kopal etwas auf. Weiter versuchte ich, nach Lehmanns Angabe folgendes: Ein Stükchen Kopal zündete ich am Licht an, und ließ es in einem eisernen Löffel ausbrennen. Als es verlöscht war, sah es schwarz und glänzend aus, war ziemlich hart, und noch eben so elektrisch, als vorher. Bis hieher stimmt alles mit Lehmanns Erzählung überein, allein, als ich es in Terbenthinöl lange und stark kochte, so färbte sich solches zwar hellroth, aber es geschahe keine wirkliche Auflösung, sondern der Kopal blieb als ein schwarzer Teig auf dem Boden des Kölbchens liegen. Mit Naphtha Vitrioli aber lösete sich dieser schwarzgebrannte Kopal, bis auf einige Flokken, zu einer undurchsichtigen schwarzbraunen Tinktur auf. Indem sich meine Gedanken noch damit beschäftigten, wie es doch möglich sey, daß des Herrn Lehmanns Vorgeben, in diesem Fall, gerade das Gegentheil von meinen Erfahrungen seyn könnte; so fand ich in der Pharmacopœa Danica Parte I. pag. 99. unter dem Artikel vom Oleo Terebinthinæ folgendes: non raro adulteratur Oleo Pini, quod tum odore, tum experimentis cum concretis resinosis variis, uti Sandarach, Copal &c. quæ non nisi in vero Terebinthinæ oleo solvuntur, innotescit. Nun glaubte ich, es mir erklären zu können, warum ich nicht im Stande gewesen, den Kopal in diesem Oel aufzulösen. Mein bisher angewandtes Oel ist das gemeine, so wie es im Kauf ist, wovon ich zugebe, daß es eigentlich Oleum Pini seyn könne. Ich nahm darum die Versuche von neuem vor, aber mit dem Oele, das ich selbst von reinem Terbenthin destillirt hatte, und hofte nun damit zu Stande zu kommen. Allein meine Erwartung schlug abermal fehl: denn der Erfolg fiel eben so aus, als bey den mit dem Kiehn-Oel angestellten Versuchen. Ich war hiemit noch nicht zufrieden, sondern, um mich völlig von der Unauflösbarkeit des Kopals im Terbenthinöl zu überzeugen, hielt ich dafür, daß ich noch das Oel vom Venedischen Terbenthin versuchen müßte. Ich destillirte mir also solches von der reinsten und besten Sorte, dessen Oel am Geruch und Geschmak milder ist, als das vom gemeinen Terbenthin. Mit diesem Oele wiederholte ich die Versuche, allein abermal mit eben dem Erfolg, nämlich daß keine Auflösung geschahe, ich mogte den gemeinen Kopal, oder die feinere Sorte dazu nehmen, ich mogte es gelinde digeriren, oder stark kochen. Ein Versuch, da ich ein durch die Abstraktion auf den vierten Theil verdiktes Oel nahm, lief eben so fruchtlos ab; so wie auch ein anderer, wozu ich Terbenthinöl, welches über frischgebranntem Kalk gestanden, angewendet hatte.

Nun wird es, denke ich, entschieden seyn, daß der Kopal in allen Arten Terbenthinöls unauflöslich ist. Ich hätte es vielleicht nicht nöthig, zu erinnern, daß hier nur vom rohen, in seinem natürlichen Zustande sich befindenden Kopal die Rede sey: ich thue es aber, um Irrungen zu vermeiden; denn im folgenden wird man sehen, daß der Kopal, wenn er durch gewaltsame

Behand-

Behandlung im Feuer aus der natürlichen Mischung seiner Bestandtheile gesetzt worden, alsdann sich leicht und ganz im Terbenthinöl auflöset.

§. 40.

Auch der Sandarach soll, nach den angeführten Worten der Pharmacopœa Danica, gleich dem Kopal, sich zwar nicht im Oleo Pini, aber doch im Oleo Terebinthinae auflösen. Auch dieses ist falsch. Weder das Kiehnöl, noch das Oel vom gemeinen Terbenthin, noch das vom Venedischen, lösete ihn auf. Er zerschmelzt für sich bey starker Digestion, wie der Kopal, ohne sich mit dem Oele zu vereinigen, und sobald das Gefäß aus der Hitze genommen wird, siehet man den Sandarach erhärtet auf dem Boden liegen. Es ist dieser Umstand merkwürdig, und mag denen eine Erinnerung seyn, die in der Chymie so leicht aus äußerer Aehnlichkeit zweener Körper auf die innere Analogie derselben schlüßen wollen. Mastich und Sandarach sind beydes Baumharze von vieler Aehnlichkeit, aber wie verschieden zeigen sie sich bey der Auflösung! Sandarach wird vom Terbenthinöl gar nicht, Mastich hingegen sehr leicht, bis auf ein Geringes, aufgelöset. Im Weingeist hingegen löset sich Sandarach in reinen Stükken ganz und gar, ohne einigen Rükstand, auf; vom Mastich aber, obgleich die reinsten Körner dazu ausgesucht worden, bleibt, wie schon gedacht, der zehnte bis zwölfte Theil unauflösbar zurükke.

§. 41.

So sehr mich nun das Terbenthinöl in meiner Erwartung getäuscht hatte, so angenehm hielten mich dagegen die feinern ätherischen Oele schadlos, unter denen sich besonders das destillirte Lavendel- und Rosmarinöl hervorgethan haben. Diese lösen den Kopal eben so leicht auf, als ich vorher von den Naphthis gerühmt habe; nur mit dem Unterschiede, daß man diesen essentiellen Oelen ebenfalls mit Digestionsfeuer zu Hülfe kommen muß, welches bey den Naphthis übel angebracht seyn würde. Dafür aber unterscheiden sie sich zu ihrem Lobe von jenen dadurch, daß sie ein Mittel abgeben, den Kopal reichlicher im Weingeist aufzulösen, als es letzterer für sich allein vermag; da die Naphthä hingegen vielmehr einen Theil des enthaltenen Kopals fallen laßen, wenn sie mit Alkohol vermischt werden. Eine Drachme Kopal übergoß ich mit 2 Drachmen Rosmarinöl, und ließ es damit beynahe kochen. Es vereinigte sich beydes bald zu einer ziemlich klaren und gleichartigen Mischung, die, wenn man sie erkalten läßt, schwerflüßig ist. Ich goß dazu 6 Drachmen Alkohol, digerirte es damit, wobey ich es zuweilen umschüttelte, und ließ es erkalten. Nachdem sichs gesetzt, goß ich die hellgelbe Auflösung klar ab, und das Rükständige digerirte ich nochmals mit einer halben Unze Alkohol, welcher sich aber fast gar nicht färbete. Als ich diese zwote Auflösung klar ab, und zu der ersten goß, wurde sie trübe. Den folgenden Tag

fand

fand ich die Auflösung hell, und es hatte sich ein wenig Kopal, an Konsistenz und Ansehn, wie klarer Terbenthin, zu Boden gesetzt.

Ich habe oben vergessen zu erinnern, daß ich fast allemal, wenn ich den durch die erste Digestion extrahirten Kopal nochmals mit frischem Alkohol digerirt habe, die Auflösung unbeträchtlich gefunden; daß sie, zur ersten Auflösung gegossen, solche trübe macht, und der geringe Theil Kopal, den sie etwan enthält, den andern Tag, wenn alles klar geworden, sich im Glase, wie Terbenthin, zu Boden setzt. Es ist daher sonder Nutzen, den Kopal zum Lakkirfirniß öfter als einmal zu extrahiren.

Den von obiger Drachme Kopal zurükgebliebenen zähen Theil troknete ich, und er wog 8 Grane. Folglich waren 52 Grane von 60 aufgelöset. Eben so versuchte ich es mit einer Drachme Pankopal. Dieser gab eine ganz helle Auflösung ohne Farbe, und der geringe Theil, der unauflöslich geblieben, wog getroknet kaum 2 Granen. Folglich sind hier von 60 Theilen, gar 58 aufgelöset worden.

Die Versuche, zu welchen ich das Lavendelöl anwendete, geriethen eben so schön, ja, wie es schien, fast noch besser. Weil dieses aber von höherm Preiß ist, als das Rosmarinöl, so behält letzters in der Anwendung zu Firniß billig den Vorzug. Der Kampfer leistet zur Auflösung des Kopals eben die Dienste, als die feinen ätherische Oele. Eine halbe Drachme Kopal gab mit 2 Drachmen Alkohol, worinn zuvor eine halbe Drachme Kampher zerlassen worden, eine ganz helle Auflösung, worinn sich etwas Schleimartiges lokker und wolkicht zu Boden setzte.

§. 42.

Gleich den feinen ätherischen Oelen, lösen auch die durch sich destillirte Oele verschiedener Gummiarten den Kopal auf, als das Oleum Benzoes u. a. m. Eben so wohl löset ihn das Kopalöl, von beyderley Sorten Kopal auf. Dahingegen kann das Bernsteinöl, das ordinäre gelbe so wenig, als das feinere weiße, imgleichen die gewöhnliche Sorten Steinöl, ihm nichts abgewinnen.

§. 43.

Mit dem Balsam von Kopaiva gehet der Kopal willig zusammen, wenn er damit gelinde geschmolzen wird. Die Mischung wird klar, aber von sehr zäher Konsistenz, und erhärtet endlich, wenn nämlich das Verhältniß des Balsams nicht zu groß ist. Mit Alkohol übergossen und digerirt löset sich zwar genug auf, und giebt einen hellen Firniß; doch bleibt fast mehr Sediment in Gestalt eines weißlichten leichten Schleimes zurük, als wenn die Auflösung mit eben der Menge bloßen Kopal und Alkohol angestellt worden. Mit dem Venedischen Terbentin erfolgt eben

das.

das. Doch dauret es etwas länger, ehe sichs gleichartig mischet. Ich vermuthe, daß erst ein Theil Oel vom Terbenthin verfliegen muß, ehe der Kopal sich damit vereinigen kann; denn als ich Kopal mit gekochtem Terbenthin zusammen schmelzte, vereinigte sichs leichter. Mit der Auflösung dieser Mischung in Alkohol verhielt sichs eben so, wie die mit Kopaivabalsam.

§. 44.

Von den fetten ausgepreßten Oelen der Vegetabilien sagt Lehmann, daß sie vom Kopal nichts aufzulösen im Stande sind, sondern, wenn sie damit gekocht würden, ihn zusammen gebakken sitzen laßen. Dieses stimmt mit meinen Erfahrungen gänzlich überein. Wenn es richtig ist, was man von der Auflösung des rohen Agtsteins in fetten Oelen, durch Hülfe der Papinianischen Maschine, versichert; so wäre zu wünschen, daß Jemand, der im Besitz eines dergleichen Digestors ist, es mit dem Kopal versuchen mögte. Außerdem aber halte ich die Auflösung des Kopals in fetten Oelen für unmöglich. Vielleicht aber könnte durch ein Zwischenmittel eine solche Verbindung bewerkstelligt werden? In dieser Absicht versuchte ich, in Rosmarinöl aufgelöseten Kopal mit gekochtem Leinöle zu vereinigen; allein es mischte sich nicht, sondern der Kopal schied sich als ein zähes Koagulum davon ab. Und eben so gieng es mit mehreren unter veränderten Umständen angestellten Versuchen.

§. 45.

Was ich vorhin bey den Versuchen mit Terbenthinöl erinnert habe, muß ich auch hier wiederholen, daß nämlich bisher immer nur vom Kopal in seinem rohen oder natürlichen Zustande die Rede gewesen ist. Daß er aber unter veränderten Umständen dennoch, sowohl in Terbenthinöl, als in fetten Oelen aufzulösen sey, wird folgender Versuch lehren. Die Anwendung davon auf die fetten Kopalfirnisse, deren Zubereitung zeither eben so geheim gehalten ist, als die Verfertigung des weißen Kopalfirnisses im Weingeist durch Hülfe der kochenden Digestion, wird Jedem leicht in die Augen fallen.

§. 46.

Ich legte eine Retorte mit 2 Unzen gröblich zerstoßnen Kopal in eine Sandkapelle zur Destillation ein. Sobald die Retorte durchgehitzt war, blähete sich der Kopal nach seiner gewöhnlichen Art stark auf, aus welcher Ursach man also eine geräumige Retorte zu nehmen hat, um für dem Ubersteigen sicher zu seyn. Ich fuhr bey diesem Feuer so lange fort, bis der Schaum in der Retorte zu fallen anfieng. Als ich solchen völlig vergangen, und den Kopal ruhig flüßen sahe, hob ich sogleich die Kapelle mit der Retorte vom Feuer, und ließ es erkalten. Die Vorlage enthielt beynahe eine halbe Unze Oel, nebst etwas Phlegma. In der Retorte fand sich der rükständige Kopal von dunkelbrauner Farbe, der ganz das Ansehn, als klares

Kolo-

Kolophonium hatte. Das Gewicht davon war eine Unze 3 Drachmen; einige Kopalstükken ungerechnet, so während dem Aufblähen an den Seiten in die Höhe getrieben, und nicht wieder heruntergeflossen waren. Dieser so zubereitete Kopal ist nun nicht mehr der vorige widerspenstige Körper, sondern jezt in fetten Oelen sowohl, als in Terbenthinöl, auflösbar. Ein Theil davon fein gerieben, und mit 2 Theilen Terbenthinöl übergossen, lösete sich bey etwas starker Digestion, leicht und ohne Rükstand auf. Die Auflösung war ganz klar, und von durchsichtiger braunrother Farbe. Auf eben die Weise versuchte ich auch einige fette Oele, als das Baumöl, das Oel von weissen Mohnsamen, das Leinöl, sowohl rohes, als gekochtes u. s. w. Die Auflösungen damit geriethen eben so leicht und vollkommen. An Farbe waren sie alle so, wie die mit Terbenthinöl, an Konsistenz aber etwas dikker. Das ganze Geheimniß der Kopalfirnisse in Oel besteht also darinn, daß man den Kopal dazu so lange für sich schmelzen laße, bis alle in ihm enthaltene Lufttheilchen sich entwikkelt haben, und dadurch der natürliche Zusammenhang und daher rührende Vestigkeit aufgehoben sey. Da nun aber bey einer solchen gewaltsamen Behandlung die weiße und helle Farbe des Kopals unumgänglich verlohren geht, und man auf keine andere, als eine höchstens hellbraune Auflösung Rechnung machen kann; so sieht man, daß der Werth eines fetten Kopalfirnisses im Grunde nicht die so große Achtung verdient, welche man selbigem wohl beyzulegen pfleget.

§. 47.

Watin hat zwar in seinem Staffirmaler, — welches Buch in Absicht der Anweisung zur praktischen Anwendung der Firnisse, nach dem Urtheil der Kenner, sehr brauchbar ist, — eine Vorschrift zum weißen Kopalfirniß angegeben, von welcher er versichert, daß es dieselbe sey, nach welcher der berühmte Martin seinen schönen weißen Firniß machte. Nach solcher soll man 1 Pfund Kopal in einem irdenen Gefäß über Kohlenfeuer schmelzen laßen, darnach 4, 6 bis 8 Unzen mit Bleykalke gekochtes Leinöl heiß dazu mischen, noch eine Zeitlang kochen laßen, und nachdem es vom Feuer genommen, mit einem Pfund Venedischen Terbenthinöl verdünnen. Allein man wird bey deren Befolgung am Ende sich nicht ganz befriedigt finden.

Ist die Schmelzung des Kopals zu gelinde oder zu früh beendigt; so bleibt es ein unvollkommenes Gemische, worinn vom Kopal nur wenig oder fast nichts enthalten ist. Dieser Firniß kann dann im Grunde nicht mehrere Vorzüge besitzen, als ein solcher, der ohne Kopal, aus Leinöl gemacht worden, welches mit Bleykalke gekocht, und darauf mit hinlänglicher Menge Terbenthinöl wieder verdünnet worden. Ist aber zur völligen Schmelzung des Kopals der erforderliche Grad der Hitze angewandt worden, dann kann der fertige Firniß nicht im eigentlichen Verstande weiß heißen. Watin erkennet selbst an verschiedenen Stellen seines Buchs die Unvollkommenheit dieses Firnisses. So

sagt

sagt er z. E. Seite 257 der Deutschen Uebersetzung: „Bey den fetten Firnissen muß man den Substanzen „gleichsam Gewalt anthun, und sie zwingen, das Oel „anzunehmen; sie schmelzen nur bey heftigem Feuer. „Sie würden sich gar nicht auflösen laßen, wenn man „ihnen beym Kochen mit Oel nicht einen weit stärkern „Grad des Feuers gäbe, als das Oel allein erfordert, „wodurch dieses verbrennet und dunkel wird„ und Seite 261: „Das Rösten bleibt also nur ein Mittel „zum Auflösen, so lange wir kein besseres wissen, und „thut dem Verlangen des Künstlers keine völlige Ge„nüge.„ Es ist wahr, daß unter dem Namen von Kopalfirniß in Oel, nicht selten einige zum Theil sehr gute und nutzbare Firnisse vorkommen; allein wer leistet die Gewähr, daß deren Basis wirklich Kopal ist? denn durch Vermischung und Auflösung verschiedener anderer Substanzen in fetten Oelen, können manche gute und für den Künstler brauchbare Firnisse bereitet werden, ohne daß der Kopal dabey ein Ingrediens sey.

§. 48.

Uebrigens hat die von Watin angegebene Methode Unbequemlichkeiten, deren man aber überhoben seyn kann. Wenn man den Kopal in einer Retorte, so wie ich vorhin beschrieben, schmelzet, so ist man den unangenehmen Dämpfen des schmelzenden Kopals nicht ausgesetzt, und man kann es besser und mit Bequemlichkeit sehen, wie weit die Schmelzung in der

Retorte

Retorte vor sich geht. Bey Arbeiten im Großen ließe sich auch wohl das auf diese Art zu erhaltende Kopalöl, welches ohngefähr den vierten bis fünften Theil des Gewichts vom Kopal beträgt, zu einigen nützlichen Anwendungen bestimmen. Wollte man aber zum Versuch im Kleinen, der Kürze halber, die Methode des Watin befolgen; so ist selbige doch noch einiger Verbesserung fähig. Man gieße nämlich den im Topfe geschmolzenen Kopal geschwind auf eine Steinplatte, oder auf ein kupfernes Blech; nachdem er kalt worden, pulverisire man ihn, und laße ihn mit der dazu bestimmten Mischung von Terbenthinöl und gekochtem Leinöl, im Topf auf gelindem Kohlenfeuer zergehen. Der Vorzug dieses Verfahrens für Watins Vorschrift, ist klar. Denn, wenn man nach letzterer zum geschmolzenen Kopal das Leinöl kochend zugießt; so wird nicht allein bey diesem starken Grade der Hitze, das Oel noch dunkler; sondern es ist auch diese unmittelbare Zugießung des kochenden Oels, der sehr leicht sich ereignenden Entzündung wegen, gefährlich.

§. 49.

Es ist demnach die Bereitung des fetten Kopalfirnisses von der ganz bekannten des Bernsteinfirnisses in nichts unterschieden, und jede brauchbare Vorschrift zum letztern wird auch beym erstern anzuwenden seyn.

Auf gleiche Weise läßt sich der Sandarach zur Auflösung bringen. Der davon entstehende Firniß ist

ist an Farbe heller, weil er nur einer gelinden Schmelzung bedarf. Aus ebengedachtem Grunde kann man auch vom Pankopal einen hellern Firniß erwarten, als von dem gemeinen.

§. 50.

Ich versuchte nunmehro die salinische Auflösungsmittel, und zwar zuerst die Säuren. Mit vier Theilen Vitriolöl übergoß ich einen Theil Kopal. Die Mischung schäumte stark, und färbte sich sehr dunkelroth. Nachdem die Aufbrausung sich gelegt, fand ich den Kopal gänzlich aufgelöset. Die Mischung hatte das Ansehn und die Konsistenz wie Peruvianischer Balsam, und roch stark schweflicht.

In Weingeist oder Wasser getröpfelt, schlug der Kopal sich in braunen Flokken nieder, wovon der Weingeist wieder etwas auflösete, und sich damit gelb färbte.

Vom rauchenden Salpetergeist schüttete ich drey Theile auf einen Theil Kopal. Hieraus wurde sogleich, bey starker Aufbrausung und Ausstossung häufiger rother Dämpfe, eine hellbraune durchsichtige Auflösung, und als ich noch mehr Kopal hinzuthat, wurde er noch eben so hurtig aufgelöset. Ich fuhr fort, Kopal in kleinen Portionen hinzu zu thun, um die Säure damit völlig zu sättigen, und als ich diesen Punkt getroffen haben mogte, verlohr die Mischung mit einemmal die

Flüßig-

Flüßigkeit, und koagulirte zu einer grauen Seifenartigen Masse. Ich gedachte von dieser erzeugten Resina mit Wasser die überflüßige Säure abzuspülen; allein sie zerfiel im Wasser in ein Zitronfarbenes Pulver, welches ich hinlänglich versüßte, troknete, und mit Alkohol übergoß. In der Wärme lösete sichs völlig zu einer hellrothen Tinktur auf; als es aber wieder erkaltete, wurd es trübe, und ein Theil schlug sich als ein leichtes dunkelgelbes Pulver zu Boden. Doch blieb das meiste in der drüber stehenden, wieder klar gewordenen rothen Tinktur aufgelöset, woraus, in Wasser getröpfelt, ein weißlichtgelbes Koagulum häufig zu Boden fiel. Mit rauchendem Salzgeiste geschahe keine Auflösung. Der Kopal vermischte sich damit durch Schütteln ganz ruhig, und als es eine Zeitlang gestanden, begab es sich als ein leichtes dunkelgraues Pulver auf die Oberfläche. Die darunter stehende klare Salzsäure hatte keine Aenderung erlitten, und lies sich daraus nichts niederschlagen. Doch glaubte ich zu bemerken, daß es nun stärker rauchte. Der Alkohol des Weineßigs lösete vom Kopal einen geringen Theil auf. Nachdem ich beydes in einem Gläschen zusammen gemischt und geschüttelt, so bakte nach einiger Zeit das Kopalpulver hart zusammen. Der drüber stehende konzentrirte Eßig war hellgelb, woraus, wenn etwas davon in Wasser getröpfelt wurde, die darinn aufgelöset enthaltenen Theile sich in weißen Flokken niederschlugen.

§. 51.

§. 51.

Nun stellte ich einige Erfahrungen mit alkalischen Menstruis an. Zwo Drachmen Kopal rieb ich mit eben so viel reinem Weinsteinsalze fein, vermischte es nach und nach mit einigen Unzen destillirtem Wasser, woraus eine Milchhafte schleimichte Mixtur wurde, die stark nach Kopal roch, und deren Geschmak Anfangs süßlicht, hintennach aber gewürzhaft und etwas bitter war. Nach einigen Tagen schied sich die Mischung. Aus dem überstehenden klärern Theile schlugen die Säuren weiße lokkere Flokken nieder. Der Kopal aber, so sich als ein schleimiger Brey zu Boden gesetzt, war so sehr gequollen, daß er einen Raum von mehr als vier Unzen Wassers einnahm. Ich mischte alles, und verdünnete es mit mehrerm Wasser; goß soviel destillirten Eßig dazu, als das Alkali zur Sättigung bedurfte; schied alles Flüßige durch ein Filtrum davon; edulkorirte und troknete den rükständigen Kopal, welcher wieder, wie vorher, 2 Drachmen wog. Ich hatte geglaubt, daß diese Bearbeitung mit Alkali die Textur des Kopals verändern, und ihn zur leichtern Auflösung geschikt machen würde: aber es fand sich nicht also. Die Auflösung im Weingeist gieng nicht so gut von statten, als mit rohem Kopal. Auch vom flüchtigen Alkali fand ich nicht, daß es etwas mehreres zur Auflösung beytrüge, als das Menstruum, worinn es enthalten, für sich zu thun im Stande war. In dem mit Weingeist bereiteten Salmiakgeiste lösete sich kalt

durch

durch Schütteln etwan eben so viel auf, als der Weingeist an sich vermag, und das Uebrige fiel als ein lokkerer Schleim zu Boden.

§. 52.

Das kaustische Alkali hingegen verhielt sich anders. Ein Theil Pankopal in sechs Theilen einer Tinktur vom kaustischen Weinsteinsalze, digerirt, lösete sich bis auf einen ganz geringen Bodensatz auf. Als ich von dieser Auflösung 50 Tropfen mit einer halben Unze destillirtem Wasser mischte, färbte sich letzteres hellroth, und blieb ganz klar. Einige Tropfen Vitriolsäure schlugen aus dieser Mischung mit Wasser den Kopal nieder, welcher sogleich zu einer orangefarbnen Masse hart zusammenbakte. Der gemeine Kopal ließ sich eben so in der kaustischen Tinktur auflösen, wiewohl mit Zurüklaßung eines stärkern Satzes. Diese Auflösung zeigte eine, von der mit feinem Kopal gemachten, etwas verschiedene Erscheinung. Denn als ich davon 50 Tropfen in eine halbe Unze destillirtes Wasser schüttete, wurde es trübe, und als ich Vitriolsäure zusetzte, präzipitirte sich der Kopal in weißlichtgelben Flokken, welche auch, ohne wie voriges zusammenzubakken, sich so lokker zu Boden setzten.

§. 53.

Ludolf, Sukow, und andere geben vor, daß man den Kopal zur vollkommenern Auflösung dadurch

vorbe-

vorbereiten könne, wenn man ihn pulverisirt einer freyen und warmen Luft eine Zeitlang aussetzte. Ich habe dieses zwar versucht, aber keinen wirklichen Nutzen bemerket. Doch will ich damit nicht gänzlich läugnen, daß nicht vielleicht eine länger anhaltende Wirkung der Luft und Sonne auf den Kopal, etwa durch Ausziehung seines wäßrigen Bestandtheils, einen merklichern Erfolg haben könne. Ich dachte solchen Endzwek kürzer zu erreichen, wenn ich den Kopal bey gelindem Feuer so lange durchwärmte, bis er zu schmelzen anfieng; allein ich fand das Gegentheil. Denn, als ich eine Drachme von solchem gelinde geflossenen Kopal mit einer halben Unze Alkohol gehörig kochte, und das Aufgelösete evaporirte, fand ich nur 17 Granen Resina; da ich doch vom rohen Kopal, in diesem Verhältniß, 35 Granen vom gemeinen, und 42 Granen vom feinen, erhalten hatte. So fand ich auch bey versuchter Auflösung des geflossenen Kopals in Aether, nichts Vorzügliches. Uebrigens sah ich bey Gelegenheit dieses Versuchs abermal eine Verschiedenheit des Kopals gegen den Agtstein, diese nämlich, daß der Kopal ohne scheinbare Alteration seiner Bestandtheile, einen gewissen Grad des Feuers vertragen, und einigermaßen flüßen kann. Bey dem Agtstein hingegen ist der gelindeste Grad der Hitze, bey welchem er zu flüßen anfängt, schon hinreichend, ihn sehr merklich zu verändern. Er stößt sogleich einen häufigen ölichtsauren Dampf aus, verliert seine Farbe, und wird schwarzbraun.

§. 54.

Noch unterwarf ich den, bey den Versuchen mit Weingeist unauflöslich bleibenden Rükstand vom Kopal, einigen Prüfungen. Daß er in Terbenthinöl, gleich dem rohen Kopal, unauflöslich sey, habe ich schon zuvor erwähnet. Zehn Grane davon fein gerieben, kochte ich nochmals aufs stärkste mit einer Unze Alkohol. Er nahm nichts in sich, und das Pulver blieb aufgequollen ohne Zusammenhang liegen. Ich fand es, nachdem ich es wieder getroknet, kaum um einen Gran leichter Andere 10 Granen mischte ich mit zween Skrupel Aether. Als ich es durcheinander schüttelte, wurde es wie Gallert. Ich that also noch zween Skrupel Aether hinzu, allein es blieb immer diklich. Nach ein Paar Tagen hatte sichs endlich etwas gesetzet. Ich goß davon einige Tropfen in Wasser, und fand, daß doch ein ganz geringer Theil noch aufgelöset worden. Es wollen einige behaupten, daß im Kopal eine nicht unbeträchtliche Menge gummöser Theile enthalten wären, die, mit den resinösen Bestandtheilen aufs genaueste gemischt, eben dadurch die schwere Auflösbarkeit des Kopals verursachten. Ich meynte, wenn dem so wäre, so würde ich den gummösen Bestandtheil am leichtsten in dem von der Bearbeitung mit Weingeist zurükgebliebenen Kopal finden können. Ich kochte also eine Drachme davon ziemlich lange mit hinlänglicher Menge destillirten Wassers. Der Kopal bakte nicht zusammen. Ich filtrirte es, und ließ es abrauchen. Es hinterließ

im

im Evaporirschälchen doch eine Spur eines gummösen Theils, von etwas salinisch-bitterm Geschmak. Ich sage nur eine Spur; denn es war dessen so wenig, daß es, nach dem Gewichte zu bestimmen, kaum $\frac{1}{20}$ Gran betragen konnte.

§. 55.

Der berühmte Macquer hält dafür, der Kopal sey ein durch eine Säure verhärtetes Oleum unguinosum, und von dieser Meynung sagt Herr Spielmann in seiner materia medica: sie sey fürtreflich. Ich dachte nach, ob, und wie es wohl möglich sey, diese Säure kennen zu lernen? und hier erinnerte ich mich, daß Herr Bourdelin der Pariser Akademie der Wissenschaften eine Abhandlung übergeben, worinn er Rechenschaft ablegt, von Versuchen, die er, um die Säure des Bernsteins zu bestimmen, angestellt hat. Er hält solche für die Säure des Meersalzes. Sein Hauptbeweis, welchen Macquer in seiner praktischen Chymie mit vielem Lob erzählet, besteht darinn: Zween Theile Salpeter hat er mit einem Theil Agtstein detonirt, und in der davon erhaltenen Lauge will er am Ende wahres Sal commune regeneratum gefunden haben, wie im Macquer weiter zu sehen ist; so wie auch der Wunsch des letztern, daß dieser sinnreiche Versuch auf mehrere Erdpeche mögte angewendet werden. Ich entschloß mich, ihn auf den Kopal anzuwenden. Zwo Unzen des reinsten Salpeters vermischte ich mit einer Unze fein gestoßenem gemeinem Kopal,

pal, trug die Mischung nach und nach in einen glühenden Tiegel, und nachdem die Verpuffung vorüber, lösete ich die rükständige salinische Masse in destillirtem Wasser auf, und stellte sie zum Krystallisiren hin. Es schossen bald Salpeterkrystallen an, wovon ich ohngefähr 2 Drachmen wieder erhielt, die ganz rein waren. Was weiter anschoß, war zwar noch Salpeter, aber nun schon mit alkalischem Salze vergesellschaftet. Endlich schossen, als die Lauge sehr konzentrirt geworden, unförmliche Krystallen an, die gröstentheils alkalisch, aber immer noch mit kleinen Salpeterkrystallen vermengt waren; und von der Lauge blieb nur ein ganz weniges flüßiges übrig. Mit möglichster Aufmerksamkeit untersuchte ich alles Salz, das dieser Prozeß geliefert hatte; ich fand aber nichts, als Salpeterkrystallen, die der Zerlegung durchs Phlogiston entgangen, und zulezt den alkalisirten Salpeter. Die noch übrige Lauge fand ich mit dem Brennbaren angeschwängert, so, daß ich damit aufgelösetes Eisen bläulich präzipitiren konnte. Bey diesem Versuche hatte ich folglich nichts gefunden, was mich von dem hätte belehren können, was ich wissen wollte. Ich tröstete mich mit der Vorstellung, daß ich im Kopal, als in einem vegetabilischen Konkreto, keine eigentliche mineralische Säure erwarten könne; die vegetabilischen Säuren aber überhaupt nicht von der Natur wären, daß sie durch eine solche Behandlung im Feuer zu erhalten stünden.

§. 56.

Die Erfahrung lehrt, wie sehr nöthig es, besonders bey chymischen Versuchen sey, mit eigenen Augen zu sehen, und gegen die Arbeiten Anderer, ja auch wohl oft gegen seine eigene, ein kleines Mistrauen zu hegen. Um also von der Richtigkeit des gedachten Prozesses des Herrn Bourdelin mich selbst zu überführen, wiederholte ich ebendenselben Versuch nun mit Bernstein, so wie ich ihn vorher mit Kopal angestellt hatte; aber der Erfolg war ebenderselbe, als vom Kopal. Nicht die geringste Spur fand ich, die von der Gegenwart der Salzsäure im Bernstein hätte zeigen können, so viele und strenge Nachsuchung ich auch anstellte, welche deswegen zu erzälen unnütz seyn würde. Dieses erwähne ich nur, daß ich, außer den mit Reagentibus angestellten Prüfungen, die leider nicht allemal vollkommen sicher führen, auch das Mikroskopium zu Hülfe zu nehmen nicht vergessen habe. Unzerstörter Salpeter, alkalisirter Salpeter, und zuletzt eine Lauge, die das Eisen blaulicht niederschlägt, das war alles, was ich fand, und was ich vollkommen eben so bey dem Prozeß mit Kopal gefunden hatte.

Hat genannter Französischer Chymist bey seinem Versuch wirklich kubische Salzkrystallen gefunden, so ist zu wünschen, daß mehrere Chymisten diesen Versuch oft, und in grösserer Quantität wiederholen mögten; wobey ich, um die Zerstreuung der entwikkelten

Dämpfe zu verhüten, rathen mögte, statt des Tiegels und ofnen Feuers, sich der Tubulatretorten zu bedienen. Daß Bourdelin zu seinem Versuch könnte Salpeter genommen haben, dem es an der nöthigen Reinigkeit gefehlt, ist zwar wohl möglich; aber doch billiger Weise nicht zu vermuthen.

§. 57.

Da der angezündete Kopal, gleich dem Gummi Lak, in Tropfen abfließt; so brachte mich dieses auf die Vermuthung, daß er, wie dieses, zum Siegellak mögte angewendet werden können; allein die dieserhalb angestellte Versuche haben gelehrt, daß er wegen seiner Sprödigkeit auf dem Papier nicht stark genug anklebt, und also hiezu ganz untauglich ist.

§. 58.

Nach dieser abgelegten Rechenschaft meiner chymischen Versuche, sey es mir erlaubt, meinen Zweifel gegen die Klaßifikation des Kopals unter die Erdpeche zu äußern, und die von Lehman angeführte 15 Gründe kürzlich durchzugehen. 1) das äußere Ansehn, die unbestimmte Figur, die eingeschlossenen Insekten, sind zufällige Dinge. Auch im Sandarach und Mastix habe ich Insekten gefunden, und dergleichen mögten sich bey genauer Durchsuchung auch wohl in mehrern Harzen und Gummiarten finden laßen. 2) Nicht die Bitumina allein brennen mit heller Flamme, star-

kem

kem Dampfe, dikkem Rauche, und besonderm Geruche; das thun bekanntermaßen alle feine und grobe Harze, Gummata, Kampher, Oele u. s. w. Das Mehr oder Weniger thut nichts zur Sache. 3) Die Hinterlassung eines schwarzen Ueberbleibsels nach der Verbrennung geschieht auch von allen Harzen, und andern brennbaren vegetabilischen Produkten. 4) Daß der Kopal sich allerdings in Weingeist und mehrern Menstruis auflösen lasse, in Terbenthinöl hingegen gar nicht, zeigen meine Versuche hinlänglich. Die Unauflösbarkeit in letzterm kann meiner Meynung nicht zum Nachtheil gereichen, da ich gefunden habe, daß der Sandarach sich eben so wenig darinn solviren läßt. Daß aber der Kopal nicht ganz und gar in Alkohol zergeht, kann ihm, wie ich schon erinnert, gar nicht als eine Ursach angerechnet werden, um welcher Willen er aus der Reihe der Baumharze gestoßen werden müsse; da solches mehrere reine Harze, als der Mastich, mit ihm gemein haben. Das in neuern Zeiten, und zwar, wie mir deucht, zuerst durch den Herrn Kondamine bekannt gewordene elastische Harz, Kautschak aus Kayenne, das Herr Poivre auch auf Isle de France, und die Herrn Banks und Solander auf Otahitty gefunden, widersteht ja gänzlich der Auflösung im Weingeist, und den mehresten andern Menstruis, ohne daß Jemanden einfiel, es dieserwegen aus dem Pflanzenreiche zu verweisen. Beyläufig erwähne von diesem sonderbaren Harze, daß, wenn man es am Licht entzündet, und in einem warm gemachten Löffel vollends ausbrennen läßt, der Rükstand als ein braunes Oel sich zeigt, welches sich mit Terbenthinöl willig vereinigt. 5) Phlegma und ein doppeltes Oel geben alle Harze, Gummata, Balsama nativa, u. s. w. wenn sie für sich destillirt werden, so gut, wie der Kopal. 6) Das Phlegma des Kopals ist allerdings vom Phlegma des Agtsteins unterschieden. Letzteres verräth seine Säure bald. 7) Den wesentlichen Unterscheid des Kopalöls vom Bernsteinöl, in Absicht der Verhältnisse gegen andere Körper, habe schon gezeigt, nämlich, daß der Kopal sich in seinem eigenen Oele sowohl, als in dem Oel anderer Harze, als der Benzoe, leicht aufgelöset; hingegen den Oelen der Erdpeche, als dem Oleo Petræ und Succini, völlig widerstehet. Die Aehnlichkeit des Geruchs ist ebenfalls nicht sehr groß; und wenn es wäre, so könnt es doch nichts entscheiden. Das Biebergeil giebt, nach den Erfahrungen des Herrn Models, auch ein wie Erdpech riechendes Oel; wer wird es aber darum aus dem Thierreiche verweisen wollen? Aehnlicher aber ist das Kopalöl im Geruch den Rußischen Juchten, und diese erhalten solchen durch die Zubereitung mit einem empyrevmatischen Oel aus dem Pflanzenreich, nämlich mit dem Oel der Birkenrinde. Auch im Geschmak ist das Kopalöl milder, als die Oele der Erdharze. 8) Daß nicht allein die bituminösen Oele, sondern alle für sich destillirte des Pflanzen- und Thierreichs, durch die Rektifikation in feinere und gröbere zerlegt werden können, ist eine bekannte Wahrheit.

heit. 9) Der Alkohol löset die zuerst übergehende subtilere, oder mehr ätherische Portion der bituminösen Oele sowohl, als der destillirten Oele der vegetabilischen Harze, und also auch des Kopals, leicht auf. Ja öfters auch die mehr gröbern Oele. Der Holländische Torf z. E. giebt durch die Destillation ein dikliches Oel, so sich aber doch fast ganz in Alkohol auflöset. Daß 10) und 11) nicht der rohe Kopal, sondern bloß der durchs Feuer veränderte, mit Terbenthinöl einen Firniß giebt, habe ich an seinem Orte gezeiget. Daß aber soches das nicht beweisen kann, was es soll, habe ich mit dem Beyspiele des Sandarachs gewiesen. 12) Außer dem Kopalöl, sind noch viele andere wesentliche Oele aus dem Pflanzenreich, die sich eben so wenig, als die bituminösen Oele, mit dem rauchenden Salpetergeist entzünden. Mit dieser, auch mit der vitriolischen Säure geben die vegetabilischen Oele eben sowohl eine künstliche Resina. 14) Der Grund endlich, daß der Kopal härter ist, als andere Harze, und daher sich fast wie der Bernstein arbeiten läßt, wird nun den Streit schwerlich entscheiden, da sich auch der Sandarach poliren läßt. Noch weniger giebt der 15) Grund, daß der Kopal mit dem Bernstein im Wasser einerley Schwere habe, der Sache einen Ausschlag: denn der Bernstein sowohl, als der Kopal verlieren an ihrem Gewicht etwas mehr oder weniger, nachdem sie mehr oder weniger von Unreinigkeiten und von Luftblasen frey sind.

§. 59.

Noch hat Lehmann, in der dritten Auflage seines Entwurfs einer Mineralogie S. 66. die elektrische Eigenschaft des Kopals als einen Grund mehr angegeben, um welcher Willen er zum Mineralreich zu rechnen sey. Ohne Zweifel muß er damals eben sich nicht erinnert haben, daß alle harzige Substanzen des vegetabilischen Reichs eben so gut elektrisch sind, als B.rnstein, Asphalt, und andere harte Erdpeche. Hier ist ein ganzes Verzeichniß vegetabilischer Produkte, die ich, nach Verschi.denheit ihrer Härte und glatten Flächen, der Elektrizität theils mehr, theils weniger, fähig befunden habe: Kopal, beyde Sorten; Gummi Look, welches vermuthlich auch eine Sorte Kopal ist, von grünlicher oder grauer Farbe; Gummi Anime; Gummi Kikekunemalo, welches einige zwar auch für eine Kopalspezies halten, ich aber lieber für eine Gattung des Gummi Anime ansehen mögte, da dessen Oel denselben gewürzhaften balsamischen Geruch besitzt, den das Gummi Anime hat; Sandarach; Mastich; Resina Guajazinativa; Gummi Lak; so wie es noch an dem Stäbchen sitzt, und welches doch ohnstreitig auch nichts anders, als ein von Insekten gesammletes und zur Bereitung ihrer Wohnungen angewandtes Baumharz ist; Gummi Elemi; trokner Opobalsam; Drachenblut; gekochter Terbenthin; ja auch der Kampher, u. a. m.

§. 60.

Herr Bergrath Skopoli hat in seinen Principiis mineralogiæ systematicæ & practicæ die Bitumina in folgende vier Genera eingetheilt: Ambra, Succinum, Pix montana, Sulphur. Das Genus Succini theilt er in 2 Species, als, in Succinum electricum, und Succinum Copal.

Diesemnach ist Herr Skopoli auch einer von denen, die sich von Herrn Lehmann, auf dessen Mineralogie er sich dieserwegen beziehet, zu solcher mit der Natur nicht übereinstimmenden Rangordnung des Kopals haben verleiten laßen. Bey der Diagnosis des Generis Succini sagt Herr Skopoli: omnino solubile in oleo Terebinthinæ. Allein dieser gelehrte Mineraloge wird ohne Zweifel bey einer neuen Auflage seines gedachten fürtreflichen Handbuchs, die hierinn nöthige Aenderung treffen, wenn er sehen wird, daß Lehmanns vorgegebene Auflösung des Kopals im Terbenthinöl, gegen die Erfahrung streitet, und der Kopal überhaupt am Mineralreiche keinen Antheil hat.

Drit=

Dritter Abschuitt.

Von den im Kopal eingeschlossenen Körpern.

Tab III — V,

1 Insekten.

§. 61.

Die bisher angeführte V.rsuche haben zur Genüge gezeigt, daß der Kopal sich in der chymischen Bearbeitung wie wirkliches Baumharz verhalte. Eben so überzeugend beweisen dieses auch die in ihm eingeschloss ne fremde Körper. Es kommen darinn keine Wasserinsekten, kleine Muscheln oder Schnekken; sondern lauter solche kleine Geschöpfe vor, die sich in der Luft, auf den Blättern, an Rinden und Wurzeln der Bäume aufhalten. In dieser Absicht sind vorzüglich die kleine sogenannte Spekkäfer (Dermestes L.) die man häufig im Kopal antrift, merkwürdig. In dem hierbey folgenden Verzeichniß unter No. 13 und 20 wird man einige finden. Sie wohnen zwischen den Baumrinden verschiedener Hölzer, besonders der Fichtenbäume, und nähren sich von dem faul werdenden Holze, welches sie auf eine sonderbare Weise zwischen dem Stamm und der Rinde in krummen Gängen und Wendungen durchstreifen: daher ihnen auch der Ritter den Namen **Buchdrukker** (Typographus und Mycrographus.) gege-

gegeben hat, weil die durchstreifte Gänge den Zügen der gedrukten und geschriebenen Buchstaben ähnlich sind. Nächst diesen läßt sich unter den Samen, Blättern, Wurzeln, Moosen, Stükchen Holz und Rinden, die man im Kopal findet, nicht ein einziges See- oder Wassergewächs entdekken, und auch dieser Umstand unterstützt die Beweise, daß der Kopal kein mineralisches Produkt seyn könne. Ich habe seit einigen Jahren die hiesigen Vorräthe von Kopal von Zeit zu Zeit aufmerksam durchsuchet, und viele hundert Kopalstükke betrachtet, aber kein einziges Wassergeschöpf oder Pflanze darinn wahrgenommen; ausser der Tab. V. Fig. 28. abgezeichneten Floßfeder, der man es aber ansieht, daß sie erst, nachdem sie lange vom Fisch getrennt uud eingetroknet war, in den Kopal gerathen sey.

§. 62.

Ich will zwar nicht gänzlich in Abrede seyn, daß man bey fernerem Nachsuchen nicht auch allerhand Seeprodukte darinn antreffen sollte; allein dieses beweiset weiter nich's, als daß entweder der Kopal vor seiner Erhärtung ins Wasser gerathen sey, oder daß dergleichen Körper durch Ueberschwemmungen, oder auch durch Vögel und einige von Fischen sich nährende Amphibien ans veste Land sind gebracht worden. An der Möglichkeit des erstern wird niemand zweifeln. Denn welchem Naturkündiger ist es wohl unbekannt, daß jährlich eine Menge Holz, durch Stürme, Regengüsse

und

und hinreissende Gewalt der Wellen, in die See geführet werde? Fast alle Seereisebeschreibungen erwähnen sowohl desjenigen Treibholzes, welches sie auf der offenen See antreffen, als auch desjenigen, das nach verschiedenen Ufern angetrieben wird. Eben so lehret uns auch die tägliche Erfahrung, daß durch Ueberschwemmungen viele Seekörper ins Land geführet und alda zurük gelassen werden. Von diesen können wohl einige, bey gegebener Gelegenheit, lebendig oder todt, zum Theil oder auch ganz, von dem von den Bäumen abfliessenden Kopal überzogen werden. Auch die Vögel, die ihre Nahrung aus dem Wasser herholen, verzehren ihren Raub auf dem vesten Land und auf den Bäumen, wobey dann leicht, ein oder der andere Theil unverzehrt verlohren gehet, der sein Grab im Kopale findet.

Verschiedenen Insekten siehet man es ebenfalls an, daß sie erst nach ihrem Tod ein herrliches Grab im Kopal bekommen haben. Im angehängten Verzeichniße finden wir hiervon verschiedene Beyspiele. Siehe No. 11 und 20.

§. 63.

Ich habe gesagt, daß der Kopal über allerhand Körper herfließe und selbige überzöge. Man könnte zwar hiewider einwenden, daß man an unsern Baumharzen gerade das Gegentheil wahrnehme. Allein wenn

wenn wir jene heiße Himmelsgegenden mit unsern kalten vergleichen; so nimmt es uns nicht mehr Wunder, wenn jene viel feiner und als Harze, die von der Sonne weit besser durchgearbeitet sind, länger flüßig bleiben und also zum Ueberziehen fremder Körper geschikter werden, als unsere, die mit grober Erde und zähen schleimigen Nässen gemischet sind. Uebrigens halte ich die Abwesenheit der Insekten und anderer fremden Körper in unsern Europäischen Harzen noch lange nicht für bewiesen, weil sich, meines Wissens, noch niemand einfallen ließ, hierüber ernstliche Untersuchungen anzustellen. Schon der Bernstein, der vermuthlich bald seine sichere Stelle im Pflanzenreich erhalten mögte, wird künftig einen Gegenbeweis abgeben. Nicht selten findet man auch Kopal im Kopal eingeschlossen, besonders fällt dieses in die Augen, wenn ein Stükchen Goldgelber in einem klaren stekket. Ich besitze, wie ich schon oben erwähnt, ein dergleichen Stük, und gerieth anfänglich in Versuchung, das Golgelbe Stükchen für Bernstein zu halten, bis mich der Geruch eines bessern belehrete. Diese Inkrustirung konnte nicht geschehen, wenn der noch flüßige Kopal nicht ein anderes, bereits erhärtetes Stük, beym Abfliessen überströmete. Ich besitze auch überdem ein ansehnliches Stükchen Baumrinde, das mit Kopal durchsintert ist. Zugeschweigen der starken Rinden von Dammerde, Sand, u. s. w. mit welchen der Kopal oft eingefaßet ist, und welche zeigen, daß er als eine weiche Masse auf die Erde gekommen sey.

§. 64.

§. 64.

Ohnerachtet man die Insekten im Kopal sehr häufig antrift; so sind sie doch selten so beschaffen, daß man sie genau nach ihren Geschlechtern und Arten bestimmen kann. Hieran sind mancherley Ursachen Schuld.

1) Ist der Kopal an sich nicht selten von dunkler oder gemischter Farbe, daß man nicht im Stand ist, gehörig die karakteristischen Theile zu unterscheiden.

2) Ist der Kopal oft mit vielen andern Unreinigkeiten vermischet, die ihm seine Durchsichtigkeit benehmen.

3) Sind die Insekten oft in solchen Scharen darinn anzutreffen, welches besonders von den Ameisen kann gesaget werden, daß sie sich einander selbst verdunkeln.

4) Bekommen sie zuweilen durch den gewaltsam erlittenen Tod eine so widernatürliche Lage, daß es unmöglich wird, ihre zarte Kennzeichen zu unterscheiden.

5) Es verlieren auch viele durch die Versuche, sich aus der zähen Masse des Kopals loszumachen, die feinen Theile, wodurch sie von ihres Gleichen sich ausnehmen.

6)

6) Werden auch viele beym Zerschlagen der Kopalstükke, um das Insekt näher an die Oberfläche zu bringen, verstümmelt. *)

*) Der Kopal ist sehr spröde, und splittert daher gern beym Zerschlagen. Die besten Stükke gehen dadurch nicht selten verlohren. Ich glaube daher denenjenigen, die Lust haben, Kopal mit Insekten zu sammlen, einen kleinen Dienst zu erweisen, wenn ich sie mit der Art bekannt mache, wodurch man die Insekten am ersten unbeschädigt erhalte. Um das Insekt genau betrachten zu können, ist es nöthig, daß es so nahe als möglich, an die Oberfläche gebracht werde, und der Kopal nur so dik bleibe, als es ohne Beschädigung des eingeschlossenen Körpers geschehen kann: denn je dünner das Kopalstük ist, desto durchsichtiger ist es, und um so viel deutlicher wird auch das Objekt. Wenn ein Stük Kopal dergestalt beschaffen ist, daß es unter dem Messer veste liegt; so darf man nur einen starken Schlag auf den Rükken des Messers thun, so springt der Kopal gerade unter dem Messer auseinander. Hat aber das Stük keine egale Fläche, worauf es veste lieget; so muß man das Ueberflüßige entweder mit einem Messer nach und nach wegschaben, oder wenn es groß ist, mit einer Uhrfeder absägen. Man muß aber auch die Säge oft mit kaltem Wasser begießen; weil der Kopal sonst von der warmen Säge zähe wird, und sich an derselben anhängt. Sonst kann er auch an der Drechselbank, wie der Bernstein, abgeraspelt werden. Die rauhen Stellen polirt man, wie den Bernstein, mit Trippel, oder Kreide, auf einem Filz, damit er die gehörige Durchsichtigkeit erhalte. Auch hier muß man sich hüten, daß der Kopal nicht zu warm wird; weil sonst die Hare des Filzes daran hangen bleiben, die ihm ein schmutziges Ansehen geben.

7) Verschiedene gerathen erst nach ihrem Tode, nachdem sie schon verschiedene wesentliche Theile verlohren haben, in den Kopal, bisweilen sind sie demohngeachtet noch kennbar; wie bey No. 11. und No. 20. zu ersehen ist.

8) Nicht selten stehet selbst der starke Glanz des Kopals der Deutlichkeit im Wege; sie erhalten dadurch mehrentheils ganz andere Farben, als sie an und für sich haben. Man muß, allem Irrthum zu entgehen, ein jedes Stük nicht nur gerade gegen das Licht halten; sondern es ist auch nöthig, daß man das Licht von der Seite auffallen laße, und es betrachte. So siehet zum Beyspiel der Käfer fig. 24 wenn man das Licht gerade einfallen läßet, roth aus, stellet man sich aber mit den Körper zwischen das Licht und den Kopal; so erkennet man erst die braune Farbe, die ihm eigen ist. Ich habe daher, um allem Irrthum, so viel als möglich, zu entgehen, bey Verfertigung des nächstehenden Verzeichnisses, verschiedene gelehrte Männer zu Rathe gezogen, besonders haben sich zween junge geschikte Entomologen bey Aufsuchung der Kennzeichen und Bestimmung dieser Insekten viele Mühe gegeben.

§. 65.

Die 12te Ausgabe des Linnéischen Natursystems ist bey diesem Verzeichniß so lange zum Grunde ge-

geleget worden, als die gegebene Beschreibungen des Ritters ungezwungen mit dem karakteristischen Zeichen des vorhabenden Insekts übereinkamen; wenn aber keine Beschreibung passen wollte; so ist das Insekt als eine neue Spezies nach allen seinen Theilen beschrieben worden. Wie uns No. 4. 7. 12. 16. 20. 21. 22. 23. 25. und 26. 27. 28. 31. zu ersehen ist.

Ich glaube daher, daß die Kenntniß der Insekten um einen ansehnlichen Theil erweitert werden könnte, wenn aufmerksame Naturkundige, die Gelegenheit dazu haben, in den Vorräthen derjenigen Städte, wo starker Handel mit Kopal getrieben, als zu Rochelle, Amsterdam und London, oder, wo viel von der Lakkirarbeit verfertiget wird, die Insekten genau untersuchen wollten. Denn, da man den Kopal von so verschiedenen, und größtentheils von noch unbekannten Gegenden zu uns bringet; so ist nicht daran zu zweifeln, daß wir nicht auch eine Menge neuer und ausländischer Insekten dadurch sollten kennen lernen. Das ist um so viel eher zu vermuthen, da die natürliche Farben der Insekten so gut im Kopal erhalten werden: wie unter andern aus No. 4. 7. u. s. w. zu ersehen ist.

§. 66.

Ich habe drey Platten von diesem Kopal mit Insekten stechen lassen, damit günstige Leser mögen urtheilen können, in wie ferne die Beschreibungen gerathen sind. Mehrere Platten würden das Werk nur ohne Noth kostbarer machen. Auch das Verzeichniß hätte stärker werden können, wenn man anders nicht so genau in der Bestimmung der Sachen hätte seyn wollen. Ich werde mich daher diesmal mit der Beschreibung der hier folgenden begnügen, und vielleicht in einem künftigen Band einen Anhang hierzu liefern.

Verzeichniß
einiger merkwürdigen Insekten, welche im Kopal eingeschlossen.

Tab. III.

Fig. 1. No. 1. *Culex ciliaris. Linn.* Sp. 2 p. 1002. Habitat in Europâ.

Dieses Kopalstükchen ist stark beschliffen, wodurch einige Hauptheile des Insekts, als: die Fühlhörner, Saugrüssel und ein Flügel ganz abgenutzt worden. Jedoch sind die übrigen Theile sehr deutlich und den Karakteren der angeführten Gattung völlig angemessen.

Der Leib dieser kleinen Mükke ist mit zarten schwarzgrauen Härchen umgeben; bey diesem Subjekte sind sie gröstentheils durch die Kopalmasse bey der Einschlüßung des Thieres losgerissen, und bemerkt man viele dergleichen Fäserchen mit dem Glase, in artigen Lagen, die den Leib des Thieres gleichsam um-

Inschwimmen. Hierinn liegt die Ursache, warum das Insekt hier mehr durchsichtig und gelblich erscheint, als im natürlichen Zustande, wo es mehr gelblich braun und undurchsichtig ist. Die beyden letzten Gelenke des Leibes sind schwärzlich. Ihre langen gelblichen Füße sind zu unterst der Schenkel mit langen Borsten versehen, welche mit bloßen Augen bemerkt werden.

Fig. 2. No. 2. *Aranea fusca pilosa*, thorace acutiusculo, abdomine oblongo, pedibus crassioribus pilosioribus.

Diese schmuzig gelbe Spinne läßt sich nicht wohl, so wie mehrere kleinere Gattungen, die wir in diesem Verzeichniß unten kennen lernen werden, bestimmen, weil ihr Hauptkarakter, von der Lage der Augen hergenommen, sich im Kopal nicht deutlich macht. Indessen scheint gegenwärtige wohl eine Art von Winkelspinnen zu seyn. Ihr Leib ist mit einem weißgrauen Schleim in diesem Stük umgeben.

Seitwärts liegt noch im Kopal ein zerstümmelter Fliegenkörper, und von der andern Seite des Stüks sieht man auch deutlich die unter No. 16. beschriebene neue Schabe.

Fig. 3. No. 3. *Ichnevmon ferrugineus*, antennis setaceis ferrugineis longitudine corporis, abdomine subpetiolato ovato; alæ fuscescentes hyalinæ, venis fuscis, puncto marginali nigro.

Das Abdomen subpetiolatum, nebst den antennis setaceis dieses kleinen Raupentödters, zeigen es gleich, daß er zu der 6ten Ordnung des Ritters gehöre, welcher ihn aber nicht beschrieben hat Er ist ohne Schwanzspitze, ob er gleich in der dritten Figur so gezeichnet ist, welches leicht hat geschehen können, weil der eine zarte Fuß dergestalt hinten hervorragt, daß man ihn für den Stachel des Insekts halten kann.

Die durchsichtige und glänzend hellgelbe Farbe des Kopals verursacht auf dieses Insekt, wie bey mehreren dieser Sammlung, in verschiedenen Lagen gegen das Licht, das schönste Goldgelbe Ansehen, und verführt auch öfters Kenner, selbiges für die wahren Farbe des Thieres zu halten.

Fig. 4. No. 4. *Musca* antennis setariis, pilosa, nigra, abdomine fusco, segmentorum primorum latera & subtùs ferruginea, ano dorsoque nigra. pedibus setosis; tibiæ apice mucronatæ.

Diese kleine Fliege, die Hr. v. Linné nicht zu haben scheint, und zu der fünften Ordnung seiner Fliegen gehöret, hat viel Aenlichkeit mit der muscâ caniculari, unterscheidet sich aber durch die langen rothgelben Füße, und rothbraune Stirne, die bey jener Silberberglänzend ist. Die Größe und das übrige Ansehen ist jener gleich.

Der Rükken ist erhaben, rund und mit sparsamen Borsten versehen. Die Augen braun, die Flügel durchsichtig, und $\frac{1}{3}$ länger, als der Leib. Alle diese Theile sind bey diesem Kopalstükke vollkommen deutlich und schön zu sehen. Weiter im Hintergrunde des Kopals finden sich 2 *Tipulae* von der kleinsten Gattung. Sie sind beyde von einerley Gattung, und gehören zur 2ten Eintheilung der Tipularum. Ich finde alle Bestimmungen des Herrn von Linné in der 59sten Art, die er *Tipulam minutissimam* nennet, auf die unsrigen passend, außer daß diese noch interiorem alarum marginem ciliatum haben, welcher so fein und sauber ist, daß er mit vieler Mühe nur, und vermittelst einer guten Lupe kann entdekt werden.

Fig. 5. No. 5. *Aranea* abdomine globoso, subferrugineo, pedibus longis flavescentibus.

Diese kleine Spinne läßt sich eben so wenig, wie die unter No. 2. angezeigte, aus den daselbst angeführten Ursachen, genau bestimmen; zumal da gegenwärtige nicht einmal ausgewachsen zu seyn scheinet. Außerdem sind einige sehr kleine Moucherons in ihrer Gesellschaft mit eingeschlossen.

 Fig. 6.

Fig. 6. No. 6. *Formica nigra*, antennis pedibusque flavis. *Geoffroy* Tom. II. pag. 427. no. 2.

Die Beschreibung des *Geoffroy* paßt völlig auf unsere gegenwärtige Ameisen, deren 3 Stük von einer Gattung in diesem Kopalstükchen vorhanden. Ich würde sie gern für die Saccharivoram *Linnei* (form. sp. 10) die Amerikanische Zukkerameise, oder noch eher für die Hæmatodam (*Linn.* form. 17.) annehmen, wenn ich so glüklich gewesen, die maxillas fuscas seu rubras, welche Herr von Linné diesen beylegt, zu entdekken. Zudem würde die Größe gegenwärtiger Art mit der angeblichen Größe der Zukkerameise, die nur höchstens zween Drittheil so groß seyn kann, nicht übereintreffen. *Geoffroy* nimmt zwar bey gegenwärtiger $3\frac{1}{2}$ Linie lang, und $\frac{2}{3}$tel Linien breit zum Maaß an, indessen muß man bemerken, daß er blos das geflügelte Insekt dieser Gattung beschreibt, das bekanntermaßen allemal merklich größer ist. Unsere drey Ameisen sind Zwitter, und $2\frac{2}{3}$ Linien lang.

Von der *Formicá saccharivorá* sehe man sub n. 19. ein Mehreres nach.

Fig. 7. & 8. No. 7. *Attelabus*, elytris nigris, maculis duabus testaceis, antennis flavis moniliformibus, apice clavatis.

Abdomen æneo testaceum, segmenta subtùs strigis transversis argenteis, oculi argentei.

Dieses

Dieses ist unstreitig eines der schönsten Stükke, und verdient eine genauere Beschreibung, zumal da ich diesen Attelabus nirgends beschrieben finde, weshalb ich ihn auch für einen Ausländer und völlig unbekannt halte. Er hat die Bildung des Attelabi Apiarii, (Lin. 10.) dessen Größe er auch wenig nachgiebt. Noch übereinkommender scheint mir dessen Form mit demjenigen, der in den Iconibus Ins. Ratisb. Schæfferi tab. CLI. fig. 3. vorgestellet ist. Die Flügeldekken sind dunkelschwärzlich, nicht glänzend, haben nach der Länge jeder 10 kleine Furchen, die aus vertieften kleinen Punkten bestehen. In der Mitte derselben, mehr nach der Sutur zu, befindet sich auf jedem ein unregelmäßiger braungelber, etwas glänzender breiter Flek. Diese beyde Flekken zusammen bilden auf dem Rükken eine ausgezakte, an der Schlüßung der Flügeldekken unterbrochene Binde, die doch nur bis über die Hälfte derselben reichet. Der Thorax, wie auch der Kopf sind von der Farbe der Dekschilde, ohne Punkte und Furchen, und Schwarze derselben fällt auch sanfter und beynahe Sammtartig aus. Beyde sind, so, wie die Dekschilde, oberhalb mit feinen weißgrauen Härchen überall bedekt, welche man nur mit bewaffnetem Auge in schräger Richtung bemerket. Die Augen sind Schnee weiß, groß, und glänzen, wie Silber. Die Oberfläche derselben bestehet aus unzäligen ausgetieften Punkten.

Der untere Leib ist glänzend rothbraun, spielt auf Purpur. Jeder Abschnitt desselben hat eine Silberglänzende breite Binde. Die Hüften der gelbbraunen Füße, der Rand der Abschnitte und des Rükkenschildes, wo der Kopf eingelenkt ist, nicht weniger der Mund und die Fußblätter, sind mit diesem glänzenden Silber gezeichnet, und machen diesen Käfer außerordentlich schön. Dieser Silberglanz fällt in einer entgegengesetzten Richtung an den mehresten Orten ins Goldgelbe, und scheint alsdann von der Farbe zu seyn, wie der Rükkenschild der *Sylphae thoracicae* Linn. nur noch schimmernder, als bey dieser. Fig. 8. zeigt die untere Gestalt des Käfers, welche man kaum für die natürliche des Thiers gehalten hätte, wenn man nicht wegen der Gleichförmigkeit der Zeichnung dazu bewogen würde; Jedoch muß man bekennen, daß der Kopal auf verschiedene andere in ihm enthaltene Insekten öfters diesen weißen Silberglanz bewirket, welches der Luft, die darinn eingeschlossen worden, zuzuschreiben ist; aber nie findet man diese Zeichnung an so feinen Theilen, und so symmetrisch vertheilt, wie bey diesem Subjekte.

Fig. 9. No. 8. *Musca roralis.* Linn. musc. 85. antennis setaceis, pilosa, atra, oculis brunneis.

Diese Fliege ist nur klein, jedoch nicht unter die kleinsten zu rechnen. Die Flügel sind durchsichtig gelblich, mit schwarzen Nerven.

Die Augen erscheinen in diesem Subjekte weißlicht, vermuthlich wegen des gänzlichen Austroknens der

der innern Säfte. Uebrigens stimmen die in der *Fauna suecica* und im Scopoli gegebene Beschreibungen völlig mit unserer Fliege überein.

Tab. IV.

Fig. 10. No. 9. *Musca*, antennis setariis, pilosa, abdomine angusto cylindrico nigro, segmentis duobus prioribus flavis, quorum margo medius niger; posterioribus nigris pilosis. Thorax nitens atro cœruleus, subpilosus. Pectus nigrum; caput angustum, subcompressum, oculis brunneis. Pedes longiusculi subfusco pallidi, toti pilis posticè instructi. Tarsi ultimus articulus bilobatus. Cauda setis sex, ordine quasi radiato circumdata.

Sie gehöret gleichfalls, wie die obige, unter No. 4. beschriebene, zu der 5ten Abtheilung der Fliegen, und vermisse ich selbige auch im Natursystem des Ritters. Sie kömmt mit obiger ziemlich überein, unterscheidet sich aber vorzüglich durch ihren schmalen länglicht runden Körper. Sie scheint das Männchen zu seyn, weil sich in dieser Sammlung noch 2 Fliegen von gleicher Gattung finden, die nur etwas grösser, und ohne die sechs Borsten am Schwanze sind.

Ausserdem bemerkt man in diesem Stük einige sehr kleine *Tipulas*, mit schönem rothen Leib und Brust, langen Füssen, schwarzen Augen, und Antennen, von der Länge des ganzen Insekts. Herr von Linné beschreibt sie unter dem Namen Tip. *longicornis* (Syst.

p. 978.

p. 978. no. 55) in der Faun suec. n. 1776. sehr gut. Sie ist von der kleinsten Gattung, und nicht einmal von der Größe des Flohes.

Fig. 11 No. 10. *Formica Salomonis.* Habitat in Aegypto, Arabiâ, Palæstinâ. *Lin.* sp. 9. M. L. V. 418. (Rubra, abdomine nigro, subvilloso).

Eines der vortreflichsten Stükke! Sie ist in einer deutlich schönen Lage zu sehen, und karakterisirt sich vollkommen nach der Beschreibung im Musæo. Diese Aegyptische Ameise ist von länglichem schmalem, sehr nettem Bau. Der Kopf rundlich, ziemlich groß, der Halskragen schmal gestrekt, und länger, als der Eyrunde Leib, der mehr schwarzbraun, mit einigen fast unscheinbaren Härchen, ausfällt. Das Uebrige des Insekts, auch dessen lange Füße, spielen das schönste Purpurroth.

Der Kopf mit dem Thorax zusammen, sind noch einmal so lang, als der Hinterleib.

Fig. 12 No. 11. In diesem Kopalstükchen haben eine Raupe, eine kleine gelbbraune Spinne, und eine kleine Fliege ein gemeinschaftliches Grab gefunden.

An der Raupe sieht man noch den völligen Kopf, mit kleinen Freßspitzen. Der übrige Körper ist völlig zusammengeschrumpft, und deren Füße nicht einmal zu bemerken Sie scheint gelb gewesen zu seyn. Es ist mir sehr wahrscheinlich, daß dieser Raupenkörper schon

schon in dieser unförmlichen Gestalt von der Kopalmasse umschlossen worden; weil sonst, wenn man annehmen wollte, daß die vollkommene Raupe hiermit eingeschlossen, und deren Säfte durch den Kopal etwan ausgedrükt worden, der Kopal dadurch verunreiniget erscheinen würde, welcher aber vollkommen klar und ohne fremde Körper ist. Daß aber auch dieser Raupenbalg nicht in der Masse, nach erfolgtem Austroknen der innern weichen Gefäße, eingeschrumpft seyn kann, zeiget sich dadurch, weil derselbe aufs genaueste auf allen Seiten von der Kopalmasse umschlossen wird.

Die Spinne läßt sich nicht wohl bestimmen. Sie ist klein, gelbbraun, der Thorax hervorragend spitzig, der Leib etwas kleiner und Herzförmig. Sie hat lange Füsse.

Die kleine Fliege ist keine andere, als die *Musca cellaris* Linnæi (Linn. Musc. 87.) die sich im Sommer in Kellern häufig einfindet. Sie ist etwas größer, als ein Floh. Eine genaue Beschreibung derselben und ihrer Lebensart findet man im *Reaum. Insect.* Tom. 5. P. I. pag. 78. Tab. VIII. fig. 7. 10. 11.

Fig. 13. No. 12. *Hemerobius*, abdomine rufo, fusco, mutico, thorace, pedibus, antennisque moniliformibus, testaceo flavis. Alis lutescenti hyalinis, planis, margine exteriori binervatis, abdomine duplo longioribus.

Dem

Dem ersten Anblik nach kann man diese kleine sogenannte Stinkfliege leicht für eine geflügelte Ameise halten. Es sind deren in diesem Stück nicht nur mehrere vorhanden, sondern man findet in dieser Kopalsammlung viel andere Stükke, worinn diese Gattung häufig ihr Grab gefunden hat.

Ohngeachtet dieses Insekt am mehresten mit dem Geschlecht der Hemerobien übereinkömmt; so hat es doch einige Hauptkaraktere, die es, wo nicht zu einem ganz andern Geschlecht machen, doch wenigstens zu einer Unterabtheilung der Hemerobien bringen laßen.

Sie haben nämlich gelbliche, aus 18 bis 20 angereiheten Knötchen bestehende Fühlhörner (Antennas moniliformes), welche zu unterst am Kopf immer feiner ausfallen, welches bey diesem Geschlecht und allen, dem Herr von Linné davon bekannten Gattungen ohne Beyspiel ist. Ueberdem scheinen ihre etwas schmälere Flügel diese Abtheilung zu erfordern.

Ihre Fühlhörner sind von der Länge des Thorax und Kopfs, die Flügel lang, übereinander liegend, und weit über den Leib reichend. Dieses und ihre gleiche Größe mit einer geflügelten Ameise, machen sie letzterer sehr ähnlich. Die übrige Gestalt des Kopfes, Rükkens und Leibes hat sie mit dem Geschlechte der Hemerobien gemein. Eine viel größere Art von gleichem Geschlecht mit dieser wird unter No. 27. und eine noch kleinere, als diese, unter No. 26. beschrieben, welches

ches meine angezeigte Unterabtheilung dieses Geschlechts noch mehr bestätigt.

Tab. Fig. 14. No. 13. *Dermestes* Typographus. (Linn. Derm. 7. Faun. suec. n. 418.)

Derm. testaceus pilosus, elytris striatis retusis, præmorso dentatis.

Er ist dem Derm. typographo vollkommen ähnlich, nur etwa zwey Drittheil kleiner, als jener. Auch scheint er in diesem Kopalstük weniger harig zu seyn.

Vielleicht das Männchen dieser Gattung? oder es ist etwa diese Verschiedenheit der Wirkung einer geringern Nahrung zuzuschreiben? Sein Körper ist etwas langrundlich, und von durchgängig gelbbrauner Farbe, die einen schönen Glanz unter dem Kopal erhält. Der Kopf ist unter dem Brustschild zurükgezogen, die Augen schwärzlich glänzend, die feingereifte Flügeldekken sind hinten schräg abgestumpft und gezähnelt, wie bey dem Typographo. Er zeigt sich auch in mehrern Kopalstükken dieser Sammlung in Gesellschaft anderer Insekten.

Tab. Fig. 15. No. 14. *Tipula fusca*, antennis filiformibus, longitudine dimidii corporis, thorace flavo gibbo, abdomine subfusco, dehiscente. Pedes longi, ad apicem tibiarum spinosi; caput inflexum, oculis nigris. Alæ pallidè ferrugineæ, maculis subfasciatis duabus fuscescentibus.

Sie

Sie ist nicht völlig so groß, als die gemeine Wassermükke, (Culex pipiens *Linn.*) und scheinet gänzlich zu deren Geschlecht zu gehören, wenn nicht ihre Fühlhörner, und besonders der Mangel des Saugerüssels das Gegentheil bewiese. Ich rechne sie dieserhalb zu der zwoten Abtheilung der Tipularum culiciformium) oder Mükkenartigen mit aufliegenden Flügeln. Der Thorax ist sparsam mit Borsten besetzt, die Füße sind lang und gelbgrau, den Füßen der gewöhnlichen Mükken nicht unähnlich. Die Flügelkölbchen (Halteres) von der Farbe des Thorax und Käulförmig. Linné hat sie nicht beschrieben; sie scheint aber das Mittel zwischen der *Tip. culiciformi* (Linn. sp. 52. & *Tip. incarnatá.* (sp. 53.) zu halten, sowohl ihrer Größe, als ihrer Struktur halber. Noch findet sich am Rande dieses Kopalstüks ein deutliches Insekt, nämlich der *Curculio granarius.* (Linn 16.) von durchgängig schwarzer Farbe, sehr [illegible] schmalem und länglichem Bau, ohngefähr einer Linie lang.

Des Herrn Skopoli Beschreibung No. 89. kömmt am deutlichsten damit überein.

Tab. Fig. 16. no. 15. *Musca pilosa* antennis setariis, abdomine ovato, æneo testaceo, segmentorum margines subpilosi Thorax nitidissimus, æneo cupreus, subpilosus, scutello concolori. Alæ hyalinæ subflavæ, pedes pallidiores, caput oculis rubris, vel potius brunneis, cauda subuncinata albida, statura coarctata. D

Dieser

Diese Schabe oder sogenannte Rakkerlak hat viel Aehnlichkeit mit der gemeinen Kellerschabe die Herr von *Linné* Blattam *orientalem* nennt (Linn. sp. 7.), ist aber nur wenigstens halb so groß, runder und auch breiter. Die Farbe ist mit jener fast gleich, vielleicht etwas heller. Die Flügeldekken sind unter einem spitzigen Winkel, nach dem äußern Rande derselben gereift, reichen etwas über den Leib, und haben hellbraunere Ränder, die fast durchsichtig scheinen, besonders wo sie über den schmäleren Leib hervorstehen. Unten ist der Leib etwas dunkler glatt und glänzend.

Die beyden am Schwanz stehenden Stiele oder Spitzen sind konisch und bestehen aus Gliedern, wie bey der oben angeführten orientalischen Schabe. Der Thorax ist in diesem Kopalstük mit einigen Luftblasen umgeben, so wie auch mehrere Theile bey andern gleichförmigen Exemplaren dieser Sammlung mit dergleichen Luft umzogen sind, und die Thiere derselben gewissermaßen undeutlich machen, weil solches einen sehr glänzenden Silberschein verursacht, und die natürliche Farbe verstekket.

Fig. 18. No. 17. Dieses Kopalstükchen zeigt den Hintertheil eines Fliegenkörpers, welcher jedoch unbestimmt bleiben muß, weil dieser Kopal zur Hälfte wenig durchsichtig und sehr unklar ist, und das Thier darinn nicht übersehen läßt. Der eine hervorstehende Flügel ist weiß, an der Spitze schwarz, die Füße gleichfalls schwarz.

Tab. V.

Fig. 19. No. 18. Zeigt einen zur Hälfte abgebrochenen *Conopedem* flavescentem subpilosum, pilis nigris, und ist daher ebenfalls nicht wohl genau zu bestimmen. Der Rüssel ist deutlich; die Flügel gelblich durchsichtig mit den feinsten Adern; ist übrigens von durchgängig gelblicher Farbe.

Fig. 20. No. 19. Hierinn sieht man sehr deutlich mehrere Ameisen, die gleichsam um den Fuß einer Spinne im Streit verwikkelt zu seyn scheinen.

Sie sind von zweyerley Art: die erstere größere Art, deren 3 vorhanden sind, ist die *Formica Salomonis*, welche ich oben unter No. 10. bereits beschrieben. Sie zeigen sich hier eben so schön und den Karaktern des Linné gemäß, wie dort. Die andere Gattung ist um die Hälfte kleiner, und scheint mir völlig mit der Beschreibung der Formica saccharivora Linn. (Zukkerameise) sp. 10 übereinzukommen. Die Freßzangen (Maxillæ) sind röthlich braun, fein gezähnelt; Füße und Antennen von gleicher Farbe, ziemlich lang, der Kopf und ihr kleiner Leib schwarz, jedoch letzterer bey einigen nur zur Hälfte, und das übrige rothbraun.

Der vermuthliche Gegenstand ihres Streits, den ich für den Fuß einer Spinne ansehe, ist ein gelblicher Fuß mit 4 Gelenken oder Theilen. Der Schenkel desselben (femur) ist stachlicht, mit röthlichen Ringen umgeben, und mit zarten weißen Härchen bedekket.

dekket. Das 2te Glied oder die Tibia ist gleichfalls zu hinterst, doch unmerklicher stachlicht. Die übrigen Theile sind glatt, das unterste Gelenk ist unvollständig und etwas abgebrochen.

In eben diesem Stük befindet sich noch ein kleiner Moucheron, doch nicht ganz kenntlich.

Fig. 21. No. 20. *Cerambix* fuscus thorace ex globoso depresso. Elytris albogriseis, punctis maculisque longitudinalibus fuscis, femoribus clavatis.

Totum animal fusco ferrugineum, exceptis elytris. Elytra submarginata grisescentia, punctis numerosis fuscis excavata, apice acutiuscula.

Es gehöret dieser Holzkäfer, wie man sieht, zur lezten Abtheilung im Linné, welcher ihn nicht beschrieben hat, und ist ohngefähr von der Gestalt des Ceramb. Fennicus, aber kleiner und schmäler. Seine Fühlhörner sind gröstentheils abgeschliffen, und deren Länge also nicht zu beurtheilen. Sie sind von der Farbe des Rükkenschildes und der unterste Theil derselben an der Spitze mit einem kleinen Dorn versehen.

Die längliche schwarzbraune Flekken der Flügeldekken bilden unterbrochene Linienförmige Streifen. Zu oberst an der Sutur steht auf jedem Elytro noch ein rundlicher, etwas hellbrauner Punkt.

M 2 Dieser

Dieser Käfer liegt übrigens in einer sehr vortheilhaften Lage an der Oberfläche des Kopalstüks, welches die Zeichnung und Gestalt des Thiers überaus deutlich macht, und gereicht dieses Stük dieserhalb sowohl, als weil es vermuthlich einen noch unbekannten Ausländer enthält, der Sammlung zur wahren Zierde.

Auf der andern Seite des Kopals liegt die oben beschriebene (sub no. 16.) Blatta zwar auch deutlich, aber etwas verstümmelt und ohne Kopf, woraus leicht zu folgern, daß er in diesem Zustand erst, hierinn sein Grab gefunden haben müße.

Noch enthält dieses Stük einen kleinen *Dermestes*, elytris apice villosis, obtusis. Es ist vollkommen nach der Linneischen Beschreibung (F. Suec. n. 419.) Dermestes micrographus; und endlich enthält es noch eine ganze Sammlung der kleinsten Moucherons, worunter viele einerley Art befindlich, welche hier alle genau zu beschreiben von geringem Nutzen seyn würde.

Fig. 22. No. 21. *Phalæna Geometra*, lingua spirali, antennis filiformibus, alis integerrimis rotundatis (pellucidis), thorace pectoreque glabris, flavisque, pedibus flavescentibus ad apicem tibiarum spinosis, oculis fuscis.

Dieses Kopalstük enthält das sonderbarste und räthselhafteste Insekt. Schade, daß der Leib des Thieres fehlt, der allem Anscheine nach vor der Umschlüßung desselben schon abgebrochen gewesen ist.

Beym

Beym ersten flüchtigen Ansehen hält man diese Geometram für nichts weniger, als für ein zur Klasse der Schmetterlinge gehöriges Insekt. Vielmehr ist man geneigt, es zu einer grösseren Art Raupentödter (Jchnevmon) oder wenigstens zu einer Tipula zu machen, insbesondere, da der gröste Theil seiner breiten Flügel ihrer Farbe und ausserordentlichen Durchsichtigkeit wegen, dem flüchtigen Anblik unbemerkt bleibet. Indessen giebt einem bald der Schein von den feinsten Adern, die sich weiter von der Basi der Flügel erstrekken, als bey jenen Geschlechtern statt finden könnte, Anlaß, deren Gestalt näher zu untersuchen. Hier entdekt man vermittelst der Lupe, auf der einen Seite zween vollkommene, den Tagschmetterlingen ähnliche Flügel, die vollkommen durchsichtig, von der Farbe des Kopals, und also mühsam zu unterscheiden sind. Sie stehen in aufgerichteter Lage, und haben sehr geringe und fast unmerkliche graubräunliche Zeichnungen, nämlich an der Spitze des Oberflügels, und an der Randeinfassung dieses und des Unterflügels. Leztere sind über dieses noch mit dieser bräunlichen Zeichnung, gleichsam unterbrochen bandirt, doch sehr unmerklich. Diese Farbe, womit die angezeigten Stellen der Flügel sehr sparsam gefärbt zu seyn scheinen, bestehet aus dem kleinsten Staubfederchen, die den Schmetterlingen eigen sind, und fast durchsichtig erscheinen.

An der andern Seite des Kopalstüks stehet das andere Paar Flügel in ähnlicher Lage; jedoch ist der Un-

Unterflügel gröstentheils durch die Politur des Kopals mit abgeschliffen worden.

Ich würde noch an der Gewißheit gezweifelt haben, daß dieses Insekt eine *Phalena Geometra* seyn könnte, weil in dieser Klasse der Schmetterlinge, durchsichtige membranöse Flügel, meines Wissens, etwas ganz Fremdes und Unbekanntes gewesen; wenn mich nicht der Spiralförmige Saugrüssel, den das Thier zwischen die Füße ausgestrekt hat, völlig davon überzeut hätte.

Uebrigens halte ich es für unmöglich, daß die Flügel unserer Spannenmotte vielleicht durch einen Zufall, oder auf jede andere Art, ihrer Bekleidung der Staubfederchen hätten beraubt werden können, weil sich solches ohne die gröste Kunst und Geschiklichkeit nicht gedenken läßt, da der ganze Bau und Zeichnung höchst Regelmäßig sind, und sich nicht die geringste Spuren einer solchen gewaltsamen Entkleidung finden. Wenigstens müsten sich diejenigen feinen Oefnungen, worinn die Federchen bevestigt gewesen, noch zeigen, welche aber eben so wenig zu entdekken sind, als sich eine Spur dieser Bekleidung auf der Brust und an den Füßen findet, welche Theile vielmehr ganz glatt und etwas glänzend erscheinen.

Zu mehrerer Bestätigung dieser Muthmaßung wäre freylich wohl zu wünschen, daß das andere Paar Flü-

Flügel, wie auch der Leib, noch ganz vorhanden seyn mögten, um die Symmetrie der Zeichnung beurtheilen zu können.

Die Größe dieser Phalænæ Geometræ wird man aus der 22. Fig. ersehen.

Fig. 23. No. 22. *Formica* abdomine pedibusque fuscis, capite & thorace rubris.

Der Kopf ist größer als der Hinterleib, und Herzförmig, mit rothen Maxillen. Die rothe Farbe, womit dieser und der Thorax gezeichnet, schimmert im Kopal verguldet.

Im Herr von Linné finde ich keine, deren Karaktere auf gegenwärtige völlig paßten. Es könnte die Formica hæmatoda seyn, wenn die Füße nicht ganz braunschwarz wären.

Fig. 24. No. 23. *Elater testaceus*, elytris brunneis striatis, thorace nitente, testaceo, pedibus antennisque filiformibus, flavo testaceis.

Ist, seiner Größe und Struktur nach, dem *Elatere balteato* ähnlich; übrigens stimmt keine Gattung im Linneischen Natursysteme mit diesem sogenannten Springschmidt überein. Er ist an verschiedenen Stellen, besonders am Rükkenschild, mit Luft umzogen, welche dadurch wie versilbert anzusehen sind. In gewisser Richtung dieses Kopalstüks gegen das Licht, scheinen seine Flügeldekken ganz roth, welches einen leicht verführt, ihn für den Elaterem sanguineum zu halten.

Fig. 25. No. 24. *Musca meridiana*, antennis plumatis pilosa nigra, fronte subargenteâ, alis basi luteis.

Linn. Faun. suec. 1827. *Reaumur* 4. tab. 26. fig. 10.

Diese Fliege hat braune Augen, welche vorne mit einer si bernen Einfassung umgeben sind. In unserm Subjekte sind die Flügel auf sonderbare Art unter sich gekrümmt, beynahe so, wie selbige bey einer aus ihrer Hülse neu ausgekrochenen Fliege beschaffen sind, wenn die Flügel noch nicht vollkommen ausgewachsen. Vielleicht ist unsere Fliege in diesem Zustande von der flüßigen Kopalmasse überrascht worden.

Fig. 26. No. 25. *Musca pilosa* setaria, abdomine ovato, segmento postico, lateribusque ferrugineis, oculis ferrugineis, cingulis marginalibus irideque argenteis, fronte larvatâ albâ sive potiùs flavescente, occiput posticè ferrugineum.

Der Thorax und der Leib sind gelblichbraun, ersterer an den Seiten braun, und schimmern beyde beynahe Erzfarben. Das Schildchen, (Scutellum) ist blaßgelb. Die Füße und der Unterleib sind hellgelb, die Flügel durchsichtig, mit braunen Adern.

Die

Die Größe dieser Fliege weicht wenig von der Größe der gemeiner Hausfliege. Sie ist übrigens mit vielen Borsten besetzt, wovon einige merklich größer sind. Sie hat Verhältnißmäßig einen kurzen, fast runden Leib, der kaum die Größe des Thorax erreichet. Die Flügel stehen übrigens über die Hälfte hinter dem Leib hervor, und sind sehr zart und durchsichtig, daher auch ihr ganzer Umfang schwer zu bemerken ist.

Fig. 27. No. 26. Stellet die kleinere Gattung der neuen Art Hemerobien vor, wovon unter No. 12. Erwähnung geschehen.

Sie ist kaum halb so groß, als die obige, der Kopf ist am Thorax unmittelbar bevestiget, und unterscheidet sich durch diese Bildung sehr von der Gestalt der Ameise, wofür man sie ebenfalls leicht zu halten geneigt ist. Uebrigens ist die Zeichnung wie Fig. 27. Alle Geschlechtskaraktere des obigen Hemerobii passen mit diesem kleinern. Die Fühlhörner sind gelblich, und bestehen aus eingekettet:n Knötchen, die nach der Spitze zu immer etwas größer werden. Daß diese Fühlhörner aus wenigern dergleichen Knötchen, und zwar, wie es scheint, nur aus 10 solchen Perlförmigen Theilen bestehen, daß die Flügel mehr bräunlich durchsichtig, und der äußere Rand derselben mit drey schwarzbraunen Nerven besetzt sind, und endlich die dunklere Farbe des Leibes, des Thorax, und besonders des Kopfes, machen diesen Hemerobium, außer der mindern Größe, zu einer verschiedenen Gattung von der unter No. 12. beschriebenen Hemerobie.

No. 27. *Hemerobius*, alis nigro fuscis hyalinis, margine exteriore binervatis, longitudine duplâ corporis, abdomine, thorace depresso, capiteque nigro-fuscis, subtùs abdomen, os antennæ & pedes flavo-testacea.

Dieses ist die 3te und größte Gattung von diesem fremden und den Hemerobiis ähnlichen Geschlechte, das ebenfalls in vielen Kopalstükken sich häufig beysammen findet, jedoch mehrentheils zerstümmelt, und öfters sind nur blos deren Flügel in Menge vorhanden. Die Fühlhörner sind bey denselben, wie bey jenen obigen beyden Hemerobiis, moniliformes; bestehen aber aus mehr als 18 Gliedern. Die Flügel sind häutig, 2 mal länger als der Leib, nach Verhältniß dieser Länge schmal, und von dunkelbrauner durchsichtiger Farbe, mit schwärzlichen sehr feinen Adern. Der Rand derselben ist mit 2 dicht aneinander liegenden stärkern Nerven, der Länge nach, besetzet. So wohl bey dieser größern Gattung, als bey den schon beschriebenen Hemerobiis, sind die Flügel ganz glatt und deren Adern nach der Länge laufend, im geringsten aber nicht Netzförmig. Der Leib ist ganz schwarzbraun, unten rothgelb, die Füße, die Brust, und das Maul sind ganz gelb. Die Länge beträgt bey den größesten, die Flügel mitgerechnet, an drey Viertel Zoll.

No. 28.

No. 28. *Cicada*, elytris membranaceis albidis, nervis fuscis reticulatis, abdomine, pedibus & oculis flavo-pallidis, elytrorum sutura & thorax fuscescens; scutello livido.

Es hat diese sehr deutliche Cicada viel Aehnlichkeit mit der *Cicadâ nervosâ* (Linn. sp. 25.) außer, daß sie etwas größer und ohne Flekke ist, welche jene hat. Ihre Flügeldekken sind, hauptsächlich an der Spitze, und an den Seiten, durch schwärzliche in die Länge und Quere gehende Nerven, sehr fein genetzt, oder Netzförmig, und reichen zur Hälfte über den Leib hervor.

Dieses Stük enthält überdem eine beträchtliche Anzal kleiner Fliegen, die aber mehrentheils in so unbequemen Lagen erscheinen, daß ihre Gestalt mit dem Glase selbst nicht deutlich genug wird.

Der bekannte *Dermestes micrographus* ist aber einige mal sehr deutlich in diesem Stükke zu sehen.

No. 29. Enthält die *Chrysitem cyaneam* (Linn. sp. 5.) ungemein deutlich. Herr von Linné hat sie in der Faun. suec. no. 1667. sehr gut bestimmt; wenn er sie so karakterisiret:

Chrysis (cyanea) glabra nitens, thorace abdomineque cœruleo: ano tridentato.

Descr. simillima *Ch. ignitae*, sed paulò minor, unicolor, tota cœrulea, nitens.

Ich

Ich setze noch hinzu, daß ihre Flügel braungelblich durchsichtig sind, und die ihr zugeschriebene schöne blaue Farbe an vielen Orten ins Meergrüne fällt. Es lehrt also dieses Stük, daß diese sogenannte Goldwespe auch in jenen Welttheilen zu Hause gehöre, wo der Kopal seinen Ursprung hat.

No. 30. Würde uns vielleicht eine neue Gattung von Schaben (Blattis) kennen lehren, wenn man nicht befürchten müste, von ihr eine fehlerhafte Beschreibung zu liefern, weil sie gröstentheils auf sehr künstliche Art mit Luft umzogen, welche den Flügeldekken ein versilbertes, jedoch auf gelb zielendes Ansehen verschaffen, wodurch die natürliche Farbe unkenntlich geworden.

Uebrigens ist ihre Gestalt gewissermaßen von den bereits bekannten verschieden. Sie ist von beträchtlicher Größe, einen guten halben Zoll groß, aber Verhältnismäßig schmal, mit schmalem und kleinem Thorax. Die Flügeldekken sind sehr sauber nach dem äußern Rand hin gestreifet. Die Fühlhörner, ihre stachlichen Füße, und der ganze Unterleib sind von dunkeler gelber Farbe. Von der Farbe der Dekschilde und des Thorax läßt sich, aus obiger Ursache, nicht wohl etwas gewisses bestimmen.

No. 31. Zeigt eine der grösten, und, wie es scheint, dem Ritter noch unbekannt gewesene Art Ameisen.

Sie

Sie liegt in gekrümmter Lage, und würde, wenn sie ausgestrekt zu sehn wäre, der *Formicae cephaloti* (Linn. sp. 1. Merian. surin. tab. 18.) wenig in der Größe nachgeben. Ihre demohngeachtet kenntliche Karaktere bestehen darinn: sie ist ganz schwarz.

Thorace anticè emarginato bispinoso: lateribus utrinque spinâ prominente majori; in medio spina suberecta brevissima, obtusiuscula, petiolus abdominis in medio tuberculo bispinosus.

Ihr Kopf ist niedergedrükt, ovalrund und Verhältnißmäßig nur klein. Ihre Fühlhörner sind sehr lang, ganz schwarz, und haben das Besondere, daß ihr unterstes Gelenk oder Glied das längste und über die Hälfte der ganzen Länge derselben ausmacht. Die übrigen bis zur Spitze sind kurz. Diese leztere Eigenschaft der Fühlhörner schreibt der Herr von Linné gleichfalls einer Art von Ameisen zu, die er in der 13ten Specie Formica bidens benennet, mit dem Unterschiede, daß ihre kleinere Gelenke der Fühlhörner Rostfärbig seyn sollen. Uebrigens hat gegenwärtige Gattung in keinem Fall mit jener Aehnlichkeit.

No. 32. Der Hinterleib eines kleinen, nicht zu bestimmenden Rüsselkäfers (Curculio).

Tab. V, Fig. 28. No. 33. Ein Goldgelbes Stük mit einer Floßfeder von 9 Finnen.

Daß

Daß diese Floßfeder erst, nachdem sie bereits vertrok-net war, in den Kopal gerathen sey, erkennt man aus dem eingeschrumpften und dürrem Fleische, womit sie am Fische bevestiget war.

2) Pflanzen, und andre fremde Körper.

§. 67.

Da die Pflanzen sich nicht, wie die Insekten von einem Orte zum andern bewegen können, so ergiebt sich hieraus, ohne weitläuftige Beweise und Erläuterungen von selbst, warum diese so häufig, und jene so selten im Kopal vorkommen. So gering aber Vergleichungsweise die Anzal dieser Stükke ist; so sind sie dennoch mehr, als hinlänglich, die vegetabilische Entstehung des Kopals auch hieraus darzuthun, wie man aus folgender Liste sehen kann.

1) Dieses vorzügliche und überzeugende Stük Rinde ist beynahe einen Fuß lang, 9 Zolle breit, 2 bis 3 Zolle dik, und fast 3 Pfunde schwer, durch und durch mit Kopal durchdrungen, doch so, daß immer eine Lage Rinde mit einer Lage von Kopal abwechselt. Der Stamm, zu welchem dieses Stük gehörte, muß, aus dem Segmente des Zirkels, den es macht, zu schlüßen, über 3 Fuß im Durchmesser gehabt haben. Man sieht es dem ganzen Stük an, daß viele Jahre dazu gehörten, bis der Kopal sich nach und nach zwischen die Lagen der Rinde an-

legen konnte. An Farbe kömmt die Rinde der Fichtenrinde bey, ist auch fast so blättricht, wie diese. An vielen Stellen aber ist sie blaßgelb, weich, schwammig und zerreiblich, und das Zellenförmige Gewebe der Rinde läßt sich hieran deutlich sehen; besonders sind solche Stellen an demjenigen Theil, der nach auswärts gestanden hat. Aus diesem Umstand läßt sich schlußen, daß dieses Stük vom Stamm eines vor Alters verfaulten und umgestürzten Baumes herkomme, und lange nach Umsturz des Baums noch der Sonnenhitze ausgesetzt gewesen seyn müße, weil es auch noch über und über mit einer leichten Schale von Kopal umzogen ist, wie wir solche ähnliche Stükke oft in unsern Fichtenwäldern antreffen. Uebrigens läßt sich vom Geschlechte des Baumes nichts gewisses schlüßen.

2) Zwey zusammengeklebte Stükke, zwischen welchen ein Stük obgedachter verfaulter und lokkerer Rinde liegt, die in diesem porösen Zustande viel Aenlichkeit mit dem Ligno Quassiæ hat.

3) Noch ein Stük solcher, noch gesunder Rinde.

4) Enthält viele Pflanzen von einer jungen Flechte, welche der Rennthierflechte, (Lichen rangiferinus) am nächsten kömmt.

5) Ein großes Goldgelbes Stük, mit einem Blumenblatt von der *Hemerocallis*, zum wenigsten

von

von einem flore liliaceo, nebst verschiedenen Fliegen ꝛc. und andern Quisquilien.

6) Ein Wasserhelles Stük mit einem Samen eines Diadelphisten, vermuthlich eines Lathyri.

7) Zeigt ein Stük abgeschälter Zitronenschale, nebst einigen Ameisen.

8) Ein kleines Stük eines verweßten Blattes.

9) Ein Fragment von einem Lorbeerblatte.

10) Umschlüßt ein Stük eines Pflanzenstängels nebst einer Ameise, und einer Menge kleines Auswurfs von Insekten oder Maden.

11) Scheint ein eingeknniktes folium acerosum zu enthalten.

12) Zeigt einen weißen Körper, der einem Büschgen Baumwolle gleicht, scheint aber von einer verdikten schleimichten Feuchtigkeit herzukommen.

13) Enthält einige Pflanzentrümmern, Insekten, und vielen Auswurf von Holzmaden.

14) Desgleichen.

15) Allerley Trümmern von Pflanzen und Insekten.

16) Verschiedene grünliche Stükke enthalten Holzsplittern, Insekten und allerley Unrath.

17) Ver-

17) Verschiedene hellgelbe Stükke mit Luftblasen.

18) Ein Stük mit einem Wassertropfen. Dieses seltene Stük besizt der Hofapotheker Meyer, in Stettin.

§. 68.

Bevor ich diese Abhandlung schlüße, wird es nicht unschiklich seyn, erst noch etwas von den Farben des Kopals zu reden.

Ich habe schon oben erwähnt, daß seine Farben sehr mannigfaltig wären; und glaube daher, daß man ihn in dieser Absicht eben so abtheilen könne, wie *Wallerius* den Bernstein. Diesemnach fände sich also

I. Klarer Kopal, Copal pellucidum.

1) Weißer klarer Kopal. Copal pellucidum album.

2) Gelblicher klarer Kopal. Copal pellucidum pallidè flavescens.

3) Zitronengelber Kopal. Copal pellucidum citrinum.

4) Goldgelber klarer Kopal. Copal pellucidum falernum.

5) Dunkelgelber klarer Kopal. Copal pellucidum fulvum.

II. Undurchsichtiger Kopal. Copal opacum.

Gelblicher undurchsichtiger Kopal. Copal opacum flavescens.

Es finden sich zuweilen hellgelbe Stükke mit mehr oder weniger dunkeln weißlichten Flokken und Flammen, die, wie ich schon im vorigen Paragraph unter Num. 12. angemerkt habe, von einer dem Kopal fremdartigen, schleimichten Feuchtigkeit herzurühren scheinen. Bey Untersuchung und Vergleichung mehrerer dergleichen Stükke wird sich hierüber künftig etwas Bestimmteres sagen laßen.

III. Gefärbter und durchsichtiger Kopal. Copal pellucidum coloratum.

1) Grünlicher Kopal. Copal coloratum viride.

2) Fleischfarbiger Kopal. Copal coloratum carneum.

3) Dunkelrother Kopal. Copal obscurè rubrum.

4) Purpurröthlicher Kopal. Copal coloratum dilutè purpureum.

5) Violetfarbiger Kopal. Copal coloratum violaceum.

§. 69.

Die Verschiedenheit der Farben des durchsichtigen Kopals kömmt, wie schon zum Theil im ersten Abschnitt

schnitt erinnert worden, sowohl von dem verschiedenen Alter der Pflanzen, aus welchen er fließet, als auch von der verschiedenen Jahreszeit, in der er ausfließt, wo nicht nur die größere oder geringere Menge des Saftes der Pflanzen, sondern auch die mehrere oder mindere Sonnenhitze vielen Einfluß darauf hat. Hingegen rühren die andern Farben von eingemischten fremden Körpern her. In dieser Absicht ist ein beynahe Faustgroßes Stük Kopal besonders merkwürdig. Der äußerliche Ueberzug war eine helle, ungefärbte und veste Rinde, worinne sich hie und da einige Ameisen zeigten. Der ganze innere Kern hingegen war bröklicht und voller kleinen Zellen, deren Zwischenraum mit einer hellrothen Feuchtigkeit angefüllt war, die auf dem Papier und an den Fingern Rosenrothe Flekke nachließ. Dem Geschmak nach war sie gelinde anziehend. Dem Weingeist und dem destillirten Wasser theilte dieser Saft eine blaßrothe Farbe mit. Durch einen Zusatz von Alkali wurde die Farbe verstärkt; vom flüchtigen erlangte sie nämlich ein höheres Ansehen, mit dem fixen aber, neigte sie sich etwas zum Braunen, und erhielt, wenn sie trokken wurde, beynahe die Farbe des Drachenblutes. Die reine Säuren hingegen, imgleichen eine Alaunauflösung, zogen keine Farbe aus, sie vernichtigten vielmehr die mit Alkali ausgezogene Tinkturen. Mit der Auflösung vom Eisenvitriol gab es eine wahre Tinte. Vermuthlich kömmt diese Farbe von einer Frucht, die zufälliger Weise in das noch flüchtige Kopalharz gerathen ist. Eine Hölung, die sich fast in der Mitte dieses Stüks befand, und mit gedachter Feuchtigkeit und einigen häutigen Theilen ganz angefüllt war, kömmt dieser Meynung zu statten. Vielleicht ist es eben die Purpurfarbige Frucht, die Hernandez (siehe §. 8.) der Kopalpflanze zuschreibt; vielleicht rührt sie auch von einer Art des *Rhus* her, deren viele rothe Früchte tragen. Wenigstens kömmt die Farbe von keinem Insekt her, da Farben, die aus dem Thierreich kommen, nicht so leicht durch die Säuren zerstört werden.

§. 70.

Billig sollte ich, um dieser Abhandlung eine Art von Vollständigkeit zu geben, auch noch etwas vom Gebrauch des Kopals in der Arzneywissenschaft reden; da ich aber von dessen Wirkungen gar nichts, als was schon bekannt ist, zu erinnern habe; so will ich durch Wiederhohlungen den günstigen Lesern unserer Beschäftigungen hier nicht beschwerlich fallen.

IX. Be-

IX.

Beschreibung einer Reise nach Faroe und Stevens Klint,

von

J. H. Chemnitz.

Vor einigen Wochen unternahm ich, theils zur Erhohlung, theils zur Erweiterung meiner geringen Kenntnisse der Natur, eine kleine Reise, ohnerachtet ich für diesmal nur 20 Meilen auf unserer gesegneten Insul Seeland, welche überall einem Garten des HErrn gleichet, umher reisen, und mich, wegen gehäufter Amtsgeschäfte, nicht viel weiter verliehren, oder an jedem Orte lange verweilen durfte; so fehlte mir es doch nirgends an Gelegenheit, nützliche Beobachtungen und Anmerkungen zu machen. Da Sie, verehrungswürdigste Herren Kollegen, bey Ihrem Institute, die edle Absicht zu verrathen scheinen, aus allen Ekken und Winkeln unsers Welttheiles solche Mitgenossen zu wählen, die fähig und bereit seyn mögen, die Naturgeschichte nach bestem Wissen und

Vermögen zu befördern: so hätten Sie es immer mit aller Dreustigkeit und Freymüthigkeit, die man bey einer guten Sache und redlichen Absicht haben kann, zu einem Gesetze machen sollen, daß jedes Mitglied, aus Achtung für die Gesellschaft, und aus Neigung für die Naturgeschichte, in seinem Zirkel eine kleine Reise vornehmen, und sich bemühen mögte, auf Unkosten der Natur bereichert zurük zu kommen, und seine, zum Vortheil der Naturkunde gemachte Bemerkungen und Entdekkungen, der Gesellschaft freundschaftlichst mitzutheilen. Könnte dieser Vorschlag für etwas mehr, als einen frommen Wunsch gehalten werden, welches mir sehr möglich zu seyn scheinet; so würden Sie, meine würdigsten Freunde, das Vergnügen haben, alle Jahre nicht allein einen Band von Ihren Beschäftigungen, sondern auch einen Band von den Reisen mitverbundener Naturforschender Freunde, zum Besten Lehrbegieriger Leser, herausgeben zu können. *)

Doch

*) Ein Vorschlag oder Gedanke, welcher der patriotischen Denkungsart unseres gütigen Chemnitz in Kopenhagen zur Ehre gereicht! Ob er gleich nicht von uns zu einem Gesetz gemacht werden kann: weil die Verhältnisse der wenigsten Mitglieder die Befolgung desselben erlauben würden; so verdient er doch, mit unserm aufrichtigen Wunsch, daß unser theurer Chemniz viel eifrige Nachfolger finden möge, in unsern Beschäftigungen bekannt gemacht zu werden.

In

Doch, ich vergesse, daß ich nicht Entwürfe zur Verbesserung Ihres Instituts darlegen, sondern blos meine Reise beschreiben wollte, welche ich zu den Kalkgruben bey Faxoe, und zu den Kreide- und Feuersteinlagen auf Stevensklint unternommen.

Mein Weg führte mich von Kopenhagen aus um die Kiögenbucht herum. Ich ließ meinen Fuhrmann nicht den Land- sondern den Strandweg nehmen, um eine desto freyere Aussicht nach diesem in der Geschichte so berühmten Meerbusen zu haben, in welchem, vor fast hundert Jahren, unter unserm unvergeßlichen Christian dem fünften, ein ausnehmend herrlicher Sieg über die ungleich stärkere Schwedische Flotte, durch den Admiral Juel erfochten wurde. Die Medaille, wodurch man das Andenken dieser großen Begebenheit zu verewigen gesuchet, pfleget in den Münzsammlungen großer Herren, z. E. in der Kayserlichen, den ersten Rang unter allen übrigen, wegen ihrer Größe, zu behaupten. Sie wieget an Golde 420 Thaler. Die Aufschrift ist:

Sic Codani turbas conciliasse juvat.

Ich

In einem der neuesten Briefe meldet unser Freund, er sey gesonnen, im diesem Frühjahr die Insel Anholt, zwölf Meilen von Helsingör, mitten im Kattegate, zu besuchen, und wisse schon vorher, daß er daselbst manche Bemerkungen, zu Bereicherung der Naturgeschichte, für unsre Beschäftigungen sammlen werde.

Ich vermuthe, daß dieser Meerbusen ehemals ungleich tiefer gewesen. Jetzo hat er ein ganz flaches Ufer voller Sandbänke, bey welchem Ebbe und Fluth weit stärker, als bey tiefem Grund und höherm Ufer zu bemerken ist. In unserm Sund, auch in den zunächst angränzenden Gewässern der Ostsee, laßen sich Ebbe und Fluth, von Leuthen, die darauf Acht haben, gar wohl unterscheiden; ob wohl nicht so augenscheinlich, als in der Nordsee. Als ich nach wenig Tagen auf eben diesem Wege zurük kam, traf ich eben die Zeit der Ebbe. Die Sandbänke waren vom Wasser entblößt. Mein Wagen konnte da sehr gemächlich fahren, wo vorhin lauter Wasser gestanden; jetzt aber, bey meiner Ausreise, zur Zeit des Vollmondes, wo Ebbe und Fluth merklicher ist, traf ich die Zeit der Fluth. Nun waren alle Sandbänke mit Wasser bedekket.

Die Geographische Beschreibung der uralten guten Stadt Ripe, durch welche ich reisen muste, übergehe ich mit Stillschweigen, und melde nur, daß ich daselbst lauter altväterische Gebäude, und einen beynahe völlig verschlämmten Hafen angetroffen. Doch stand auf dem Markt ein Roland, dieses zwar bekannte, aber in den Dänischen Städten ungemein seltene Zeichen der Gerichtsbarkeit. Die einzige Hauptkirche dieser Hauptstadt ist nach eben der Art erbauet, welche man in ganz Dännemark, bey allen Land- und Dorf kirchen wahrnimmt. Es ist merkwürdig, daß fast alle Landkirchen hier einerley Ansehen, einerley Thürme, nämlich

lich lauter kleine stumpfe, oder sogenannte Kluttbürme, und eine so gleiche Bauart haben, als wenn sie alle von einerley Baumeister, nach einerley Model und Grundriß, und mit Fleiß auf die einförmigste Art erbauet worden. Ein Umstand, welcher die große Unbequemlichkeit mit sich führet, daß man bey Landreisen die Dörfer, welche sich in dieser Absicht alle gleichen, fast gar nicht unterscheiden, und sich desto leichter verirren kann.

Zu meiner nicht geringen Ergötzung sah ich auf den Leichensteinen der Kirche und des Kirchhofs zu Riöge, auch hin und wieder auf den Fliesen und Marmorsteinen, womit der Fußboden in der Kirche belegt war, die schönsten Versteinerungen von vielkammerichten Röhren oder Polythalamien. Bey manchen waren die Scheidewände der Kammern mit gedoppelten Strichen, von weißem Quarze, so malerisch abgebildet, daß es wohl der Mühe werth gewesen wäre, sie auszuheben, und als Kabinetestükke auszusondern. Im 2ten Bande des Berlinischen Magazins wird eines in Engelland gefundenen merkwürdigen Orthozeratiten mit 66 Kammern gedacht. Sie können mir aber glauben, meine Herren, daß ich auf den Leichensteinen zu Riöge verschiedene mit weit mehreren Kammern, und über eine Elle lang, gesehen. Erst neulich war ich so glüklich, in meiner Garnisonkirche einen Orthozeratiten mit 75 sehr deutlichen Kammern zu finden, der aber dennoch unvöllständig, und für meinen lieben M... in B. bestimmt ist.

Ich zeigte dem dienstfertigen Mann, der mich zu Riöge in der Kirche herum führte, diese wunderbare Versteinerungen, und frug ihn, was er von diesen seltsamen Figuren auf den Leichensteinen und Marmorfliesen des Fußbodens gedächte? Nicht wenig befremdete mich sein Verdacht, als ob die Schüler der dortigen Lateinischen Schule dergleichen Figuren aus eigner Phantasie zum Zeitvertreib auf den Steinen abgebildet und eingekratzet haben müsten. Es ward mir leichter, diesen ehrlichen Mann seines Irthums zu überführen, als mich des Lachens, über eine so seltsame Muthmaßung, oder des Mitleids, über eine so unerwartete Unwissenheit, zu enthalten.

Von Riöge kam ich nach dem Stifte Waloe. Die Abtißin daselbst ist eine Prinzeßin von Holstein-Glüksburg. Ihre Koadjutorin ist die Feldmarschallin Numsen, ehemalige Oberhofmeisterin unseres geliebtesten Kronprinzen. Die 13 Stiftsfräuleins tragen einen breiten, über die Schultern hängenden, rothen Orden. Jede genüßet jährlich 300 Rthlr, davon sie sich aber selber beköstigen müßen. Als ich einige Meilen weiter gekommen war, so erreichte ich das Fräuleinstift Wimmeldoft. Hier werden künftig 21 Fräuleins, nebst einer Priorin, ihren Unterhalt finden. Bisher sind auch nur 13 daselbst gewesen. Jede derselben empfänget jährlich 150 Rthlr.; überdem aber freye Tafel, und viel andere große Bequemlichkeiten. Diese Stiftsfräuleins haben zwar keinen Orden, aber ihre Ruhmvolle Sorgfalt, die sie mit einem warmen Eifer in der Erziehung armer Waisenkinder beweisen, gereichet ihnen zur grösten Ehre und Zierde, und verdient die feyerlichsten Lobsprüche. Eine jede derselben macht sichs zur Pflicht und zur Lust, von dem ersten Tag ihrer Aufnahme an, ein armes Waisenkind zu verpflegen, und zu versorgen. Diese Pflegekinder sind jedesmal bey allen öffentlichen Gottesdienstlichen Handlungen im Stifte gegenwärtig; sie werden auch wöchentlich einmal von dem Dänischen und Deutschen Stiftspredigern, vor den Augen ihrer Pflegemutter, über die Grundwahrheiten des Christenthums examiniret — und überhaupt unter genauer Aufsicht gehalten; auch an ihrer Erziehung wird nichts versäumet. Wie könnten sich doch Stiftsdamen bey ihrer stillen geschäftlosen Lebensart auf eine Ruhmwürdigere Weise beschäftigen?

Wie gar vieles würde ich Ihnen, meine theuresten Herren Kollegen, noch erzählen können, und was würden Sie nicht noch alles lesen müßen, wenn ich ausschweifen, und von den Herrlichkeiten dieser schönen Stifte und Klöster, von Walloe und Wimmeldoft von den angenehmen Waldungen, darinnen sie liegen, von ihren recht Königl. Alleen, Spaziergängen, Jagdgerechtigkeiten, Thiergärten, Lustgärten und andern Sehenswürdigkeiten handeln, und Sie dabey mit so manchen andern ähnlichen Stiftungen unseres Landes, mit dem schönen Harboischen Damenskloster hier in Kopenhagen, mit dem Fräuleinkloster zu Rothschild, ferner zu Uetersen, Preetz und Itzehoe in Holstein und Stoffingaard in Jütland, bekandter machen wollte! Sie werden aber natürlicher Weise viel begieriger seyn, meine Bemerkungen von den Kalkbrüchen zu Faxoe und den Kreidebergen und Feuersteinlagen und Schichten auf Stevensklint zu vernehmen. *)

Der Steinbruch zu Faxoe versorget alle Kalkbrennereyen unseres Landes überflüßig mit den besten Kalksteinen, und unsere Naturaliensammlungen mit guten Versteinerungen. Denn man findet in diesen Kalkbergen und Brüchen unzählige Versteinerungen solcher Schalthiere und Seegewächse, die in unserer Ost- und Nordsee, und in allen Eueopäischen Meeren und Gewässern ganz und gar nicht zu Hause gehören, ganz unleugbar Ostindisch sind, und nothwendig durch eine erstaunliche Fluth — welches keine

*) Wir würden einen Theil dieser beyläufig angeführten historisch = geographischen Nachrichten abgekürzt haben, in so fern sie nicht unmittelbar zum Hauptzwekke gehören; da wir aber in Dännemark viel wichtige Freunde und unsere Beschäftigungen daselbst noch mehrere Leser haben; so glaubten wir unbillig zu handeln, wenn wir etwas von dem, was unser theurer Chemnitz, gewiß nicht ohne Absicht angemerkt, aufmerksamen Lesern in Dännemark hätten vorenthalten wollen.

keine andere, als die Sündfluth gewesen seyn kann, aus den entferntesten Weltmeeren zu uns müßen herüber gebracht worden seyn.

Da habe ich nun freylich mit einemmal sehr viel behauptet, aber wirklich nichts gesaget, was ich mir nicht auch gründlich zu erweisen und zu erhärten getrauete. Glauben Sie mir nicht ehe, meine Freunde, ich will Sie selber gewarnet haben, bis ich Ihnen die deutlichsten Gründe, und augenscheinlichsten Beweise meines mit größter Ueberzeugung erkannten und mit so vieler Zuversicht behaupteten Satzes werde dargeleget haben!

Jedes Land hat seine eigene Thierarten, und jedes Weltmeer seine ihm eigenthümliche Bewohner und Konchylien. Das ist ein längst bekannter und ausgemachter Erfahrungssatz, welchen man so großen und vieljährigen Kennern der Natur nicht erst mühsam erklären und beweisen darf. Ein rechter Kenner und Sammler von Konchylien wird es daher einer Schnekke gar leicht ansehen und von ihr sagen können, ob sie eine Land- oder Meerschnekke sey? ob sie aus süßen oder salzigen Wassern herkomme? ob sie einheimisch und Europäisch, oder ausländisch? ob sie Ost- oder Westindisch? ob sie sich aus südlichen oder nördlichen Meeren und Gewässern herschreibe? Unser gemeinschaftlicher Freund, der Königliche Herr Kunstverwalter Spengler, besitzet auch in die-

sem

sem Fache, wenn von der Geburtsstädte und dem Wohnorte mancher Schnekke die Rede ist, solche ungemeine und ausgebreitete Kenntnisse, daß er fast bey jedem Stükke seines auserlesenen Kabinets augenbliklich zu sagen und zu bestimmen weis: Dies kömmt von da, jenes von dort her. — Dieses wird in der Nordsee, jenes in der Südsee gefunden. Keiner wär also besser im Stande, die vielen fehlenden und unvollkommenen Artikel im System des Ritters von Linné, wenn es daselbst so oft, ohne weitere Bestimmung, heißt: Habitat — — — zu ersetzen und auszufüllen, als unser geschikter Spengler.

Wie wir nun diesen Saz: Jedes Land und Meer hat seine besondere und eigenthümliche Thierarten und Konchylien, die von allen Thieren und Konchylien anderer Länder und Meere kenntlich unterschieden sind — als ausgemacht und erwiesen voraussetzen: so laßen sie uns nun einen Schritt weiter gehen, und nachfragen: wo gehören denn also wohl die großen prächtigen dikschaligen Schifsboote, (von welchen die Menschen zuerst das Schiffen und den Schifbau sollen gelernet haben), zu Hause? Hat man sie wohl jemals in Europäischen Meeren gefunden? — So wohl hier, als auch so gar in den Afrikanischen und Amerikanischen Gewässern wird man sie allemal vergeblich suchen. Erst muß man das Vorgebirge der guten Hofnung hinter sich haben, ehe man sich die geringste Hofnung machen darf, Nautilos crassos,

welche

welche Dargenville mit Recht Indicos nennet, zu finden. Die vielkammerichte Schifsboote sind also ganz ungezweifelt Geschöpfe und Bewohner der Orientalischen und Ostindischen Meere. Unser Freund Martini hat sich, meines Wissens, über das Vaterland derselben in seinem vortreflichen Konchyliensystem noch nicht genug erkläret; der Herr von Linné aber bekennet es nach der Wahrheit: Habitant in Indiâ nämlich orientali; da hat sie auch Rumph gefunden. Nun trift man aber unzählige derselben versteinert in den Kalkbrüchen auf unserm Faroe an. Wie können diese wohl aus Indien bis in unsere Kalkberge gekommen seyn?

Die guten ehrlichen Steinbrecher, welche in diesen Kalkgruben arbeiten, machen sich freylich von den Thiergehäusen und Seltenheiten, welche sie dort herausbrechen, ganz andere *Vorstellungen*, als wir. Ihre *Namen, womit* sie dergleichen Sachen zu bezeichnen pflegen, sind auch von den gewöhnlichen, und von den Namen des Herrn von Linné Himmelweit unterschieden. Ich ließ es mein erstes Geschäfte seyn, mir ihre Terminologie ein wenig bekannt zu machen, welche mir in der Folge viele Vortheile zu Wege brachte. Die Glossopetern hießen bey ihnen durchgängig Vogelzungen und Schnäbel. Vergeblich würde man es versucht haben, ihnen diese vestgeglaubte Meynung auszureden. Es sind aber diese vermeynte Vogelschnäbel, wie Sie am besten wissen, eigentlich Zähne aus dem

Gebisse

Gebisse des Hayfisches, dergleichen natürliches Gebiß ich Ihnen gleichfalls anjetzo mitschikke.

Die Trochiten und Pyramidalschnekken hatten allein die Ehre, von diesen Leuten für Schnekkenhäuser angesehen zu werden. Die versteinerte Schifsboote wurden im ganzen Gebirge mit dem unerwarteten Namen der Mopsenschnauzen bezeichnet. Kaum erfuhr ich von dem ersteren, welchem ich seine Sammlungen abhandelte, die dort geltenden und eingeführten Benennungen, so ließ ich in den übrigen Kalksteingruben nachfragen: ob keiner Schnekkenhäuser, Vogelschnäbel und Mopsenschnauzen zu verkaufen habe? In kurzem erhielt ich ungleich mehrere, insonderheit von der letztern Art, als ich verlangte, und mit Bequemlichkeit fortzubringen wuste. Es kann mir also keine große Ueberwindung kosten, davon mitzutheilen. Ich würde so lieben Freunden, wie Sie sind, meine Herren, auch von meiner Armuth gern abgeben, wieviel eher müßen Sie billig an meinem Ueberfluß Theil nehmen! Laßen Sie vors erste Sich einige der hiesigen Nautiliten gefallen! Die mehresten derselben sind freylich nur Fragmente, aber so deutliche Fragmente, daß man wirklich sehr ungläubig und mit der innern Bauart eines Nautili ganz unbekannt seyn müßte, wenn man hier nicht sehen wollte: da sind Kammern eines Nautili und hier ist sein Syphunculus, oder seine mitten hindurchgehende Nervenröhre. — Wo haben aber wohl ferner die rechten Pyramidal- und Kräuselschnekken in der Welt ihren Wohnort und eigentlichen Aufenthalt?

Was

Was ist wohl der *Trochus maculatus maximus Rumphii* (Tab. 21. A) cujus testa, detractâ extimâ tunicâ, tota argentea, für ein Landsmann? Beym *Dargenville* heißt er le Bouton *de la Chine*. Der Herr von Linné spricht: Habitat in Oceano Asiatico. Da haben auch diese Trochi gewiß ihren Aufenthalt. Aber eben dergleichen Orientalische Pyramidalschnekken findet man auch versteinert zu Faroe. Sie erhalten daher im beyfolgenden Verschlag ein Fragment von einem Trocho, der gewiß in seiner Grundfläche die Größe eines kleinen Tellers hatte; auch noch ziemlich vollständige Stükke, die alle durch und durch von der Grundfläche bis zum Wirbel genabelt sind. Hierüber ließen sich noch gar viel Anmerkungen machen, weil, meines Wissens, alle unsere Trochi, die wir aus Ostindischen Meeren erhalten, gröstentheils ungenabelt sind, wenigstens keinen solchen Nabel haben, der durchgehet, und die stärkste Höhle von der Grundlage bis zur Spitze verursacht. Ich ziehe daraus diesen Schluß: Die Originale unserer Fremdlinge, welche ohnstreitig seit Jahrtausenden im Verborgenen zu Faroe geruhet, müßen in den allerentlegensten Weltmeeren zu Hause gehören. Wie und wodurch können sie nun bis in unsere Gränzen gekommen seyn? Davon wird sich hernach etwas sprechen laßen.

Ein Paar schöne Fragmente vom *Echino mammillari*, oder echinometrâ digitatâ rotundâ, vom so genannten Türkischen Bund, oder Mohrischen Tulband, sind mir gleichfalls in die Hände gefallen, daher ich Ihnen eine Probe davon einschikke. Dieser Echinus ist nun wieder ganz unleugbar Orientalisch. Herr Dargenville versichert uns, daß er im rothen Meere wohne. Rumph hat ihn auf Amboina in Ostindien gesammlet — Und versteinert haben wir ihn auch nun von Faxoe.

Der selige Prokanzler Pontoppidan berichtet in seiner Naturgeschichte von Dännemark, daß er bey seiner Reise nach Faxoe das Orientalische Seegraß Sargasse Haufenweise in den dortigen Kalksteinen vorgefunden. Weil aber andere Gegenstände meine ganze Aufmerksamkeit an sich zogen: so habe ich darauf nicht Acht gehabt.

Unter dem kleinen Vorrath, welchen ich Ihnen zu übersenden die Ehre und Freude habe, werden Sie auch versteinerte Porzellanen (diese in der Ost- und Nordsee ebenfalls ganz fremde Schalthiere und Gehäuse); ferner allerhand Koralliten und Seegewächse, endlich auch Fragmente von Orthozeratiten, Glossopetern, und Abdrükke von ganz unbekannten Meerprodukten antreffen, bey deren umständlichen Beschreibung ich mich aber nicht weiter zu verweilen gedenke.

Nur

Nur dies einige will ich doch nicht vergessen. Es wurde mir ein großes schönes Stük Bernstein, welches ebenfalls für Sie bestimmt ist, eingehändiget, welches kurz zuvor ohnweit Faxoe, an den flachen Ufern der Ostsee, war gefunden worden. Sie scheinen also in Ihren Preußischen Landen doch nicht allein im Besitz des Bernsteins zu seyn. Wir finden ihn häufig an unsern und den Jütländischen Ufern. Es fehlet uns aber an Fleiß und an Aufmerksamkeit, ihn vortheilhaft zu bearbeiten.

Von Faxoe reisete ich nach dem drey Meilen davon liegenden berühmten Vorgebirge Stevensklint. Der geschikte Schulhalter des daselbst liegenden Dorfes, (welcher auch wohl ein besseres Glük in der Welt verdienet hätte, als der Schulhalter einer armseligen Jugend unter den kümmerlichsten Umständen zu seyn), war mein Begleiter und Wegweiser. Wir stiegen mit einiger Gefahr auf einem nassen und schlüpfrigen Pfade von der steilen Höhe bis in die Tiefe zum Seestrand, etwa 70 bis 80 Ellen hinab, und ich läugne nicht, einigemal schauderte mir doch die Haut, und mir kam Grauen und Entsetzen an, da ich die fürchterlichen Felsenklüfte über meinem Kopfe hängen sahe, unter solchen heraus und hinüber ragenden, immer den Einsturz drohenden Felsenklippen hindurch gehen, und mich bey jedem Schritte der Gefahr, zermalmet, verschüttet, lebendig begraben und zerquetschet zu werden, aussetzen muste.

Welch ein Anblik, wenn man dieses nakte, in allen seinen Lagen und Schichten, durch Wind, Luft, Wetter und Regen gänzlich entblößte, gleichsam abgewaschene Vorgebirge von der Meerseite betrachtet! Die Schichten und Lagen der weißen Kreide und schwarzen Feuersteine, wechseln von oben bis unten, wie Stokwerke, aufs ordentlichste mit einander ab. Auf eine ohngefähr drittehalb Ellen dikke Lage des Kreidesteins folget immer eine drey Viertel Ellen dikke Lage des Feuersteins, wie ein schwarz angestrichener Balken eines Stokwerkes. In Faxoe bricht man oberwärts die weichern und porösen, und unten, je weiter man in die Tiefe herabkömmt, die härtern und härtesten Kalksteine. Hier auf Stevensklint ist es grade umgekehrt. Oben sind die härtesten und unten die weichsten Kreidesteine. Ja, ganz in der Tiefe wird die eigentliche reine, weiche Kreide gebrochen und gegraben. In der Kreide liegen Klumpen und große Kugeln von Feuersteinen. Ob sich aber unter diesen untersten Lagen und Schichten der reinen Kreide, die noch wohl 2 mal, ja drey und vier mal so dik sind, als die obern Lagen der Kreidesteine, wenn man tiefer in die Erde hineingraben sollte, abermals Feuersteinlagen befinden mögten, das habe ich nicht absehen, auch nicht erfahren können. Diese Kreide wird hier nur allein gesucht. Um dem Feuerstein, der doch allerdings Achtung und Aufmerksamkeit verdiente, scheint man sich weniger zu bekümmern. In der That ist es

Schade,

Schade, wenn die größten und herrlichsten Stükke, woraus man unvergängliche Denkmäler und Leichensteine, die Wind und Wetter nicht aufzulösen im Stande wären, (da zumal unsere Nordische Marmorarten gar zu leicht aufgelöset werden und verwittern) verfertigen könnte, in viel 1000 Stükken zerschlagen, und hernach als Flintensteine für ein Spottgeld verkauft werden. Eine so große Herrlichkeit unseres Landes verdiente weniger vernachläßiget zu werden. Wenn wir nur einige Achatschleifer aus den Pfalzzweybrükkischen Gegenden mit ihren Mühlen und Geräthschaften bey unsern Feuersteinlagen auf Stevensklint haben könnten, was würde durch diese nicht in Kurzem auszurichten seyn? Dem Achate kömmt ja keine Steinart näher, als der Feuerstein. — Er läßt sich auch eben so bearbeiten. Welche prächtige, große und kleine Tafel- und Tischblätter zur Zierde Königlicher und Fürstlicher Gemächer! — Welche kostbare Gefäße und Geschirre! Welche feine Dosen und Schüsseln! — und wie viel tausend andere brauchbare Sachen ließen sich nicht aus denselben verfertigen! Oft werden erstaunliche Geldsummen verschwendet, um Taufsteine und Altäre von Italienischen Marmorarten in manchen Kirchen zu bekommen. Mit weit geringern Unkosten würden wir sie vom Feuerstein, ansehnlicher und unvergänglicher haben können. Wenn jemand nur den Anfang machen, und vors erste bloß ein Paar schön geschliffene Spiegel- oder Konsoltische

 von

von diesen Feuersteinen liefern, und so die Möglichkeit der Bearbeitung zeigen wollte, wie hurtig würde die Schönheit solcher feuersteinernen, Achatartigen geschliffenen Tische eingesehen und bewundert, wie bald die Marmortische von ihrem jetzigen Werthe herabgesetzt, oder mit feinern und edlern feuersteinernen in den Paradezimmern aller Vornehmen vertauschet werden!

In Engelland weis man sich zur Zubereitung des feinsten Englischen Glases der Feuersteine vortheilhaft zu bedienen. Wie sehr könnte das unsern Nordischen Glashütten zu statten kommen, wenn man ihnen zur Veredlung, Verbesserung und Verfeinerung ihrer Gläser in ganzen Schiffsladungen jene zu Stevensklint an den Strand geworfene und von den Wellen verschlungene Feuersteine zuführete! —

Da ich noch zu Wien Legationsprediger war, muste mein Steinschleifer, der mir manchen schönen Stein für meine Sammlung geschliffen, eine ohngefähr einen Fuß lange und breite Feuersteinplatte herbey schoffen und zuschleifen. Sie sollte in der dortigen Kayserlichen Porzellänfabrique gebraucht werden, um die Farben darauf abzureiben, weil ein Feuerstein hiezu zehnfach brauchbarer, als der härteste Marmorstein ist, welcher sich in Kurzem abreibet und ganz hohl wird. Wenn ich nicht gänzlich irre, und mich mein Gedächtniß nicht betrüget; so wurde dem Steinschlei-

fer

ser diese Lieferung und Bearbeitung einer solchen Feuersteinplatte mit 500 Gulden bezahlet. Ich beschrieb diesem Mann unsere Feuersteinlagen auf Stevensklint, woraus man Platten vom Umfange der größten Tische nach der Wahl schneiden könnte, so gut sie mir damals aus Abilgaards schönen und lesenswürdigen Nachrichten von diesem Klint bekannt waren; ja ich gab ihm das Buch selbst in die Hände. Er erstaunte über diese Nachrichten, und meynte, wenn er das Glük in der Welt haben, ein Jahr lang auf Stevensklint leben, und nach Gefallen im Feuerstein arbeiten sollte, und sich Platten so groß und so klein, wie er sie haben wollte, ausschneiden dürfte; so hoffe er auf Zeitlebens versorgt zu seyn, und in Kurzem der reichste Mann zu werden. Vielleicht achtet man auch bey uns diese große Schätze des Landes, die uns der gütige GOtt mit wohlthätigsten Händen zugetheilt, und sie den mehresten andern Ländern und Reichen der Welt gänzlich versaget hat, einst mehr nach ihrem eigentlichen Werthe.

Wie weit sollten wohl diese Feuersteinlagen auf Stevensklint ins Land hinein gehen? Mein Führer wollte mich überreden, daß sie wohl eine kleine Meile weit ins Land hinein liefen. — Ich frug ihn ernstlicher, wie er es doch wagen könne, mit einem so zuversichtlichen Tone von dieser unterirrdischen, verborgenen Sache zu reden? Er antwortete, daß er es vielmals, tief ins Land hinein, gesehen, wie man beym Brunnengraben eben die nämliche Ordnung, Lagen und Schichten, wie auf dem Klint, angetroffen. Nun! ein solcher Beweiß war doch auch wirklich nicht ganz zu verwerfen. Desto ernstlicher sollte dann ein so großes reichhaltiges Gebirge bearbeitet und benutzet werden. — Es würde sich wie ein Bergwerk verinteressiren.

Auch an diesem, allerdings merkwürdigen Orte bin ich in der Sammlung natürlicher Seltenheiten nicht ganz leer ausgegangen; doch nicht so reichlich, wie zu Faxoe, belohnet worden. So, wie dem Damokles bey der Königlichen Tafel des Dionys ganz natürlich aller Appetit vergangen, da ihm ein zweyschneidig Schwerdt an einem seidenen Faden über dem Haupte gehangen: so ist es auch wohl kein Wunder, wenn es nicht recht mit dem Naturaliensuchen fort will, so bald man sich im Rükken so wenig sicher weis, und solche Felsenstükke und Steinklippen, wie hier, über dem Haupte hängen hat, — ja, wenn man es noch dazu vor Augen sieht, daß schon hie und da große Stükke sich loßgerissen, und sich hin und wieder ins Meer gestürzet haben.

Ich eroberte hier nichts weiter, als ein Paar vortrefliche Echinos, davon ich ihnen den einen zustelle. Er gehört ad Echinos catocystos (anum in basi habendentes) miliares, quorum eminentiæ milii granulis æquales sunt: oder nach einer anderweitigen Eintheilung unseres Danziger Kleins, (der sich um diese Meergeschöpfe in seiner *dispositione echinodermatum* am meisten verdient gemacht) ad Echinos apomesostomos, quorum os non in centro, sed extrà medium baseos situm est. Dieser Echinit hat die Größe eines ziemlich großen Apfels; — er ist innerlich mit Kreide, und mit einem Feuersteinkern ausgefüllt — äußerlich hat er noch seine ganze Schale, die aber in schönen weißen Spat verwandelt worden —, er steckt endlich mit einem kleinen Theil seines Wirbels in einer ziemlich großen Kugel von schwarzem, schönem Feuerstein — welche folglich ehemals weich und flüßig muß gewesen seyn. — Der selige Pontoppidan stand in der Meynung, daß manche Feuersteine noch vor kurzer Zeit eine weiche Feuchtigkeit und flüßige Materie gewesen. Er erzählet deswegen einen sonderbaren Zufall in seiner übersetzten Naturhistorie Dännemarks pag. 56. „Bey Grinde in Jütland „hat seit vielen Jahren ein Feuerstein von mittelmäßi„ger Größe auf dem Felde gelegen, dessen sich ein „Bauer jedesmal bedient, um seinen Pfahl, daran er „die auf der Weide gehenden Pferde gebunden, veste „zu schlagen. Da er aber endlich gemerkt, daß sich „im Stein etwas beweget, und einen Laut von sich ge„geben, habe er ihn zerschlagen, und darinnen nicht „weniger, als 126 Stücken kleines Silbergeld gefun-

„den mit der Aufschrift: *Edwardus Rex Angliae* — „und auf dem Avers, *Civitas London.* Der Stein „sey ganz, und kein Merkmal daran zu finden gewe„sen, wie das Geld hinein gekommen. — Wie mag „es also geschehen seyn? Dies Räthsel wird folgender„maßen aufgelöset: — Das Geld sey vermuthlich in „einem Beutel gewesen, der verlohren gegangen, und „auf solche Stelle hingefallen, wo die weiche Materie „des Feuersteins ihn umgeben, die hernach hart wor„den, und diesen kleinen Schatz in sich verschlossen.„ Sind Sie mit dieser Auflösung und Erklärung des Räthsels zufrieden? Ich zweifele. Wenn unser würdiger Pontoppidan den Stein selber gesehen, und es sodann erzählt, er habe nirdends das geringste Merkmal gehabt, wie das Geld in seine innerste Höhle hinein gekommen: so wollte ich meine Hand auf den Mund legen, und gestehen, die Sache sey unerklärbar — Allein diese Geschichte steht in *Nov. litterar. Maris Baltici* ad An. 1700. — Ich vermuthe, der Stein ist innerlich hohl gewesen, und hat auf der Seite ein Loch gehabt, wodurch man sein Geld, wie durch das Loch einer Sparbüchse hinein werfen können. — Dahinein hat nun Jemand seinen Schatz verborgen, und das Loch künstlich verklebet, daß man von außen kein Merkmal einer bis ins Innerste hineingehenden Oefnung wahrnehmen können. Er ist vielleicht plötzlich verstorben, oder auf Seereisen verschlagen worden, daß er seinen Schatz nicht wieder holen können.

Dar-

Darüber ist er denn diesem Bauer bescheret gewesen. —

Der andere *Echinus* von Stevensklint gehöret ad pleurocystos miliares, anum in latere habentes. Man nennet sie sonst Spatagoides seu Spatangos, Spatelförmige, weil sie viele Aenlichkeit mit einem Spaden, oder einer Grabschaufel haben. Dieses Stük macht ein wahres Kleinod meiner Sammlung aus. — Die äusserliche Schale ist in den schönsten Spat verwandelt worden; weil aber dieses Stük in der Kreide gelegen, so hat sichs mit seinem ganzen wunderbaren und allen seinen großen und kleinen Theilen, Punkten und Hirsenförmigen Warzen so vollkommen unversehrt erhalten, daß ich es niemals ohne Bewunderung und Belustigung sehe. Ein völlig gleichsförmiges natürliches Stük findet sich im Rumpf Tab. 14. no. 1. abgebildet. Er hat es also wieder in Oceano indico gefunden, und gewiß von solcher Schönheit, Feinigkeit und Zierlichkeit wird es auch wohl in keinen andern Meeren angetroffen werden.

Die Sache ist also mehr, als zu gewiß; in den Kalksteingruben zu Faxoe und in den Kreide- und Feuersteinlagen auf Stevensklint (denn auf beyde Oerter will ich mich allein einschränken — von andern Bergen und Steinklüften, die mit ihren versteinerten ausländischen Schalthieren, Seepflanzen, Thierknochen,

chen, Elephantenzähnen, Walfischribben, Rhinozerosrüsseln rc. dieses alles, was ich hier behaupte, noch weit klärer beweisen, wird sich vielleicht einmal bey einer andern Gelegenheit eine Abhandlung schreiben lassen) werden Orientalische und Ostindische Schalthiere, Thiergehäuse und Gewächse gefunden. Wie sind nun solche aus den entlegensten und entferntesten Weltmeeren bis in unsere Kalksteingruben und Steinklüfte verschlagen und versetzt worden?

Viele trauen dem Erdbeben alles zu. Alle Veränderungen und Verwandelungen, welche der Erdball erfahren hat, sollen die Erdbeben angerichtet und verursacht haben. Wo sind aber hiervon die bewährtesten Urkunden und glaubwürdigsten Berichte in den Geschichtbüchern des Alterthums anzutreffen? Ist es nicht weit erweislicher, daß man in den vorigen Zeitaltern der Welt von Erderschütterungen ungleich weniger, als heut zu Tage gewust, und in ganzen Jahrhunderten bemerkt? Das begehre ich nicht zu läugnen: Erdbeben haben hin und wieder schrekliche Verwüstungen angerichtet, Städte verschlungen, ganze Streken Landes versenkt, Inseln erhoben, Feuerspeyende Berge aufgeworfen u. s. w. Allein, daß ganze Welttheile und Weltmeere durch Erdbeben von einer Stelle zur andern versetzt, und das veste Land zum Meergrunde, der Grund des Meeres aber in vestes Land verwandelt, und auf solche Weise die Ostindischen und Orien-

tali-

talischen Thiergehäuse und Schalthiere aus den südlichsten Gegenden in die nördlichsten dahingeschleudert worden, — das glaube, wer es, außer mir, Lust hat, zu glauben!

Der ehemalige große gelehrte Karl Nikol. Lange sucht sich, wenn der Zweifelsknoten von der Entstehungsart der vielen Versteinerungen aufgelöset werden soll, in seiner berühmten, aber ziemlich rar gewordenen Historià lapidum figuratorum Helvetiæ ejusque viciniæ auf eine ganz sonderbare Weise zu helfen. Die Allgemeinheit der Sündfluth läßt er stehen. Vermuthlich durfte er es auch zu seiner Zeit und in einem Buche, was mit Genehmhaltung der Großen gedrukt werden sollte, nicht wohl wagen, dem Worte GOttes ins Angesicht zu widersprechen, die Sündfluth frech zu leugnen, und gleichsam hinwegzubuchstabieren. Er scheint also die Allgemeinheit der Sündfluth einzugestehen. Allein, die vielen Versteinerungen, wovon insonderheit sein Vaterland die grösten Reichthümer aufzuweisen hat — will er lieber theils von selbst aus den zurükgebliebenen Schnekken und Wurmsamen, wie Pflanzen hervorwachsen, theils nach ihren ersten Elementen und Grundlagen vom Wind und von der Luft aus der weitesten Ferne herbey führen laßen. Kann man sich wohl des Mitleids enthalten, wenn man folgendes lieset? Testaceorum semen ob suam „parvitatem levi negotio à ventis ex vaporibus hinc

inde

„indè transferri & in accretione suâ nutriri potest &c. Könnte man sichs wunderlicher träumen laßen? — Ein elendes, beschädigtes, ausgebrochenes, seiner innerlichen Windungen beraubtes Ammonshorn muß ihm zum Hauptbeweißgrunde seines äußerst lächerlichen Vorgebens dienen: denn nun heißt es: Cornua „Ammonis incompleta opinionem diluvianam valdè „suspectam reddunt. Denn dies sollen durchaus unausgewachsene oder mitten im ersten Wachsthum begriffene Schalthiere seyn, und noch statum embryonatum vorstellen. Daraus soll es denn handgreiflich seyn, daß die Versteinerungen à seminio quodam e materiâ lapidescente in der Erde selbst gebildet würden. Hier sind seine eigenen Worte pag. mihi 87. „Cornu Ammonis incompletum statum adhuc em„bryonatum præ se ferens (Tab. 22. expressum) ma„gnum sanè argumentum est, quod hujusmodi lapi„des potiùs in terrâ generentur & crescant, quam „reverâ corpora marina sint, a diluvio in terram de„lata & petrificata. Consideremus parùm *rarissi„mum* hunc lapidem (nun, wenn das schon rarissimus seyn soll!) & observemus aliquantulùm majore „cum diligentiâ, quid in eo potissimùm notatu di„gnum occurrat, ut dein eò faciliùs novas conjectu„ras circa abstrusissimam horum lapidum generatio„nem formare queamus.„ Was denken Sie, meine Herren, zu solchen ungesalzenen Grillen? Hätte man von einem wirklichen gelehrten Lange dergleichen Geschwätz vermuthen sollen?

Nicht viel überlegter scheint es mir zu seyn, wenn manche das Entstehen der Versteinerungen lieber von lauter besondern Fluthen und Ueberschwemmungen herleiten, als dem Worte GOttes die Ehre geben, und seinen zuverläßigen Berichten Glauben beymessen wollen. Ich fand es noch vor Kurzem in einer sonst beliebten periodischen Schrift, daß jemand den Ursprung aller in Meklenburgischen Gegenden befindlichen Versteinerungen von einer Wasserfluth herleiten wollte, die von Schweden herüber gekommen, und von dort her alles, (was doch in Schweden selber nicht lieget, noch zu Hause gehöret) mitgebracht haben muste. Nur entschuldigte sich der Verfasser, daß er es noch nicht näher untersucht, wie weit diese besondere von ihm erfundene Ueberschwemmung gereichet, ob sie sich bis ganz an die Oder hinauf erstrekt? u. s. w. Wie hätten doch kleine Ueberschwemmungen einzelner Länder, dergleichen sich dann und wann in den Marschländern ereignet, die große Menge Ostindischer Produkte, Seethiere und Pflanzen hinzuführen können?

Wollen Sie nun, meine verehrenswürdige Freunde! noch zum Beschluß mein kurzes aufrichtiges Bekenntniß hören? — Hier ist es! — Ich glaube allem, was im Göttlichen Worte von der Allgemeinheit der Sündfluth gelehret und behauptet wird.

wird. — Ich bete mit David Ps. 119, 38. HErr laß deinen Knecht dein Wort vestiglich für dein Wort halten! — und bin gänzlich und völlig überzeugt, daß die Gegenwart und das Daseyn der vielen in unsern G.genden befindlichen Ostindischen Thiergehäuse und Pflanzen nur allein aus einer allgemeinen Sündfluth einigermaßen erkläret und begreiflich gemacht werden könne.

Kopenhagen,
den 14ten August
1775.

X. Ge-

X.

Gedanken über die Natur der Sonne und Entstehung ihrer Flekken.

von

Johann Elert Bode.

Tab. VI.

Der vornehmste Endzwek unserer gesellschaftlichen Verbindung ist, die Wunder der Natur, zur Verherrlichung ihres Urhebers, durch alle auf und absteigende Stufen der großen Schöpfungsleiter, gemeinschaftlich zu untersuchen, und, wo möglich, ihre Geheimnisse zu enthüllen. Es sey daher mir erlaubt, mich in Gedanken über den Erdball zu erheben, und, nach einer kleinen astronomischen Reise von etwa zwanzig Millionen Meilen, jene glänzende Kugel des Himmels, ein Meisterstük der Werke GOttes im Großen, unsere Sonne, von der uns der Astronom nach richtigen Gründen belehrt, daß sie vierzehn hundert tausendmal die Größe der Erde übertreffe, in der Nähe anzustaunen. Ich will die Veränderungen, welche auf ihrer weiten Oberfläche vorgehen, und die uns die Ferngläser, vornämlich in der Entstehung und Verschwindung ihrer Flekken zeigen, in eine nähere, der Größe des Gegenstandes würdige, Untersuchung ziehen.

Die Sonnenflekken wurden, bald nach Erfindung der Ferngläser, um das Jahr 1612, fast zu gleicher Zeit von Scheiner, Fabricius, Galliläus und andern, entdekket. Sie erscheinen als dunkle Flekken von unregelmäßiger Figur und verschiedener Größe, welche sich von Zeit zu Zeit auf der Sonnenscheibe sehen lassen, und etwan in 13 Tagen von Morgen gegen Abend über dieselbe fortrükken. In der Mitte zeigen sie gemeiniglich einen schwärzlichen Kern, den rund umher ein Nebel oder Schatten einhüllet. Ihre Anzal, und die Dauer ihrer Sichtbarkeit, ist sehr veränderlich. Sie entstehen und verschwinden oft mitten in der Sonne, zuweilen aber dauren sie einige Monate lang, und kommen verschiedene mal nach 13 Tagen am östlichen Rande der Sonne wieder herum, wenn sie am westlichen unsichtbar geworden. Man sieht die Sonnenflekke oft häufig erscheinen; es gehen aber auch bisweilen Jahre hin, ehe sich einer auf der Sonnenscheibe zeiget. Die größten sind bisweilen den bloßen Augen sichtbar.

Auße

Außer diesen schwärzlichen Flekken, mit ihrem Schatten oder Nebel, zeigen sich zuweilen einzelne Flekke, oder auch verschiedene schattirte Stellen, die eine ziemliche Strekke auf der Sonne einnehmen, und ein weißlicheres matteres Licht, als der übrige Sonnenkörper, an sich zeigen; diese werden Sonnenfakkeln genennet. Schon Scheiner und Hevel reden oft von ihnen, und obgleich einige Astronomen sie noch in Zweifel ziehen; so habe ich mich doch selbst verschiedenemal durch eigene Beobachtungen von ihrem Daseyn überzeuget.

Die ersten Beobachter der Sonnenflekke schlossen bald aus ihrer gemeinschaftlichen Fortrükkung, daß sich die Sonnenkugel in etwa 27 Tagen von Morgen gegen Abend um ihre Axe drehen müße, und daß ihre Flekke diesem Umschwunge folgten; daher sie an den Sonnenrändern länglicht erscheinen, weil sie sich daselbst wegen der Konvexität der Sonnenkugel sehr schräge gegen unser Auge darstellen. Kaßini fand endlich nach vielen mühsamen Beobachtungen, daß die Axendrehung der Sonne in 25 Tagen, 14 Stunden geschehe, daß aber erst nach 27 Tagen, 12 Stunden, die Sonne den Erdbewohnern wieder einen gleichen Punkt zuwende, weil die Erde inzwischen nach einer gleichen Gegend ihren Ort verändert habe. Die Neigung der Sonnenaxe gegen die Fläche ihrer Bahn bestimmte dieser große Astronom aus der Ereinung, daß die Flekken allemal am Ende des May- und Novembermonats in geraden Linien; zu allen übrigen Zeiten des Jahres aber in Ellipsen ähnlichen, gegen Norden oder Süden gebogenen Krümmungen über die Sonnenscheibe fortrükken, auf $82\frac{1}{2}$ Grad, und daß ihr Nordpol gegen den 8ten Grad der Fische, der Südpol aber gegen den 8ten Grad der Jungfrau gerichtet sey.

Ueber die Natur und Beschaffenheit der Sonnenflekken sind verschiedene Meynungen entstanden. Einige alte Naturforscher sahen solche für planetische Körper an, die sich nahe um die Sonne bewegten, und waren schon im Begriff, diesen neuen Gestirnen eigene Namen beyzulegen, als die Unerklärbarkeit, warum diese Körper sich alle gemeinschaftlich und in gleicher Zeit um die Sonne bewegen, auch oft in vielen Monaten nicht erscheinen, ja sogar ihre Gestalt und Größe zusehens verändern, und nicht selten mitten in der Sonne verschwinden, dieses Hirngespinnst vernichtete. Galliläus und Hevel erklärten schon die Sonnenflekken für Rauch- und Dampfwollen, welche das Sonnenfeuer von sich stößt, zu welcher Meynung sie vornämlich die so sehr veränderliche Gestalt und Dauer derselben veranlaßte. Diese Meynung hat sich lange unter den Naturforschern erhalten, und findet noch jetzt ihre Vertheidiger. Einige glaubten, diese Sonnenwolken mögten wohl Ausdünstungen der Planeten und Kometen seyn, welche auf den Sonnenkörper zurük fallen, und von dessen Feuer verzehrt würden. Die Erfahrung, daß die Sonnenflekken beynahe so

lange

lange vor der Sonne sichtbar, als hinter derselben unsichtbar sind, veranlaßete zuerst die Muthmaßung, daß sie vielleicht auf der Oberfläche der Sonne selbst sich befinden mögten; de la Hire erklärte daher die Sonnenflekken für den Zusammenfluß großer und vester Massen von unförmlicher Gestalt, welche auf dem flüßigen Feuerelemente der Sonne schwimmen, und zuweilen einige Theile ihrer unebenen Oberflächen über dies Sonnenmeer hervorragen laßen, und zu anderer Zeit sich wieder völlig unter dasselbe eintauchen, wodurch er das Entstehen und Verschwinden, imgleichen die veränderliche Gestalt der Sonnenflekke begreiflich machen wollte; welcher Meynung auch Herr de la Lande beypflichtet. Es fehlt auch sonst nicht an andern Erklärungen über die Entstehung der Sonnenflekken; unterdessen haben die bisher gewöhnlichen und mir bekannt gewordenen meiner Ueberzeugung kein Genüge geleistet.

Sieht man die Sonnenflekken als Rauch- und Dampfwolken an, so muß man sich zugleich die Sonne als in einem beständigen Brand, und alle Materien, die das Feuer unterhalten, darauf vereinbaret vorstellen. Unabsehlige Feuermeere und Schlünde, Feuerspeyende Berge rc. würden also die Oberfläche der Sonne bedekken, und ungeheure Rauchwolken, die oft die Größe des ganzen Erdbodens vielmal übertreffen *)

*) Es erscheinen in der Sonne nicht selten Flekke, die eine Minute, welches den 32sten Theil vom Sonnen-

Himmelan wirbeln, bis sie sich endlich in Pech- und Schwefelgüssen wieder herabstürzen, und dem Sonnenfeuer zur neuen Nahrung dienen. Dieses Feuer der Sonne würde außerdem ohne den Zug der Luft unmöglich seinen Brand unterhalten können. Was für entsetzliche Orkane, die eine, von neuen Feuerausbrüchen heftig verdünnte Luft zur nothwendigen Folge haben, müßte man sich nicht zugleich auf der Sonne vorstellen? Sollt es aber auf dem Sonnenkörper wirklich so unruhig zugehen? Sollte die Natur daselbst, durch die Gewalt des Feuers, das immer traurige Ideen von Zerstörungen mit sich führet, gleichsam noch mit dem Chaos streiten? Nein! Auf dieser wohlthätigen Quelle des Lichts und der Wärme kann ich mir keinen so allgemein Grausenvollen Zustand gedenken; gesetzt auch, daß Materien aller Arten vorräthig wären, das Sonnenfeuer viele Jahrtausende hindurch in gleicher Glut zu erhalten. Ihr majestätischer Glanz, (der Indianer glaubt, aus einem ihm sehr leicht zu verzeihenden Irrthum, seinen GOtt darinn zu sehen, begrüßt die Sonne, und betet sie an) ist gewiß nicht der Widerschein trüber Flammen, welche aus dem unglüklichen Sonnenlande Schrekkenvoll auflodern. Die neuere Naturforscher wollen freylich kein solches grobes

Sonnendurchmesser ausmacht, in ihrem Durchmesser haben. Nun tragen 113 Erdkugeln, aufeinander gethürmt, nur einen Sonnendiameter aus; daher übertrift ein solcher Flek 44 mal die Größe unserer Erdkugel.

grobes und materialisches Feuer in der Sonne zugeben, weil sich nicht absehen läßt, wo die Sonne, zur Unterhaltung ihres Brandes, Nahrung hernehmen sollte, um durch lange Zeitepochen in unvermindertem Glanze zu leuchten. Das Sonnenfeuer soll ein sehr reines und elementarisches Feuer seyn, das in sich selbst seine Nahrung findet. Gesetzt aber, dies hätte seine Richtigkeit, so kann ich mir um so weniger vorstellen, wie dies geläuterte Sonnenfeuer solche fürchterliche schwarze Wolken, als wir in den Sonnenflekken zu sehen glauben, die so dikke sind, daß sie selbst das blendende Sonnenlicht bedekken, von sich könne aufsteigen laßen? Die Vermuthung, daß die Sonnenflekke Ausdünstungen der Planeten und Kometen sind, hat etwas Widersprechendes. Denn, da die Ausdünstungen der Erde, und also auch vermuthlich der übrigen Planeten, nur bis zu einer solchen Höhe sich erheben, wo sie, nach Beschaffenheit ihrer Schwere, mit der sie umgebenden Luft ins Gleichgewicht kommen, und dann wieder auf dieselbe zurükfallen; so können diese Dünste ohnmöglich außer unserer Atmosphäre hinaus, und in den vielmal subtilern Aether, durch ungeheure Räume, bis zur Sonne hinan steigen. Und was würden doch die Ausdünstungen aller Planeten und Kometen der Sonne für eine Nahrung verschaffen können? da es, wegen der erstaunlichen Größe der Sonne, begreiflich ist, daß, wenn selbst die Allmacht alle Körper des Sonnensystems in einen Klumpen vereinbaret (gesetzt, die Sonnenkugel stehe wirklich im vollen Brande), in ihre Glut stürzte, derselbe in kurzer Zeit vom Sonnenfeuer würde verzehet werden.

Nimmt man die Meynung des Herrn de la Hire an, so setzt man freylich mit mehr Wahrscheinlichkeit die Sonnenflekken auf die Oberfläche der Sonne selbst; allein, wie die erdachten dunklen Massen auf dem flüßigen Sonnenfeuer schwimmen, und sich wechselsweise in dasselbe eintauchen, und dann wieder zum Vorschein kommen, wobey eine jedesmalige Veränderung der eigenthümlichen Schwere des flüßigen Feuerelements vorausgesetzt werden muß, auch wie diese vesten Massen zuweilen auseinander gehen, welches dieser Astronom anehmen mußte, und endlich, warum sie nicht, weil sie schwimmen, öfters ihren Ort gegen einander sehr merklich ändern, ist völlig unerklärbar. Ein flüßiges Feuermeer der Sonne hat überdem für mich etwas sehr Befremdendes. Soll ich mir darunter eine von dem heftigsten Feuer der Sonne geschmolzene Materie, wie etwa die Lava des Vesuvs oder des Aetna vorstellen, welche unaufhörlich glühend den Sonnenball umströmet? Dieser Gedanke würde beym jedesmaligen Anblik der Sonne mich erschrekken. Eine brennende, oder eine mit einer fließenden und glühenden Materie bedekte Sonne, sind für mich gleich fürchterliche Bilder.

Ich glaube nunmehro aus vielen Gründen überzeugt zu seyn, daß wir uns von der Entstehung der Sonnenflekken eine zu große Vorstellung machen, und

daß

daß wohl einfachere Erklärungen sich darüber geben lassen. Der Hauptfehler ist wohl darinn zu suchen, weil die mehresten Naturkundige bisher über die Natur der Sonne unrichtige Gedanken geheget haben. Ich will daher einen kleinen Versuch wagen, eine wahrscheinlich richtigere, oder doch wenigstens für mich überzeugendere Erklärung über diesen Gegenstand zu geben, wozu mir bereits einige den Weg zum Theil gebahnet haben.

Die Sonne ist, nach meiner Meynung, so wenig eine brennende, als glühende Kugel, sondern, ihrer wesentlichen Beschaffenheit nach, ein dunkler planetischer Körper, wie unsere Erde, der aus Land und Wasser besteht, und alle Unebenheiten von Bergen und Thälern auf seiner Oberfläche zeigt, um den auch zunächst, bis auf eine gewisse Höhe, eine Dunstatmosphäre sich verbreitet. Auf diesen planetischen Körper hat die allmächtige Hand des Schöpfers die Lichtmaterie, welche im Anfange der Schöpfung noch durch das ganze Sonnengebiet zerstreuet war, zusammen gebracht *), welches um selbigen, wie die Luft um unsern Erdball, strömet. Dieses konzentrirte Licht stralt nun mit so viel grösserer Stärke von der Sonne aus. Es schikt aber

*) Einen Theil dieses ursprünglichen Lichtes ließ der Urheber der Natur noch auf allen Planeten übrig, welches sich bey uns in den Erscheinungen der Elektrizität, des Phosphorus rc. sichtbar zeiget.

aber so wenig, nach der Hypothese des großen Neuton, wirkliche Lichttheile zu uns, als es, nach des Kartesii Lehrgebäude, sich durch Lichtstäbe, welche die aneinander liegenden Lichtkügelchen von der Sonne bis zur Erde formiren sollen, uns mittheilet; Das Licht ist vielmehr, nach der wahrscheinlichern Erklärung des Herrn Euler, auf der Sonne in seinen kleinsten Theilen in einer unaufhörlich zitternden Bewegung, dergestalt, daß es seine Schwingungen den zunächst angrenzenden Theilen der feinen Himmesluft, oder dem Aether, mittheilt, und sich mit einer unbegreiflichen Schnelligkeit durch denselben, wie der Schall durch unsere Luft, fortpflanzet. Eine Schwingung in der Sonne ist nach 8 Minuten auf der Erde wirksam, als so viel Zeit das Licht gebraucht, sich von der Sonne bis zu uns, durch den Aether fortzupflanzen. Auf solche Art kann die Sonne bis an die äußersten Grenzen ihres Gebiets alles mit ihrem Glanz erleuchten, ohne daß derselbe durch wirkliche Lichtausflüsse nach vielen Jahrhunderten geschwächt, und endlich erschöpft werde. Daß die Sonnenstralen nach den verschiedenen Winkeln, unter welchen sie auf uns herabfallen, mehr oder weniger wärmen, davon ist, meiner Meynung nach, die Ursache blos in der Beschaffenheit der nahe an der Erde liegenden dichtern Lufttheile unserer Atmosphäre, wie auch in den aus der Erde zugleich aufsteigenden Dünsten, und nicht in der Sonne selbst zu suchen, denn sonst würde sich nicht die Wärme vermindern, so bald man, von der Erde erhaben, sich in einer leichtern und feinern Luft befindet. Auf den Gipfeln hoher Berge würde auch nicht ein beständiger Winter herrschen, und die auf den Peruanischen Gebirgen senkrecht herabstralende Sonne, in einer höhern Luftregion jenseits der Wolken, wo ihr reiner Glanz durch Nebel und Dünste nicht geschwächt wird, keine öde, mit ewigem Schnee und Eise bedekte Felsenspitzen erleuchten. *) Verursacht nun schon die von der Oberfläche

*) Ich habe diese wichtige Materie, welche den Naturforschern schon lange viel zu schaffen gemacht, hier nur kürzlich berühren können. Die Ursache der Kälte in der höhern Luft glaube ich demnach dadurch am besten erklären zu können, wenn ich mir die Lichtstralen der Sonne von kalter Natur gedenke, die erst nach der Größe ihres Einfallswinkels und nach der Beschaffenheit der niedern dichtern Luft mit den Dünsten aus der Erde, die viele Feuertheilchen enthalten, vermischt, die Wärme hervorbringen, welche noch durch die von den vesten Körpern verursachte vielfältige Zurükprallung der Lichtstralen befördert wird. Auf den höchsten Bergen bleibt nun der Einfallswinkel und diese Zurükprallung der Sonnenstralen, daher meines Erachtens, eine eigenthümliche Hitze derselben doch wenigstens die Spitzen der Felsen oder den Bergrükken erwärmen sollten, wenn auch die feinere und leichtere Luft, in dortigen erhabenen Gegenden, nicht vermögend wäre, diese Wärme anzunehmen und weit auszubreiten. Ist es nun nicht glaublich, daß die Lichtstralen, nachdem sie sich von der Sonne bis zu uns durch einige Millionen weite Räume des Aethers fortgepflanzt, beym Eintritt in unsere Atmosphäre ihre natürliche Beschaffenheit verändern sollten; so muß

fläche der Erde bis zu den Spitzen der höchsten Berge veränderliche Dichtigkeit unserer Atmosphäre diesen erstaunlichen Unterschied in den Wirkungen der Sonnenstralen, was muß man denn in höhern Luftgegenden, und noch mehr jenseit der Atmosphäre in den

wei-

muß man zugeben, daß ihre Wirkung auf den Gipfeln der höchsten Berge, derselben am nächsten komme, weil da die grobe Luft und Dunstatmosphäre noch nicht mit den Lichtstralen wechselseitig in einander wirken, das heißt, daß diese Lichtstralen der Sonne keine eigenthümliche Wärme mit sich aus der Sonne bringen müßen. Ich rede aber hier nur von der Wärme der Sonnenstralen bey uns, in ihrem natürlichen Zustande: denn daß die Sonnenstralen brennen, wenn sie mit einem Brennspiegel aufgefangen und im Brennpunkt vereinigt werden, kommt von dieser Zusammenpressung und von der dadurch vielmal vermehrten Schnelligkeit ihrer Schwingungen her, wozu gleichfalls die Luft unumgänglich nothwendig ist, da überdem die dichten und groben Dünste nahe an der Oberfläche der Erde diese Wirkung stark vergrößern. Auf den höchsten Bergen zu aller Zeit, und auf dem platten Land im Winter, wird nun freylich diese Wirkung schwächer seyn, als im Sommer, und dies im ersten Fall wegen der beständig kalten, feinern und leichtern, im zweeten aber, wegen der gleichfalls durch den Frost von Feuertheilchen entblößten niedern Luft. Die Wirkung der Brennspiegel würde aber immer mehr abnehmen, je höher man sich in die Luft versetzt vorstellte, und endlich jenseits der Atmosphäre völlig aufhören: denn, weil da die im Brennpunkt vereinigten Sonnenstralen nicht mehr zünden könnten, indem ohne Luft kein Feuer brennet, so würde sich in diesem Punkt nur blos ein verstärktes Licht darstellen.

weiten Räumen des viele tausendmal feinern Aethers erwarten? So kann also die Sonne eine kalte und Feuerlose Kugel seyn, und doch, so weit ihre Stralen reichen, wohlthätig alles mit ihrem Licht erleuchten, auch wenn, wie es sehr glaublich ist, die übrige Planeten unserer Erde ähnliche Atmosphären haben, nach der Analogie zu schlüßen, sich auf ihren Oberflächen, wie bey uns, durch Wärme wirksam zeigen. Auch auf der Oberfläche der Sonne selbst, müßen die Stralen der Lichtmaterie nur in so weit wärmen, als die Dunstatmosphäre der Sonne, welche meinem Vermuthen nach viel feiner, als die unsrige ist, fähig seyn wird, diese Wärme hervorzubringen.

Die Lichtmaterie umgiebt also den dunklen planetischen Sonnenball, und folgt der 25tägigen Axendrehung der Sonne. Ihre angehäuften Theile machen, daß sie eine gewisse Höhe einnimmt, und so, daß die schwersten Partikeln derselben sich am tiefsten zur Sonne herabgelaßen haben; übrigens werden sie, noch in einiger Entfernung vom Sonnenkörper, die Dunstatmosphäre desselben einschlüßen. Nun glaube ich die Entstehung der Sonnenflekken auf eine ungezwungene Art dadurch zu erklären, wenn ich annehme, daß diese Lichtmaterie sich auf der Sonne zuweilen hie oder da zurük zieht, und uns alsdann durch die dadurch entstehende Oefnungen, Theile von der wirklichen dunkeln, und nur von der Lichtmaterie erleuchteten Oberfläche der Sonne sehen läßt. Sind nun diese

ent-

entblößte Stellen in der Sonne so beschaffen, daß sie das von der Lichtmaterie empfangene Sonnenlicht größtentheils verschlukken, oder doch nur wenige Stralen zu uns zurük werfen, welches geschehen muß, wenn sie etwan auf ein Meer, oder in ein schattichtes Thal, oder in eine tiefe Grube, oder endlich auf ein dunkles Erdreich treffen: so wird uns in allen diesen Fällen ein mehr oder minder schwärzlicher Sonnenflek erscheinen müssen, dessen dunkles Ansehen noch durch die denselben umgebende Lichtmaterie vermehret wird.*)

Läßt aber die Lichtmaterie in solchen Gegenden leere Räume zwischen sich, wo die Oberfläche der Sonne ein sandiges oder felsichtes Erdreich hat; so wirft uns eine solche entblößte Stelle das aufgefangene Sonnenlicht zwar viel lebhafter, und in einer andern Farbe, als jene dunkle Gegenden oder Meere zurük, allein, weil sie doch nur ein aufgefangenes und folglich geschwächtes Sonnenlicht an sich zeigt; so kann sie nicht eben so hell, als der volle Glanz der Lichtmaterie, welche die Sonne bedekt, erscheinen, und daher sehen wir alsdann einen weißlichen Sonnenflek, welchen wir eine Sonnenfakkel nennen. Die Sonnenflekke und Fakkeln zeigen die mehreste Zeit einen Nebel oder schwachen

*) Ohngefähr auf die Art, wie uns die Fensterscheiben eines von der Sonne stark beschienenen Hauses, von außen betrachtet, dunkel erscheinen.

chen Schein um sich. Diese halte ich entweder für wirklich hellere Theile auf der Oberfläche der Sonne, die den in der Mitte erscheinenden dunklen Flek, welcher alsdann wohl eine tiefe Grube seyn mögte, einschlüßen, oder auch, daß sie von dem innern Walle, den die Oefnung der Lichtmaterie rund umher macht, entstehen, da deren tiefere und schwerere Theile diese Oefnung nahe an der Sonne verengern, und uns nur in der Mitte, wo sie völlig auseinander gehen, die eigentliche Oberfläche der Sonne sehen läßt. Alles dieses aber unter der Voraussetzung, so weit uns die Dunstatmosphäre der Sonne, durch die von Lichtmaterie leeren Räume, die Oberfläche der Sonne zu sehen nicht zum Theil verhindert, oder doch ihre Lichtfarbe verändert. Die Sonnenflekke sind sehr veränderlich in ihrer Gestalt und Dauer, verschwinden oft mitten in der Sonne, und laßen zuweilen den sie umgebenden Nebel zurükke. Wie leicht kann ich dies dadurch erklären, daß die Oefnungen der Lichtmaterie alle mögliche Gestalten annehmen, sich wechselsweise erweitern, und verengern, auch sich endlich wieder durch den Zufluß der Lichtmaterie schlüßen, und uns die entblößt gewesenen Theile von der Sonnenoberfläche wieder verbergen. Den zurükbleibenden Nebel halte ich für das mattere Licht, welches uns aus den innern Vertiefungen der Lichtmaterie in die Augen fällt, ehe die Oefnungen derselben wieder vollgeströmet sind. Die Dunstatmosphäre der Sonne wird auch zu diesen Veränderungen verschiedenes beytragen können.

nen. Ich darf also zur Erklärung des Entstehens und Verschwindens der Sonnenflekken nicht entsetzlich große Rauch- und Dampfwolken annehmen, welche oft eben so plötzlich vom Sonnenfeuer ausgestoßen, als nachher wieder von demselben eingeschlukt werden, oder ausgebrannte unförmliche Massen, welche von der Sonnenglut ihres brennbaren Wesens beraubt, deshalb nicht weiter zur Nahrung dienen können; da meine Voraussetzung mir beydes begreiflicher machet. Man hat oft Flekke in der Sonne gesehen, welche nach einer langen Unsichtbarkeit wieder aufs neue an eben demselben Ort auf der Sonne erschienen, wo sie ehedem unsichtbar geworden. Können diese nicht die Mündungen sehr tiefer Gruben, oder auch einige besondere dunkle Erdstriche oder Meere auf der Sonne seyn, die einigemal nacheinander von der Lichtmaterie entblößt worden? Daß die Sonnenflekken nahe an den Rändern der Sonne viel schmäler, als in der Mitte derselben erscheinen, auch oft, ehe sie an dieselben gelangen, schon verschwinden, rührt nicht allein von der schrägen Stellung, welche die Flekken alsdann auf der konvexen Oberfläche der Sonne gegen unser Auge haben, sondern auch von der die Flekken umgebenden Lichtmaterie her, deren innerer Wall uns, begreiflichermaßen, den Flek verbergen kann, eh er noch an den Sonnenrand kömmt. Der von uns entfernteste Theil der Vertiefung der Lichtmaterie muß uns daher an den Sonnenrändern, auch wenn der Flek schon verschwunden ist, noch sichtbar seyn, und ein von dem vollen Glanz

der

der Lichtmaterie unterschiedenes Licht haben; woraus sich erklären läßt, warum man oft da, wo die Flekken an den Sonnenrändern unsichtbar geworden, weißliche oder schattirte Luftflekken gewahr wird. Zuweilen erscheinen dergleichen weißliche Stellen, welche einige auch Fakkeln nennen, mitten in der Sonne, wo sie sich oft durch verschiedene Lichtschattirungen über einen großen Theil der uns sichtbaren Halbkugel der Sonne ausbreiten. Von dieser Erscheinung liefert schon Hevel in seiner Selenographie von Seite 500 bis 525 verschiedene Abbildungen. Im Monat Julius 1643 beobachtete er eine solche Lichtschattirung, welche den dritten Theil der Sonne bedekkte. Er hatte im übrigen oft bemerkt, daß sich diese Schattirungen hin und wieder in einzelne Flekke verwandelten. Eben so sahe Short in England bey Gelegenheit der großen Sonnenfinsterniß vom 24. Jul. 1748 durch ein sehr gutes Teleskop bey einem heitern Himmel, daß die Fläche der Sonne, vornämlich um ihren Aequatorialdurchmesser mit einem dergleichen hellern und dunklern Lichte flekkenweis überstreut erschien, von welcher Erscheinung er urtheilt, daß dies die sogenannten Sonnenfakkeln seyn müßten, wovon viele Astronomen redeten. Diese Nachricht steht im 7ten Bande des alten Hamburgischen Magazins, und der Herr Hofrath Kästner merkt dabey an: „Er habe zu Leipzig mit einem 27 schuhigen Tubus die Sonne verschiedenemal mit dergleichen Lichtflekken, in der Größe der gewöhnlichen Sonnenflekken, angetroffen. Diese Stellen erschienen weißlich, aber glänzten nicht so lebhaft, wie die Sonne sonst durchaus erscheint. Man stelle sich vor, daß auf einen metallenen Teller eine ätzende Feuchtigkeit gesprützt werde, welche da, wo sie hintrift, den Glanz desselben verändert, so hat man ohngefähr ein Bild der Sonne, wenn sie dergleichen Flekke zeiget. Herr Gärtner, ein ehemaliger fleißiger Beobachter des Himmels, habe den Herrn Hofrath versichert, daß ihm dergleichen Erscheinungen häufig vorgekommen.“ Ich habe mich auch davon durch meine Sehröhre, sehr oft durch den Augenschein versichert. Diese Lichtschattirungen weis ich nicht beßer zu erklären; als daß die den Sonnenball umströmende Lichtmaterie in verschiedenen Gegenden ungleich hoch über denselben sich befinde, und also nicht aus allen Punkten ein gleich starkes Licht uns zustralen könne. In diesen Gegenden kann sich endlich die Lichtmaterie hier oder da völlig verlieren, und uns wirkliche Theile von der Sonnenoberfläche oder Sonnenflekken sehen laßen; und daher sahe Hevel zwischen den schattirten Lichttheilen zuweilen Sonnenflekke entstehen. Am häufigsten aber erscheinen die vorhin genannten Lichtschattirungen in der Nachbarschaft der Sonnenränder. Die Ursache davon ist, weil die Unebenheiten, welche ich der Lichtmaterie beylege, da-

selbst

selbst sich sehr schräge gegen unser Auge stellen und daher eher sichtbar werden, als wenn sie sich mitten in der Sonne, gerade vor uns, befinden. Eben so, wie wir die Wellen der See aus der Luft, senkrecht herunter betrachtet, nicht so bemerken würden, als wenn wir vom Ufer aus, über die Oberfläche des Wassers auf dieselben hinsehen, wo sie unter sehr schiefen Winkeln in unsre Augen fallen.

Ich habe oben gesagt, daß sich die schwersten oder am stärksten gehäuften Theile der Lichtmaterie, am weitesten zur Sonne hinabgesenkt haben, und daß folglich die feinern und leichtern, die äussern Grenzen dieser Lichtatmosphäre, worinn uns die Sonne eingehüllt erscheint, einnehmen. Unterdessen haben sich die Lichttheile um den Sonnen-Aequator, durch den gewaltigen Umschwung * der grossen Sonnenkugel, vermöge ihrer vom Mittelpunkt fliehenden Kraft, mehr ausgebreitet, als um die Pole der Sonne, wo die ganze zum Mittelpunkt drückende Kraft der Schwere solche mehr zusammen hält. Die Lichtmaterie ist daher am leichtesten geneigt, sich in einzelnen Stellen unter den Sonnen-Aequator zurükzuziehen, und uns einige Theile des Sonnenlandes sehen zu lassen. Ein Grund,

 warum

* Ein Punkt des Sonnenäquators wird, durch die 25 tägige Umwälzung der Sonnenkugel, in 1 Stunde um 1000 Meilen von Morgen gegen Abend fortgeschleudert.

warum die Sonnenflekken fast beständig nur um die Mitte der Sonne, bis auf eine gewisse Weite, zu beyden Seiten der Sonnen-Mittellinie zum Vorschein kommen.* Die allerfeinsten Partikeln der Lichtmaterie haben unterdessen einer von der schnellen Axendrehung der Sonne bewirkten Zentrifugalkraft nicht widerstehen können, und sich in den Gegenden des Sonnen-Aequators, vom Sonnenkörper bis auf sehr grosse Weiten losgerissen. Sie schweben noch bis jenseits der Erdbahn, in der Fläche desselben, im Weltraum herum, und werden uns in dem sogenannten Zodiakallichte sichtbar, welches sich am besten, im Frühjahr des Abends, und im Herbste des Morgens, unter der Gestalt einer schief liegenden Pyramide, in einem schwachen, der Milchstrasse ähnlichen Schimmer, nach Sonnenuntergang am westlichen, und vor deren Aufgang, am östlichen Himmel zu zeigen pflegt. Die Höhe der Lichtmaterie über der Oberfläche der Sonne getraue ich mir freylich nicht zuverläßig bestimmen zu können. Sie kann aber wegen der Größe der Sonnenkugel ansehnlich seyn, ohne uns die Sonne merklich vergrössert darzustellen. Denn gesetzt: die Lichtmaterie strö-

me

* Ich erinnere mich nie, Sonnenflekke in den Gegenden der Sonnenpole gesehen zu haben; finde auch beym Hevel die Flekken allemal nur in der Nachbarschaft der Sonnenmittellinie verzeichnet.

me bis auf eine Höhe von 100 Meilen um die Sonne, so würde dies den scheinbaren Durchmesser der Sonne bey uns nur um 2 Sekunden vergrössern, bis auf welche Kleinigkeit überdem unsere genauesten Werkzeuge den Sonnendurchmesser unbestimmt lassen.

Ich wiederhole nochmals kürzlich meine bisher vorgetragene Gedanken, und füge einige angenehme Betrachtungen bey, die mir solche an die Hand bieten. Was für ein reizendes Bild der Sonne entwirft sich hiebey meiner Vorstellung! Nun sehe ich also die Sonne, nicht als eine flammende Kugel, an deren Zerstörung ein unauslöschliches Feuer naget, sondern als einen ursprünglich planetischen Körper an, auf dessen weiten und ruhigen Oberfläche, gewiß die wohlthätige Hand des Urhebers aller Welten, sich zur Glükseligkeit ihrer Geschöpfe eben so wirksam, als auf den Gefilden der Erde gezeigt. Diesen Körper stellte Gott in der Mitte eines Planetensystems und wog ihm nach unwandelbaren Gesetzen, die seine Allmacht in die Natur gelegt, die Menge von Materie zu, die ihn zu einer seiner Herrschaft angemeßenen Größe ausbildete. Er thellte ihm ferner so viel Anziehungs- und Zurükstoßungskräfte mit, die erfordert wurden, um unsern Erdball und die übrigen kleinern oder größern planetischen Kugeln, um sich in weit ausgedehnten Kreisen herum schwingen zu lassen. Auf diesen Zentralplaneten preßte der Schöpfer die Licht-Materie zusammen, welche selbst nach der Mosaischen Schöpfungsgeschichte, im Anfang aller Dinge sein allmächtiges Werde hervor gebracht, und welche bis zur Vollendung des Sonnenbaues durch alle Räume seiner ausgebreiteten Herrschaft zerstreuet, vielleicht nur helle Dämmerung war. Von da an stralt nun dieser ungeheure Planet, mit einem eigenthümlichen Licht umhüllet, als eine Sonne, die verschwendrisch ihren Glanz den um sie laufenden kleinern und dunklen Planeten mittheilt, ohne jedoch selbst von ihrer Lichtmaterie etwas aus sich strömen zu lassen, um stets in voller Jugend zu leuchten. Ihren Bewohnern — Wer wollte an deren Daseyn zweifeln? Der weiseste Urheber der Welt wies dem Sandkorn ein Insekt zur Behausung an, und wird, wider den vornehmsten Endzwek der Schöpfung, die grosse Sonnenkugel gewiß nicht leer von Geschöpfen, und noch weniger von vernünftigen Bewohnern, gelassen haben, die fähig sind den Urheber ihres Lebens dankbar zu preisen. —

Ihre glükliche Bewohner, sage ich, umleuchtet ein unaufhörliches Licht, dessen blendenden Glanz sie unbeschädigt anschauen, und das ihnen, nach der weisesten Einrichtung des Allgütigen, vermittelst ihres Dunstkreises, die nöthige Wärme mittheilt. Die 25 ägige Axendrehung ihrer Kugel muß andere Absichten

ten, als bey den übrigen Planeten haben, da keine Abwechselung von Tag und Nacht darauf statt findet, und wird allem Vermuthen nach zur Beförderung des Kreisförmigen Umlaufs der Planeten, und auch um auf der Sonne die Lichttheilchen in der gehörigen Bewegung und Wirksamkeit zu erhalten, dienen. Wenn sich die Lichtmaterie der Sonne zuweilen in einigen Stellen aus einander theilt; so würden die Sonnenbürger dadurch Aussichten in das unermeßliche Gebiet ihrer Kugel erhalten, wenn ihnen nicht die glänzende Dekke der Lichtmaterie versagte, die Planeten und den Prachtvollen Anblik, des gestirnten Himmels zu sehen. Unterdessen ist kein Zweifel, daß die ewige Güte des Schöpfers die Sonnenbewohner nicht durch andere aufgestellte Beweise ihrer Grösse, hierüber völlig werde schadlos gehalten haben. Wir Erdbürger sehen alsdann durch diese getheilte Lichtmaterie einige kleine Gegenden der Sonnenländer, und glauben in ihnen, nach der von der Beschaffenheit des Bodens hergeleiteten, mehr oder mindern Lichtzurükwerfung, Sonnenflekken oder Fakkeln zu sehen.

Diese Erklärung scheint mir die einfachste und glaubwürdigste zu seyn. Unterdessen bin ich nicht gesonnen, sie den Forschern der Naturbegebenheiten mit diktatorischen Machtsprüchen, als die einzige richtige aufzudringen; ich wollte sie nur vortragen, um sie denenselben zum weitern Nachdenken empfehlen zu können.

Aus welchen subtilen Theilen die Lichtmaterie der Sonne eigentlich zusammengesetzt ist, dies faßt hieniеden mein Geist noch nicht. Ich weis auch die Endursachen, warum diese Lichtmaterie sich auf der Sonne bald in häufigen Stellen aus einander theilt, und dann wieder oft lange in einem ruhigen Zustand beharret, eben so wenig aus unwidersprechlichen Grundregeln zu erklären, als die Vertheidiger der übrigen Meynungen wissen, warum die Sonne bald ungeheure Wolken von sich stößt, bald wieder zu sich nimmt; oder nach welchen Gesetzen, veste Massen bald über das Sonnenmeer hervorragen, bald wieder in dasselbige einsinken. Dies hindert aber einer grössern Wahrscheinlichkeit meiner Meynung nicht. Denn so geht es uns armen Sterblichen; wir erklären oft die Begebenheiten der Natur aus ihren Wirkungen; allein wie und nach welchen Gesetzen diese Wirkungen geschehen? dieß ist nicht selten unserm Verstand ein Räthsel. Vielleicht, daß zuweilen durch die schnelle Umwälzung der Sonne, Lichtausflüsse von derselben in das Zodiakallicht übergehen, und zur andern Zeit bey ihrer stärkern Anhäufung, nach dem immer wiederkehrenden Kreislaufe der Natur, wieder auf den Sonnenkörper zurükfallen; oder auch, daß die Lichtmaterie durch

Ursa-

Ursachen, die in dem Innern, oder auf der Oberfläche der Sonne ihren Grund haben mögen, in einzelnen Stellen zuweilen aus einander getrennet wird, und wenn diese Ursachen aufhören zu wirken, wieder zusammenfließt. Das eine oder das andere mag nun seyn, so ist es für mich genug, statt der erstaunlichen und mir allemal unbegreiflich gewesenen Revolutionen, welche auf dem Sonnenkörper, nach den bisher gröstentheils gewöhnlichen Erklärungen der Entstehung und Verschwindung der Sonnenflekken, vorgehen müßten, mir bey meiner Voraussetzung, einen viel ruhigern, der schönen Natur und den Absichten ihres weisen Schöpfers gemässern Zustand auf unserm Zentralplaneten gedenken zu können. Ich glaube auch dabey, den gewönlichsten und einfachesten Weg, auf welchem sich die Naturerscheinungen den Augen ihres Bewunderers darzustellen, befolgt zu haben. *

* Ich hatte diesen Aufsatz bereits niedergeschrieben, als ich im 2ten Bande der physikalischen Bibliothek des Herrn Professor Erxleben, einen Auszug der Beobachtung und Erklärung über die Sonnenflekken, aus dem 64sten Bande der Philosophikal Transaktionen, von Herrn Wilson fand. „Dieser Englische Astronom hatte an mehrern Sonnenflekken bemerkt, daß die den dunklen Kern umgebende Schatten, allemal, wenn die

die Flekken den Sonnenrändern nahe kommen, an der Seite nach der Mitte der Sonne hin, ehe unsichtbar werden, als an der gegen überstehenden, und nur in der Mitte der Sonne an beyden Seiten des Fleks erscheinen. Er folgerte hieraus, der Kern möge wohl eine tiefe Grube auf der Sonne, und der sogenannte Schatten die Löschung derselben seyn, welche man folglich zuweilen nur an der einen Seite erblikken könne. Seine wahrscheinliche Muthmassung über die Natur der Sonne ist, daß sie eine grosse, dunkle Kugel mit einem leuchtenden Ueberzuge sey. Dieser könne wohl aus einer flüßigen Materie bestehen, die endlich durch ihre Schwere in die Grube hinein fliesse, und dadurch den Flek vernichte. Auch wär es bey dieser Voraussetzung wahrscheinlich, daß die Sonne nicht glatt sey, sondern, wie die Erde, eine ungleiche Oberfläche habe. Eine eigene Bewegung der Flekken gegen einander hat er übrigens nicht wahrnehmen können, dergleichen Scheiner und Hevel (vermuthlich aus fehlerhaften Beobachtungen geschlossen) bemerkt haben wollen. Die leuchtende Materie, meynt er, möge wohl eine Art von einem dichten Nebel seyn. Sie braucht auch nicht heiß, [illegible] Sonne ein glühender Körper zu seyn."
Wenn man diese Erklärung des Herrn Wilson mit derjenigen, welche ich vorgetragen, zusammenhält; so wird man finden, daß sie mit der meinigen ziemlich übereinstimmet, und dieselbe mehr bestätigt, als widerleget.

Erklä-

Erklärung der beygehenden Abbildung der Sonnenflekken.

Diese auf der VIten Kupfertafel verzeichnete Sonnenflekken sind von Hevel in verschiedenen Zeiten beobachtet worden, welche ich, blos als eine Vorstellung, wie dieselben gemeiniglich erscheinen, mittheile, wornach sich meine vorher gegebene Erklärung darüber wird beurtheilen lassen.

a Ist ein Sonnenflek, welcher nahe am östlichen Sonnenrand erschien.

b Ist derselbe Flek, wie er sich mitten in der Sonne zeigte.

c und d Sind Sonnenflekke, welche zu gleicher Zeit sichtbar waren.

e Ist einer der grösten Sonnenflekke in seiner eigentlichen Gestalt.

f Sind verschiedene kleine, die einen schwachen Schatten zwischen sich zeigten.

g Ist ein Sonnenflek, der nach 2 Tagen sich wie h verwandelt hatte, oder viel kleiner geworden war.

i Waren zween Flekke, welche gleichfalls einen Schatten, worinn sich einige kleine befanden, zwischen sich zeigten.

k Bilk Bildet eine so genannte Sonnenfakkel ab.

l Ist eine Sonnenfakkel, nahe am östlichen Sonnenrande, statt welcher sich am folgenden Tage 5 kleine Flekke m zeigten.

n und o Bildet die so genannten Lichtschattirungen oder Schatten in der Sonne ab, zwischen welchen sich Flekke befanden.

p Ist eine solche Lichtschattirung ohne Flekke, nahe am Abendrande der Sonne.

XI.

Insekten an Thieren, und selbst an Insekten.

beschrieben

von

Johann August Ephraim Goeze.

Tab. VII. und VIII.

Bonnet

Consider. sur les Corps organis. Tom. I. Art. 131.

La *Mitte*, comme *l'Elephant*; le *Puceron*, comme *l'Autruche*; *l'Anguille du Vinaigre*, comme la *Baleine*; ne sont qu'un Composé d'Animaux; toutes leurs liqueurs en fourmillent; tous leurs vaisseaux en sont semés.

Wer sich im Pflanzenreiche nur einigermassen umgesehen hat, der wird sich nicht wundern, wenn er fast auf jedem Grashälmchen ein Insekt erblikt, und die freygebige Natur immer geschäfschäftig findet, mit jeder Art von Pflanzen eine gewisse Gattung von Insekten zu ernähren. Ist es in der Thierwelt anders? Wo ist ein Thier, das nicht seine Miteßer an sich trüge, die von seinem Blut und Säften den Tribut fordern, den ihnen die Natur hier angewiesen hat? Auf der Eiche leben, wie Reaumür und andere angemerkt haben, wohl hundert unterschiedene Gattungen von Insekten; eben so giebt es auch Thiere, die mehr als eine Art an sich haben, welche in ihren Haren oder Federn, selbst in ihrer Haut, sicher auf Diskretion fortleben. Nur das ist vorzüglich zu bewundern, daß auf Insekten so gar wieder Insekten leben. Und dies gehet beynahe in ununterbrochener Reihe bis zum Unendlichen fort; wenigstens weiter, als unser Verstand und Auge reicht. Denn wer kann das kleinste Insekt bestimmen, an dem nicht noch ein kleineres, und an diesem wieder ein kleineres ansitzen, wohnen und leben könne?

Es ist jezt meine Absicht nicht, diese intereßante Sache in ihrem ganze Umfange zu untersuchen. Meine Leser werden davon sowohl in Leßers Theologie der Insekten *), als auch in der dritten und vierten Abhandlung, die der Herr von Geer dem ersten Theile des zweeten Bandes seines Insektenwerks vorgesetzt hat,

*) Im 9ten Kapitel S. 124. ff. §. 92 — 96. wie auch in den Lyonetischen Anmerkungen dazu Tom. 1. c. 9.

hat, die angenehmste Unterhaltung finden. Ich will jezt nur von einigen besondern Insekten reden, die ich nicht nur an gewissen größern Thieren; sondern so gar auch an Insekten, selbst an Gewürmen, als an den Armpolypen gefunden, habe.

Es ist bekannt, daß alle Thiere, Fische, Amphibien, u. s. w. von Läusen, Milben, und andern Insekten beunruhiget werden. Das ist aber besonders, daß eine jegliche Art von Thieren ihr eigenes Ungeziefer haben soll. * Wer bewundert hier nicht schon die Mannigfaltigkeit der Geschöpfe? Ohnerachtet Redi sehr viele Gattungen von Vogelläusen abgebildet hat; ** so muß ich doch nach meiner Erfahrung sagen, daß ich fast an allen einheimischen Vögeln, deren ich einige hundert zu untersuchen Gelegenheit gehabt, immer einerley Art von Läusen angetroffen. Um nur einiger bekannten zu gedenken; so hat der Sperling, die Eule, der Habicht, der Kukuk, der Gimpel, die

* Von dem Esel allein sagt man, daß er gar kein Ungeziefer an sich habe, obgleich Linné nach dem Redi Pediculum *Asini* S. N. ed. 12. p. 1018. No. 12. angeführet. Ich wünschte davon wohl näher belehret zu werden.

** Man findet eben dieselben Läuse mit illuminirten Figuren hinter des *Albin* Natural history of Spiders. London. 1736. 4.

die Meise, die Grasemükke, der Fink, der Hänfling, u. s. w. einerley Gattung von Läusen an sich, an denen ich keinen weitern Unterschied, als etwan in der Größe und Farbe, bemerkt habe. *

An einigen Thieren findet man sogar mehrere Arten von Insekten auf einmal, die ihre Nahrung aus ihrem Blut und Säften ziehen. Da man augenscheinlich siehet, daß der Schöpfer eines für das andere bestimmt habe; so würde ich einen seiner Güte und Weisheit unanständigen Ausdruk gebrauchen, wenn ich blos sagen wollte: sie wären ihnen zur Plage geschaf-

* Mich dünkt Herr von Linné hat solches bereits eingesehen, und daher auch von allen Vogelläusen, S. N. ed. 12. p. 1018. von No. 13 bis No. 40, außer bey No. 33. 34. 37, keine Unterscheidungszeichen anführen, und weiter nichts sagen können; als habitat in Corvo, Passere u. s. w. Bey dieser Gelegenheit will ich noch eines besondern Phänomens gedenken. Vor etwan anderthalb Jahren brachte man einem Freunde von mir, der das Ausstopfen der Vögel sehr gut verstehet, und sie besonders zu erhalten weis, eine Fuchsrothe Taube, die vermuthlich erst an der Läuseplage gestorben war; denn, schüttelte man sie nur ein wenig über einen Bogen Papier; so fielen sie bey Tausenden ab, und das Thier starrte doch noch davon. Ein abscheulicher Anblik! Sie waren aber alle von einerley Art, nämlich *Linn.* pediculus *Columbae* S. N. ed 12. p. 1020. No. 36. *Redi* exper. t. 2. Fig. 1. *Albin* of Spiders t. 43.

schaffen ** An einer Fledermaus von der grösten Art hier zu Lande, habe ich viererley Sorten von Insekten angetroffen. Da sie erstlich einen vollkommenen Mäusekörper hat; so wohnten in ihrem Pelze die gewöhnlichen Mäuseflöhe in ziemlicher Menge. Es sind eben dieselben, die man auch oft an den Hühnern findet, und auf den Hühnerhäusern sind sie häufig, weil sie in dem warmen Hühnermist ihre Fortpflanzung leicht befördern können. Die Hausmäuse, und, wo ich nicht irre, die Ratten, sind sehr damit geplaget. Dem äusserlichen Ansehen nach scheinen sie von den Flöhen, welche die Menschen, Hunde, Katzen, und andere horichte Thiere an sich haben, in nichts weiter, als in der Kleinheit ihres Körpers verschieden; denn sie sind halbmal so klein, als die gewöhnliche Flöhe, und an Farbe hellbrauner. Ich halte sie aber doch für eine besondere Gattung, weil sie an andern Thieren, auch an den Menschen gar nicht leben können. Auf beygefügter -ten Kupfertafel werden meine Leser bey Fig. 1. einen solchen Fledermausfloh abgebildet finden. **

Ferner

* So weis ich auch nicht, ob der Gedanke theologisch gründlich sey, wenn man dergleichen Umstände als Folgen des Sündenfalls betrachtet, und nun ein Geschöpf als die Marter und Plage des andern ansiehet.

** Ich würde nach dem Linné diesen Floh *Pulicem irritantem, pallido-fuscum, minorem* nennen; habitat in *muribus, gliribus, gallinis, vespertilionibus*, &c.

Ferner sassen in dem Munde derselben unter den Lippen am Zahnfleisch ekelhafte Insekten mit acht Füssen, die also zum **Milbengeschlecht** (Acarus) gehören. Der **Kopf** ist fast gar nicht zu sehen, so dicht hat ihn das Thier eingezogen. Der **Leib** ist unten flach und oben Linsenförmig erhoben, an Farbe schwarzbraun, und bestehet aus lauter Schuppen, wie ein Panzer. Dies Insekt hat einen dunkelrothen Saft, wie Blut, in sich, wenn es zerdrükt wird, dergleichen auch die **Wanzen** von sich geben. Seine natürliche Grösse ist wie ein Hirsenkorn. Durch das Vergrösserungsglas kann man wenig unterscheiden. Es hat sehr kurze Füsse, die am Vordertheile des Körpers sitzen, und ziehet sie bey der geringsten Berührung so dicht an den Leib, daß man weiter nichts, als ein braunes rundes Kügelchen gewahr wird. Bey Fig. 2. habe ich diese **Milbe** vergrössert vorgestellet. **Linné** scheint sie nicht bemerkt zu haben. *

Drittens fand ich an eben der Fledermaus noch eine kleinere Art röthlicher **Milben**, von recht hoher Karmesinfarbe, länglich rund, wie die Gespinnste, oder Kokons einiger Raupen, sehr geschwind im Laufen, aber so klein, daß sie dem blossen Auge als rothe Pünktchen erschienen. Der **Kopf** war so kurz, daß ich ihn kaum

* Ich nenne sie *Acarum fusco-rufum, corpore lentiformi squamulato, pedibus brevissimis, magnitudine milii. Habitat in labus Verspertilionis.*

kaum bemerken konnte, die Füsse gleichfalls kurz und dicht am Vordertheile des Körpers. Wenn die Milbe ansaugt, stämmt sie sich auf die Füsse, und stellt den Hinterleib, wie eine Walze, nach Art der Läuse, in die Höhe. Sie sassen der Fledermaus hinter den Ohren, und, wenn sie mit einer spitzigen Nadel weggeschoben wurden, liefen sie geschwind und ängstlich herum, bis sie ihren alten Platz wieder gefunden hatten. Ich halte sie für eben die Art, welche man an den Blattläusen, Fliegen, Grillen, Zikaden u. s. w. antrift.

Das merkwürdigste Insekt aber, das ist noch an der Fledermaus gefunden habe, ist die, im gemeinen Leben sogenannte Fledermauslaus, die aber eigentlich zum Milbengeschlecht gehöret. * Diese liefen

 Schar-

* Acarus *Vespertilionis et Passerinus Linn.* S. N. ed. 12 p. 1023. No. 9. 10. Denn da. i , nach des Ritters eigenem Zeugniß, einerley Insekt. *Faun Suec.* No. 1941. Pediculus *Vespertilionis.* Müllers Linn. Naturs. 5 Th. 2. B. die Fledermausmilbe. *Scop.* Carn. 1058. Acarus *Vespertilionis.* Corpus rotundatum, pedes aequè dissiti, *apice obtusi.* de Geer Act. Stockh 1740 p. 351. t. 1. f. 2. *Red.* viv. t. 2, f. 4. *Geoffr.* Paris. 2. p. 627. Acarus *vespertilionis. Fabric.* Syst. entom. p. 812. No. 11. 12. *Müller* Faun. Fridr. p. 90. No. 799. Füeßlins Verzeichniß Schweizer. Insekten. p. 59. No. 1178. Fledermausmilbe. Bakers Beyträge zu nützlichem und vergnügendem Gebrauch und Verbesserung des Mikroskops. p. 528. die Laus einer Fledermaus. t. 15. f E, F, G Frischs Beschreibung von allerley Insekten in Deutschland. 7 Th. p. 12. No. 7. t. 7. die Fledermauslaus.

Scharweise in den Florflügeln der Fledermaus herum. Sie sind sehr hurtig. Dem blossen Auge kommen sie als kleine kribelnde Pünktchen vor. Ich habe sie sehr genau durch das Vergrösserungsglas untersucht, und will sie etwas umständlicher beschreiben. Bey der 3ten Figur ist sie unter der vierten Linse, als sie noch lebte, abgebildet.

Linné rechnet dieses Insekt zu dem Milbengeschlechte; denn es hat acht Füsse, und die übrigen Kennzeichen desselben. Von dem Brustschilde sagt er: Dieser sey ekkig, und mit einem Kreuze bezeichnet. Dabey muß wohl die Einbildung das Beste thun. Denn ein Jeder hat sich solches nach seiner Einbildung vorgestellet. Daher sind die Beschreibungen der Schriftsteller so verschieden. Frisch sagt: der Rükken hat eine Zeichnung wie Blumenwerk, und Baker versichert, der Leib sey fast Zirkelrund. Meine Abbildung ist so natürlich und genau, daß jeder Naturkenner sie der Erfahrung gemäß finden wird. Ich habe sie von dieser Milbe zu der Zeit genommen, da sie noch lebte, und in einem hohlen Dekkelgläschen munter herumlief.

Linné vergleicht sie ferner mit dem *Phalangio*; vermuthlich, weil die Füsse etwas länger, als der Körper sind, und sagt zuletzt: sie habe Klauen oder Krallen an den Fußblättern, doch könne sie an einem

einem glatten Boden nicht fortkommen. Das erste hat seine Richtigkeit, und ist weder von Frisch, noch Baker bemerkt worden. Ueber den zweeten Punkt aber will ich mich sogleich erklären.

Frisch hat das Insekt im 7ten Theile t. 7. nur so abgebildet, wie sichs zusammenzuziehen pflegt, wenn es bald sterben will, und damit kommen auch die Bakerschen Figuren ziemlich überein. Von der Struktur der Fußblätter aber haben sie beyde die eigentliche Beschaffenheit nicht völlig eingesehen.

So lautet Frischens Beschreibung S. 12. Sie haben keine doppelte oder einfache Klauen, wie andere Läuse; sondern Muskeln, womit sie sich anhalten und gleichsam ansaugen können.

Nach Bakers Zeugniß S. 529. hat sie acht Beine, jedes mit sechs Gelenken, von denen das lezte ein durchsichtig Küglein hat, weich, wie von Sammt, wie an den Füssen einiger Fliegen auch zu sehen; aber viel grösser, und in Proportion der Grösse des Thierleins mehr ausgebreitet, vermittelst dessen sichs stark an das anheften kann, worauf es stehet.

Hieraus erhellet, daß Baker nichts weiter an den Fußblättern, als diese durchsichtige Kügelchen gesehen,

Frisch aber die Klauen, welche ihnen Linné zuschreibt, selbigen abgesprochen, auch nicht einmal der Bakerschen Küglein gedacht, sondern ihnen blosse Muskeln beygelegt habe. Wie läßt sich nun dieser anscheinende Widerspruch vereinigen? Mich dünkt, sehr leicht, wenn man sich die Mühe geben, und meine Beobachtungen damit vergleichen will. Frisch hat vielleicht, in Ermangelung guter Gläser, auch weiter nichts, als die Stärke der Muskeln wahrgenommen, die in dem vordersten Fußgelenke dieses Insekts ausserordentlich ist; denn man muß erstaunen, wie gewaltig, und schnell es damit zugreifen kann, besonders wenn es eingesperret ist, und einen Ausgang suchet. Baker hat von den besondern Werkzeugen an der Spitze des Fußblatts zwar etwas, aber auch nichts gesagt. Meine Leser mögen urtheilen, ob ich sie richtiger und genauer beobachtet habe.

Nach meinen Erfahrungen haben alle Käfermilben *) dergleichen kleine Halbkugeln an der Spitze jedes Fusses, wobey die Absicht leicht einzusehen ist, um sich dadurch, vermittelst des Ansaugens, und des äusserlichen Drukkes der Luft, an der glatten Käferhaut weit leichter, als mit Krallen anzuhalten. Mit eben dergleichen hohlen Halbkügelchen waren die Füsse meiner Fledermausmilbe an der Spitze versehen. Man siehet sie deutlich bey Fig. 3, a, b, c, d, e, f, g, Jedes dieser Organen hat bey k, k, k, u. s. w. einen kleinen

*) Acari *Coleoptratorum Linn.* S. N. ed. 12. p. 1026. No. 27.

kleinen Einschnitt, vermuthlich um sich dadurch an glatten Körpern desto vester anzusaugen. Die Gestalt ist wie ein hohles Theeköpfchen, und die Materie eine biegsame Membrane. Die hohle Seite des Köpfchens ist auswärts; die runde aber einwärts am Fusse, und kann sich durch einen Muskel desselben stark und schnell bewegen, sich leicht zusammenziehen, und sich eben so leicht wieder auseinander thun.

Wenn das Insekt lebt, und entweder an den Flügeln der Fledermaus, oder auf einem andern Körper herumläuft, kann man weiter nichts an den Füssen, als diese hohlen Halbkügelchen sehen; daher ihm Frisch die Krallen abgesprochen. Es ist aber auch mit diesen zuverläßig versehen. Sie stekken in jedem Halbkügelchen, doch so, daß der vorderste Rand desselben guten theils darüber hertritt, und sie bedekket. Indessen kann die Milbe doch dieses Häutchen zurükziehen, und sich mit den Krallen an den Flohrflügeln der Fledermaus halten, hingegen das Häutchen wieder darüber ziehen, wenn sie auf glatten Körpern gehen will, wo ihr die Klauen gar nichts helfen würden.

Als ich das Thier nach seinem Tode noch einmal betrachtete, kam es mir vor, als ob ich ein Paar Häkchen gewahr würde; ich muste aber eine stärkere Vergrösserung gebrauchen, und da sah ich sie in eben der Stellung, sehr deutlich, wie sie bey Fig. 4, a, b gezeichnet sind, wobey ich zugleich anmerke, daß sich das Halbkügelchen c in zween Theile d e aus einander gegeben, und heruntergeschoben hatte; so gleich hatten die Krallen hervortreten, und sichtbar werden können.

Merkwürdig ist es, daß diese Milben blos auf den Flügeln der Fledermäuse leben, wie Frisch ganz richtig bemerket hat. Ich hab es versucht, einige in den Pelz zu setzen; sie liefen aber gleich wieder heraus, und begaben sich auf die Flügel. Was kann hier wohl ihre Nahrung seyn? Ich habe sie gemeiniglich an den Fleischadern der Flügel sitzen sehen, und vermuthlich müssen sie daraus ihre Nahrung ziehen. Baker fand sie an den Flügeln einer todten Fledermaus, und glaubte, sie wären aus dem Pelze dahin gelaufen, weil er hinzusetzt: er vermuthe, daß ihrer unter den kurzen Haren noch mehrere verborgen gewesen. Folglich wuste er noch nicht, daß sie nur auf den Flügeln der Fledermäuse, aber keinesweges in ihren kurzen Haren leben können. Wäre nicht von diesem Umstand ein Karakter dieser Insekten herzunehmen, und könnte man sie nicht sehr schiklich Flügelmilben der Fledermaus nennen?

Frisch behauptet endlich, daß sie nicht von der Stelle gekommen, wenn er sie auf Papier geschüttelt; sondern bloß im Kreise herumgekrochen, und ihr Leib sich wenig aus dem Zentro beweget habe. Vermuhtlich waren diese schon sehr matt, und dem Tode nahe.

Die

Die meinigen, die ich auf einer kurz vorher getödteten Fledermaus fand, konnten nicht nur auf einem grünen Wachstuchtische; sondern sogar auf Glasschiebern so geschwinde laufen, daß ich sie kaum mit den Augen verfolgen konnte. Da ich mich dazu einer guten Lupe bediente, ihrem Gange nachzuspüren; so sah ich augenscheinlich, daß sie auf glatten Körpern nicht die Klauen, sondern die häutigen Halbkugeln ihrer Fußblätter gebrauchten. Mithin ist es Frischen nur nachgeschrieben, wenn Herr von Linné behauptet: *in plano non procedere valens.* —

Baker gedenkt noch eines besondern Umstandes an diesen Insekten; denn er hat angemerkt, daß das Thier bald vier, bald sechs Füsse überwärts strekken, und mit seinem Rükken, als mit seinem Bauch unterwärts gehen könne, um sich an alle Körper anzuhängen, und also vor dem Abschütteln sicher zu seyn. Ich habe darauf besonders gemerkt, und zu meinem Vergnügen die Bestätigung gesehen. Die Milbe, die ich in einem hohlen Dekkelgläschen beobachtete, strekte oft vier Füsse in die Höhe, und hieng sich an dem, dem Auge zugekehrten Glasdekkel nicht nur vest an; sondern konnte auch an der Fläche desselben in eben dieser Stellung so gut, als unterwärts in der Höhlung des Glases, laufen. Aus dieser Erfahrung schlüsse ich, daß ihr eben dazu die Natur solche Füsse gegeben hat, die etwas länger, als der Körper sind. Wie weise hat doch der gütige Schöpfer für alle Bedürfnisse aller Arten der kleinsten Geschöpfe gesorget! Wie weise hat sein unendlicher Verstand Absichten und Mittel dabey allezeit so richtig gegen einander abgewogen, und auch die kleinen, beynahe unsichtbaren Thierchen in seinem Plane nicht übersehen, die er bestimmet hatte, selbst wieder auf und an andern Insekten zu leben!

Ein glüklicher Zufall hat mir die Erzeugungsart dieser Milben bekannt gemacht. Ich mogte nämlich mit den A ten zugleich einige Eyer zwischen die Schiebergläschen gebracht haben. Denn als ich sie nach einigen Tagen wieder besah, erblikte ich einige länglicht schwärzliche Körperchen zwischen den Schiebern, Fig. 5, welche ich anfänglich für Unrath hielt. Das hier bey Fig. 5. abgezeichnete siehet wie eine Birn aus, und hat unten ein breites Stielchen a, womit die Eyer vermuthlich an den Fledermausflügeln bevestigt werden. Als ich aber den Schieber weiter fortrükte, sah ich noch zwey dergleichen, die sich bey a Fig. 6. offen zeigten, und gleich darneben zwo junge Milben, die eben aus einer solchen Oeffnung, als bey a Fig. 6, ausgekommen, und noch ganz weiß und durchsichtig waren. Eine davon ist Fig. 7 vorgestellet, die ich aber durch eine etwas mehr vergrössernde Linse zeichnen lassen. Eine Entdekkung, die mich ungemein vergnügte, weil sie mir die Art der Fortpflanzung dieser Insekten zeigte, und mich zugleich belehrte, daß die Jungen gleich in der Gestalt aus dem Ey kommen, wie sie nachmals bleiben sollen. Sie hatten sogar schon die Organen an den Fuß-

blättern,

blättern, Fig. 7, a, a. Nur vermuthe ich, daß sie sich erst einigemal häuten müssen, ehe sie zur Fortpflanzung ihres Geschlechts tüchtig werden, auch nachher erst mehrere Hare an den Füssen bekommen.

Insektenarten genug an einem einzigen Thiere! **Flöhe** im Pelze, **Milben** im Maule, hinter den Ohren, und auf den Flügeln, und wer weis, wie vielerley Arten von **Gewürmen** in den **Eingeweiden**, wie Redi schon darinn gefunden hat! Ein Thier, gewissermassen schon eine kleine Welt!

Ich komme nun zu den eigentlichen Insekten in und an Insekten. Gewiß, eine der wunderbarsten Oekonomien in der ganzen Natur! Daß so viele Arten **Schlupfwespen** in den Raupen, und andern Insektenlarven leben, ist zu bekannt, als daß ich mich dabey aufhalten sollte. Ich will einige andere Beyspiele anführen. Es ist nun fast eine allgemeine Regel worden, daß jedes Insekt wieder sein Insekt an sich habe, das seine Nahrung von ihm erhalte. Gleichwohl habe ich doch bemerkt, daß diejenigen Insekten, die sich in der Erde, in alten Mauren, hohlen Bäumen, Kellern, und feuchten, dumpfigen Oertern aufhalten, dieser Plage am meisten unterworfen sind. Die **Mistkolben-** und **Aaskäfer** (Scarabaei et Silphae) die **Hummeln** und **Erdwespen**, die **Mauerfliegen**, **Erdmükken**, und andere dergleichen Arten sind vorzüglich damit versehen; doch

findet

findet man sie auch an den Laubkäfern, Baumwanzen, Bienen u. s. w., nur seltener, wie ich denn, selbst an den Maykäfern, Milben angetroffen. Hat doch *Bonanni* *) schon an den Schmetterlingen; Swammerdamm an den Bombylien **); Herr Kleemann an den Raupen ***), und von Geer ****) an den Spinnen dergleichen entdekket. Von dem Krebse weis ichs nicht, es müsten denn die sogenannte Fischläuse *****) oder die rothen Wassermilben seyn, die man auch an den Nepen und Notonekten findet. Das muß ich aber, als etwas besonderes anführen, daß ich an den Schlupfwespen, Raupentödtern, und Bastartwespen, (*Tenthredo, Ichneumon, Sphex*), ganz und gar keine Insekten bemerkt habe, wie denn auch das Insekt an den Bienen, das *Reaumur* Tom. 5. t. 38, f. 1. 2. 3. abgebildet hat, nicht zu dem Milben: sondern Läusegeschlechte gehöret, da es offenbar nur sechs Füsse hat ******). So viel lehret aber

* Mus. *Kircher* f. 356.

** Bibel der Natur S. 195.

*** Beyträge Tom. 1. S. 349.

**** *Mem.* Tom 2. P. 1. Disc. 3. p. 85. 86.

***** Frisch VI. p. 27. t 12. *Monoculus piscinus* Linn. S. N p 1057. No. 2; eigentlich *binoculus*.

****** Linné hat es daher, wider sein eigen Principium, S. N. ed. 12. p. 1026. No. 26. *Gymnopterorum*, unter die Milben gerechnet. Frischens Bienenlaus 8 Th. t. 16.

aber die Erfahrung, daß fast alle Insekten, die man wieder an andern Insekten findet, hauptsächlich zu dem Milbengeschlecht gehören, weil sie acht Füsse und zween Fühler, wie die Spinnen haben, ob sie gleich fast beständig Käfer= Hummel Fliegenläuse u. s. w. genennet werden.

Unter den Käfern, welche im Mist und in der Erde leben, sind keine reichlicher damit versorgt, als der schwarze oder Stahlblaue sogenannte Roßkäfer *), ganz vorzüglich aber der Todtengräber **), der die todten Maulwürfe so gern begräbet. Es sind aber einer=

t. 16. scheint mir eher eine Kokzinellen= oder Hemerobienlarve, als Laus zu seyn.

*) Scar. *Stercorarius* Linn. S. N. ed. 12. p. 550. No. 42. der Roß= Stink= Stahlblaue Mistkäfer, der so oft mit dem *Pilulario*, der hier bey uns nicht einheimisch ist, verwechselt wird, obgleich der *stercorarius* auch Mistpillen für seine Brut macht.

**) Silpha *german*: et *Vespillo Linn.* S N ed. 12. p. 569. No. 1. 2. der schwarze Trauergräber, der Aas= Bisam= Moschuskäfer. Die Milben desselben hat Rösel im 4 B. t. 1. f. 10, 11, aber zu schön, wie mehrere Insekten, als den Oleandervogel, (Sphinx Nerii) abgebildet. Mit unterhaltendem Vergnügen wird man hierüber die lehrreichen Beobachtungen des grossen Gleditsch in seinen vermischten physikalisch= botanisch= oekonomischen Abhandlungen, im 3ten Theile, S. 200 ff von dem Begräbnisse des Maulwurfs und anderer kleiner Thiere, lesen.

nerley Gattungen von Milben, die sich an beyden aufhalten. Die leztern, sowohl die grossen schwarzen (germanicus), als die roth- und schwarzgeflekten (Vespillo) sind oft so voll davon, daß nicht ein Flekchen am ganzen Käfer ist, wo nicht ein Klump Milben sizt. Sie sind ganz damit übersäet, daß man sie nicht mehr kennet. Doch habe ich angemerkt, daß sie vorher, ehe sie ein Aas begraben, und in die Erde gehen, um sich zu begatten, und ihre Eyer in dasselbe zu legen, nicht so stark damit besezt sind, als nachher, wenn sie wieder aus der Erde kommen. Denn da ist es ein abscheulicher Anblik, und der ganze Käfer ein Gewühl, oder ein Taumelplaz für eine Armee von Milben. Vermuthlich rührt es von der feuchten Erde her, wo sich diese Milben am liebsten aufhalten. Vielleicht auch von dem starken Moschusgeruch, den diese Käf r an sich haben, und dessen Ursach und Dauer noch immer unerklärbar ist.

An dem Weibchen eines Baumschröters *), das mir ein Freund vom Harz in mein Kabinet schenkte, hat sich folgendes Phänomen ereignet. Gedachter Freund stehet vor einem Mistbett in seinem Garten, und siehet einen Klump Erde sich beständig regen. Er nimmt ihn auf, und bemerkt, daß der ganze Klumpen ein Gewühle von Milben ist, woran er anfänglich gar nichts

* Lucanus *Cervus* Linn. S. N. ed. 12. p. 559. gen. 190. No. 1.

nichts zu erkennen vermag. Endlich kömmt ein Käferfuß hervor, uud er wird mit Erstaunen gewahr, daß es ein Schröterweibchen ist, welches vermuthlich in die Erde gekrochen, um seine Brut hinein zu legen, und dergestalt mit Milben besamet worden, daß es seine ganze Gestalt verloren hatte. Dieser Freund schikte mir zugleich eine kleine Büchse, einen Zoll hoch und breit, ganz voll von diesen Milben mit, die er von dem Käfer gesammlet hatte, und gleichwohl starrte derselbe noch über und über, besonders an den Füssen davon, wo sie aber vertroknet waren. Zuverläßig hat er über Millionen an sich gehabt, und ich hebe ihn noch als ein Wunder, und als eine Probe auf, wie viele Geschöpfe Gott an einem Insekt ernähren kann.

Man denke aber nicht, daß die Milben der Käfer und Hummeln ungestraft ihre Säfte aussaugen. Sie müssen selbst wieder andern ihren Theil abgeben, die an ihnen sitzen, und gegen welche sie an Grösse wahre Elephanten* sind. Davon kann ich eine sichere Erfahrung anführen. Zwar habe ich schon oft an den Blattläusen und Fliegen *) rothe Milben gefunden; das aber war mir noch

* Acarus *Aphidioïdes Linn.* S. N. p. 1023. No. 12, die Pflanzenmilbe; de *Geer* Mém. Tom. 3. t. 3. f. 24. 30. *Geoffr.* Parif. Tom. 2. p. 625. No. 10.

Muscarum, No. 24, die Fliegelmilbe.

noch nicht vorgekommen, daß ich an so kleinen Geschöpfen, wie die Milben sind, noch kleinere gefunden hätte. Ein Freund brachte mir eine Hummel, woran er Milben entdekt hatte.* Eine derselben ist Fig. 8. abgebildet. Weil er aber an dem einen Fusse noch etwas bemerkt hatte, das er unter seinem Mikroskope nicht recht erkennen können; so wollte er versuchen, ob das meinige vielleicht erklären würde, was das, an dem einen Fusse des vorlezten Paares bemerkte Pünktchen sey. Unter meiner vierten Linse, die im Durchmesser 52 mal vergrössert, erschien es als ein blosses Pünktchen; aber unter der zwoten Nummer sahen wir mit Erstaunen, daß es eine unendlich kleinere Milbe, die sich recht bey a in die Fuge des Hüftbeins, wo es am

*) Bey dieser Gelegenheit muß ich eine Anekdote in des Herrn Prof. Hanovs Seltenheiten der Natur I Th. S 409 berichtigen, und viel mehrere darinn enthaltene Erzählungen scheinen solches zu bedürfen. „Es habe Jemand, sagt er, eine summende Hummel in seinem Stubenfenster mit dem Federmesser mitten im Bauch entzwey geschnitten. Da wären eine unzähliche Menge kleiner Würmchen herausgekrochen, und hätten auf dem Brett, als junge Spinnen gewimmelt."

Das sind zuverläßig nichts anders, als Hummelmilben gewesen, die aber nicht in, sondern unter dem Bauche gesessen haben, und durch den Druk und das Reiben der Hummel bey dem Zerschneiden auf dem Fensterbrett, abgestreift worden. Die Hummel muß davon recht voll gewesen seyn, und die Hummelmilben laufen gerade, wie die jungen Spinnen.

am Leibe eingegliedert ist, eingesogen hatte, und so vest saß, daß sie durch keine Bewegung des Fusses abzubringen war. Den Einwurf sehe ich voraus: kann es nicht eine junge seyn, die an der Mutter sitzt? Mich dünkt aber, die vielen Härchen, die sie an sich hat, beweisen, daß sie zu einer andern Gattung, und zwar zu den Sironen * gehöre. In der Stellung nun, wie sie bey Figur 8. a zu sehen, ist sie auch mit der andern, zwischen den Schiebergläschen gestorben. Wer ist uns Bürge, daß diese nicht noch eine kleinere an sich gehabt habe? Sah ich doch dergleichen zuverläßig an einem Floh, zwischen den Schuppen des Halskragens hervorkommen, und zwischen den Schiebergläschen herumkriechen. Weil aber die Schlußfugen viel zu groß waren; so krochen sie durch, und sind mir weggekommen.

Das folgende wird meine Leser noch mehr in Verwunderung setzen. Ich fieng vor einigen Jahren im Winter eine überaus kleine Fliege am Stubenfenster. Weil sie so kein war, hatte ich Lust, sie unter dem Mikroskop zu besehen. Ich stekte sie auf eine Nadel, und brachte sie unter meine schwächste Linse. Hier merkte ich, daß sich von dem Körper kleine Pünktchen nach den Flügeln bewegten, die ich aber durch diese Linse nicht erkennen konnte. Ich stekte sogleich die erste

* Acarus *Siro Linn* S. N. ed. 12. p. 1024. No. 15.

erste Numer auf, die im Kubus 6, 751, 269 mal vergrössert, und sahe, daß sich auf den einen Flügel zwey, und auf den andern drey Insekten begeben hatten, von denen ich noch nicht mit Gewißheit sagen kann, ob ich sie zum Läuse- oder Milbengeschlecht rechnen soll. Sie sind mir, sechs Millionenmal vergrössert, doch nicht grösser, als Figur 9, a erschienen. Die Farbe ist weißgraulich, und die Haut des Körpers glatt. Vier lange glatte, und völlig ohnbeharte Füsse b c d e habe ich nur bemerken können, mit denen sich das Insekt in die Flügelhaut eingehäkelt hatte. Die Stellung der vorgestrekten Füsse ist beynahe Spinnenartig. Die vördersten waren die merkwürdigsten, indem sie vorn, nicht weit von der Spitze, noch zwo abgehende Spitzen f g, wie die Fühlhörner der Rüsselkäfer, hatten. Vermuthlich hatte das Thierchen noch zween Füsse unter den Leib gezogen, die ich aber nicht finden konnte. Folglich mögte man es wohl am sichersten zu dem Läusegeschlecht rechnen. Inzwischen ist mir dergleichen unter den Insektenläusen gar nicht vorgekommen. Ich halte es für eine ganz neue und unbekannte Art, die wegen ihrer erstaunlichen Kleinheit bisher dem Auge der Beobachter entwischt ist. * Daher löste ich der Fliege beyde Flügel behutsam ab, und brachte

* Pediculus *Muscae fenestralis*; corpore oblongo glabro, pallido, pellucido, pedibus anterioribus longioribus, duabus spinulis lateralibus instructis. Animalculum minutissimum!

brachte sie zwischen zwey Schiebergläsgchen, wo ich sie nun über zwey Jahre bewahre, und Jedermann zur Ehre Gottes im Kleinen zeigen kann.

Die wahre und eigentliche Milbe der Stubenfliege, haben vielleicht wenige recht genau beobachtet, und eben so wenige abgebildet. Ich habe sie bey Fig. 10 vorgestellet. Das merkwürdigste daran ist die Kopfschere, oder die beyden Saugespitzen a b, deren eine oben ein umgebogenes Häkchen c hat. Ich haltee sie für eine ganz unterschiedene Gattung von der, welche der Ritter in seinem Natursystem * beschreibet.

Auch die Libellen sind nicht von Ungeziefer frey. Besonders habe ich an den kleinen blauen Wassernymphen ** unzählige Läuse, und zwar im eigentlichen

* p 1025 No. 24. Acarus *Muscarum*. die Fliegenmilbe. Müller Linn. Natursf. 5 Th. 2 B. p. 1054. No 24. *Fabric*. S. E p. 814. No 22 *Scop*. Carn. 1066. *Onomatol*. hist. nat. P 1. p 33. et. 38. *Cuno* obs. miscros t 6. No. 2. *Kniphofii* diss de pediculis inguinalibus &c. t. 3. f. 0 Insonderheit vergleiche man hiermit *Scop*. Ann 5. histor nat p. 125 Acarus *Muscae domesticae*, oblongus, submarginatus, posticè obtusus, rufus Antennae pedibus mediis longior. Pedes postici longiores &c. wo dieser genaue Beobachter ausdrüklich hinzusetzt: *Diversus ab acaro muscarum*.

** Rösel hat sie im 2ten B. Wasserins. 2te Kl. t. 10. f. 3. 5. abgebildet. Nach *Linn*. S. N ed. 12 p 905. No. 21 α, β, γ, δ, ist es Lib. *Puella*, das Jüngferchen.

Verstande Läuse, mit sechs Füssen, aber erstaunlich klein; doch etwas grösser, als die vorigen der Fensterfliegen gefunden. Einst fieng ich ein Paar solcher Libellen. Die eine hatte recht oben auf dem Rükkenschild, unmittelbar über den Flügeln, einen hellbraunen runden Flek, den ich an andern vermissete. Daß er dem Thiere nicht natürlich war, schloß ich daraus, weil die schwarz-blauen Streifen unter ihm weggiengen, und nicht ganz davon bedekt wurden. Als ich den Flek mit einer Lupe betrachtete, unterschied ich so viel, daß er kein Kontinuum war; sondern aus lauter kleinen ovalrunden, braunen, glänzenden Kügelchen bestand. Ich stieß unter der Lupe eine Nadelspitze hinein, und erstaunte, da sich diese Kügelchen regten, sich auseinander gaben, aber bald wieder nach dem vorigen Orte hinbewegten. Dieses reizte meine Begierde, das Phänomen noch einmal unter dem Komposito zu betrachten. Da sah ich nun ganz deutlich, daß es einige hundert Läuschen der armen Libelle waren. Ich sahe nicht allein ihre Füsse; sondern ich sahe sie auch zwischen dem Glasschieber selbst hurtig herumlaufen. Eine davon habe ich Figur 11 abgebildet. Viel ist nicht daran zu erkennen. Der Körper ist glänzend braun, und schuppicht, die Füsse aber sind kurz und sehr haricht. Sie sitzen recht an dem Orte, wo sich das Thier ihrer weder mit den Flügeln, noch mit den Füssen erwehren kann. Ausser denen, die beym Abnehmen verloren giengen, habe ich etliche vierzig zwischen zwey Gläschen von anderthalb Linien im Durchmesser

ge-

gebracht, woraus ihre Kleinheit zu beurtheilen ist. Bey einigen Libellen habe ich sie auch unter der Brust, recht an dem Orte, wo die Füsse eingegliedert sind, gefunden. *

An den Heupferden oder (Gryllus Locusta), habe ich auch rothe Milben gefunden, die mit denen hinter den Ohren der Fledermaus viel Aehnliches hatten. Sie halten sich an mehreren Insekten auf, besonders unter den grünen Blattläusen auf den Rosenstökken, und sind den Insektenkennern bekannt, daher ich sie übergehen will.

An den gehörnten Baumheimen ** habe ich eine

* Linné hat sie nicht gekannt. In seiner Reise durch Oeland und Gothland. Uebers. Halle 8. S. 264 sagt er etwas davon. „Ich habe auch Wassernymphen von der Kupferfarbenen Art gefunden; beyde Geschlechter hatten dunkelrothe Körperchen unter der Brust.“ Ganz gewiß sind das dergleichen Läuse gewesen, als ich vorher beschrieben habe.
So ist denn fast kein Punkt, kein Stäubchen, kein Wassertröpfchen in der Natur, das nicht bewohnet sey? Alles eine Welt, alles Leben! — — S. die vortrefliche Anmerkung des Abt Spallanzani in Bonnets Betr. über die Natur. 2te Aufl. S. 118.

** Cicada *cornuta Linn.* S. N. ed. 12. p. 705. No. 6. Müller Linn. Natursf. 5 Th. 1 B. S. 434. No. 6. das Horn. Sulz, Ins. t. 10. f. 63. *Schaeff.* Icon. t. 96. f. 2 *Fabri.*

ganz neue Art Läuse entdekt, und bey Fig. 12 abgebildet. Der Körper ist Eyförmig, vorn etwas zugespitzt hinten aber zugerundet, und stark mit Haren bewachsen. Die Farbe das schönste Scharlachroth, so brennend, als ich sie noch nicht gesehen habe. Die sechs Füße sind ungewöhnlich lang, borstig, und vorn am Fußblatte mit zwo scharfen Klauen versehen. Der Halskragen a ist eine kleine runde Kante, und als ein schmales Halsbändchen anzusehen. Unmittelbar daran sitzt der spitz zugehende Kopf, und recht in der Fuge des Halsbändchens und des Kopfs stehen die Augen b, c. Der Kopf selbst theilt sich vorn bey d in zween Theile, die wie die Spitzen einer Dratzange dicht an einander treten. Vermuthlich ihre beyden Saugespitzen. Gleich an den Augen sitzen die Fühler e f, die, nicht weit von der Wurzel, noch ein Paar Läppchen g h haben. Das Insekt bewegte sie unaufhörlich; ich habe aber daran keine Harspitzen bemerket.

Der Ort, wo diese Insekten an der Zikade sassen, war merkwürdig. Nicht unter den Flügeln, oder an der Brust; sondern bloß zwischen den Gelenken der Füsse. Man weis, wie stark die Muskeln bey gewissen

Fabric. S. E. p. 676. No. 8. Füeßlins Schweiz. Ins. p. 23. No. 450. Gleditschs Forstwiss. 2 Th p. 757. Pontopp. Nat. Gesch von Dänn. p. 214. t. 16. de *Geer* Ins. Tom. 3. p. 181. t. 11. f. 22.

sen Insekten, und auch bey diesen Zikaden zum Springen sind. Als ich diese Zikade fieng, und zwischen die Finger nahm, arbeitete sie gewaltig mit den Füssen, um sich in Freyheit zu setzen, und streifte sie heftig an einander. Gleichwohl sassen diese ihre Feinde vest, und hatten sich zwischen den Fußgelenken so eingesogen, daß kein Sprung, keine Erschütterung oder Reiben des Fusses sie aus ihrer Lage bringen konnte. Ja, sie sassen mit solcher Hartnäkkigkeit, daß sie lieber, da ich einige mit einem Zänglein abnehmen wollte, den Kopf stekken, als sich abziehen liessen. Daher ließ ich die Zikade sterben, welches sie den Augenblik fühlten, und sich von selbst abgaben, daß ich sie nach meinem Gefallen behandeln konnte. Es sassen ihrer wohl acht bis zehn an den Füssen, und man konnte diese rothen Atomen, wegen der schwärzlichen Farbe der Zikade, ziemlich in der Ferne sehen. Wer sagt es ihnen; wer lehrt sie es, nirgends anders, als in die Fußgelenke sich zu setzen? In den Naturtrieben der kleinsten Insekten — o welch eine Tiefe!

Die Spinnen scheinen fast in diesem Stük eine Ausnahme unter den Insekten zu machen. Ich habe mir alle Mühe gegeben, besonders an den Keller- und Winspelspinnen nachzusehen, ob sie Insekten, Läuse oder Milben an sich haben; ich habe aber nicht eine Spur daran entdekken können, und weis also davon weiter noch nichts, als was Homberg * gesagt hat. Der-

* Mém. de l'Acad. 1707.

Derselbe hat an den Winkelspinnen der Häuser eine besondere Krankheit bemerkt, wodurch sie ganz abscheulich verunstaltet werden. Sie werden nämlich ganz voller Schuppen, die nicht eine auf der andern liegen; sondern gerade in die Höhe stehen, und unter diesen Schuppen wimmelt es von einer ungeheuren Menge kleiner Insekten, die den Fliegenläusen sehr ähnlich, aber viel kleiner sind. Wenn die kranke Spinne etwas geschwinde läuft; so schüttelt sie einen Theil dieser Schuppen und Insekten ab. In unsern kältern Gegenden sagt er, ist diese Krankheit selten, und ich habe sie nur im Königreiche Neapel gefunden. Die Spinne bleibt in solchem Zustande nicht lange an einer Stelle, und stirbt bald, wenn sie eingesperrt wird.

Sind dieses nicht etwa selbst junge Spinnen gewesen; so kann man sie für Milben halten, und eine neue Gattung daraus machen: Acarus *Aranearum*.

Allein der Herr von Geer * hat gezeigt, daß auch die Spinnen vor den Schlupfwespen nicht sicher sind. Er hat die Larve an einer kleinen Spinne auf einem Erlenblatt, unter dem Bauche derselben sitzen, und sie aussaugen sehen. Als er beyde in ein Glas gethan, hat

* Tom. 2. Part. 2. p. 863. No. 7. t 30. f. 2. 3. *Ichneumon Aranearum* ater; antennis filiformibus; *thorace* duabus lineis flavis, *pedibusque* flavis. S. Lessers Theol. der Ins. p. 124. *Lyonet* sur Lesser Tom. I. p. 205.

hat die Spinne angefangen, einige Fäden zu ziehen; das Gewebe aber nicht vollendet, sondern ist gestorben und herabgefallen. Indessen habe sich die Larve recht ins Zentrum des angefangenen Gewebes gesetzt, und sich daselbst vollends eingesponnen. Acht Tage nachher sey der kleine Ichneumon glüklich ausgekommen. Eine ganz neue Erfahrung, wodurch das Linnéische Ichneumonsregister mit einer Art vermehret wird!

Zulezt will ich noch etwas von den Polypenläusen sagen, ohngeachtet ich ihrer schon an einem andern Orte * gedacht habe. Ich meyne aber hier nicht die kleinen ovalen durchsichtigen Thierchen, die man gemeiniglich dafür hält, weil sie oft an den Polypen herumlaufen, ihnen aber, so viel ich bemerkt habe, keinen sonderlichen Schaden thun. Diese Gattung ist in Ansehung der Gestalt, Bewegung und anderer Eigenschaften sehr davon unterschieden. Ich habe bey Fig. 13 einen vergrösserten Polypenarm mit einigen solchen Läusen a b c d vorgestellet; viere derselben aber, 1, 2, 3, 4 in einer der stärksten Vergrösserungen abgebildet.

Gemeiniglich findet man sie an den Stroh- und Orangegelben Armpolypen in den warmen Sommermona-

* Trembley Abhandlungen zur Geschichte der Polypen rc. rc. Uebers. Quedl. 8. 1775. S. 183. t. 7. f. 12. a, c, d, e, f, g, h, i, k.

ten Julius und August; wie ich denn solche an den ersteren meinen Freunden in Berlin, als ich das Glük hatte, unter ihnen die süssesten Freuden meines Lebens zu schmekken, mit Vergnügen gezeigt habe.

Diese Kreaturen, von denen ich noch nicht weis, zu welcher Klasse der Gewürme und Wasserthiere ich sie rechnen * soll, haben mehr, als eine besondere Eigenschaft. Zuerst können sie nicht lange allein im Wasser leben, sondern begeben sich gleich wieder an den Polypen, an dessen Bauch und Armen, (aber nie oben auf den Rükken,) sie mit ihrer tausendfachen Zahl von Füssen Fig. 13, No 2, x, kribelnd beständig auf und niederlaufen. Die Bewegung im Schwimmen ist auch besonders. Sie fahren in Spiralförmigen Linien y, z ab, und so auch gleich wieder nach dem Polypen zurük. Ihre Gestalt können sie auf mehr, als eine Art verändern. Ich habe sie unter viererley Gestalt gesehen: erstlich als ein rundes Körperchen mit weissem Rande, der mit vielen kurzen Stacheln, welches die Füsse sind, besezt war, No. 1. Ferner als ein flachrundes Hütchen mit unterwärts gekehrten Füßchen No. 2; drittens als ein rundes Hütchen, das oben auch noch ein besonderes Hübelchen hatte No. 3 a; und endlich als eine kleine Gelte oder Zober mit zween einwärts gebogenen krummen, sehr scharfen Haken No.

*) Der Hr Etatsrath Müller nennt dies Thierchen in seiner *Verm. Hist.* Vol. 1. p. 54. no. 42 Cyclidium pediculus, Dän. Luse-Runderen, und unterscheidet sie ebenfalls ausdrüklich von den andern sogenannten Eyförmigen Thierchen: Mihi extrâ corpus et tentacula Hydrae nunquàm in aquis obvium.

No. 4. q. r. Mehr läßt sich von diesen unbegreiflich kleinen Geschöpfen iezo noch nicht sagen.

Zum Beschluß will ich noch einige neue Arten Insekten anführen, die der scharfsichtige *Scopoli* *) an andern Thieren, besonders an Vögeln, entdekt und beschrieben hat.

1. *Hippobosca Strigis*, die Eulenspinnfliege, oder die geflügelte Eulenlaus. Sie ist grösser als die Pferdelaus, mit ausgerändeltem himmelblauen Hinterleibe. Er hat sie zweymal am Schuhu (Strix Bubo) gefunden.

2. *Pediculus hirci iunioris*, eines jungen Bockslaus. Der Kopf ist vorn spiz, die Fühler stumpf, klein und roth. Der Brustschild haricht, der Hinterleib braun, längrichtrund, und hinten dreyzekkig, mit acht erhabenen Querlinien.

3. *Pediculus Strigis*, die Eulenlaus, mit dreyekkigem Kopfe, unten abgerundetem Brustschilde, länglichtem, harichtem, rothgeflektem Hinterleibe, sehr langsam, und, wenn sie jung ist, weiß.

4 *Pediculus Ralli*, die Rallenlaus **), mit zweyzakkigem Kopfe, glattem Hinterleibe, und runzlichten Seiten.

5. *Pedi-*

* Ann. 5. hist nat. p. 124 No. 151 — 156.

** *Rallus* ist beym Linné ein ganzes Vogelgeschlecht.

5. *Pediculus Fringillae*, die Finkenlaus. Der Kopf zweyzakkig, und die Seiten haricht und runzlicht.

6 *Pediculus Pari palustris*, die Sumpfmaisenlaus, mit vierharichtem Schwanze, wie die Linneische Laus der grössern Maise.

So giebt es also in der Natur keine einzige Kleinigkeit? So herschet durch alle ihre Reiche die vollkommenste Uebereinstimmung, der genaueste Zusammenhang? Die Schöpfung der Milbe erforderte nicht geringere Weisheit, und mit ihrer Hervorbringung war nicht weniger Absicht verbunden, als mit der Schöpfung des Behemoths.* Ein Urheber, ein Schöpfer, ein Verstand, eine Weisheit, welche das Sonnenstäubchen und den Libanus, welche die Milbe an dem Füßchen einer andern, und den Kraken mit Mastbaumförmigen Fühlhörnern, nach Einem Plan erschaffen hat!

* S. des Herrn D. Martini, meines ewig schätzbaren Freundes, Einleitung zu seinem prächtigen Konchylienkabinet S. IV.

Erklärung der Figuren auf beygefügter Kupfertafel.

Fig. 1. Eine Fledermausfloh.

Fig. 2. Ein Milbe am Zahnfleisch unter den Lippen der Fledermaus.

Fig. 3. Eine Milbe auf den Flohrflügeln der Fledermaus.

a b c d e f g die hohlen häutigen Halbkugeln an den Fußblättern derselben;

k k k zarte Einschnitte in diesen Halbkugeln;

Fig. 4. Das vergrösserte Fußblatt dieser Milbe Figur 3.

a b zwo scharfe Krallen.

c der Ort, wo sich die Haut des Halbkügelchens in zween Theile d e aus einander gegeben, und heruntergezogen hat.

Fig. 5. Das Ey einer solchen Milbe mit einem breiten Stielchen a.

Fig. 6. Ein Ey, woraus bey a eine junge ausgekommen, ist.

Fig. 7. Eine solche junge ausgekommene und stark vergrösserte Milbe mit den Kölbchen a a an den Fußblättern.

Fig. 8. Eine Hummemilbe mit einer jungen a, die sich recht in der Fuge des Hüftbeins eingesogen hat.

Fig.

Fig. 9. a Eine sechs Millionenmal vergrösserte Laus einer kleinen Fensterfliege auf einem Stükchen von ihrem Flügel;

b c d e vier hervorragende Füsse;

f g zwo Nebenspitzen an den Vorderfüssen.

Fig. 10. Die vergrösserte Milbe der Stubenfliege;

a b die beyden Kopfspitzen;

c die eine oben krumm umgebogen.

Fig. 11. Eine stark vergrösserte Laus einer blauen Libelle.

Fig. 12. Die Laus einer gehörnten Zikade.

e f die Fühler;

g h zwey Läppchen daran;

b c die Augen.

Fig. 13. a b c d Läuse an einem Polypenarm.

y z ihre Spiralsförmige Bewegung.

1. 2. 3. 4 sechs Millionenmal vergrössert und in vierfacher Gestalt

1. als eine runde Kugel mit Stacheln.

2. als ein flacher Hut mit vielen kurzen Füßchen x.

3. als ein hoher Hut mit einem besondern Hübelchen a.

4. als eine Gelte oder Zober mit zween einwärts eingebogenen krummen Haken.

XII. Eine

XII.

Eine bequeme und leichte Art, Räderthiere des Winters in der warmen Stube zu ziehen.

von

Ebendemselben.

Statt eines Anhanges will ich noch eine neue und besondere Erfahrung über die Räderthiere *) anführen, welche ich diesen Winter in der warmen Stube gemacht. Ich habe sie nicht erfunden; sondern ein glüklicher Zufall war mir darzu behülflich. Da ich einige Gläser mit verschiedenen Infusionen stehen hatte; so blieb das eine, und gröste über die gewöhnliche Zeit stehen, nachdem ich die übrigen schon einige Wochen vorher weggegossen hatte. In diesem aber war eine Heuinfusion. Es hatte sicher über vier Wochen gestanden, so daß das Wasser ganz unter das Heu gesunken, und in der Mitte nur ein Flek

*) *Vorticella rotatoria.* S. Otto Fridr *Mulleri* Vermium &c. historia succincta Vol I, P. 1, p. 106.

Flek wie ein Thaler geblieben war, der eine Messerrükkendikke Haut auf sich hatte. Es fiel mir ein, diese Schleimhaut durchzustossen, und einen Tropfen unter derselben fürs Mikroskop wegzunehmen. Ich that es, und erstaunte, da ich ihn nicht nur ganz voll kleiner Blasenförmiger Thierchen; sondern auch mit Räderthieren angefüllet fand. Ich wiederhohlte den Versuch, und fand in manchem Tropfen über zwanzig, die alle zwischen dem Gewühl der kleinen Thiere sehr munter herum räderten, und solche begierig in sich schlukten. Sie waren alle recht dunkelgrau, zum Beweise, daß sie überflüßige Nahrung hatten, und ich habe sogar durch starke Vergrösserungen wieder Junge in einigen Müttern gesehen.

In der That ein neues und ganz besonderes Phänomen, dergleichen mir noch nicht vorgekommen ist! Ich habe schon so manchen Winter verschiedene Versuche mit Infusionen gemacht, und manchen Winter nicht ohne Mühe die Räderthiere in den Merrlinsen gesucht; aber nie gedacht, daß sie seinem Beobachter so leicht, und in solcher Menge in die Hände fallen könnten.

Wenn ich bey dieser Erscheinung alle Umstände zusammen nehme; so habe ich Erstlich angemerkt: daß die Heuinfusion in einem großen Zukkerglasse muß angestellet werden. Sie muß ferner uber die gewöhnliche Zeit ganz rühig stehen. Es muß sich drittens über das gesunkene Wasser eine Schleimhaut setzen,

unter

unter welcher sich die Räderthiere erzeugen und fortpflanzen.

Aber eine Hauptfrage: wie erzeugen sie sich darinn? Wie kömmt das erste, oder die Brut hinein? Ist sie schon in dem Wasser, oder im Heu? Wird ihre Auswikkelung durch die Fermentation und Wärme befördert? Wie viele Zeit wird dabey erfordert? Augenscheinlich eine längere Zeit, als im Sommer in ihrem eigentlichen Elemente. Lauter Fragen, die ich noch nicht beantworten kann! Recht sehr dunkel ist diese Werkstatt der Natur. Ja ich habe angemerkt, daß die Räderthiere sich verlohren, wenn ich die Schleimhaut durchgestossen hatte, und das hervordringende Wasser über dieselben hergetreten war; daß sie sich aber wieder einstelleten, wenn das Wasser auf der Schleimhaut verdunstet war, und sich solche wieder geschlossen hatte. Ich wünschte, daß meine theuresten Freunde zu Berlin diesen Versuch wiederholen, und die Bestätigung geben mögten!

XIII.

Beschreibung zwoer Medusen.

von

Otto Friedrich Müller in Kopenhagen.

Tab. IX.

Bereits vor 6 Jahren sandte mir Herr Doktor König, Königl. Dänischer Mißionsmedikus bey der Tranqvebarischen Kolonie in Ostindien, gegenwärtige Zeichnung zwoer fremder Medusen, nebst beygefügter kurzer Lateinischen Beschreibung dieser Betrachtungswürdigen Meerthiere. Die Zeichnung ist von ihm selbst mit einer Bleyfeder gemacht, und die Zuverläßigkeit der karakteristischen Theile kann uns für die Schönheit der Malerey Schadlos halten. Beyde sind wenig bekannt, und von dem Ritter von Linné unangemerkt geblieben. Zwar meynet Herr König, daß die grössere Medusa die Velella wäre; allein sie hat mit derselben nur eine ziemlich entfernte Aehnlichkeit, und ist eine ganz eigene Art. Sie finden

finden sich in dem Atlandischen Meere. Sloane und Brown haben nur in ihren Reisen *) nach Jamaika eine kurze Beschreibung, und jener zugleich eine Abbildung gegeben. Da ihre Schriften selten und in einer fremden Sprache geschrieben sind; so verdienen auch ihre Nachrichten zur Bekanntmachung eines so seltenen Thieres, hier angeführet zu werden.

Als wir am Dienstage, schreibt Sloane, den 11ten Oktober 1687, 46 Grade nordlicher Breite waren, sah ich das zum erstenmal, was die Seeleute Karavel (das kleine Schiff) oder das Portugiesische Kriegs-Schiff nennen, und eine Thierpflanze zu seyn scheinet. Es ist eine Gattung weicher Fische, die man wegen ihrer brennenden Eigenschaft Urtica, Seenessel nennet. Sie scheinet uns von allen, die bisher von einem Naturalisten beschrieben worden, verschieden zu seyn. Bey mir heist sie: *Urtica marina soluta*, purpurea, oblonga, cirris longissimis. Stevens erwähnet ihrer im Hakluyt S. 99. unter dem Namen des Guinea-Schiffs und Lery, S. 399 nennet sie den rothen Unrath. Bey Martens heist sie die zwote Art Meernessel aus dem Spanischen Meere, welche verschiedene Pfund wiegt, von blauer, rother, gelber und weisser Farb ist, und heftiger brennet, als die aus der Nordsee. Sie können sich so vest an die Haut

* *Sloane* Voyage, Vol. I pag. 7. t. 4, 5. Browne civil and natural history of Iamaica p. 287.

saugen, daß Blasen darnach entstehen, und pflegen auch bisweilen ein Licht von sich zu geben. Er sagt ferner, daß eine Art derselben die Seespinne genannt wird, und die Nahrung der Wallfische sey, welche uns beyläufig die Stelle des Peyrere in seinem ohne Namen herausgegebenen Buche, Nachricht von Grönland genennet, erkläret, wo der Verfasser erzählet, daß die Wallfische sich von Meerspinnen ernähren. Ligon hat sie vier hundert Meilen vom Lande wahrgenommen, und nennet sie Karville, und Läet, der sie in Brasilien beobachtet, grosse Seenessel.

Dieses schwebet auf der Oberfläche des Wassers, und besteht aus zween Theilen; der eine war eine längliche Walzenförmige Blase, so dik, als das Ey einer Wälschen Henne, gleichsam aufgeblasen, und voll von Wind; am ähnlichsten einer Fischblase, ausgedehnet am Grund und enger an der Spitze, wo der Rand rund umher gekräuselt war; in etwas einem Hahnenkamm ähnlich, erhaben an der einen, und hohl an der anderen Seite, um, wie die Seeleute sagen, gemächlicher segeln zu können. Dieser ganze Theil war durchsichtig, Purperroth und blau; der andere Theil bestand aus einer Menge schwärzlicher und rother Fibern, Saiten oder Fäden. Sie waren lang und weiß, hier und da Purpurroth, mit einigen Knoten, gleich den Nüssen im Hare, und hatten ihren Ursprung aus dem Boden der Blase. Ausgestrekket hatten sie die Länge einiger

Ellen;

Ellen; aufgekräuselt aber waren sie sehr kurz, und stachen ärger, als die Nesseln; daher auch einige sie für giftig angegeben haben. Man trift sie sehr oft im Meer an, und die Schiffer versichern, daß sie grosse Geschiklichkeit im Segeln haben, und ihre Blase oder Segel mit Ueberlegung nach den verschiedenen Winden und Kursen, um zu ihrem Zwek zu gelangen, einrichten. Solcher Gestalt gestehn sie ihnen mehrere Fähigkeiten zu, als ich gegenwärtig willens bin, einem lebendigen Wesen zu lassen, das mir keine andere Theile, als die oben erwähnte Blase und Fäden zeiget.

Herr Browne ist viel kurzer, und nennet sie *Aretusa* cristâ subrubellâ, venosâ. „Das Portugiesische Kriegs-Schiff, sagt er, ist nichts, als eine durchscheinende Blase, mit einer grossen Anzal von Fühl-Fäden oder faserichten Anhängen. Sie hat viel Aehnliches mit den Magen der Menschen, und ist oben mit einem zellichten Hahnenkamm gezieret. Unten hängen lange und zahlreiche Fäden herab, da, wo sie am breitesten ist. Diese entspringen aus vierzehn oder funfzehn flechsichten Wurzeln, und theilen sich darnach in unendliche zarte Zweige von verschiedener Länge, Gestalt und Grösse, die gemeiniglich bis auf 3 oder 4 Fuß im Wasser herabhängen. Aller Saft dieses Geschöpfes ist voll von beissenden Theilchen."

Nach Herrn König ist der Körper dieser Meduse T. IX. F. I. eine länglich-Eyförmige aufgeblasene, dünne,

 glatte,

glatte, glänzende, blauliche und durchsichtige Haut, vorn und hinten aufgespitzet, jedoch mit dem Unterschiede, daß das vorder Ende kurz und dik ist, das hinter Ende etwas dünner und länger. Auf dem Rükken stehet die Haut hervor in der Gestalt eines Hahnenkamms, ohne bis auf die Spitzen des Körpers hinzureichen. Der Hahnenkamm hat die Gestalt eines halben Monds, ist so breit als der Körper aufgeblasen, von der Seite zusammengedrükt, mit ästigen von dem Rande herab laufenden Furchen gezeichnet; diese machen am dem Rande 7 bis 8 hohle Krümmungen; der Rand selbst ist gekerbt und mit schönen durchlaufenden Rosenfarbigen Adern gezieret. Unten ist diese Blase bis an die Mitte mit überaus kurzen und gedrehten Fäden in einer gleichen Reihe besetzt; aus der Mitte hängen sehr lange Fäden in einen Haufen herab. Diese Fäden sind mehr, als eine Elle lang, gegliedert, von einem lehmichten Wesen und von blauer Farbe; sie zerreissen leicht. In der Mitte der gehäuften Fäden sitzen viel kürzere, einfache und ungegliederte Röhren. Dieses Thier brennet und entzündet mit seinem feinen Roß, welches die kleinen Luftröhren dessen, der sie angreift, dergestalt erfüllet, daß die Ausdünstungen eiligst gehoben werden, wodurch der kalte Brandt leicht entstehet.

Beydes, die Beschreibung und die Figuren lassen also keinen Zweifel übrig, daß des Herrn Königs Meduse einerley Gattung sey mit der Sloanischen, so

wie

es auch sehr wahrscheinlich ist, daß die Engelländer, die sehr kuwe und nicht gleich in die Augen fallende Fäden und Röhre, so wie Herr König die flechsigten Wurzeln, übersehen haben, und daß die Enden des Körpers, die in der Sloanischen Figur aufgerichtet, und in der Königischen niedergebeugt erscheinen, auf der Willkühr des Thieres beruhen. Dahingegen ist es aus den Beschreibungen und Abbildungen klar, daß diese Meduse nicht die Velella der Naturbeschreiber ist, wofür wohl mehrere sie angesehen haben, sondern eine eigene Gattung der beyde Windsegler. Dieses giebt mir eine Gelegenheit, vielleicht nächstens von diesen Seefahrern, und den Uebereilungen ihrer Geschichtschreiber, eine nähere Abhandlung zu schreiben.

Die zwote oder kleinere Meduse ist fast zu gleicher Zeit von 2 in Königl. Dänischen Diensten stehenden Naturforschern entdekket worden. Der Herr Doktor König machte mir, wie oben gesagt, selbige schon vor 6 Jahren bekannt, und nun finde ich sie auch in den Descript. animalium, Havn. 1775. des seel. Prof. Forskål. Dieser hat sie in der Mittelländischen See gefunden, und jener mir die Zeichnung aus Tranquebar geschikket. Es ist meines Wissens, eine ganz neue und unbekannte Art, und Forskål war bereits einige Jahre gestorben, ehe Herr König nach Ostindien gieng; also gehöret Ihm freylich die erste Erfindung, so wie die erste Beschreibung der Karavelle dem Herrn Sloane; doch gebühret dem Herrn König ein Theil der Ehre zur Entdekkung, da er beyde, unwissend ihrer Erfindungen beschrieben, an der Karavelle zuerst die kurze Fäden, und die Röhren wahrgenomm n, und uns von b yden genaue Figuren gegeb n hat. Forskål führet sie an S. 103. unter dem falchen Geschlechtsnamen *Holothuria*. Ich weis nicht wie er dazu gekommen, da doch seine b yde Arten alle Kennzeichen des Medusen Geschlechts haben, und die l tztere die *Medusa Velella* des Herrn von Linne ist. Seine Beschreibung ist genau und vollständig; in der Figur aber ist es ein Fehler, daß die knotichten Fäden alle aus dem Disko ausgehen. Die Königische Beschreibung ist kurz, genau, zur Kenntniß des Thieres hinlänglich.

Der Körper ist Tellerförmig, platt und steif; oben mit Furchen, die gleichwie Stralen aus dem Mittelpunkt laufen, und einige Zirkelstriche und Bänder durchschneiden; die Stralen reichen nicht bis an den Rand, sondern lassen zwischen diesem und sich, eine ungestreif e Zirkelfläche. Der Saum ist eine dünne Haut, am Rande gekerbt, und in dem Umriß mit Querstrichen und kleinen Punkten bezeichnet. Unten ragt aus dem Mittelpunkt ein Käulenförmiger Rüssel hervor, der bisweilen viel weiter ausgestrekt ist, als die umher sitzenden Röhrchen. Die Röhrchen sind kurz, Käulenförmig, bedekk n die ganze untere Scheibe, und verlieren sich zwischen unzählbaren weißlichten Harfädchen. An diesen hängen sehr kleine ne gelbliche Kügelchen, die vermuthlich die Eyer dieser Meduse sind. Unten an dem Saum ist die Scheibe mit 3 bis 4 Reihen Stäben umgeben. Zunächst an der Scheibe sieht man die längste. Sie haben wohl die Länge vom Diameter des Thieres. Alle sind von gleicher Dikke, gerändet, gegliedert und von der Mitte bis an das äussere Ende mit kleinen gestielten Kügelchen in drey Reihen wechselweise besetzet. Beyde verdienen eine Stelle in den Thierregistern, und lassen sich unter folgender spezifischen Benennung kennen.

Medusa Caravella ovatis, subtús medio tentaculis longissimis, suptùs velo crenulato. —

Medusa Umbella orbicularis, tentaculis disci nudis, marginis glandulosis.

Erklärung der Figuren der IXten Tafel.

Fig. 1. Die Karawelle.

a der Hahnenkamm, oder das ausgespannte Segel.

b die Blase.

c die sehr kurzegekräuselte Fäden.

d die lange Fäden.

e die Röhren.

Fig. 2. Der Sonnenhut von oben.

a die drüsichte Stäbe.

Fig. 3. Der Sonnenhut von unten.

a die drüsichte Stäbe.

b der Rüssel.

c die Masse der Röhren und Harfäden

XIV. Erfah=

XIV.

A Erfahrungen vom Siberischen Erbsen-Baum,

Acacia Siberica,

nach Gmelin, Robinia Caragana, nach Herrn von *Linné*.

von

M. Klein zu Preßburg.

Von diesem so wohl schönen, als nützlichen Baum, habe vor acht Jahren eine Abhandlung geschrieben, welche seit einigen Jahren so wohl in Deutscher, Französischer, als Rußischer Sprache im Druk erschienen ist, und folglich den Liebhabern des Pflanzenreichs nicht unbekannt seyn kann; allein da Zeit, Gelegenheit, und ein unermüdetes Nachforschen mir diesen Baum besser haben ken-

uen

nen gelehret; so sehe mich gezwungen, folgende beyde Stellen in meiner vor acht Jahren geschriebenen Abhandlung zu ändern. Erstlich daß dieser Baum in einem magern Sand am besten wachse, ist nicht gegründet. Hierzu verleitete mich damals eine magere sandige Gegend, die aber 14 Zoll unter sich eine reiche schwarze Erde hatte: (welches mir damals unbekannt war:) Dieser Baum wächßt in aller Erde: (nur im Moraste nicht.) Alle die Erde oder Sand, Lehm rc. worinn diese Bäume gepflanzet oder gesäet werden sollen, müssen gut gedün..t werden, oder die Erde muß schon an sich selbst reich von fruchtbaren Theilen seyn, denn in solcher Erde wachsen diese Bäume in drey Jahren so hoch und stark, als in einem magern Sand in 7 Jahren. Zweytens sage ich zwar in meiner Abhandlung: der Same dieses Baumes müsse im Frühjahr gesäet werden; allein eine längere Erfahrung hat mich gelehret, daß es bess r ist, diese Baumerbsen im Herbste zu säen. Denn die im Herbst gesäeten Baumerbsen, gehen im Frühjahr alle frisch und munter auf, welches die im Frühjahr gesäeten selten thun, besonders wenn sie von der Hitze überrascht werden, ehe sie hervor geschossen. Ueberdies wachsen die im Herbst gesäeten im ersten Jahr zweymal so hoch und groß, als die im Frühjahr gesäet werden. Ein einziger Kunstgrif aber ist bey dem Herbstsäen, wohl zu beobachten. Man muß nämlich so spät säen, daß der Samen im Herbst nicht auskeimt. Dieserwegen macht man die Betten, worauf diese Erbsen gesäet werden sollen, im

Sept.

Sept. Oktob. Novemb. oder Dezemb. (unter was für einem Sonnenstrich man sich auch befindet,) fertig, auch die 3 oder 4 Furchen von 3 Zoll tief, worinn der Same gesäet werden soll: (wie in der gedrukten Abhandlung umständlich gezeiget ist,) und wartet mit dem Säen bis der Winter wirklich eintritt. Sollte die Erde der Betten auch schon gefroren, und mit Schnee belegt seyn; so schaufelt man nur den Schnee ab, säet in die gefrorne Furchen, und bedekt alsdann den Samen anderthalb Zolle hoch mit Erde. Drittens, habe in diesem Sommer auf eine zufällige Art wahrgenommen: daß die Schale, Borke, oder zwote Haut dieses Baums, wenn man dessen Zweige zu rechter Zeit abschneidet, die Schale abstreift, und solche, wie den Flachs behandelt, viel und schönen Flachs giebt, wovon hierbey eine kleine Probe folget. Dieser Flachs zwar ist, nicht stark genug, aber ich glaube aus vielen Gründen, daß es nicht an der Materie, sondern an der noch zu wenigen Erfahrung liege, wenn die eigentliche Zweige geschnitten werden müssen, und wie man die Schale am besten zubereiten soll, daß sie ihre vorige Stärke und Zähigkeit behalte. Ich werde keine Zeit versäumen, dieser so wichtigen Sache weiter nachzuforschen; ich bitte aber auch die Herrn Liebhaber, ein Gleiches zu thun. Sollte ihnen das Abstreifen der Schale von den Zweigen weitläuftig scheinen, so versichre, daß es eben so wenig schwer, als weitläuftig ist. Diese Sache würde von ausserordentlichem grossen Nuzen seyn; denn wenn man alsdann von diesen Bäumen

men grosse Felder besäete; so daß dikke Wälder daraus würden; und die Bäume alsdann alle Jahre in der rechten Zeit 5 bis 6 Zoll über der Erde abklappte, so wie der Holländer ihre Bind- oder Korb-Weiden-Wälder, so würden aus den Stämmen alle Jahre 4 und 5 Schuh lange, gerade und glatte Zweige, ohne Nebenäste, zu diesem nützlichen Gebrauch, wieder hervor wachsen.

B Erfahrungen

vom

Siberischen immerdaurenden Flachs.

von

Ebendemselben.

Dieser dem menschlichen Geschlechte so ungemein vortheilhafte Flachs ist hier schon über 30 Jahre bekannt, aber aus Mangel mühsamer, und wißbegieriger Naturforscher rc. haben wir ihn bis hieher nicht genutzet. Man hat ihn darum für unbrauchbar gehalten, weil sein holziger, innerer Kern zu hart, und sich nicht so leicht, wie der Kern des gewöhnlichen Flachses zerbrechen und zermalmen lassen wollte. Dieses konnte mich aber gar nicht abschrekken, einige Jahre auf weitere Versuche zu verschwenden, so bald ich von den grossen Vortheilen und Vorzügen gegen den Jahr-Flachs überzeugt war, wenn die Möglichkeit der Zubereitung erfunden seyn würde. Und dieses, als das 7te Jahr, da meine Standhaftigkeit schon ziemlich zu wanken anfieng, ward ich durch eine glükliche Entdekkung wieder aufgemuntert, und belohnt, und kann nun mit Wahrheit sagen, daß dieser Flachs eben so leicht zuzu-

zuzubereiten ist, als der gemeine, und folglich: alle bis hieher vorgefallene Unmöglichkeiten wegfallen. Hiebey folgen einige kleine Proben dieses Flachses. Die Art und Weise, wie die Zubereitung desselben geschiehet, werde meinen würdigsten Freunden gewiß eher, als andern überreichen; jetzt aber habe ich, verschiedener Umstände wegen, solches nicht mitschikken können. Belieben sie aber nur den hiebey folgenden Samen, von dieser Art Flachs nach angezeigter Art zu säen! Gegen die Zeit, da ihr Flachs fertig ist, werden dieselben gewiß die Beschreibung so wohl, als die dazu nöthige Maschinen bekommen. Diese Art Flachs ist von dem gemeinen Jahr-Flachs, wenn man ihn bloß nach seinen Samen, Blättern, Stängeln und Blumen betrachtet, wenig unterscheiden, und daß dieses Gewächs eine zu dem Flachs-Geschlecht gehörige Gattung sey, wird niemand bestreiten; daß er aber in allen Theilen von dem übrigen Jahr-Flachs unterschieden; ist für einen Kenner und aufmerksamen Liebhaber gar leicht einzusehen Ich will nur allgemein etwas darinn anführen. 1) Der Same ist kleiner und schwärz, er als der Same des gemeinen; 2) Seine Blätter sind stärker und grüner. 3) Seine Blumen dunkelbrauner und grösser. 4) Seine Stängel härter und länger. 5) Macht er aus einem Samenkorn so grosse und starke Stauden, daß von einer Staude im 2ten und 3ten Jahr, bis zum 10ten und 12ten Jahre 50 bis 150 Stängel alle Jahr hervor wachsen, an statt daß von dem gemeinen Jahr-Flachse von jedem Korne nur

1 Stän-

1 Stängel aufschießet. Dieser Flachs liebt ein schweres und fettes Land, wie der gemeine. Die Säezeit ist im Frühjahr, so bald der Frost es erlaubt; auch kann man ihn im späten Herbste säen. Man muß aber diesen Flachs nur um den 4ten Theil so dicht, als den gemeinen säen, weil, wie oben gesagt, ein jedes Korn eine große Staude macht. Wenn die Aussaat nun auf ein gutes und reines Land einmal Regelmäßig geschehen, so ist das Flachsfeld zu einer 10 auch 11 Jährigen reichen Erndte fertig. Das erste Jahr ist die Erndte am geringsten. Die Besorgung oder Verrichtungen dabey sind folgende. Erstlich, dieser Flachs muß alle Sommer einmal ausgegätet werden, wie der gemeine. Zweytens, wenn er reif ist, muß man ihn dicht über der Erde abschneiden, anstatt daß der gemeine mit der Wurzel ausgezogen wird. Im 3ten oder 4ten Jahre (nachdem die Erde reich oder arm ist) fängt man an, alle Jahr im späten Herbst, mit altem verfaultem Miste, dieses Flachsfeld 1 $\frac{1}{2}$ Zoll hoch zu bedekken. Auf die Art hat man durch einmaliges Pflügen und Aussäen ein 10 bis 12 Jahr lang daurendes und einträgliches Flachsfeld. Vielleicht ist es noch möglich, daß man in Deutschland in Einem Sommer diesen Flachs zweymal abschneiden kann.

C Erfahrungen vom Tatarischen Buchweitzen

von

Ebendemselben.

Dieser Buchweitzen ist darinn von dem gewöhnlichen unterschieden:

1) Weil er vielmehr Samen, oder Frucht hervorbringt.

2) Weil sein Kraut und Stängel mürb und weich, folglich ein sehr gutes Futter für das Hornvieh ist.

Es wird dieser Buchweitzen eben so gesäet, wie der gemeine Samen. Hieben folgt ein kleiner Vorrath von Samen, Versuche damit anzustellen.

XV.

XV.

Gedanken eines Forstverständigen, über diejenigen Unterhaltungsanstalten, die durch die Holzsaat, und das Anpflanzen in unsern Waldungen, nach der Natur derselben, unserer Kameralverfaßung und dem Holzhandel geschehen können. In einem Schreiben an die Gesellschaft Naturforschender Freunde zu Berlin

von

F. A. M.

Berlin den 1. Oktober 1774.

Daß es unter das Wohl und die Hauptvorzüge eines Landes gehöre, wenn es, in allgemeinen Bedürfnißen, seine Nachbarn entbehren kann, oder wenigstens keiner dergleichen Hauptartikel von selbigen benöthiget ist, braucht wohl eben so wenig Beweise, als daß in dem Getreide und Holz zween dieser Hauptartikel bestehen. Da nun auf die Viehzucht und Akkerbau alle Mühe und Sorgfalt gewendet wird; so verdienet es auch das Forstwesen: weil beyde verbunden, und nach einer Verhältnißmäßigen Eintheilung, eines gegen das andere gerechnet, den beträchtlichsten Theil der großen Landwirthschaft ausmachen.

So gerecht also die Ursachen sind, unsere Reste von Heiden theils unterhalten, theils wieder hergestellt zu sehen, so viel Ursachen haben wir auch, vorsichtig mit den dazu nöthigen Anlagen umzugehen. Wir haben zu lange gewartet, und sind fast allzu sehr von Holz entblößet, als daß wir noch ungewisse Proben machen könnten, die nichts weiter, als eine Versprechung nach hundert und mehrern Jahren vor sich haben: die weder wir alle, noch der Versprecher selbst, erleben können; wovon aber die Nachfolger den unersetzlichen Schaden sicher empfinden müßen.

Wenn wir also auf die Verbeßerung unserer Heiden denken, wie allerdings nothwendig ist, und besonders den Wunsch erfüllt sehen wollten, solche noch etwas schneller aufwachsen zu sehen, als gewöhnlich; so würden wir wohl zu bedenken haben, ob auch ein solches Holz unserm Land, und besonders dem Holzhandel, wie er bey uns geführet wird, dienlich sey? Das Holz was wir bereits von der Natur seit den vielen der vorigen Jahr Hunderte überflüßig erhalten, war eben das vorzügliche, das beste, was wegen seiner Vestigkeit und gleichen Wuchses den Preiß über viel anderes erhielte. Sollten wir also durch übertriebene, und der Natur entgegenstehende künstliche Mittel, ein schnellwüchsigeres, aber auch zugleich schwammigeres Holz ziehen; so würde solches aufhören, das gute Schiff- und Bauholz, oder dasjenige ächte Kaufmannsgut zu seyn, dergleichen wir jährlich auswärtig hin verkauft haben.

Wollten wir auch, wie einige zu behaupten süchen, unsere Heiden so betrachten, daß sie, im Verhältniß gegen unser Land, noch zu weitläuftig und wohl gar noch zu überflüßig wären; da sie doch von wahren Forstverständigen kaum lange mehr hinreichend gefunden werden; so würden wir vor allen Dingen erst nachweisen müßen, daß auf diesen weitläuftigen Revieren wirklich noch so viel Holz gegenwärtig stehe, als zu einem immerwährenden Forsthaushalt erfordert wird, wie ihn der Staat nöthig hat. Wenn dieses ja hie und da noch gefunden worden seyn sollte; so ist auch zu bedenken, wie viel auf dem fremden und einheimischen Waßer, von der Dürre, Windbruch, dem Ungeziefer, die Vermehrung der Unterthanen, und andere, die Forsten noch besonders betreffende Schäden mehr, Land an Morgenzahl weggenommen, und was, nach Abzug dieser Umstände, noch zu berechnen bliebe? Hieraus wird folgen, daß, wenn diese Abzüge und Schäden ausbleiben, alsdann ein Ueberfluß von Holze seyn könne, welchen man, da er innerhalb des Landes nicht verbraucht werden kann, außerhalb verkaufen muß. Dieser Handel kann demnach, einer deshalb ein für allemal getroffenen Einrichtung zufolge, nicht ausbleiben, und die zur Unterstützung dieser Absicht nöthigen Anlagen müßen gleich von Anfang an gemacht und fortgesetzt werden, um einen solchen Vorrath vom Holze zu ziehen.

Anlagen von dieser Art, bey welchen die Absicht auf ein starkes Schiff- und Bauholz gehet, geben alles übrige Nutz- und Brennholz von selbst, wie wir aus der gemeinen Erfahrung haben. Sollten wir also eine neue und ganz fremde Art, das Holz zu erziehen annehmen; so würden wir unsern Forstetat auf viele Jahre hinaus in Gefahr setzen, weil die guten Beweise davon zu weit ausgesetzt, die unsrigen aber vor der Hand überzeigend genug sind.

Es kann zuweilen an einem Ort eine Methode die beste seyn, welche in einer andern Gegend oft gar keiner Anwendung fähig ist, und im Kleinen kann man ohnehin viel möglich machen, was man im Großen, nach Forstmäßigen Gründen, unterlaßen muß. Die Lage des Landes, die Kameralverfaßung, die Einrichtung des Handels, müßen bey uns in allen Fällen die Richtschnur abgeben.

Das

Das Verpflanzen der Eichen und anderer Laubhölzer, ist schon den Forstbedienten besonders empfohlen worden, weil bey dieser Methode die Hütung am besten offen bleiben kann, welches auch, wo es anzubringen ist, in der That sehr zu schätzen wäre. Allein, wenn wir erstlich betrachten, daß insgemein nur ein kleiner Theil von unsern Forsten einen, zu einer solchen Eichplantage dienlichen Boden habe, und daher der übrige, mit Kiefern und andern nöthigen Holzarten dennoch angeleget werden müße; so ist der Gewinnst der Hütung nicht mehr so groß, auch wird den sich deshalb noch äußernden vielen Schwierigkeiten dadurch nicht gänzlich abgeholfen. Zweytens würde eine solche Plantage, laut Erfahrung, sehr viel Kosten machen, weil unsere Bauren dazu, wie man ohne große Beweise schon sicher annehmen kann, ziemlich unbrauchbar sind. Es würde daher höchst nöthig seyn, ganz eigene Leute zu einer immerwährenden Aufsicht darauf zu halten. Hierzu würden unsere bekannten und vestgesetzten Fonds nicht hinreichen. Drittens fehlen uns die Beweise, zu den daraus zu erwartenden Vortheilen, daß nämlich nach einer solchen neuen Methode ein schönes gerades, Kernvestes, langes und zum Schiffbau dienliches Holz, wirklich so, wie es bey uns erfordert wird, zu erziehen sey. Denn es lässet sich die Gewißheit dieses Vorgebens mit der Vernunft nicht begreifen, oder etwas Sicheres vorhersehen!

Wenn man, nach der alten, überall bekannten Pflanzart, die 10—12 jährigen Eichpflanzen, durch Abstoßung der Pfahlwurzel aushebt, und solchen die Krone abkapt, um zwischen der Krone und der Wurzel ein Verhältniß zu treffen, auch ferner die durch das Abstoßen gequetschten Thauwurzeln, mit dem Meßer reiniget und alsdann verpflanzet; so müßen die Vortheile, die daher entstehen, vorher noch wohl untersuchet werden. Die Natur, der wir mit so trüben Augen nachforschen, gab dem Eichbaume so gleich, als er aus den Samen auskeimte, eine recht starke Pfahlwurzel, die aber der Pflanzer als unnütz und schädlich und verhinderlich erkannte und abnahm. Es würde ungerecht seyn und gegen die Erfahrung laufen, zu behaupten, daß eine Eiche ohne Pfahlwurzel gar nicht fortkommen könnte: aber noch ungerechter, wenn wir klüger, als die Natur seyn, und unsere Kunst vorziehen wollten. Die gütige Natur gab zwar jeder Pflanze die Kraft und bestimmte Bauart, auch bey Verlust eines von ihren Theilen, immer noch leben und bestehen zu können: allein lebt sie auch so lange, und eben so gesund, als sie gelebt haben würde, wenn sie unversetzt, durch ein 2—3 maliges Verpflanzen ungestöhret, unverwundet, und unverstümmelt geblieben wäre? Es ist wohl anzunehmen, daß die Pfahlwurzeln ihren Nutzen haben müßen, weil wir die allerstärksten Eichen in natürlichen Umständen damit versehen finden, und der Wind diejenigen am ersten stürzet und Wurzellos machet, welche durch Zufälle darum gekommen

sind.

sind. Man wird ferner finden, daß die nach diesem Verfahren verpflanzten Eichen, nicht mit einem schweren Schaft in die Höhe wachsen wollen, sondern durch Schneiden und hernach mit der Stoßaxt gezwungen werden müßen, wenn sie ihre Höhe in einzelnen Schäften erlangen sollen: welche doch niemals gut und so gerecht werden können, als die Natur solche in geschloßenem Holze, in dem dazu gehörigen natürlichen Holzboden von selbst ziehet. Hat man überdem noch Leute, die sich nicht in Acht nehmen, und die Zakken zu nahe am Stamm abstoßen; so finden sich bald faule Aeste.

Im Kleinen ist das Verpflanzen leicht, im Weitläuftigen hingegen desto schwerer: weil im ersten Falle die sehr jungen Eichen bald, auch oft mit eben dem Ballen Erde, in welchem sie gestanden, frisch versetzet werden können: welches bey letztern sich nicht eben so thun läßet. Die Eichwurzel hat überdem eine so zarte Rinde, welches wohl zu merken ist, daß diese, wenn sie der Luft nur einigermaßen ausgesetzt bleibet, sich bald zusammen ziehet. Kömmt nun dazu noch, daß beym Ausheben der Eichen, die Thauwurzeln ihre markigen Saugespitzen verlieren, oder diese ihnen sonst durch den Schnitt genommen werden; so begreift sich leicht, daß dadurch die Wurzeln ihre Kraft an- und einzusaugen einbüßen, und solche Harwurzeln erst von neuem aus sich selbst wieder bilden müßen, bevor der ordentliche Wachsthum erfolgen kann. So lange nun die Natur damit beschäftiget ist, haben der übrige Stamm und dessen Zweige Verlust an Nahrungssäften: die Markröhren und Zellen ziehen sich zusammen, und nachdem der vor angeführte Schaden und Verwundung wenig oder vielfach gewesen, kranket der Baum, zumal der wilde Stamm, welcher aus dem Samen entstanden ist, wegen Mangel der Harwurzeln, oder er geht gar aus.

Die neuere Art der Verpflanzung, wo man die Eichpflanzen im vierten Jahr aushebt, und in besondere Baumschulen setzt, um sie daselbst zu einer Höhe, der das Wild nicht so leicht schaden kann, zu ziehen, ist zum Fortkommen derselben weit sicherer: weil diese Pflanzen, nachdem sie aus den Samen entstanden sind, ohne unsere Hülfe von der Natur das Vermögen zugleich erhalten haben, dasjenige ohne unser Zuthun zu werden, was wir durch unsere Künste noch mehr zu verbessern und zu beschleunigen vorgeben: wenn sie nämlich, aus ihrem natürlichen guten Zustande gerissen, erst in der Baumschule Zeit gewinnen sollen, neue Wurzeln zu machen. Die Berechnung der Kosten, die bey so weitläuftigen Revieren, wie wir sie haben, erfordert werden, will ich hier nicht untersuchen, sondern die Zweifel, die ich habe, nur einigermaßen anführen; besonders aber, daß auch diese Baumzucht, nach den sichersten Erfahrungen der gemeinen Forstmänner, der natürlichen, in den aus dem Samen

men gezogenen reinen Stämmen in der Folge nicht beykommen kann.

Es ist ausgemacht, daß eine Eichpflanze sich vom dritten bis vierten Jahr am besten zum Verpflanzen schikt, weil ihre Wurzeln noch weich und unverholzt sind, um überall von neuem austreiben zu können. Auch ist nicht zu leugnen, daß wenn ich einer solchen Pflanze den Stamm bis an die Wurzel nehme, und nur eine Stammlohde davon aufschießen laße; der Wachsthum davon stärker, als gewöhnlich erfolgen muß: da die Wurzel diesem kleinen Zweig eben so viel Bestandtheile zuzuführen sucht, als sonst zu einem weit größern Stamme nöthig seyn muste; da aber demohngeachtet die Natur nichts über ihre Kräfte thun kann, oder außer der Ordnung Sprungweise thut, so legt sich dieser schnelle Wachsthum, so bald die Wurzel das vormals gehabte Holz wieder aufgesetzet hat, und wird geringer. Es würde also noch sehr zu beweisen seyn, ob eine solche, nach diesem Verfahren verpflanzte Eiche, da sie doch einigemal durch das Verpflanzen und Beschneiden krank und wund gemacht worden, einer auf der Stelle gebliebenen und aus dem Samen gezogenen, in der Folge im Wachsthume gleich kommen könnte? Die Erfahrung hat uns vom Gegentheile schon längst belehret. So vortheilhaft es auch wirklich ist, und so vorzüglich man es in der That finden wird, wenn ihre erste Ausbildung vollkommen ungestört und der Natur des Baumes nach geschwind erfolget;

get; so schädlich halte ich, der Erfahrung nach, ein übertriebenes Wachsthum, welches gegen die Zeit und Ordnung geschiehet. Die stärkeste Bewegung des Saftes in einem Baum ist in der Rinde zwischen Bast und Rinde, woselbst die Natur die Anlage zum künftigen Splinde macht: das jährliche Verholzen aber geschiehet von innen nach außen zu. Da nun eine gekappte Eiche durch den ersten so schnellen Wuchs eine übertriebene Ausdehnung von Markröhren bekömmt, die nachfolgenden Jahrringe aber, wenn die Wurzel ihr voriges Holz wieder aufgesetzet hat, um so viel kleiner erfolgen und also weit weniger von der Natur, zur Ausfüllung und Verholzung nöthig haben, als die, in dem übertriebenen ausgedehnten Kerne; so fürchte ich, daß solche eher verholzen, und der Kern Schwammicht oder Splindig, Splindartig bleibt: zumal da die gröste Bewegung des Saftes durch den Wachsthum des Baumes immer weiter vom Kern entfernt wird. Nicht zu gedenken der verwachsenen Eichenstämme, denen die Kronen beym Verpflanzen genommen worden, daß sie alsdann als fehlerhaft beym großen Holzhandel paßiren müßen.

Es giebt Arten von Bäumen, als Hollunder und andere, welche von der Natur mit einer weiten Markröhre versehen sind, und welche so wohl von außen, als von innen Holz ansetzen, und diesen Kern ausfüllen, welches aber demohnerachtet in ihre Natur gelegt ist, daß sie eben

keine

keine allzu lange Dauer zeigen: vielweniger aber läßt sich dieses von einer Eiche, deren ganzem Wachsthum es zuwieder ist, erwarten.

Es ist nicht meine Absicht, das Eichenpflanzen an Orten, wo es nicht anders seyn kann, gänzlich zu verwerfen, sondern bloß zu beweisen, daß dieses Pflanzen, wenn es als ein allgemeines oder Hauptmittel zur Unterhaltung der Forsten angenommen werden sollte, eben keine so vorzügliche Methode für unsere Verfassung sey. Die Aussaat wird allemal die vorzüglichste und natürlichste bleiben, weil wir dabey nicht allein die schweren Kosten ersparen, sondern auch ein solches reines Holz erziehen, welches wir eigentlich haben wollen, und zu Schiffholze, auch für die Staffschläger besser brauchen können.

Bevor ich indessen noch zur Holzsaat fortschreite, will ich erst untersuchen: woher es komme, daß die Absichten mit den angelegten Schonungen an vielen Orten so schlecht von Statten gehen? Wir bemerken nämlich, daß, wenn wir ein Sandland, worauf niemals Holz gestanden, besamen und zur Schonung anlegen, daß darauf niemals ein solches schieres, langes, gleichwüchsiges und kräftiges Kernholz erwachse, als in den Heiden oder Wäldern. Wir unterscheiden es daher auch durch den Namen des Akkerholzes. Demohnerachtet ist der gröste Theil unserer Heiden anfangs vielleicht ein solch schlechtes Land gewesen, und oft noch schlechter, ehe sich der eigentliche Holzboden,

nach

nach einer langen Folge von Jahren, erzeugen können. Ich glaube also nicht unrecht zu urtheilen, wenn ich die Ursache in der Dammerde suche, die in einer alten, lange vorher bestandenen Heide, von Nadelholz, und hundert andern vermischten Arten von verfaulten Gewächsen entstanden ist. Eine solche Dammerde ist lokker und fett, worinn die Samen geschwind und stark wurzeln, auch vollkommen ausgebildet werden. Sie erhält die Feuchtigkeit lange in sich, welche vorzüglich geschikt ist, die feinen Bestandtheile aufzulösen, und den Wurzeln zuzuführen; wie sie denn auch den fauligen Boden vor alle Witterung dekket: daher ein solches Holz in solcher Erde, welche man den eigentlichen Holzboden nennet, einen immer gleichen Wuchs erhält, und nicht so leicht widerspenstig werden kann; wie vorbenanntes schlechtes Akkerholz. Ist nun hinlänglicher Samen darein geworfen, oder angeschlagen, so erfolgt gewiß ein dichter Aufschlag, welcher auch zeitiger wieder aufgethan werden kann. Ein in einem solchen unverdorbenen und noch nicht ausgesaugten Heideboden erzogenes Holz, wird lang, reine von Schaft und stark vom Zopf, dergleichen nicht allein bey uns vor andern gesucht wird, sondern auch beym Vermeßen seinen Nutzen zeigt. Es unterscheidet sich weit stärker im Wachsthume, welches aber, wie schon gesagt, seiner Natur nach, in die Länge gezogen wird, daher es auch weit engere und dichtere, doch vollkommene Jahrringe anlegt, wodurch es Lasttragender und dauerhafter wird.

Wir

Wir finden bey uns Heiden, auch ziemlich abgelegene Gegenden und Reviere, wo man den besten Aufschlag von der Natur antreffen wird. In diesen aber befindet sich bey der Untersuchung auch jederzeit eine recht gute Dammerde. Hingegen an sehr vielen andern Orten, wo es dem Landmann etwa gut genug gelegen ist, und er die Erlaubniß hat, Kiehnnadeln, Laub und Mooß oder die sogenannte Waldstreu zu harken und zugleich die Dammerde bis unter die Wurzeln heraus zureißen, da stehen die angelegten Schonungen nur mit einzelnen Raukienen besetzet, welche den Platz einnehmen und keinen rechten Nutzen bringen können. Wenn wir ein solches stets abgeharktes Land pflügen, um es wieder zu besämen; so finden wir, daß der Wind solches wie Staub wegnimmt und in die Luft führet, weil es nicht die mindeste Bindung in sich hat, um sich theils vor dem starken Eindringen der Luft zu schützen, theils die darein fallende Feuchtigkeiten lange genug in sich zu behalten. Folget nun, nach der Besamung, nicht bald ein anhaltender Regen, so verbrennt der Samen, und es pflegt wenig davon aufzugehen. Gelingt es auch anfangs, daß wir Regen bekommen, wodurch der Samen aufgehet, und es erfolgt nachhero doch eine etwas anhaltende Dürre, so werden die Samenpflänzgen gelb und vergehen.

Man kann hieraus erkennen, wie schädlich das Nadel- und Laub- oder Streuharken den Heiden ist, auch wie schädlich den Masteinkünften es von Zeit zu

Zeit

Zeit werden müße, da den Bäumen ihre Thauwurzeln entblößet, und mit allem Schutz und Dünger zugleich genommen werden. Wie wenig vortheilhaft aber eine solche Düngung für das Land sey, laße ich einem Wirthe zu beurtheilen über: da sie der Bauer nach Aufhebung von wenig Monathen in einer nassen Pfütze, oft noch roh und unverbrannt auf den Akker fährt.

Da nun aber in den meisten Heiden, der vorangeführte sehr unbekannte Schaden angetroffen wird, und wir mit Anlegung der Schonungen nicht so lange warten können, bis die Natur solchen Verlust einer so nothwendigen Dammerde wieder ersetzt hat; so entstünde die Frage: wie ein solches Land zu Bewirthschaften, und was in diesem Falle für ein Mittel zu ergreiffen wäre, den gehabten Schaden einigermaßen wieder zu ersetzen?

Wenn ich ein solch staubiges Land in unsern Landforsten in Betrachtung ziehe; so finde ich, daß der Mangel der nöthigen Bindung der Hauptfehler davon sey, und daß die Luft in selbigem zu tief, schnell und stark, wegen seiner Lokkerheit, wirken könne, indem die gemäßigte Feuchtigkeit zu geschwind ausgezogen wird, wodurch die Pflanzen ohne die eigentliche Nahrung bleiben: so wie ein thoniger, lehmiger Boden das Gegentheil davon ist. Diesen beyden Fehlern des Landes, ist durch die Vorsaat mit verschiedenen Gewächsen,

wie

wie die von andern darüber gemachte verschiedene Versuche geben, vorzüglich aber mit der Englischen Rübe oder Turnips und dergleichen sehr viel abzuhelfen; ob schon mehrere, wenn es durchaus verlangt würde, dazu wohl eben so geschikt seyn könnten. Diese leztere hinterläßt indessen, besonders nach der Fäulung, eine zähe und recht schleimige Feuchtigkeit, welche im Stand ist, den magersten und lokkersten Boden zu binden, und gewiß auf verschiedene Jahre Düngung zu geben, wie die Englische wirthschaftliche Nachrichten mit mehrern besagen: da eben diese Wurzel auch im Gegentheil einen zähen und harten Boden, wenn solcher vorhero wohl bereitet worden, sehr lokker macht. Ein Umstand, welchen man nicht eben überall von der Hand zu weisen Ursache hat! Doch dieser Umstand ist ein blosser Versuch, und ich bin auch sonst schon bey mir überzeigt, daß man auch Holz ohne alle künstliche Düngung erziehen könne, halte es aber doch auch für ganz unrecht, wenn man den Boden, in welchem gutes Holz wachsen soll, schon lange vorher als den eigentlichen Holzboden wegnimt, welchen doch eigentlich keine Düngung, in einer so kurzen Zeit, zu ersetzen im Stand ist. Haben indessen die Pflanzen diese erste Hülfe genossen, so überläßt man sie der Natur: da sie sich dann nicht allein wohl beschatten können, sondern auch den Boden mit Laub oder Nadeln, abgestikten Zakken und andern Pflanzen zu bedekken selbst anfangen.

Ein Land, was zu sehr verangert ist, lässet man unter andern zu dem Ende im Herbst einmal umstürzen, und bis ins Frühjahr liegen, alsdann pflüget man solches, die Länge und die Quere tief, egget es mit einer Englischen oder andern Egge recht rein, und lässet es wieder 8 oder 14 Tage bis Johannis liegen. Dieses ist eben die Zeit, da der Rübesamen in die Erde kommen muß. Man lässet also das Land, diesesmal nur wie gewöhnlich zur Saat pflügen, und nachdem man es einmal über geegget hat, säet man den Samen mit drey Fingern dünne ein, und egget es vollens zu. Sollte man keinen recht guten Säer haben, so ist es besser, daß man ein halb Pfund von diesem Samen mehr nimmt, welches die ohngefähre Proportion auf einen Morgen oder 180 Quadratruthen Land ist, zu den man dieselbe, mit Sand untermenget, aussäen lässet.

Will man zur Probe Nadelholz darauf anlegen, so kann man dieses Rübenfeld im Oktober bloß umstürzen, daß Rüben und Kraut unter der Erde zu liegen kommen, worinnen sich ihre Bestandtheile besser erhalten. Im Frühjahr wird es einmal gepflüget, und nachdem es etwas gerade geegget worden ist, dichte besäet: hernachmals nur mit einer umgekehrten Egge, an welche einige Kieferzakken bevestiget sind, überzogen, damit der Same etwas bedekt werde.

Will man aber mit Eichen etwan einen Versuch machen, und sie darauf säen, so ist vor allen Dingen nöthig, die Tiefe des Erdbodens zu untersuchen; es sey dann, daß vorhero schon solche Eichen darauf gestanden hätten, mit welchen man, dem Ansehen nach, zufrieden seyn könnte. Ist dieses aber nicht, so muß man darauf sehen, daß der Boden, wenn er auch oben 3 bis 4 Fuß schlecht wäre, sich doch in der Tiefe bessere, und keine veste Stein- oder Thonlagen oder sonst faule und scharfe Wasser habe; sonst werden die Eichen, nachdem sie Nahrung finden, in 30 bis 50 Jahren Zopf troken, und vergehen. Ist also der Erdboden gut befunden worden; so wird das Rübefeld, Ausgang des Oktobers 2 Zoll tief gepflüget, und gleich hinter dem Pfluge die Eichen gesäet, doch so dichte, daß die Eichen so breit, als die Fahre ist, zu stehen kommen, und wenn sie auch nur einen Zoll von einander liegen. Will man aber die Eichelsat im Frühjahr vornehmen, so verfähret man mit dem Rübenfelde wie schon beym Nadelholz gedacht worden ist. Andere pflegen diese Saatfahren, des Ungeziefers halber, öfters und mit gutem Nutzen abzubrechen.

Eine dichte Besamung ist vor allen Dingen nöthig, weil die Mäuse viel verzehren, auch viele Samen darunter fallen, die zum Aufgehen untauglich sind. Besonders will die Eichpflanze vom Anfang an im Schatten stehen, daher einige auch Korn, andere aber fremde Holzarten darunter säen. Nach der ersten Art wird nicht allein bey dem Abschneiden des Korns viel zertreten; sondern es ist der Schatten auch nicht einmal hinlänglich, er dauert auch nicht lange genug, wenn sie nicht zugleich dichte besäet sind. Die zwote Art thut nichts weiter, als was ich durch eine dichte Besamung ohnehin schon erlange, und man darf hiebey nicht fürchten, daß die andere Holzart die Eichen überwachse. Wenn man einen Ort mit einer Sorte Holz dichte besäet; so übergiebt man der Natur gleich im Anfang einen Ueberfluß von solchen Pflanzen, von welchen sie gleichsam die besten aussuchen soll. Denn viele der jungen Pflanzen, welche aus unvollkommenen Samen entstanden sind, vergehen schon wieder, da sie unter der Zeit den Erdboden nur haben beschatten helfen, auch ihre Nebenpflanzen in der Krone sich auszubreiten verhindert, und deren Wachsthum aufwärts stark befördert. Diese Vertilgung der zu dichte stehenden Saatpflanzen wird in der Folge aus natürlichen Gründen stärker, bis endlich diejenigen, welche aus recht vollkommenen reifen und mit Mark wohl ausgefüllten Samen entstanden waren, die überflüßigen schwächern und schlechten alle überwachsen und an ihren eigenen Dünsten erstikt haben.

Einige befürchten das Land zu übersäen und schlüssen von der Getreidesaat, ganz unrecht, auf die Holzsaat, welche leztere doch nur Holz, nicht aber jährliche Winter- oder Sommerfrucht zu tragen gesäet wird. Je schlechter und brennender aber der Sand ist, um

so

so viel dichter muß die Holzsaat ausgesäet werden: weil auf solchem Land ohnehin viele Samen verbrennen, auch keines die zeitige Beschattung fast so nöthig hat, als dieses. Hätte nun ein solches Holz die verlangte Länge, und sollte doch noch zu dichte stehen, so kann man die Stämme, welche von den grössern und besser in Wachsthum stehenden schon unterdrükt und überwachsen sind, allmählich aushauen, auch damit so lange fortfahren, bis jeder Eichbaum ohngefähr 80 Quadratschuhe zu seinem Bezirk erhalten kann.

XVI.

Nachricht von einigen merkwürdigen Stuffen aus dem Bergamtsrevier Marienberg.

von

F. W. H. von Trebra.

Tab. IX. A.

Mit der angelegensten Bitte, diese Nachrichten blos als einen Versuch anzusehen, meine Hochachtung der Gesellschaft Naturforschenden Freunde in Berlin einigermassen beweisen zu können, übermache ich beygehend, zur Bibliothek der Gesellschaft, eine kleine Broschüre über den Bergbau, nebst der dazu gehörigen Karte, die ich im Jahr 1769, in der grösten Eilfertigkeit, als einen blossen Bericht an Ihro Hochfürstl. Durchl. meinen gnädigsten Herrn aufsezte: zum gesellschaftlichen Kabinet aber einige vielleicht nicht ganz unmerkwürdige Stuffen,

aus

aus dem hiesigen Revier, die ich im Nachfolgenden zu beschreiben versucht habe.

Diese Stuffen sind von Palmbaum Fundgrube, einem Berggebäude, welches allernächst dem Wolkensteiner warmen Bade, bey dem Dorfe Gehringswalde liegt, und zu dem Bergamtsrevier Marienberg gehöret. Der Zug, worauf das Gebäude Palmbaum Fundgrube liegt, fält gegen Morgen Tab. IX. A. Fig. 1. streicht der Mittagslinie fast parallel, und bestehet aus verschiedenen Trümmern, die als flache Gänge, nach den Eintheilungen des Kompaßes in den Stunden 10 und 11, bis auf eine Breite von ungefähr 20 Lachtern, rechtwinklicht genommen, neben einander liegen, auf manchen Punkten zusammen kommen, und mächtig werden, bis zu $\frac{1}{2}$ Lachter, auf andern Punkten auseinander gehen, und schmal werden, bis oft nur auf 3 oder 4 Zoll Mächtigkeit. Durch übersezende Morgen- und Spatgänge werden diese Gänge und Trümmer einzeln, und wird der ganze Zug verdelet.

Die Erzte brechen, so wie allenthalben, auch auf diesem Zug in Nestern und Nieren, die bald die ganze Mächtigkeit des Ganges erfüllen, bald nur zerstreut in demselben liegen, zuweilen sich eine ansehnliche Distanz fortziehen, oft auch nur sehr kurz liegen, allemal aber wieder ausgerichtet werden können, wenn, nach Beschaffenheit der Umstände, ein grösseres oder kleineres Stück taubes Feld, mit Versuchbauen, durchgangen worden ist.

Bisher hat man durchgehends auf diesem Zuge nur Silbererzte gefunden und benutzet. Sie sind zwar mit grossen Quantitäten verschiedener Halbmetalle, und mit Erzarten brennlicher Wesen vermengt: von diesen aber wird nichts zu Nutze gebracht. Alle Erzarten, welche hier gefunden werden, sind sehr mit Arsenik übersetzet. Die Silbererzarten bestehen also vorzüglich aus Rothgüldenerz, mehrentheils von sehr leichter Farbe, und sodann auch nur mäßigem Silbergehalt, oft aber auch an der Farbe dunkler, und dann reicher an Silber. Gewachsen Silber hat sich oft auch spüren lassen, in sogenanntem Bürstenerz; Glaserz aber äußerst wenig, andere Silbererzarten gar nicht. Farbenkobalt, Kupfernikkel, und vorzüglich der äußerst giftige Schirbenkobalt, werden allemal mit in grosser Quantität gefunden, wenn reiche Silbererze auf dem Palmbaumer Zuge brechen. Schwefelkieße finden sich hier sehr wenig, kommen aber doch zuweilen mit vor, und Wißmuth soll in den vorigen Zeiten mit gebrochen haben, ist aber neuerlich noch nicht wieder gespüret worden.

Zu Ende des 16ten Jahrhunderts ist dieser Zug schon entdekt, und beym Schlusse desselben mit sehr ansehnlichen Ausbeuten bebauet worden, doch nur bis zur sehr geringer Tiefe. Zu Anfange des 17ten

Jahr,

Jahrhunderts wurde der beständigen Unruhen wegen, die damals das Kursächsische Erzgebirge drükten, auch dieser wichtige Erzzug nur sehr schwach, oft gar nicht betrieben, und so wurde er bald aufgenommen, schwach und mit geringem oder gar keinem Vortheil betrieben, bald wieder verlassen, bis zum Jahr 1736, wo er endlich zulezt wieder verlassen wurde.

Seit dieser Zeit, waren seine Stölle und alle seine Schächte, nebst sämtlichen übrigen Gebäuden, gänzlich zusammen gebrochen, und lagen unbenuzt, bis zum Jahr 1770, wo der Zug wieder aufgenommen wurde. Er wird nunmehro mit ansehnlichem Vortheil bearbeitet, und man hat Grund zu glauben, daß dieser Vortheil in kurzer Zeit noch um ein Beträchtliches höher gehen, und lange dauren wird; denn bis jezt noch stehet der tiefste Punkt auf dieser Grube nur erst 50 Lachter (a $3\frac{1}{2}$ Freyberger Elle) unter der Oberfläche der Erde.

Nun zu Beschreibung der Stuffen selbst!

No. I.

Ist eine Stuffe von den gewöhnlichsten Palmbaumer Erzarten, mittlern Gehaltes. Sie bestehet

1) gröstentheils aus fleischfarbenem Spathe, der gewöhnlichsten Gangart aller Gänge in dem Bergamtsrevier Marienberg, und zwar auf denjenigen Punkten derselben, wo die reichsten Silbererze brechen.

2) Aus einem Gemenge von gelbgrünlichten, Bergmännisch so genannten Steinmark, mit zartem Glimmer, und etwas weißem Quarze. Diese Partie scheint eben erst aus der Gebirgart, die hier Kneuß ist, übergehen zu wollen, und giebt einigen schwachen Beweiß zu der dunkeln Vermuthung, als mögte alles dasjenige von mineralischen Körpern, was auf den Gängen gefunden wird, vielleicht aus dieser Gebirgart, woraus die ganze Maße des Berges bestehet, durch Veränderungen, welche die Natur, menschlichen Augen unsehbar, damit vornimmt, hervorgebracht werden. —

3) Aus weißer Quarzdruse mit krystallinischem Rothgültenerz, und staubicht neben selbigem, auf den Krystallen der Druse, angeflogenem Auripigment.

4) Aus Partien grünlicher Flußspathe, die durch ein Gemenge von Kobalt blaulicht gefärbt sind. In dergleichen Gemenge sitzt sonst bisweilen auch faßricht gewachsen Silber, und es wird so dann Bürstenerz genannt. An gegenwärtiger Stuffe aber ist nichts dergleichen wahrzunehmen.

Die ganze Oberfläche der Stuffe ist, mit theils krystallinischem, angeflogenem Rothgültenerz, theils mit zarten Krystallen orangefarbenen Auripigments beleget,

die

die durch das blosse Auge zwar schon zu erkennen sind, durch das Mikroskop aber deutlicher werden. Auf unterschiedenen Partien der Stuffe ist ein orange gelber Anflug zu erkennen, welcher ihr das Ansehen giebt, als wäre durch ihre zartesten Klüfte ein feiner Dampf von Auripigment gezogen. Das merkwürdige der Stuffe ist, das in zarten Krystallen angeschossene Auripigment.

Man ist zwar längst schon überzeugt gewesen, daß Rothgültenerz aus Silber, einem geringen Theil Schwefel, und einem grössern Theil Arsenik gemischt ist; aber durch die Natur so nahe zusammen gebracht mit dem Auripigment, hat man das Rothgüldenerz doch auf noch nicht viel Stuffen gesehen. Als mir zuerst der Steiger auf Palmbaum-Fundgrube diesen orangegelben Anflug von Auripigment auf einigen Stuffen zeigte, wies er es mir nur in der Absicht, um mir im Vertrauen sagen zu können, daß er glaube, dieser orangen gelbe Anflug sey unreif Rothgültenerz. Und er hatte recht: denn nur noch Silber fehlt, so würde das Auripigment reif Rothgültenerz seyn.

No. II.

Dergleichen Stuffen kommen, in Ansehung der schönsten Partie derselben, nicht häufig vor. Es ist auch recht gut: denn sie taugen zu weiter gar nichts, als zu Vermehrung der Kabinette. — Sie bestehet,

1) Größ-

1) Größtentheils aus Kneuß, der gewöhnlichen Gebirgart des ganzen Marienberger Revieres, der aber hier ein ganz anderes Ansehen hat, als die eigentliche Gebirg- oder Bergart Kneuß, wie sie als blosse Masse der Gebirge, entfernter von den Gängen, gefunden wird. Oft bestehen die Gänge Tab. IX. A Fig. 2. blos aus zwo Lettenklüften, im Hangenden a, und Liegenden b, die oft nur ½ Zoll mächtig sind, und einen Keil Kneus zwischen sich fassen, in welchem nur hier und da, wie hier bey c, einige Gangarten von Spathen ꝛc. sich unter den Kneuß, als Nester, mit einmischen. Gerad in dieser Beschaffenheit befand sich der Palmbaumer Gang, als diese Stuffe auf selbigem vor wenig Tagen gewonnen wurde.

Freylich sieht der Kneus, welcher bey einer solchen Beschaffenheit des Ganges, wie eben beschrieben worden, in d d d zwischen Lettenklüften, auf dem Gange selbst bricht, ganz anders aus, als derjenige, welcher in der unzerrissenen Maße der Gebirge, entfernter von den Gängen, das so genannte Quergestein zwischen den Gängen ausmacht. Aber er besitzt doch alle Bestandtheile jenes Kneußes, den man Quergestein nennet; nur daß diese Bestandtheile hier auf Gängen viel reiner, ich mögte fast sagen, geläuterter, oder nach einem eigenen bergmännischen Ausdrukke, (der aber nur der Empfindung, nicht der Erklärung unterworfen zu seyn scheint) viel freundlicher aussehen.

2) Auf

2) Auf der einen Seite dieser Stuffe sitzt eine Flußspatkrystalldruse mit Schwefelkiessen, und zartem Kobalt bestreuet. Auch etwas staubicht angeflogenes Auripigment sitzt auf einigen dieser Krystallen, zwischen dem Schwefelkies und dem Kobalt.

3) Die schönste Partie der Stuffe ist ein kleiner Nieren, sehr blassen Fleischfarbenen Spathes, mit ausserordentlich fein gestriktem Kobalt. So klein diese Partie ist, so schön ist sie auch, und es pflegen dergleichen sehr feine Gewebe der Natur nicht oft vorzukommen.

No. III.

bestehet aus

1) Schirben Kobalt.

2) Derbem Rothgültenerz von rother Farbe, zwischen dem Schirben Kobalt, und von einerley Struktur desselben.

3) Zitronen gelbem Auripigment.

4) Weissem krystallinischen Arsenik.

No. IV.

Schirben Kobalt, ganz rein von allen Beymimischungen, auf dessen Oberfläche hin und wieder Zitronengelbes Auripigment, und weisser Arsenik angeschosgeschossen ist. Dieser giftige Körper ist es, welcher die Arbeiter auf dem Palmbaumer Zuge, besonders beym Aufbereiten der Erzte, höchst ungesund macht. Diejenigen Arbeiter, welche beym Pochen der Erzte, das durch eine Maschine geschiehet, gebraucht werden, kommen niemals ohne bößen Hals, aufgefressene Nase, giftige gelbe Blasen, und andere dergleichen Schäden, besonders an den zärtesten Theilen des Unterleibes, davon. Zur Sommerszeit ist es oft geschehen, daß während dem Probereiben, alle Fliegen in der Stube von den Dämpfen aus der Reibeschale getödet worden sind. Man hat hier wider bisher keine andere Vorsicht zur Sicherheit der Arbeiter gebrauchen können, als daß man ihnen, nach jedesmal geendigter Arbeit, weisse Wäsche gegeben, und das nahe gelegene Wolkensteiner warme Bad zuweilen hat gebrauchen laßen. Viel Milch zu eßen, ist, besonders zur Sommerszeit, ohnedies schon sehr gewöhnlich unter den Bergleuten. Diese mag auch hier bey Bearbeitung der so giftigen Palmbaumer Erzte, viel zu ihrer Erhaltung beytragen. Zum Verbinden des Mundes und der Nase mit naßen Tüchern, haben bisher, beym Pochen der Erzte, die Arbeiter nicht gewöhnt werden können. Sie sind zu unleidlich dazu, und es ist freylich wohl wahr, daß Arbeiten, welche eine starke Bewegung des Körpers und Hurtigkeit erfordern, mit verbundenem Mund und Nase nicht wohl von Statten gehen können. Zur Sicherheit der Arbeiter in der Grube ist durch Anlage einer sogenannten Wassertrommel, für beständigen

digen Luftzug (Wetterwechsel) gesorgt worden, und dieses thut gute Dienste. — Das Auripigment und der Arsenik schiessen erst an, oder werden doch sichtlicher, wenn die Stuffen einige Zeit schon an der Tageluft (oder Luft an der Oberfläche der Erde) gelegen haben, und vermuthlich rührt diese Erscheinung wohl davon her, daß über Tage, bey heftigerm Luftzug, und einer troknern Luft als in der Grube, besonders in warmen Stuben, die Näße, womit die Stuffe in der Grube durchdrungen ist, wegdampft, und auf der Oberfläche der Stuffe das Schwerere, was sie aufgelößt in sich gefaßt hatte, und beym Verfliegen nicht mit fortreißen konnte, als einen Kalk, oder auch als Krystalle zurükläßt. Bey manchen Erzarten, ist die innere Bewegung ihrer Theile (und warum könnte man nicht im Mineralreich auch Gährung suchen?) wenn sie an der Tageluft abtroknen, so heftig, daß sie sich erhitzen, und ob sie gleich kalt waren, als sie aus der Grube kamen, brennend heiß werden, wenn sie nur eine kurze Zeit an der Tagluft liegen; doch geschiehet dieses nur, wenn die Erze feucht liegen. Legt man sie in das Wasser, so daß sie ganz damit überdekt sind, so bleiben sie kalt. — Will man dieser Spur ein wenig weiter nachgehen so kann man vielleicht auch die Dämpfe und deren Entzündungen (Bergmännisch Auswitterungen) erklären, welche im Gebirge nicht allzuselten über Tage, auch in der Grube vorkommen, oft Vorbothen von Erzanbrüchen, oft aber auch der Tod der Arbeiter sind,

welche

welche sie mit ihrer Atmosphäre erreichen. — Und das mögen wohl die Kobolde, Bergmännchen, und andere unterirrdische, in den Köpfen des gemeinen Haufens so vest sitzende Unholde seyn, welche die Erzanbrüche vorhero verkündigen, die Arbeiter braun und blau zwikken, betäuben, oder wohl gar tödten. Und wer kann es den Leuten verdenken, daß sie für diesen Popanzen sich fürchten, die zwar kein Fleisch und Bein, dennoch aber auch ohne diese, Gewalt genug haben, zu schaden? — Vor nicht gar langer Zeit wollten einige, sonst eben nicht für furchtsam bekannte Arbeiter, auf Palmbaum Fundgrube eine dergleichen Auswitterung, auf einem gewissen Punkte des Gebäudes in der der Grube, gesehen haben. Dieser Punkt war kaum erst von Wassern gereiniget, (gewältiget) und war also, da er kurz vorher erst noch unter Wasser gestanden hatte, feucht, nicht aber mit Wassern mehr bedekket. Man nahm diesen Punkt bald nachher, als von den Arbeitern auf denselben ferner gesehen worden war, in Arbeit, und man erhielt bald Erzanbrüche, die nicht ganz unbeträchtlich waren, und völlig aus den hier beschriebenen Erzarten bestanden.

No. V.

Eine Stuffe die blos der, zu No. II. gehörigen Erläuterung wegen beygefügt worden! Dieses ist Kneus, diejenige Steinart, welche in der Nähe von Palmbaum Fundgrube das Quergestein ausmacht, und

und woraus die ganze Masse der edelsten Gebirge in Sachsen fast alle bestehen. Nur im Freyberger Revier hat diese Gesteinart die Benennung Kneus erhalten, im Obergebirge rechnet man sie gewöhnlicher noch mit zum Schiefer, und eigentlich ist sie auch Schiefer, nur von einer besondern Art. Die Theile, woraus dieses Gestein gemischt ist, sind Quarzkörner, Glimmer, und eine Thonart, die der Bergmann Steinmark nennet. Diese drey Bestandtheile machen das Ganze des Kneuses allemal aus, und dieses Ganze ist allemal schiefrig; aber diese drey Bestandtheile, sind eben so wenig, in allen Theilen der Gebirgmassen, von gleichen Quantitäten in der Mischung vorhanden, als auf allen Punkten des Gebirges das Ganze dieser Gesteinart deutliche schieferige Lagen hat. Nicht durch einzelne drey Kubiklachter ist, glaube ich, diese Gesteinart unserer Gebirge, ihren Bestandtheilen, und ihrer Struktur nach, unter sich gleichförmig zu finden. Oft ist auf manchen Punkten keine Spur von der schiefrigen Lage vorhanden. Das Gestein liegt entweder ohne Ordnung, verworren und bröklicht untereinander, oder ist so vest und ganz, daß man gar keine Trennungen bemerken kann. Oft fehlt in der Mischung des Ganzen, wie bey dem gegenwärtigen Exemplar, das Steinmark; da scheint der ganze Kneus aus Glimmer und Quarz zu bestehen. Oft fehlt der Quarz darinne; da scheint der Kneus nur ein verhärteter Letten zu seyn, vermengt mit Glimmer. Es beweißt also auch hier die Natur ihre Verschiedenheit, ihre Mannigfaltigkeit. Wollte man für jede dieser Abänderungen besondere Namen erfinden, wie unintereßant wäre diese Mühe, wie reich müßte da die Sprache, und wie groß müßte der Kopf seyn, um nur die kleinste Anzal von allen diesen Wörtern zu fassen! Aber nach den Ursachen dieser Verschiedenheiten fragen, das mögte interessanter seyn, und reichte gleich eine ganze Lebenszeit nicht zu, den ganzen Umfang auch dieser Ursachen zu ergründen, so mögt es doch wohl schon sehr nützlich seyn, wenn wir nur hinter die mehresten, oder auch nur hinter einige kommen könnten. Da besonders die Verschiedenheit dieses Kneusses, dieser Gesteinart, woraus die ganzen Gebirgmassen bestehen, gegen einander gehalten, so wie sie auf den Gängen, oder doch nahe bey denselben und entfernter von denselben im Quergestein gefunden wird, so auffallend sichtlich ist; so kann man hierdurch wohl gar leicht verführt werden, auf den Gedanken zu kommen, daß alles, was von Erzen, Mineralien und Gangarten gefunden wird, aus der Gesteinart, woraus die ganzen Felsen der Gebirge bestehen, hier bey uns also aus dem Kneusse, (vielleicht durch die Gährung, Fäulniß, oder irgend ein anderes Hülfsmittel, wodurch die Natur zerstört oder zusammen setzt) von der Natur ausgezogen, und auf die Gänge ihrer Werkstädte, in neuen Gestalten, niedergelegt worden ist. Vielleicht erstrekte sich dieses Ausziehen einiger Theile aus dem Kneus, deren Herzuführen und Absetzen auf die Gänge, auf einem weiten Umkreiß der Gebirge,

vielleicht

vielleicht auch nur auf die kleine Distanz, welche die Züge in die Länge (dem Streichen nach), in die Tiefe (ihrem Fallen nach) und nach ihrer Breite (Mächtigkeit) einnehmen. — Wär aber hinter dieser Spekulation Wahrheit — so wäre zugleich bewiesen, daß noch heute die Erze wachsen, und das wird von so vielen, die schwer zu bekehren seyn mögten, doch nicht glaublich befunden. — Und würde man mit dieser Wahrheit genauer bekannt, so mögte die bisherige fast unüberwindliche Schwierigkeit der Frage: Wo liegen die Erze in den Gebirgen? und wie kann ich ihnen auf dem nächsten Wege beykommen? viel von ihrer Schwierigkeit verlieren, und dieses wäre gefundener lapis philosophorum der Bergleute, — Es dürfte also wohl nicht rathsam seyn, weiter in diese Materie einzudringen.

Marienberg den 28sten Nov. 1775.

XVII.

Beschreibung und Abbildung

einiger

in dem Kabinette des Herrn geheimen Finanzraths,

Gottfried Adrian Müller,

befindlichen und ehedem bey Quedlimburg ausgegrabenen Knochen eines ausländischen Thieres. *)

Tab. X.

Es wird den Naturkündigern vielleicht nicht ganz unangenehm seyn, wenn wir zu den bereits bekannten Beyspielen von ausländischen Thieren, welche im heißen Erdstrich ihr Vaterland haben, und doch hin und wieder in gemäßigten ja

*) Diese Nachrichten sind von unsern Freunde, dem Herrn D. Zükkert, mit Bewilligung des Herrn Geh. Finanzrathes, aus einem weitläuftigen Briefwechsel gezogen worden, welchen der Herr Geheime Rath ehemals über diese merkwürdige Knochen mit dem verstorbenen Herrn Oberkonsistorialrath Süßmilch unterhalten. M . . .

ja so gar in kalten Klimaten unter der Erde verschüttet gefunden worden, einen kleinen Beytrag liefern. Wir wollen uns mit einem bloßen historischen Bericht begnügen, ohne uns in den von so vielen Gelehrten aus diesen Beyspeilen hergenommenen wichtigen Beweis von der Allgemeinheit der Sündflut hier einzulaßen.

Vor der Stadt Quedlmiburg liegt ein Flößgebirge, in welchem man seit langen Jahren Kalksteine gebrochen hat. Diese Kalksteine bestehen zum Theil aus Marienglas, und man brennt dort aus denselben den Gypskalk. Der Berg heißet der Zeuniken- oder Zivikenberg. Er ist schon im vorigen Jahrhundert, und zwar im Jahr 1663, dadurch merkwürdig geworden, daß man das Skelet eines ganzen ausländischen Thieres darinn entdekt und ausgegraben hat. Leibnitz gedenket deßelben in seiner Protagäa, und hielt es für einen Monozeros. Es war nicht versteinert. Die Knochen wurden damals auf dem Boden des Quedlimburgischen Stiftschloßes in Verwahrung gebracht, wo unser ordentliches Mitglied, der Herr Geheime Finanzrath Gottfried Adrian Müller, welcher einige Jahre in Quedlimburg wohnhaft gewesen, sich selbst einige Stükke ausgesucht, und seinem vortreflichen und mit mancherley Seltenheiten versehenen Kunst- und Naturalienkabinet einverleibet hat. Merkwürdiger aber sind die in diesem Kabinet vorhandene Knochen eines andern im Jahre 1728 aus dem nämlichen Zivikenberg ausgegrabenen Thieres, worunter ein aus den obern Kinnbaken bestehendes Kopfstük vorzüglich sehenswerth ist. Erwähnter Herr Geheime Rath Müller hat als ein neugieriger und emsiger Forscher seltener Naturbegebenheiten, während seines vormaligen Aufenthalts in Quedlimburg, keine Mühe gesparet, sowohl mehrere Knochen von gedachtem Skelette zu erlangen, als auch von der Findung und den Schiksalen dieses ausgegrabenen Skelets glaubwürdige Nachrichten einzuziehen. Allein die erlangten Knochen sind nur Fragmente, und die Nachricht von der Größe, Bauart und Lage des Skelets in der Erde ist sehr unvollkommen. Denn mit Ausgrabung desselben ist es gegangen, wie es in ähnlichen Fällen gemeiniglich zu gehen pflegt. Arbeiter und unverständige Leute finden dergleichen, und beschädigen es mit ihren plumpen Händen und Instrumenten, ehe solcher Fund bekannt wird, und Kennern zur Untersuchung vorkömmt.

Der Kalkbrenner Giebel, welcher bey Vorfindung dieses Skelets zugegen gewesen, hat nichts weiter davon zu erzählen gewust, als daß es in der Kluft 15 bis 20 Ellen tief gelegen habe, und zwar auf dem Rükken und auf dem Kopf, so daß die vier Füße nach oben gekehrt gewesen. Das Horn sowohl, als auch die andern Knochen des Thieres wären von den Arbeitern bey dem Ausgraben zerstossen und zerschlagen worden. Man habe wohl

einen

einen Pferdekarren voll Knochen herausgebracht, und das meiste davon Pfundweise an einen Bergmann verkauft, welcher ganze Ränzel voll in das Land getragen, solche hie und da ausgetheilet, und für gegrabenes Einhorn verkauft habe.

Diese ausgegrabene Knochen sind eben so wenig versteinert, als die, deren Leibniz gedenket. Sie haben allesammt noch ihre knöcherne Struktur, ihr zellichtes und schwammichtes Gewebe, ihre Röhren ihre Adern- und Nervenlöcher. Einige Knochen sind hie und da etwas zermürmelt, andere an einigen Stellen mit einer Marienglasartigen Materie schwach überzogen. Nirgends aber hat eine Steinmaterie den Knochen durchdrungen.

Auf der Xten Kupfertafel sind die im hiesigen Müllerschen Kabinet befindliche Knochen oberwähnten, im Jahr 1728 ausgegrabenen Skelets nach dem verjüngten Maaßstabe abgebildet.

Fig. 1. stellt die Nase mit den obern Kinnbaken vor. Dieses Stük wiegt 12 Pfund 10 Loth.

Die Länge a. b. ist 1 Fuß 4 Zoll.

Die Länge b. c. 1 Fuß 8 Zoll.

Die Höhe d. e. 9½ Zoll.

Die Höhe f. g. 8½ Zoll.

Die schräge Nasenhöhe f. b. fast 9 Zoll.

Die Länge der Nasenlöcher h. i. 8 Zoll.

Die Länge der Nasenscheidewand i. k. 5 Zoll.

Die Höhe der Nasenlöcher l. m. $3\frac{1}{2}$ Zoll.

Der Abstand von der Nasenhöhle bis zu einem Gefäßloch h. n. $\frac{5}{4}$ Zoll.

Die Weite des Gefäßlochs n. 1 Zoll.

Fig. 2. Die Nase von vorn, nach ihrer Breite betrachtet.

Der vorderste schmaleste Theil an der Spitze der Nase a. b. ist $\frac{3}{4}$ Zoll breit.

Die hintere und gröste Breite c. d. 7 Zoll.

Fig. 3. Die obern Kinnbaken von innen betrachtet.

A. Das Gaumenbein.

Dessen Länge a. b. 9. Zoll. Die größte Breite d. e. $3\frac{3}{4}$ Zoll.

Die Länge vom Gaumenbeine b bis an die Spitze der Nase c. $5\frac{1}{2}$ Zoll.

Die *Foramina nasalia* g und h.

Die hintere Breite der Kinnbaken i. f. $9\frac{1}{2}$ Zoll.

B. Sechs Zahnhöhlen zu den Bakzähnen, kkkkkk, wovon jede Höhle vier Löcher hat.

Die

Die gröste Breite d. i. ist $3\frac{1}{2}$ Zoll.

C. Vier Höhlen zu Bakzähnen. k k k k.

Der Fortsatz an der Augenhöhle. l.

Fig. 4. und 5. Der Oberschenkel am vordern Fuß von zwoen Seiten gezeichnet. Wiegt 10 Pfund 2 Loth.

Die gröste Länge a. b. ist 1 Fuß $7\frac{1}{4}$ Zoll.

Die gröste Breite c. d. ist $8\frac{1}{4}$ Zoll.

Die untere Breite e. f. 7 Zoll.

Fig. 6. Fragment eines Vorderfußes, wovon die untere Extremität ganz ist, deren Umfang einen Fuß und $5\frac{3}{4}$ Zoll beträgt.

Fig. 7. Ein Oberkinnbakenzahn.

Fig. 8. Ein Stük vom Horn.

Fig. 9. Ein Hufknochen, $2\frac{1}{2}$ Zoll breit, und 2 Zoll hoch.

Fig. 10. Ein unbekanntes Stük Knochen von demselben Thier.

Der Schenkelknochen Fig. 4 und 5. gleichet demjenigen völlig, welchen Herr Hollmann in den *Comment. Goettingens.* Tom. 3. Tab. 2. Fig. 1 und 2 hat abzeichnen lassen, und welchen er für einen Rhinozeroszeroskochen hält. Ueberdies paßet die Beschreibung und Abbildung der Theile eines mit seinen Integumenten annoch bedekt gewesenen, in Sibirien unter der Erde gefundenen Rhinozeros, welche Herr Pallas im XVII. Tomo der *Novor. Comment. Acad. Scient. Imperial. Petropolitanae* mitgetheilet hat, so genau auf die von uns beschriebene Knochen, daß wir mit der grösten Wahrscheinlichkeit vermuthen, unser Skelet sey ebenfalls ein Rhinozeros gewesen. Man vergleiche vornämlich die Pallaßische Abbildung des obern Kinnbaken Tab. XVI. Fig. 2. mit der unsrigen Figur 1. 2. 3. Desgleichen unsere Fig. 6. mit der Pallaßischen Fig. 3. Tab. XV.

XVIII.

Konchyliologische Rhapsodien.

von

D. Fr. Heinr. Wilh. Martini.

Tab. XI. XII.

Es ist mit den Konchylienfreunden und Sammlern schalichter Gehäuse gerade so beschaffen, wie mit eifrigen Blumisten. Beyde haben ihre Seltenheiten, auf deren Besitz einer so stolz, als der andre zu seyn pfleget. Suchet man den Grund, warum öfters einem Schalengehäuse oder einer Blume so viel Achtung erwiesen, oder ein so hoher Werth auf sie gesetzet wird, in den Vorzügen der äussern Schönheit oder Bildung derselben; so ist man fast immer in Gefahr, zu irren. Bey den Schalengehäusen ist gemeiniglich mehr die außerordentliche Seltenheit, oder Zerbrechlichkeit, bey den Blumen ebenfalls weit öfter das unge=

ungewöhnliche, als das prächtige Ansehen, die Ursach ihres hohen Werthes. Ich will hier unter andern Konchylien ein unansehnliches, schmuzig weißes Wurmgehäuse zum Beyspiel annehmen, das, ohnerachtet seines einfachen Kolorits, dennoch unter die kostbaren und seltnen Kabinetsstükke gerechnet, auch in Holländischen Steigerungen immer noch mit 20 — 40 — 58 Gulden bezahlet wird. Ich rede hier von der sogenannten Gießkanne oder dem großen Kronen tragenden Seewurm *). Da ich ihn in meinem system. Konchylienkabinet von S. 42 — 44 bereits weitläuftig beschrieben; so will ich hier nur noch einiger daselbst unberührten Merkwürdigkeiten gedenken und einige meiner Muthmasungen größern Konchyliologen zur Prüfung vorlegen.

Bekannter maßen besteht jede schalichte Gieskanne

1) aus einer weißen, zylindrischen, oben breiten, unten schmaler zulaufenden Röhre, Tab. XI. f. 3. c — f. Der

2) Kopf Fig. 2. A ist aus einer

3) ge-

*) Serpula Penis *Linn.* S. N. XII. p. 1167. No. 806. der Sprengbrecher. Knorrs Konchylien IV. Th. T. 28. Fig. 1. Holl. *Venus* of *Neptunus Schagt* of *Gieter*. Fr. *Arrosoir*, *Pinceau de mer*. Engl. The *Watterring Pot*. Huddesf.. in List. *Petiv.* Aqu. Amb. T. 21. f. 7. Valentyns Konchylien f. 87. Müll. Linn. Natursf. VI. p. 629. T. XX. f. 3.

3) gewölbten Schale oder Platte gebildet und mit einem bald schmalern, bald breitern
4) gefaltenen Kragen Fig. 5. a — d umgeben, unter welchem sich vorn
5) zwo neben einander liegende Erhabenheiten befinden, die kleinen, mit beyden Schalen ausgebreiteten, mit ihren Schnäbeln aber an einander stoßenden Bivalven ähnlich sehen.

Alle diese Stükke gehören zwar wesentlich zum Bau dieser artigen Röhren, sind aber in ihrer Form, Figur und Größe mancherley Abänderungen unterworfen. Ueberhaupt ist es hier, wie bey andern Wurmgehäusen, fast nie zu erwarten, zwey einander völlig ähnliche Stükke zu erhalten. Sie sind alle von einander merklich, in Ansehung der Figur des Kanales, der mehrern oder wenigern Erhöhung der gewölbten Kopfplatte, der Form und Größe des Kragens u. s. w. unterschieden.

Besonders merkwürdig ist an allen Gieskannen die Kopfplatte und ihr Kragen, weil erstere nicht etwa bloß, wie eine Gieskanne, durchlöchert, sondern mit lauter kleinen hervorstehenden Röhrchen besetzet, letzter aber aus lauter hohlen, dichte neben einander liegenden Röhrchen erbauet und auf mancherley Art verbogen oder gefaltet ist. *)

Da

*) Die Köpfe und Kragen der Gieskanne, wovon man dem Bischof Gunnerus einige sehr vollkommene Exemplare

Da sich alle Röhrchen des Kragens und der Kopfplatte auf der innern glatten Fläche ohne Hervorragung öfnen (Tab. XI. f. 5) und der Bewohner, den ich mir Polypenartig denke *), ohnstreitig seine Haupttheile unter dieser Platte oder im weitsten Theile des Kanals verbirget, welcher außer diesen Röhren keine weitere Oeffnung hat, mit dem untern, schmalern Theil aber an andern Körpern vestsitzet; so ist es, meines Erachtens, nicht unwahrscheinlich, daß beyderley Röhren, ihrer unterschiedenen Richtung gemäß, auch zu

plare aus Nordland, als Patellen, unter dem Namen Strohhuth, zugesandt, findet man in den Schriften der Norrw. Gesellsch. der Wissenschaft. IV Band von S. 60 — 62 ungemein deutlich beschrieben, und Tab IV. F. 9 — 11. eben so richtig abgebildet. Herr Gunner, welcher diese vermeynte Patellen gleich für Fragmente der Serpulæ Penis erkannte, fügt hinzu, es wäre nicht glaublich, da diese Serpulæ in Ostindien zu Hause gehören, daß die Kronen derselben im Nordischen Meere gefunden worden.

*) Diesen Bewohner scheint kein Schriftsteller noch gesehen zu haben; denn er wird, bloß nach Muthmasungen, vom Herrn von Linne für einen unbekannten weichleibigen Wurm (Molluscum) vom Herrn von Argenville für einen Meerpinsel oder für eine Nereide, vom Herrn Prof. Pallas in *Misc. Zool.* p 140. für einen Bohrwurm, von Herrn Adanson aber für eine Schnekke gehalten.

zu verschiedenen Absichten dienen. So könnten z. B. die senkrechten Röhrchen der obern Platte schalichte Scheiden, durch welche der Wurm seine cirrhos oder faserichte Büschelchen hervorstrekte, die horizontal auslaufende Röhrchen des Kragens aber, solche Kanäle seyn, wodurch er Waßer, Luft und Nahrung in seine Wohnung bringen, auch vielleicht jeden Ueberfluß oder Unrath wieder ausstoßen könne.

Wenn der Herr Legationsrath Meuschen im Leersischen Verzeichniß S. 3. n. 4. eine seltsame Art ungekrönter Gieskannen anführet; so verstehe ich darunter eine solche, deren horizontale Röhrchen vielleicht nicht lang genug, einen Kragen zu bilden, aber doch zum Behuf des Thieres wirklich vorhanden, oder auch zufällig abgestossen waren. Es müßte dann die angeführte Röhre gar ein Original der sogenannten Brechiten gewesen seyn, die Herr Guettard in seinen *Memoires* Tab. VII. f. 1. 2 3. 5. 6 so vorgestellet, als ob sie zwar oben, aber nicht an der Seite kurze Röhrchen hätten. In diesem Fall wäre von der Leersischen ungekrönten Gieskanne wohl eine nähere Beschreibung zu wünschen gewesen.

Zu den Theilen dieses röhrichten Wurmgehäuses, deren Absicht und Bestimmung sich am wenigsten errathen läßt, so lange man keine Gelegenheit findet, die Beschaffenheit und Oekonomie des lebenden Bewohners zu beobachten, gehören vornämlich

1) die

1) Die beyden Erhabenheiten unter dem Kragen, (S. 349. n. 5) und

2) Die kleine Ritze mitten auf dem Wirbel des mit Röhrchen besetzten Giesblattes, Fig. 1. lit. f. welche sich auf allen Schalen dieser Art befindet und ohnstreitig zu einigen anstößigen Benennungen dieser Wurmröhre Gelegenheit gegeben. Sie ist von der Art, als ob sie mit einer Messerspitze von außen in die Schale eingestochen wäre und hat auf der andern Seite Fig. 5. lit. e. gerade das Ansehen, als die inwendige Seite der länglichen Oefnung einer blechernen Sparbüchse. Von dieser Fißur ist wenigstens zu vermuthen, sie müße zu irgend einer Excretion, oder zu der Zeit, wenn der Wurm alle Röhren des Kopfplattes eben mit seinen Cirrhis ausgefüllet hat, zum Eindringen der Nahrung und subtiler Feuchtigkeiten bestimmet seyn. Von den Erhabenheiten aber unter dem Kragen läßt sich auch nicht einmal eine Muthmasung wagen, ob sie gleich zu den beständigen Theilen der Schale gehören.

Außer den angezeigten gewöhnlichen Merkwürdigkeiten dieser schalichten Röhren fand ich beym Da Rosta *) ein sonderbar gebildetes Stük von einer Gieskanne

*) In seiner angefangenen, aber nicht fortgesetzten prächtigen *Conchology* or Natural history of Shells. Lond. 1772. Fol. Tab. XII. f. 13.

kanne, das mir auf zweyerley Art merkwürdig vorkam. Erstlich ist es am untern Theile nicht, wie andere Gieskannen, schmaler und enger, als in seiner Mitte, sondern vielmehr weiter und gleichsam aus fünf schalichten Einschiebseln gebildet, welche diesem Wurmgehäuse von unten die Figur einer umgekehrten gefüllten Blüthe vom Stechapfel (Stramoneum) geben. Zweytens war der Kragen ganz verschoben und zum Theil unter vest anliegenden fremden Schalentrümmern verborgen. Die Mißbildung des untern Endes läßt beynahe muthmasen, daß der Bewohner, wenn sein Gehäuse durch irgend eine Gewalt loßgestoßen oder von dem Orte seines bleibenden Aufenthaltes vertrieben wird, seine Röhre von unten durch neuen Ansatz müße verlängern, und sich durch einen solchen weichen und klebrigen Ansatz anderwärts gleichsam anleimen können. Die Figur der untern Oefnung mag zum Theil von der Figur des Körpers abhängen, woran er sein weiches Schalengehäuse bevestiget. Ereignet sich dieses öfters, wie sich das gar wohl als möglich denken läßt; so entstehen hieraus endlich Röhren mit solchen vervielfältigten, ungewöhnlichen Ansätzen. Freylich nur Muthmasungen! Vielleicht aber dienen sie dazu, reisende Gelehrten auf dergleichen Umstände aufmerksamer zu machen und endlich richtigere Begriffe von diesen allerdings merkwürdigen Röhren und ihrem Bewohner zu erhalten.

Bis iezt war mir noch nie ein so entstelltes Stük zu Gesicht gekommen. Ich besahe daher diese Figur, als eine Merkwürdigkeit ohne Beschreibung, bewunderte die mannigfaltigen Abweichungen der Natur und legte das Buch mit einiger Unzufriedenheit bey Seite. Nach einiger Zeit erhielt ich, durch die Freygebigkeit meiner Dänischen Freunde, des Herrn Garnisonpre=diger Chemnitz und Herrn Kunstverwalter Spenglers, die vortheilhafteste Gelegenheit, mehr Betrachtungen über die Originale seltsamer und verunstallteter Gieskannen anzustellen.

Ich besitze, außer einigen Regelmäßig gebildeten Gieskannen, auch noch vier andere Stükke, die so stark gedrükt und verschoben, in deren Substanz auch fremde Schalen und andere Quisquilien so tief eingedrükt und mit ihnen dermassen verwachsen sind, daß keiner von den vorherbeschriebenen wesentlichen Theilen seine gewöhnliche Form und sein ordentliches Ansehen behalten.

Tab. XI. Fig. 1. von 3 Zoll ist hauptsächlich durch seine Wurmförmige Verbiegung, durch die daher bey a. b. c. entstandne Falten und durch eine Menge blaulicher Fragmente d d d von Schalen merkwürdig, die alle vest in die Substanz der Schale, wie in einen Teig, eingedrükket sind, auch oben einen Theil des Kragens, durch ihren Anwachs e. e, vertilget haben.

Fig. 2.

Fig. 2. von $2\frac{1}{4}$ Zoll, ist beym Kragen an drey Stellen mit Muschel- und Meerigelschalen so bewachsen, daß der sonst fast horizontale Kragen an diesen Stellen a. a. a. ganz verschobne Richtungen bekommen, und beym Original noch deutlich unter den fremden Schalen zu sehen, an den andern Stellen aber b. b, noch in seiner völligen Ordnung ist.

Bey Fig. 3. von $3\frac{1}{2}$ Zoll, ist an der einen Seite der Kragen unter einer fremden Schale ganz niederwärts a., an der andern hingegen, bey b, durch ein Fragment einer andern Schale in die Höhe und völlig nach der gewölbten Platte übergedrükt; die Schalen selbst aber sind gänzlich mit der Substanz der Kopfplatte verwachsen. Am übrigen Theil der ganzen Röhre befindet sich alles im natürlichsten Zustande.

Fig. 4. von $2\frac{3}{4}$ Zoll ist oben an beyden Seiten A. B so platt gedrükt, daß an der einen der sonst horizontale Kragen mit der gedrükten Röhre bey B in gerader Linie in die Höhe stehet und ein gequetschtes Ansehen hat. Auf der gegen überstehenden Seite bey A, ist der Kopf, der hier überhaupt ein gedrüktes längliches Oval ausmachet, von einem $\frac{3}{4}$ Zolle langen sonderbaren Eindruk ganz entstellet. Er scheint von einem Fragment einer gegitterten Muschelschale herzurühren und hat an dieser Stelle sogar alle Spuren des Kragens vertilget.

No. 5. Ein fünftes Stük, das ich nachher bekommen, $2\frac{1}{2}$ Zoll lang, ist mit einem kleinen Pekten oder einer dicht aufliegenden Kammmuschel auf seinem ganzen Kopf, wie mit einer Müße so vollkommen gedekket, daß der darunter verborgne, unversehrte Kragen sich völlig nach der Figur der innern Höhlung der aufliegenden Muschel bequemet hat.

II.

Der seltsamen, aus dem Da Kosta vorher S. 352. angeführten Figur einer Gieskanne habe ich noch ein sehr merkwürdiges Wurmgehäuse Tab. XII. f. i. an die Seite zusetzen, daß ich vor kurzem, durch Beyhülfe des Hrn. Faktor Danzaus Rudolstadt, ganz zufällig entdekte. Ich hatte nämlich in einer Auktion eine artige Gruppe von einem Ostindischen Seetophus erstanden, welcher durchaus mit vermischten Seeprodukten erfüllet und an seinen äußern Flächen besetzet war. In der tiefsten Kluft saß 1) ein schöner Spitzen- oder Kantenkorall, den man auch Neptunus Manschette zu nennen pflegt *). Um ihn herum war beynahe die ganze Wand der grossen

*) Millepora cellulosa *Linn.* S. N. XII. p. 1284. n. 49. Millepora Retepora *Pall.* Elench. p. 243. n. 148. Franz. *Manchette de Neptune. Tourn.* Inst. p. 576. Engl. *Liverwort agaric Coralline.* Holl. *Kant koraal.* Pontopp. Norrw. I. p. 283. n. 9. Tab. XIV. fig. f. Müllers Linn. Natursf. VII. 2. p. 720. T. XXIV. f. 5.

sen Kluft 2) mit einer saubern Hautrinde*) überzogen, an welcher die verlängerten, dichte neben einander stehende Zellen ein reitzendes Ansehen hatten. Die ganze überhängende Dekke dieser Kluft war 3) durch ein langes Hünerdarmförmiges Wurmgehäuse **) das mit seinen Krümmungen in der Länge 7 Zoll, im Durchmesser wohl 5 Linien beträgt, gleichsam gestützet. Ueber diesem steht vorn 4) der Stamm eines unkenntlichen Horngewächses, (Gorgonia) und hinter diesem an der abhängenden Seite 5) ein kleiner Kohlstrauch oder Seerose***). Die gröste Zierde dieser Gruppe hat man ohnstreitig in einem an der Seite, unter der überhängenden Dekke sitzenden Wurmgehäuse zu suchen, wovon ich hier die Abbildung Tab. XII. Fig. 1. und, weil ich noch im keinem Schriftsteller, auch im Da Kosta keine Nachrichten davon gefunden, die ausführliche Beschreibung liefere.

Z 3 Diese

*) Flustra membranacea, *Linn.* l. c. p. 1301. n. 5, Müll. l. c. p. 812. n. 5.

**) Tubulus testaceus solitarius angvinus, intestinorum in modum plicatus et undulatus. *Viscera gallinacea. Boyaux de Poule. Hoenderdarm.* S. mein system. Konchylienk. 1 B. p. 53. Tab. II. f. 16. *Klein* de Tub. Gen. V. sp. 2. p. 3. Lesser. §. 40. lit. 5. p. 143. *Knorr* I. T. 29. §. 5. p. 38.

***) Madrepora fastigiata *Linn.* l. c. p. 1280. n. 34. *Pall.* Zooph. p. 301. n. 175. Sebae Mus. III. T. 110. f. 3. Müller. l. c. p. 700. n. 34. Kohlstrunk, Koolstruik.

Diese, meines Erachtens ganz neue, seltne Wurmröhre gehört unter die Posthornförmige Wurmgehäuse, dergleichen ich in meinem Konchylienkabinet 1 B. S. 56. 2c. Tab. III. f. 20. verschiedene beygebracht. Es ist in drey sichtbaren Krümmungen ziemlich Regelmäsig so zusammengerollet, daß die folgende Windung immer enger wird, als die vorige. Das Ende verliert sich in dem Tophus, worauf es vest anliegt. Die erste Windung hat ohngefähr $\frac{3}{4}$, die andere $\frac{1}{2}$, die dritte $\frac{1}{4}$ Zoll, die Röhre selbst nicht viel über eine Linie im Durchmesser. Es ist weiß von Farbe und etwas quer gestreift auf seiner Fläche, welches man aber, wegen der noch aufsitzenden Kalkartigen Materie nicht allzu deutlich und nur an einzelnen Stellen bemerket. Bis hieher findet sich nichts Außerordentliches an diesem schalichten Gehäuse. Das einzige Merkwürdige und Neue daran besteht in 5 Trichterförmigen Einsätzen a a a a a, welche die erste Hauptkrümmung ausmachen, und wovon an der folgenden keine weitere Spur wahrzunehmen. Der äußere scharfe Rand jedes Einsatzes ist, wie der untere Theil eines Waldhorns, weit nach außen umgebogen und in eine solche Mündung immer wieder ein ähnliches Horn eingeschoben. An andern Posthornförmigen Wurmröhren behält gemeiniglich die Röhre in ihrer ersten Krümmung eine gleich weite Höhlung; auch ihre Mündung ist von gleichem Durchmeßer, ohne sich durch einen Rand oder Saum auszuzeichnen. Hier läuft unmittelbar vom weiten Mundstük an, die Höhlung immer enger, also wirklich

lich Trichterförmig zusammen und wird ganz enge an der Mündung des folgenden Trichters; daher ich in meinem Verzeichniß diese Röhre den Wurmtrichter *) genennet habe.

Daß dieses unter den Posthornförmigen Wurmgehäusen eine besondre Art sey, schlüße ich aus der Beschaffenheit seiner weit ausgedehnten Mündung und hinter derselben enge zulaufenden Röhre. Aus der ununterbrochen fortlaufenden zwoten und dritten Krümmung deßelben scheint aber nicht unwahrscheinlich zu folgen, daß alle von der Abtheilung lit b folgende Trichterförmige Einsätze a a a a a der ersten Krümmung eben so viel neue Verlängerungen der Schale sind, welche der Bewohner, seinen Bedürfnißen gemäß, in abwechselnden Zeiträumen anbauen müssen. *)

*) *Serpula Infundibulum.* Tubulus vermicularis testaceus, in formâ infundibulorum triplici gyro convolutus. Holl. *Trechter - agtige Wormkoker.* Fr. Vermisseaux, en forme d'entonnoir, contournés en spirale.

**) Durch Vorzeigung dieses artigen Wurmgehäuses hatte ich einige sammlende Liebhaber auf diese Seltenheit aufmerksam gemacht, und vor kurzem zeigte mir der Herr D. Bloch ein Wurmgehäuse von ziemlich ähnlicher Bauart, welches er in einem Konvolut von Wurmgehäusen an einer Gorgonia verrucosâ gefunden. Die neuen Ansätze

Bey lit. c c sind einige Spuren der auf der Gruppe vest anliegenden Hautrinde (S. 357.) zu sehen.

III.

Außer den oben beschriebnen fällt mir jetzt noch ein merkwürdiges Schalengehäuse, aus der Familie der flachen Kräuselschneken in die Hände, in deßen Substanz weit mehrere fremde Körper, als in jenen Gießkannen, sich vest eingedrükket haben. Meines Wissens ist es noch nirgends abgebildet, im Davilaischen Cat. system. aber S. 124 mit angezeiget worden. Da ich es ohnlängst aus Dännemark von unserm theuren Spengler bekommen; so will ich hier kürzlich das Nöthigste davon anführen.

In Amerika fällt nämlich eine Art konischer, etwas flacher Kräusel, die offenbar zur Gattung der vom Rumph *) beschriebenen Sonnenhörner oder großen Sporen gehören. Weil er an seiner Schale beständig fremde Körper kleben hat und gleichsam zur Schau anbiethet,

Ansätze waren deutlich daran zu sehen, die weiten scharfen Ränder aber der vormaligen Mündungen gröstentheils verlohren gegangen.

*) Tab XX. f. k. Trochus depressus margine radiato. *Caput Ap linis*. L'Eperon *L'Argenv*. Pl. 8. lit. H Holl. *Zonne-hoorn*, *groote Spoor* Engl *Spiked Short Whirle*. Grew. Trochus Solaris *Linn*. XII. p. 1229. n. 593. *The Great Spur*. Huddesf. ad List. Müll. l. c. VI. 532.

biethet, hat man diese Schale in Frankreich La *Fripiere*, die Trödlerin, in Amerika, wegen der vielerley ansitzenden Muschelschalen, die Konchyliologie, genennet. Mein Exemplar Tab. XII. Fig. 2 und 3 ist $1\frac{1}{8}$ Zoll breit, 1 Zoll hoch, am vertieften Boden Fig. 3. lit a mit Zirkeln und Schlangenlinien, die sich einander durchkreutzen, artig bezeichnet, am Rande, nach Art aller Sonnenhörner, ausgezakt, b b, genabelt, c; an der äußern Fläche der Windungen aber so hökkerig und uneben, S. Fig 2. d d d d. als ob man mit dem Hammer Stükken davon abgeschlagen hätte. Alle Vertiefungen dieser hökkerigen Fläche Fig. 2. findet man, wie es bey diesen Amerikanischen Trödlerinnen gewöhnlich ist, mit einer Menge verschiedener Seekiesel, Muschelschalen, Tubiporen, kleiner dreyekkiger Wurmgehäuse (Serpula triquetra *Linn.*) u. s. w. ausgefüllt, und also gleichsam einen ganzen Jahrmarkt von Merkwürdigkeiten der See zur Schau ausgestellet.

In so fern diese Schalen sich nur in einzelnen Gegenden des Amerikanischen Meeres antreffen laßen, auch vielleicht, wegen ihres unförmlichen Ansehens, von den Landeseinwohnern so wenig, als von Reisenden, des Aufhebens werth geachtet werden; gehören sie bis ietzo noch unter die zwar unansehnlichen, aber merkwürdige Seltenheiten eines Kabinettes.

Durch die Güte des Herrn Prof. Allion aus Turin erhielt ich unter dem Namen: *Trochus* dictus la *Fripiere*, ex Vinchio, ein vollkommen gegrabnes Stük dieser Art, 1 Zoll breit, ¾ Zoll hoch, an welchem zwar alle Trödlerwaaren abgerieben, die tiefen Eindrükke aber, worinn sie gesessen hatten, deutlich und häufig zu sehen waren.

IV.

Meiner Ueberschrift gemäß, rede ich hier von Konchylien aus allerley Familien. Also auch von einer einzelnen flachen Schale, welcher ich nirgends eine Stelle, als unter den Napfschnekken oder Patellen mit einem durchbohrten Wirbel, anzuweisen vermögend bin. In meinem Verzeichniß habe ich sie den plattgedrükten Daumennagel *) genennet, weil ich in keinem Schriftsteller etwas von ihr finden können. (S. Tab. XII. Fig. 4. 5.) Da ich zufälliger Weise mehr dergleichen, eben so flache Schalen von gleicher Bauart, als meine beyden, gesehen; so bin ich ungewiß, was ich von ihrer beynahe platten Form für ein Urtheil fällen soll? Gewöhnlicher maßen haben die Napfschnekken überhaupt und die mit ofnem Wirbel ins besondre,

*) *Patella Unguis.* vel Patella perforata alba, clathrata in *unguis humanae* formam compressa. Mauritaniae incola. Franz. Lepas blanc reticulè, applati en forme *d'ongle.* Het *Vingernageltje.*

sondre, eine hohle, bald konische, bald Eyförmige Figur. Die Felsen und andere veste Körper, woran sich das Thier mit seinem klebrichen Fuße so vest ansetzet, daß man es, ohne Gefahr großer Beschädigung, kaum davon losreißen kann, dienen demselben zu einer zwoten Schale. Sein eignes schalichtes Haus dekket seinen ganzen Leib und alle Theile deßelben von oben; es muß daher allemal im natürlichen Zustand eine Vertiefung von einer Verhältmäßigen Größe mit dem Leibe des Bewohners haben; dieses Verhältniß scheinet aber hier gänzlich zu fehlen.

Meine beyde so genannte Daumennägel sind $\frac{7}{8}$ Zoll lang, $\frac{3}{4}$ Zoll breit, von beynahe runder Form und schmutzig weißer Farbe; auf der Oberfläche stark geribbt, S. Fig. 5. auf dem flachen Wirbel, um welchen die Streifen zart anfangen uud gegen den fein gekerbten Rand immer stärker werden, vorwärts mit einer länglicht schmalen Oefnung durchbohret, von innen glatt mit einem sauber gekerbten Saume, Fig. 4. vorn glatt abgestumpft Fig. 4. 5. a. a., übrigens aber so wenig konvex, als der Nagel eines menschlichen Daumens. In den meisten Stükken gleichen sie den gegitterten Patellen mit ofnem Wirbel *); nur durch die fast platte Figur sind sie von allen übrigen unterschieden.

*) S. Mein system. Konchylienk. I. B. S. 138. &c. Tom. XII. f. 102 — 105.

schieden. Der Bewohner muß also bey diesen Schalen sehr klein und von ihnen, wie mit einem Schilde, nur schwach bedekt gewesen seyn; denn ihr Wirbel steht kaum eine Linie über der horinzontalen Fläche, worauf man diese Schalen leget. Ihr eigentliches Vaterland kann ich nicht bestimmen, ich habe sie aber mit andern Chinesischen Produkten von einem Naturralienhändler bekommen. *)

Aus den im I und im IIIten Artikel angeführten Schalengehäusen läßt sich, wie mich dünkt, eine Folgerung ziehen, an deren Zuverläßigkeit vielleicht Niemand unter den Konchyliologen zweifelt, die aber doch noch keiner durch so einleuchtende Beyspiele scheint erwiesen zu haben. Man weis, daß alle dünne Schalen, wenn sie außer der See, und ihres Bewohners beraubt sind, eine spröde, zerbrechliche Substanz haben, und sich so wenig drükken oder biegen laßen, ohne zu zersplittern, als auf ihrer Oberfläche tiefe Eindrükke von fremden harten Körpern annehmen. Wenn wir die mit ihrer Substanz vereinigte und in derselben tief eingedrükte Muschelschalen betrachten; wenn wir einen

*) Es war der durch den unglüklichen Umsturz eines Gebäudes elend ums Leben gekommene Waid, bey welchem ich damals vier einander vollkommen ähnliche Stükke gesehen, die es mir bedenklich machten, bey ihrer seltsamen Form, einen zufälligen Druk oder eine Quetschung anzunehmen.

nen bedachtsamen Blik auf die Amerikanische Trödlerinn und auf den kleinen Jahrmarkt fremder Sachen werfen, die so vest in ihrer Substanz eingedrükket sind: läßt sich dann wohl etwas Natürlichers denken, als daß die Schalengehäuse, so lange sich der Bewohner mit ihnen vereinigt in der See befindet, nicht so spröde, als außer der See, daß die dünnen und zartern gewißer maßen biegsam, nachgebend, und, wie die dikschaligern, fähig sind, Ab- und Eindrükke fremder Körper anzunehmen? Wie könnten sich, ohne diese Voraussetzung, die horizontale Kragen der Gießkanne an der einen Stelle Tab. XI. Fig. 4. b. so gerade aufwärts, an der andern, Fig. 3. a senkrecht niederwärts biegen lassen, ohne zu zerbrechen? Wie könnten sich fremde Körper so tief in die Substanz gewißer Gieskannen und Kräuselschnekken eindrükken, wenn die Schalen zu gewißen Zeiten und unter gewißen Umständen nicht von einer biegsamen, gleichsam Wachsartigen Substanz wären und sich erst in der freyen Luft, gleich den Korallen und dem Börnstein zu mehrerer Sprödigkeit verhärteten?

Wenn wir mit dem Herrn Hofrath Walch in den Konchylienschalen ein ordentliches Vaskularsystem *) und einen Regelmäsigen Umlauf der Säfte annehmen, wie meines Erachtens ganz natürlich ist; wenn wir dabey

*) S. den 1ten Band unsrer Beschäftigungen p. 240.

dabey die erweichende, schleimige Beschaffenheit solcher in den Schalenthieren und ihren Gehäusen zirkulirenden Säfte in Erwägung ziehen; so läßt sich daraus ein gewißer Grad von Weichheit und Geschmeidigkeit an den Schalen sehr wohl als möglich denken. Sie scheint auch desto nothwendiger zu seyn, je leichter und öfter sonst seine zarte, dünne Wohnung mancher Schalenthiere durch den geringsten Stoß zerschellet werden müßte. Würden wir, ohne diese nachgebende Geschmeidigkeit wohl je einen unversehrten Papiernautilus, oder Fehlerfreye Blasenschnekken oder andere zarte Gehäuse zu erlangen hoffen dürfen? und würden die armen Bewohner nicht ihr ganzes Leben und alle vorräthige Säfte zu den unaufhörlichen Ausbeßerungen ihrer Wohnungen verwenden müssen?

Das mit gutem Grund angenommene Vaskularsystem kann uns also die nöthigen, außerdem fast unbegreiflichen Erweiterungen und Ausdehnungen mancher Schalengehäuse, die man von den gewöhnlichen Ansätzen oder Vergrößerungen der Schnekken an ihren Mündungen, der Muscheln, an den Rändern beyder Flügel, unterscheiden muß, deutlich erklären; es kann uns aber auch zugleich auf die Gründe führen, wodurch wir uns die mannigfaltige Verschiebungen und Eindrükke von fremden Körpern an den angeführten so wohl, als an vielen andern Schalengehäusen begreiflich machen können.

Unter

Unter eine Menge schön geflekter Bellhörner oder Weinfäßer, *) besitze ich ein Stük, das, ohne weitere Verletzung der Schale, so wohl an der untern Seite, welche man den Bauch nennet, als an der äußern Lefze, ganz einen ungewöhnlichen Eindruk der Schale hat, welcher dem sonst rund gewölbten Bauch ein plattes, der sonst runden Mündung aber ein länglichtes, gedrüktes Ansehen ertheilet. Was giebt es nicht im Reiche der Versteinerungen für eine Menge ganz aus der Form gebrachter, verschobener Schnekken- und Muschelschalen? **) und wie oft finden sich zum B. in alten Bootshaken oder Teufelsklauen, Posthornförmige Wurmgehäuse, die wohl 1½ Linie tief in die Substanz der Schale eingedrungen waren? Liesen sich alle diese wirkliche Vorfälle wohl natürlich erklären, wenn wir uns die Schalen beständig so hart, so zerbrechlich und spröde denken wollten, als wir in unsern Kabinettern sie aufbehalten? Ich stelle mir daher vor, daß alle Schnekken- und Muschelschalen, so lange die klebrichen Säfte des Bewohners noch in dem Vaskularsystem derselben eindringen und in selbigem zirkuliren können, sich in Verhältnißmäßigen Graden der Geschmeidigkeit erhalten, so bald aber

*) *Rumph.* T. 27. A. geplekte Belhorn. *Gualt.* T. 39. fig. E *Argenv.* Pl. 17 c. Tonne à cordelettes. *Petiv.* Amb. T. XII. f. 5 Great spad rib'd Padritge. *Knorr.* III. T. VIII. f. 4. geflekte Schellenschnekke. Bucc. Dolium L.

**) S. Herrn Profeß. Ferbers Briefe aus Welschland, p. 303. n. 4.

aber in ihnen alle Säfte vertroknen oder ganz außer Bewegung gesetzt werden, zu dem Grade der Sprödigkeit und Härte gelangen, den wir an ihnen in unsern Kabinettern kennen lernen.

Ich bin gar nicht in Abrede, daß eine große Menge von Unförmlichkeiten in den Schalengehäusen daher entstehe, wenn der Bewohner im neuen Anbau der Schale, von außen zufällige Hinderniße findet, seine Kunst gehörig anzubringen. Es werden davon in meiner Sammlung viel merkwürdige Beyspiele aufbewahret. Allein dergleichen Entstellungen haben, wie mich dünkt, mit denjenigen gar nichts gemein, von denen hier geredet worden.

So sehr ich indeßen, durch eine zahlreiche Menge sehr einleuchtender Beyspiele von der grösten Wahrscheinlichkeit meiner Muthmasung überzeuget bin; so gern werde ich diese Meynung demjenigen aufopfern, der mich durch überzeugende Gründe vom Gegentheil überführet oder dergleichen Erscheinungen aus andern Gründen richtig erkläret.

V.

Da ich diese Rhapsodien eben zu schlüßen gedachte, kamen mir unverhoft noch einige schalichte Merkwürdigkeiten vor, die mir einer nähern Beschreibung würdig

dig zu seyn schienen. Die erste ist eine dreyschalichte Pholade, deren Abbildung und Beschreibung ich in allen meinen zur Konchyliologie gehörigen Werken mühsam, aber Fruchtloß gesuchet habe. Ich erhielt im vorigen Jahr von meinem edelmüthigen Spengler eine große Ostindische, durchgängig sehr durchlöcherte Madrepore mit einer aufsitzenden schönen Hornkoralle. Die häufige darinn befindliche Löcher, in denen ich hin und wieder Trümmern von Schalengehäusen wahrnahm, machten mich aufmerksam. Ich zeigte das an sich prächtige Stük dem Herrn Faktor Danz, als er mich eben besuchte. Nach einer kurzen bewundernden Betrachtung der schönen Madrepore bath er mich, einen Theil derselben unserm gemeinschaftlichen Vergnügen aufzuopfern, er stehe mir für alle besorgliche Reue. Ich that es. Wir fiengen an, mit gröster Behutsamkeit Stükken, die am stärksten durchlöchert waren, abzukneipen. Wie groß war unser Vergnügen, als wir sahen, daß alle Oefnungen mit zwey und mehrschaligen Pholaden, seltnen kleinen Wurmgehäusen u. s. w. ausgefüllet waren! Der angenehmste Lohn unserer Bemühung und meiner Aufopferung eines großen Theils der Madrepore war die auf Tab. XII. Fig. 6. abgebildete Pholade. Sie bestehet aus drey Stükken, Fig. 7. 8. und 9, welche zusammen eine Pyramide oder einen oberwärts flach und schmal zulaufenden Kegel bilden. An der ganzen Pholade habe ich, um in der Beschreibung deutlich, aber doch kurz seyn zu können, den obern stark gewölbten Theil Fig. 6. a a. den Kopf, den vordern ibid. b b. die Brust, den untern spitzigern ibid. c. c. c. den Schwanz, die Mitte der beyden Seitentheile ibid. d. d. den Leib genennet. Die beyden Theile, welche den Kopf und die Brust ausmachen, sind im Verhältniß des übrigen Theiles der Schale so stark gewölbet, daß man diesen Theil bis an den Querstrich e e mit einer halben Kugel vergleichen könnte; da hingegen der übrige Theil von e e bis c einem flachgedrükten Dreyek gleichet. Der Kopf ist mit einer beynahe runden, etwas rauhen Kappe Fig. 6 a a. f., wie mit einer Müze bedekket, welche beyde Schalen vest mit einander verbindet. Die Brust stehet vorn von b b bis an den Querstreif e wohl anderthalb Linien weit offen, und ist an ihr besonders ein glatter Ansaz b b. g. zu beyden Seiten merkwürdig. Beym ersten Ansehen sollte man vermuthen, daß diese Ansätze, da sie nicht, wie der übrige Seitentheil der Schale, gestreift sind, als besondere Stükke des Ganzen gezählet werden, und folglich diese Pholaden aus fünf Schalen zusammengesetzt seyn müßten: allein so wohl die Stelle, wo sie ansitzen, als die Bemerkung, daß am Innern der Schale keine Spur der Abtheilung dieses Ansatzes zu finden, widerlegen sogleich diese Vermuthung. Der Seitentheil zwischen Kopf und Brust oder zwischen a. a. b b. g ist schräg und sauber der Länge nach gestreift und es entstehet hier durch Regelmäßige Querstriche zugleich ein äußerst feines Gitter. Der Theil vom Querstreif e e bis h h, den ich den Leib genennet, hat ebenfalls schräge, der Länge nach laufende Streifen, aber

nach

nach einer entgegengesetzten Richtung und ohne Querstriche. Der Schwanz c c c ist, wie die Brust b b g, vollkommen glatt, und vom Leibe durch einen tiefen, fast halb Mondsförmigen Eindruk in der Gegend h h abgesondert. Die Länge der ganzen Schale beträgt einen, die Höhe oder Dikke des obern gewölbten Theils etwas über $\frac{1}{2}$ Zoll. Die Schalen sind, wie bey den meisten vielschalichten Pholaden, weiß, die Kopfplatte schmuzziger, als die beyden Flügel.

Von innen erscheinen diese Schalen ganz glatt (Fig. 8) und werden, jede durch einen breiten, halb nach innen, halb nach außen gebogenen, platten Zahn Fig. 8. k mit einander verbunden. Hinter diesem Zahn ist auswärts eine kleine glänzend glatte Fläche (Fig. 7. a) wahrzunehmen, über welche die stark eingetiefte Kappe oder Mütze (Fig. 6. a a f. und Fig. 9) sich anlegt und mit einem Häkchen, das einem Dreyek ohne Boden gleichet, Fig. 9. l, sich zwischen beyden Schalen gleichsam einklammert, oder die beyden auswärts stehenden Hälften der breiten Zähne einnimmt, und so die stärkere Bevestigung der beyden Flügel befördert. Die innere Höhlung dieser Kappe zeigt verschiedne Eindrükke von den Erhabenheiten und Gitterförmigen Streifen der äußern Fläche des Kopfes, zum Beweis, wie vest sie auf selbigem anliege.

 Man

Man hat also an dieser Pholade drey Haupttheile 1) die Kappe Figur 6 a a f. und Fig 9 und 2) beyde Flügel, an letztern aber besonders den gegitterten Kopf unter der Kappe Fig. 7. b b. die glatte Bruststükken Fig. 6 b b. g, den gestreiften Leib vom Querstriche e e bis h h und den glatten Schwanz Fig 6. c c c, zu bemerken. — Da ich schon erinnert, in keinem Schriftsteller etwas von dieser überaus schönen Pholade gefunden zu haben, welche ich so wohl ihrer ganzen Form, als ihrer besondern Kappe wegen, die Helmpholade nenne; so muß ich noch eines Zweifels gedenken, deßen Auflösung ich wünsche. Browne hat in seiner Naturgeschichte von Jamaika S. 417. Tab. 40. f. 11 eine Pholade beschrieben und abgebildet, welche beym Archiater Pholas pusillus *), bey Herrn Müller **) die Zwergpholade heißet. Es wird von ihr gesaget, sie habe nur einfache Klappen auf dem Rükken und schien ein eignes Geschlecht auszumachen. Diese einfache Klappe könnte wohl die Kappe meiner Helmpholade seyn. Weil ich aber so wenig den Browne, als Sloane jemals habe zu sehen bekommen, und hier auch von Bogenweisen Streifen, die bey meiner nicht sind, geredet wird; so muß ich, bis zu näherer Aufklärung in dem Zweifel beharren: ob diese Zwergpholade

*) *Linn.* S. N. XII. p. 1111. n. 24.

**) Im Linneischen System der Natur, VI. Theil. pag. 214.

pholade wirklich die meinige sey oder eine nächst verwandte Gattung derselben?*)

Außer dieser seltnen Helmpholade zeigten sich in den Oefnungen der Madrepore noch eine Menge gemeiner zweyschalichter Steinscheiden (Mytulus lithophagus L.), unter andern aber auch ein Vorrath ganz kleiner, nicht gemeiner, wovon ich das gröste Stük Tab. XII. Fig. 10. abzeichnen laßen. Es besteht aus zwo länglichten sehr dünnen, weißen, kaum sichtbar gestreiften Schalen, die am Rükken von a — b zwar dichte zusammen treffen, aber nirgend die Spur eines Zahns oder einer andern, als häutigen Zusammenfügung zeigen. Vorn laßen beyde Schalen, vermittelst ihrer ausgebogenen Figur eine Herzförmige, oben sehr weite, unterwärts schmaler zulaufende Oefnung c d, um derentwillen ich ihr die Benennung des

 ofnen

*) An der Pholas testâ tenuissimá, striis minimis diversimodè signatâ, cancellatâ et fasciatâ albidâ *Gualt.* T. 105. fig F. finde ich eben die Größe, Form und Richtung der Streifen, eben den Bau, als an der meinigen. An der vordersten seiner vier davon ertheilten Figuren, ist so gar vorn das glatte Bruststük, aber keine Kappe, an der letzten auch der glatte Schwanz wahrzunehmen, und es scheint fast, als ob hier eine Kappe mit angedeutet sey, die aber, vielleicht aus versehen des Malers, nicht auf den Kopf, sondern über die glatte Brustſtükken gesetzet worden.

ofnen Herzens (unter den zweyschalichten Steinscheiden) gegeben. Ich weis mich nicht zu erinnern irgendwo eine Beschreibung dieser kleinen Ostindischen Steinscheide gelesen, am wenigsten eine Abbildung derselben gesehen zu haben. Die meisten übrigen dieser Art hatten kaum den vierten oder dritten Theil der Größe meiner abgebildeten Pholade. Sie gleichet in Ansehung ihrer Herzförmigen Oefnung noch am aller meisten dem länglichten Entenschnabel, welchen Rumph *) abgebildet hat und von welchem sein Kommentator, Herr D. Schynvoet, meines Erachtens ohne allen Grund behauptet, er sey bloß eine große Nebenart vom kleinen Entenschnabel *), da dieser in der Mitte bauchig, nur oben auseinander klaffend, auf der ganzen äußern Fläche aber so rauh, als eine Seehundhaut, überhaupt ganz anders gebildet, der länglichte Entenschnabel hingegen oben der Länge nach, unten in die Quere gestreift ist und vorn eine große, weite, Herzförmige Oefnung läßt, wodurch er allein mit der abgebildeten Muschel übereinkömmt.

Hier

*) *Rumph.* T. 45. fig. P Musculus arenarius *Petiv.* aquat. Amb. T. XVII. f. 12. *Pholas Muscle.* Cf. *Klein.* §. 413. e. Leßer §. 89. g. p. 437. *Davila* Cat. Syst. p. 377.

**) *Rumph.* Ibid. lit. O. Rostrum anatis *Petiv.* Aqu. Amb. T. XVII. Fig. 11. *Duck* Muscle. *Klein.* § 413. b. *Heb.* Mus. Richt. p. 287. Arg. Pl. 22. R? *Linn.* Solen anatinus Ed. XII. p. 1115. n. 40.

Hier will ich meinen Versuch konchyliologischer Rhapsodien abbrechen. Findet er bey Liebhabern der Konchylien einigen Beyfall, so ist in meinem Kabinet noch vielfältiger Stoff zu einigen Fortsetzungen für die künftigen Bände unserer Beschäftigungen vorhanden.

XIX.

Gedanken

über die

Verbeßerung der natürlichen Wiesen,

die durch verschiedene Gewächsarten geschehen kann; zum Nutzen der Landwirthschaft nach physikalisch-oekonomischen Erfahrungen und Gründen.

von

D. Joh. Gottl. Gleditsch.

Erste Abtheilung.

Jede Verbeßerung, welche in guter Absicht auf die Erhaltung der allgemeinen Bedürfnisse des Staats unternommen wird, ist zwar, wie viel andere gute Vorschläge und Anstalten, manchem Tadel unterworfen; wenn sie aber mit einer dazu erforderlichen gründlichen Anweisung und einer werkthätigen Entschloßenheit ausgeführet werden kann; so zeiget sie außer den besten Vorzügen, auch noch solche angenehme Aussichten, durch welche sie in den Folgen ihre re heimlichen und öffentlichen Verfolger beschämet und schweigend machet. Die Landwirthschaft mit ihren vornehmsten Zweigen, hat der Naturgeschichte, in Verbindung mit der Naturlehre und Chemie, seit dem Anfange des jezigen Jahrhunderts, ungemein wichtige Entdekkungen und Regelmäßige Begriffe zur Anwendung zu danken. Denn die Menge der neuern Beobachtungen, durch welche die leztere von Zeit zu Zeit einen so starken Zuwachs erhalten, hat zur Unterhaltung und Verbeßerung der erstern, solche Wahrheiten an den Tag gebracht, deren Nutzen und Vorzüge sich in vollem Lichte, so wohl über die Erzeugung und Vermehrung, als über die Zubereitung und Veredlung ihrer sämtlichen Produkte, bis zur Aufnahme des innländischen und fremden Handels selbst, verbreiten. Vermöge dieses angezündeten Lichtes, haben nunmehro Fleiß und Scharfsinn bey einer verbeßerten, vorher zu sehr vernachläßigten Erkenntniß derjenigen, und besonders innländischen Naturalien, auch vornämlich solcher viel gutes gestiftet, mit deren Vervielfältigung, Gewinnung und Vorbereitung die Landwirthschaft, der allgemeinen Bedürfniße halber, eigentlich zu thun hat, und hauptsächlich eine Menge schädlicher Vorurtheile überwinden helfen, auch wirklich überwunden. Dergleichen Vorurtheile waren es eben, die ehedem so, wie es bey manchen Verfaßungen auch noch jetzo bisweilen geschehen kann, von einer großen Unwißenheit, einem Eigensinn oder auch Stolz unterstützet, lauter Unordnung durch wichtige Folgen, vielen

Zeitverlust und Schaden anrichteten. Konnt es aber dabey wohl beßer ergehen, so lange der Name der beyden verehrungswürdigsten Grundwißenschaften, der Naturlehre und Naturgeschichte, und deren Anwendung bey den Geschäften der Land- und Stadtwirthschaft so verhaßt war? so lange man noch fragte, was will der Naturforscher mit seinen Neuigkeiten unter den Landwirthschaftsverständigen, welche doch keinen Beruf haben, sich mit ihm in Neuigkeiten, noch weniger aber auf Untersuchung der Gründe und Beweise desjenigen einzulaßen, was sie thun, zeither gethan und noch zu thun willens sind? und so lange die aus Landwirthschaftlichen Erfahrungen gezogene Grundregeln unter dem Namen der Theorie oder Grundlehre so verächtlich angesehen und für Spielwerke müßiger Leute gehalten wurden? Es sind freylich Neuigkeiten, in den Augen solcher Leute, die das Alte noch nicht wißen, was sie längst hätten wißen sollten! Vielleicht aber geschiehet dieses öfters aus solchen Gründen einer innern Wirthschaft, deren wiederholte Untersuchung uns nunmehro Ekel und Verdruß machen würde, da ihrer ohnehin schon zu viele bekannt worden sind. Anweisungen aber von der Naturlehre, Naturgeschichte oder Chemie zu erwarten, um in der Land- oder Haußwirthschaft ohne Kenntniß, Fleiß und Nachsinnen solche Sprünge zu thun, oder gar einleuchtende Wunder nach welchen man etwa hinter dem Rükken des Staats, an allen Orten für sich allein erndten könnte, wo man doch weder Geschikke, noch Lust gehabt, vorher zu säen,

das

das ist vergebens! solten sie auch nur bloß deshalb für unnütz und überflüßig gehalten werden.

Die nunmehrige vortrefliche Lage der guten Sache, als ein sicherer Erweiß unseres in neuren Zeiten bey der Land- und Hauswirthschaft in vielen Stükken gar sehr verbeßerten Zustandes, nach seinen Anstalten, mögte sie doch alle diejenigen Verwegnen, und gegen die wahren Vortheile des Staats noch immer heimlich so übel Denkenden recht Schamroth machen, die den Nutzen und Anwendung der Naturlehre und Naturgeschichte bey den verschiedenen Einrichtungen der Land- und Hauswirthschaft, mit allem Fleiße verkennen, so, wie sie aus Mangel eines guten Herzens, mit allen übrigen Wißenschaften thun, und die deßwegen durchaus nicht wißen wollen, daß unter andern die Naturgeschichte mancherley nützliche Landesprodukte entdekke, die Eigenschaften der entdekten, durch Beyhülfe anderer Wißenschaften, richtig zu bestimmen suche, ihre Kenntniß im Lande gemeinnützig unterhalte und weiter ausbreite, die dabey hin und wieder leicht zu begehende Fehler ausfinde und vermeiden lerne, auch aus allen zusammen genommenen Vortheilen, Schaden und betrügliche Umstände bekannter mache! Die Naturforscher haben indeßen weder Ursach, über alles dieses ferner unruhig zu seyn, oder sich ihrer Versuche und Entdekkungen zu schämen, noch sich auf das neue durch Beweise oder Gegenbeweise zu erniedrigen, je weniger sie sich einfallen laßen werden, durch ihre mühsame

same Arbeiten und gute Absichten andern zu nahe zu treten.

Ueberzeiget also von den Pflichten gegen das Vaterland und deßen mächtigen Beschützer, wie auch von beträchtlichen Vortheilen, die sich aus einer gründlichen Erkenntniß und Regelmäsigen Anwendung der Wahrheiten aus der Naturgeschichte, auf alle Haupt- und Nebentheile der Land- und Stadtwirthschaft gar leicht erstrekken, habe ich mir zum Vorwurfe gemacht, einige eben so angenehme, als nützliche Theile dieser Wissenschaft, nach der Gelegenheit, in der ich mich befinde, aus allen Kräften, auch dergestalt zu bearbeiten, daß ich nicht fürchten darf, bey meinen guten Absichten, des vornehmsten Endzwekkes irgendwo verfehlet zu haben. Dieser Endzwek ist eine sichere Entdekkung, richtige Bestimmung und Naturgemäse Anwendung vieler nützlichen und bisher bey der Land- oder Stadtwirthschaft noch ziemlich unbekannt gebliebenen, auch dahero ganz unbrauchbar geachteten Landesprodukte.

Meinem Vorsatz zufolge, trift nunmehro die Ordnung der Versuche den Entwurf zu einer richtigen physikalisch-ökonomischen Theorie oder Grundlehre der Wiesen, und zwar derjenigen Landwiesen und ihrer Abänderungen, die zwischen der Weichsel, Warthe, Oder, Spree, Havel und der Elbe liegen, und sich am Harze zwischen den Gebirgen endigen.

Diese

Diese Grundstükke habe ich insbesondere zu meinem Vorwurf gemacht, in so fern ich sie schon seit langen Jahren zu kennen Gelegenheit hatte. Zu Uebernehmung dieser Arbeit bin ich sehr oft und von vielen Kennern der Landwirthschaft aufgemuntert worden, und einige öffentliche Blätter haben mich eines so weitläuftigen und sehr unvollkommen bearbeiteten Feldes halber verschiedentlich und neuerlich erinnert. Doch wünschte ich in allen Fällen solche Mitarbeiter, deren Einsichten überall durch richtige Erfahrungen unterstützet werden.

An Schriftstellern, die von Wiesen, Wiesenbau, Nutzung und Futterung geschrieben haben, fehlet es nicht. Sie geben uns zum Theil recht gute und brauchbare Nachrichten von Sachen und Geschäften, die zu Erfüllung ihrer Absichten immer hinreichend seyn können, daß man ihnen denjenigen Beyfall, den sie wirklich verdienen, auch nicht entziehen kann. Allein an einem solchen Entwurfe, als ich in der Folge auszuführen gedenke, haben sie nicht gearbeitet. Denn es fehlen insgemein die zur praktischen und theoretischen Wiesenerkenntniß gehörige Grundsätze, die dazu aus der Naturlehre, der Naturgeschichte und Chemie hergenommen werden müßen, wovon die dahin gehörige Versuche, Erfahrungen und Erklärungen ein mehreres besagen.

Vor

Vor allen Dingen gehöret zur Grundlage eine recht gute botanisch-physikalische Kenntniß der Gräsereyen überhaupt, und derjenigen Gras- und Pflanzenarten insbesondere, welche ihren eigentlichen und natürlichen Stand auf den Wiesen haben, wie auch die Umstände ihrer Dauer und Blühezeit, als Stützen der praktischen Einsichten bey der Abnutzung und Anwendung. Solche Gewächse nun sind die wilden und einheimischen, die in gewißen Gegenden, in ihrer Vollkommenheit, bey der sie sich erhalten, von selbst hervorkommen, und dadurch anzeigen, daß alle dazu gehörige Umstände zugleich gegenwärtig sind. Vermöge dieser Erkenntniß werden wir in den Stand gesetzet, die wahren Wiesengewächse von andern weiter zu unterscheiden, und einzusehen, welche unter diesen wirklich und vorzüglich nützen oder schaden? oder auch welche als unkräftige in allerhand Zustande, blos die Menge des grünen Futters und des Heues vermehren helfen?

Denn obgleich gewiße Gras- und Kräuterarten ihren Stand auf den Wiesen nehmen und behalten; so ist doch der Schluß nicht immer richtig genug, daß alle oder jede natürlicher Weise, die darauf leben, auch vorzüglich mit der erforderlichen Güte, als nahrhafte und gesunde Wiesenplanzen, ausdauren müßten! Die Erfahrung bezeiget vielmehr, daß einige das Feld, die Höhen, Klippen und freye offene Gebirge lieben, dagegen andere die naßen oder gar die schlammigen Niederungen bewohnen, die den jährlichen Ueber

schwem-

schwemmungen an meisten ausgesetzet sind, oder auch nur den dunkeln Schatten in den feuchten Wäldern suchen, als außer welchen Standorten sie ihre natürliche Vollkommenheiten und Eigenschaften nicht haben. Manchen Arten des Grases, bey deren Dauer und Menge die Naturhaushaltung besondere Absichten haben kann, scheinet der Grund und die meiste Witterung sehr gleichgültig zu seyn, und der verschiedene trokne und steinige Sandboden hat vor andern seine besondre Arten. Gesetzt also, Wind und Waßer bringe die Samen ganz verschiedner Grase und Kräuter in einen von gedachten Arten des Bodens, so werden nur die besonders und natürlich auf Wiesen gehörige, daselbst am besten gedeyhen, andere viel weniger, und viele können mit den übrigen weder gleiche Eigenschaften, noch Dauer darinn erhalten.

Die Dauer und Vermehrungsart solcher Gewächse, auf guten und schlechten Wiesen, nebst dem übrigen Wachsthum, auch die Zeit der Blüte und der Reife des Samens, und die dabey häufig vorfallende Abänderungen und Verwandlungen muß man gleichfals und eben so wohl inne haben, als die Ursachen, die vor andern abwechselnd dazu Gelegenheit geben. Man wird hieraus auf ihre Eigenschaften und Güte so wohl, als auf deren Menge, wegen des davon zu gewinnenden grünen Futters und Heues, weit richtigere Schlüße und Folgen ziehen. Auch das Verhältniß der Menge, unserer eigentlich natürlich

nahr-

nahrhaften Gräser, oder auch der schlechtern, gegen die unter jene vermischte Kräuter und Staudengewächse, pflegen einen nie aus der Acht zu laßenden Punkt auszumachen: indem ihr Daseyn oder Mangel, in einem abwechselnden gleichen oder ungleichen Verhältniße gegen einander, nach der verschiedenen Art und Lage des Grundes, der Witterung, der Jahreszeit und den mancherley Zufällen, die davon abhangende wahre Güte, auch den Werth und Preiß aller Wiesen vielleicht am allerbesten zu bestimmen im Stande seyn würde, ob man gleich vor der Hand sich darum zu bekümmern noch gar nicht gewohnt ist.

Eine hohe und freye, die flache oder verdekte, die niedrige, naße, kalte, warme oder trokne Lage, machen jedes Ortes ihre besondre Ausnahmen bey oft gedachten Grundstükken, da sie auf deren Haupt- und Nebennutzungen nicht selten eine gewiße und besondre Beziehung haben; dabey denn die Arten der Gewächse, aus welchen die Gräsereyen hie und da bestehen, ihrer Eigenschaften halber, nebst einem gleichen und ungleichen Wuchse, eben die rechte Zeit der Gewinnung, die Nutzung und die deßwegen wohl in acht zunehmenden Unterhaltungsgeschäfte am besten bestimmen.

Niemand hat sich, meines wißens, über alle diese und mehrere hieher gehörige Umstände, auf eine recht brauchbare Art herausgelaßen, daß er jeden davon einzeln, wie sie es sämtlich verdienen, nach richti-

gen

gen Gründen, mit den dazu erforderlichen Vernunftmäßigen oder auch damit verbundenen praktischen Beweisen, ordentlich, deutlich und faßlich genug für Kenner und Landwirthe zu erklären unternommen.

Vielmehr finden sich die zusammen gehörigen Umstände getrennet, andere ganz gegen einander laufende hingegen verbunden, daß man dabey alle Ordnung vermißet: anstatt daß sonst viele, einzeln für sich betrachtet, wahr, gut und brauchbar seyn würden. Es giebt also hier noch manche und viele Lükken auszufüllen. Aufrichtige Mitarbeiter können vieles ergänzen, und vieles erleichtern.

Wenn man von Wiesen und Nutzung frischer oder trokner Futterung durch Gras und Heu, einen richtigen Begrif zu haben wünschet, auch deren Vorzüge und Fehler gehörig einzusehen im Stande seyn will, muß man vor allen Dingen eine natürliche Wiese nach allen ihren Umständen, das ist in ihrem besten, mittelmäßigen und schlechten Zustande wohl kennen lernen, nebst denjenigen Ursachen, die einen dergleichen Zustand veranlaßen, unterhalten, befördern, vermehren oder vermindern. Diese aber sind solche Umstände, welche sich in einer zu kurzen Zeit, und aus einzelnen kleinen, an einzelnen Orten allein angestellten Beobachtungen und Versuchen, nicht so gleich ergeben. Sie müßen vielmehr öfters, auch mit vieler Genauigkeit, in vielen von einander unterschiedenen Landesgegenden von

Kunsterfahrnen langsam wiederhohlet werden: doch soll der wahre Erfolg davon, ohne Uebereilung und blose Vorstellung, jedesmal richtig abgewartet worden seyn. Die kleinen Gärtner- und Samenversuche, nebst allen unbeträchtlichen Futterungserfahrungen, die in der Eil und nur so obenhin, auch wohl nur das eine oder das andere mal durch Zufälle wahrgenommen worden, sind insgemein von weniger Bedeutung: die öffentlichen Blätter mögen sie zu Zeiten empfehlen, und andere, denen es an bessern Erweisen fehlet, so gar einen Gebrauch davon machen, wie sie wollen: zu mal solche, denen nichts leichter ist, als das ganze Gewächsreich von Europa ganz unter Pferde, Rindvieh, Schafe, Ziegen und Schweine zur Fütterung auszutheilen, auch andern zuzumuthen, ihre ökonomische Futteranstalten darnach einzurichten. Was wahr ist, wird immer als wahr gelten, aber doch öfters durch Lokalumstände nur allein brauchbar seyn! Wie aber wird es hierbey um die Richtigkeit der vielen vorgeblichen Erfahrungen stehen, an welchen gar zu oft nur blinde Vorurtheile, zu dreuste einseitige Versuche, auch wohl eine kriechende Nachahmungssucht mit gearbeitet haben? Wird man alsdann daraus überall mit Sicherheit auf die wahre und natürliche Beschaffenheit einer einzelnen natürlichen Wiese und Viehweide, oder auf mehrere, von verschiedner Lage und nach verschiedner Witterung oder Jahreszeit schlüßen können? Wo bleiben also diejenigen Bedingungen, unter welchen sich die einzelne Nahrungsmittel für jede Art der

Thiere

Thiere sicher bestimmen laßen? Der praktische Landman fordert triftigere Beweise. Die Erdstriche und Gegenden, mit der abwechselnden Lage der Grundstükken, die besondern Eigenschaften des Bodens und die Witterung, nach der verschiednen Jahreszeit, mit ihren mehr gewöhnlichen oder außerordentlichen Zufällen, wie auch das Alter der Gewächse und der übrigen Gräserey auf den Wiesen, bey ihrem Wachsthume, nach den Gattungen, auch deren beständigen oder abwechselnden Eigenschaften, und endlich deren Beschaffenheit in frischem, oder troknem wohl oder übel gewonnenem Futter selbst: Diese wichtige Umstände, sie, sollten zusammen genommen nicht von einiger Bedeutung seyn? Der erfahrne Landmann wird hierbey noch manches zu erinnern, abzuändern, oder auch einzuschränken finden, oder nur Bedingungsweise für nützlich halten, ohne sich mit bloß idealischen Vorstellungen abweisen zu laßen. Hierzu kommen auch noch die Arten des Viehes und deren Abwechselung aus einer Gegend in die andere, wie auch deren Pflege, Ruhe und Arbeit, bey verschiedenen Arten der Weide oder Stallfütterung. Dieses alles sind gar zu beträchtliche Punkte, so wohl für den Naturforschenden, als den praktischen Landwirth selbst, welche der Beurtheilung und Folge halber nie flüchtig übersehen werden müßen.

Ehe ich mir also selbst zu viel zutraue, um in einer so wichtigen Sache, mit Sicherheit etwas zu sagen, bey deren Erklärung so viel abwechselnde Umstände zusammen kommen, wo man die praktischen Beweise nicht schuldig bleiben darf, da es die Wiesen und Weiden, als die Hauptstützen der Viehzucht und Mütter des Akkerbaues, zu den allgemeinen Bedürfnißen im Lande betrift; so werde ich vorher alle iezt angezeigte Punkte, in einzelnen Abhandlungen nach ihrer wahren Beschaffenheit, und deren Folgen aus einander zu setzen, auch bey einer nähern Erklärung, wieder in ihrer natürlichen Ordnung zu verbinden suchen, wie mich die Naturwirkungen und Erfahrungen selbst jedesmal führen.

Gegenwärtig ist mein Vorsatz nur, von einer besondern Art der Verbeßerung der natürlichen Wiesen zu handeln; das sind solche Grundstükke, wie wir sie aus der Hand der bildenden Natur, ohne weitere Zubereitung oder Künste erhalten. Auf diesen soll eine Verbeßerung der Gräserey, durch gewiße noch mangelnde besonders vorzügliche Grase und Pflanzen geschehen, in so ferne dergleichen, nach ökonomischen Gründen, etwa nöthig befunden wird, aber auch statt haben kann. Die besondere Anwendung der bereits erwiesenen Wahrheiten, werde ich nur auf unsere einheimische Wiesen und auf die benachbarten anwenden, von welchen im vorhergehenden Erwähnung geschehen ist. Sie haben ihre Lage theils in der Tiefe um die Seen, Moräste und Ströme, oder etwas trokner und erhabner, zwischen den Feldern und Waldungen, oder sie liegen, an und zwischen den Mittel- und hohen Gebirgen, welche

Unter-

Unterschiede ihre besondere Wirkungen zeigen, da sie mit ihrer Lage auch ihr eigenes physisches Klima erhalten. Diese Wiesen werde ich nach ihren natürlichen und dem Nahrungsstande beurtheilen, auch nachdem sie mir mehr, als andre außerhalb Landes, bekannt worden sind.

Wenn also auf natürlichen guten oder schlechtern Wiesen dennoch eine Verbeßerung geschehen soll; so muß ihr Zustand nicht nur dergleichen erfordern, sondern es müßen auch solche Grundstükke dergleichen mit Nutzen anzunehmen fähig seyn: als worüber ich mich in der Folge näher erklären muß. Natürliche und zugleich beständige Wiesen sind diejenigen Grundstükke bey der Vieh- und Akkerwirthschaft, die jährlich und beständig ihre eigene Produkte zeugen, welche in Gräserey bestehen, und welche sie, ohne eine sonst bey andern Grundstükken erforderliche Bearbeitung oder Bestellung, von selbst dergestalt hervorbringen, daß sie wegen Beschaffenheit ihres tragbaren Bodens insbesondere zum Heuschlage genutzet werden können. Von diesen Grundstükken sind andere ganz offenbar verschieden, die wir die künstliche Wiesen nennen, weil darauf gewiße besondere Arten von Gras oder Futterkräutern jährlich, entweder einzeln oder im verschiedenem Gemenge mit andern, erbauet werden, welche man zur Fütterung, gegen andere sonst gewöhnliche, nach der Erfahrung für vorzüglich hält: dergleichen etwan auf unsern sonst guten Wiesen entweder gar nicht, oder nicht in allen Provinzen in der erforderlichen Menge von selbst hervorkommen, sondern unter dem Gras allenfals einzeln und selten, ohne sonderliche Vermehrung, gefunden werden. Die künstlichen und abwechselnden Wiesen sind der Bearbeitung und Zubereitung durch den Pflug, Spathen und Düngung unterworfen, wie andere Akkerstükken und Fruchtländer. Sie sind also besondere Arten davon, welche im eigentlichen Verstande Gärten und zwar Grasgärten genennet werden könnten: weil man darauf eben so wohl Gewächse, als in jenen von besonderer Art zu erbauen suchet, wie man sie in jenen abwechselnd zu unterhalten gewohnt ist, sie mögen bey der Stadt- oder Landwirthschaft, oder zu welchem Behuf sie wollen, dienen. Die Felder und Wechselwiesen haben also in Hauptumständen von den Gärten nichts weiter Verschiedenes, als daß ihr Anbau im Großen und Freyen ohne Gartenrecht geschiehet, der letztern aber auf kleinern und verschloßenen Ländereyen.

Die natürlichen und beständigen Wiesen aber, die wir sonst Wesen, Wischen, Mathen und Matten zu nennen pflegen, sind zwar ganze mit einem solchen hohen Gras und Kräutereyen so dicht und wohl bewachsene, bald größere, bald kleinere Flächen, daß sie zum beständigen Heuschlage ohne Wechsel genutzet oder bestimmet werden können. Es gehöret indeßen doch eine vorzügliche Fruchtbarkeit eines lokkern, fetten, gemäßigt feuchten und recht tragbaren Bodens dazu, welcher der eigentliche

gentliche Wiesengrund ist, und ein hohes, feines, dichtes Gras, ohne Kultur insbesondre hervorbringet. Geschiehet aber dieses nicht, so mangelt dem Grunde die vorzügliche Eigenschaft. Das Gras wird dünner, kürzer und gröber, daß es also weniger und schlechteres Heu giebet, und künftig auf Heu mit Vortheil nicht mehr zu nutzen ist. Viele Ländereyen werden also deßhalb aus dem sogenannten Heuschlage gelaßen, ob sie schon Flächen sind, die einen recht dichten und vestgeschloßenen Rasen haben: sie bringen aber keine solche natürliche Arten von Gras und Gewächsen, der Höhe und Menge nach hervor, die ein zum Heuschlag taugliches Gras geben könnten: wie man auf den schönsten Auen und Angern hin und wieder sehen kann, welche man deswegen bloß zu künstlichen Wiesen oder nur zur Viehweide zu nutzen im Stande ist. Hier aber ist der Unterschied unter dem ganz kurzen und dabey feinen Heu noch in Betrachtung zu nehmen. Viel solcher Grasplätze tragen keinen recht geschloßenen einförmigen Rasen, und dem ohngeachtet doch dabey hin und wieder ein hohes aber starres Gras. Sie werden insgemein mit ungleichen Vortheile zum grünnen Futter angewendet, oder sonst zeitiger und nur jung abgehütet: Außer den eigentlichen natürlichen Wiesen, giebt es auch noch einzelne Grasplätze, dergleichen man in und an den Forsten und Hügeln siehet, welche nach ihrer Verschiedenheit und Unbeständigkeit, bald zur Weide, bald zum grünen Futter, bald auf schlechtes Heu, auch wohl nur für das Wild genutzet werden. Die Gräsung

sung findet sich auf solchen bloß in einem gewißen Zustande der Waldungen, und nicht immer. Sie vergehet nach und nach fast gänzlich, oder sie wird für das junge Vieh, auch wohl für alles Vieh, noch vor der Zeit des Abmähens ganz untauglich, richtet auch wohl, nach Unterschied des Wachsthums und der üblen Witterung, so gar Schaden an: wie die Zufälle an dem Vieh mit mehren beweisen.

Der eigentliche Grund einer natürlichen und fruchtbaren Wiese, in welchem ein wohlausgebildeter, sanfter, gleichförmiger und fast in einander verwachsener Rasen, sich gleich tief und weit bewurzeln kann und soll, muß etwas mehr und in gleicher Güte recht in die Tiefe setzen. Er muß fett und lokker seyn, dabey aber eine beständig gemäsigte, reine Feuchte halten, die er nach Abzug des Winterwaßers, bey der grösten Sommerhitze niemals ganz verlieret. Außerdem ist er nicht im Stand, eine so große Menge von Gras und andern Pflanzen in einem so engen Raume, als sie wirklich beysammen gefunden wird, und mit so vest geschloßsenen Wurzeln, zu unterhalten; daß die Wiesen zwey bis dreymal in einem Jahre mit Vortheil gehauen werden könnten.

Wenn man von einer solchen natürlich guten Wiese, ein Stük Rasen, von einem Quadratschuh oder zweenen herausnimmt, wobey man doch allemal an allen vier Seiten eines solchen Stükkes durchstechen muß;

muß; so wird man sich über die in einem so kleinen Raume der Zahl nach, und so gedrungen in einander verwachsene verschiedene Pflanzen, die man so enge beysammen finden kann, nicht wenig verwundern, und die, wenn man sie alle in eine sonst gehörige Weite zu verpflanzen gut fänd, einen sehr großen Plaz einnehmen würden. Es scheinet, die Natur habe hierbey kein geringes Meisterstükke bewiesen, und durchaus eine so außerordentliche Menge von Gewächsen in einem dazu tauglichen Grunde und in einem kleinen Raum zusammen bringen und erhalten wollen.

Das, was ich eben von dieser Menge im natürlichen Zustande gesagt habe, ist noch lange nicht genug; denn dieses gilt nur von einem einfachen Rasenstük auf guten Wiesen. Der Rasen ist ein filziges Erdgewebe, in der Dammerde, das die Wiesen auf verschiedene Art überziehet, und deßen Wurzeln, Grasstökke und Keimen insgemein sehr vest neben- und in einander stehen. Es giebt aber in einem solchen Rasen noch andere davon ganz verschiedene Gewächsarten, die sich in selbigen durch und durch bewurzeln. Noch andere aber setzen ihre Wurzeln etwas tiefer unter dem Wurzelfilz eines gemeinen Rasens, und wie viele giebt es nicht, die durch den Rasen ganz durchwachsen, und bald mehr bald weniger in die Tiefe setzen, auch wirklich, wie sie insgemein gefunden werden, mit ihren dikken knolligen Wurzeln fast einen halben Fuß tief unter den ganzen Rasenstükken frey in die untere Erde, ohne sich oberwärts in dem Rasen selbst auszubreiten, gehen. Die größern Staudengewächse, die den knolligen Pflanzen in den meisten Stükken ähnlich werden, gehen zum Theil bald in den Rasen, bald unter denselben noch sehr weit unter sich. Es giebt aber noch andere, auch stärkere Wiesenpflanzen, welche ihre lange, einfache Wurzeln durch den Rasen, wie einen Keil, 1½ und bis 3 Fuß in die Erde schlagen. Man siehet hieraus einen Weg, die Gewächse zu vielerley Absichten und Nutzungen, so enge als möglich zusammen zu bringen, den die Natur selbst bewirket und uns besondere Anleitung dazu giebet. Es entstehen daraus bey dem allmäligen Absterben der Wurzeln ganze Lagen einer fruchtbaren Wiesenerde in verschiedener Tiefe, und von den langen durch den Rasen gehenden Wurzeln, wird die Luft weit tiefer in die Erde gebracht. In der That ist es ganz etwas besonders, eine so beträchtliche Menge von Gewächsen in einem so engen Raume mit Erhaltung ihres Wachsthums, ihrer Eigenschaften und Dauer daselbst zu finden, deren Wurzeln zu dieser Absicht schechterdings einen so verschiedenen Stand nehmen müßen, wenn sie ohne Nachtheil beysammen seyn sollen: denn sie befinden sich nicht nur in oder neben einander, sondern auch über und untereiander, sie leben, wachsen, dauren und tragen ein dichtes, hohes Gras. Andere nicht auf die Wiesen gehörige Gewächse, halten diesen Stand nicht oder doch nicht lange aus, sondern das eine verdränget oder erstikket das andere gar bald, dabey die natürlichen Wiesenpflanzen unter solchen fremden nicht gedeyhen. Aus

Aus dem, was von den Wiesen dem eigentlichen Wiesengrunde und derjenigen natürlichen Rasendekke gesagt worden ist, dergleichen sie als Wiesen haben und haben müßen, wenn sie diejenigen Eigenschaften besitzen sollen, welche sie im oekonomischen Verstande dazu machen können, läßet sich leicht einsehen, daß ihre Rasenart schlechterdings ein so hohes und dichtes Gras hervorzubringen geschikt seyn müße, als dazu erfordert wird, sie im jährlichen Heuschlage beständig zu nutzen. Da hingegen werden alle solche Grastragende Plätze und Grundstükke, welche nicht im Stande sind, zu rechter Zeit ein so taugliches Heu oder Grummet zu geben, daß es davon ordentlich gewonnen werden kann, mit größern Nutzen zu Feldern gemacht. Denn es giebt dergleichen, die ihres fruchtbaren Bodens ungeachtet, doch nur ein zu kurzes und dünnes Gras tragen, daß sie deshalb zu Wechsel- und künstlichen Fütterungswiesen gemachet und mit andern darauf vergangenen guten Arten der Gräserey ganz vom neuen ordentlich wieder angebauet werden. Die noch schlechtere Wiesenflekke und andere, denen die Art des Grundes so wohl, als der tauglichen Gattungen des Grases zugleich fehlet, daß sie nicht Wiesen seyn können, auch von Feldbau und Heuschlage aus mehrern Ursachen leicht zu entbehren sind, bleiben bis zu einem beßern Gebrauch und Einrichtung bey der Stallfütterung, zur Trift und Weiden liegen. Wie denn die Entlegenheit und üble Lage die leztern Grundstükken allein, zuweilen auf jeder Feldmark von beßern Nutzungen ausschlüßet,

da

da sie solche Ursachen sind, warum einige Grundstükke dem Pfluge, den übrigen Bearbeitungen und Nuzungsarten nicht unterworfen seyn können.

So gewiß indeßen sonst die natürliche Beschaffenheit des Grundes an und für sich schon im Stand ist, den Graswuchs, mit Beyhülfe der Witterung, abwechselnd zu verbeßern oder zu verringern, so kann sie doch ohne gewiße anderweitige Zufälle, oder eine besondere Beyhülfe, keine ganz neue, hoch und dicht wachsende Arten von Gras und mehrere solche gute Wiesenpflanzen aus ihm selbst hervorbringen, die nicht vorher im Saamen oder Wurzeln darinnen wirklich vorhanden gewesen sind. Der aufmerksame und nachdenkende Landwirth kennet diese und andere dazu gehörige Umstände, nach der verschiedenen Tragbarkeit aller einzelnen Stükken seines Wiesengrundes, mit allen Fehlern und Abweichungen, aus langer Erfahrung, eben so gut, als er den Abfall und Mangel seines Heuschlagens, nach der Witterung auf gewiße Jahre, oder auch vor beständig sehr wohl beherziget: ob er gleich nicht immer alle und jede Ursachen davon eben so genau anzugeben verstehet, daß sie aller Orten schlechterdings gültig seyn müsten. Diese und andere dergleichen Verschiedenheiten der Wiesen mehr, haben zwar in Absicht auf die jedes Ortes wohl bekannte Umstände und davon wahrscheinlich herrührende Beynahmen, ihre gute Richtigkeit; zu gegenwärtigen Absichten hingegen werden sie sämtlich uns ziemlich gleichgültig. Es können also Grund

und Boden, Jahreszeit, Bearbeitung oder Bearbeitungsart, mit noch mehrern und besondern Lokalumständen eine wirkliche, mehr oder weniger scheinbare Bestimmung der Wiesenarten angeben, genug, wenn solche nur in der Hauptnutzung mit einander in so fern übereinkommen, daß sie als natürliche Wiesen zu gesetzter Jahreszeit ein wirkliches nutzbares Heu und Grummet geben: es sey nun abwechselnd gut, schlecht, mittelmäßig, viel oder wenig!

Die zur Unterscheidung der Wiesen gebräuchliche Namen sind unter andern die Benennung der Haus- Hof- Garten- Feld- Forst- Bruch- Moor- Berg und andere Wiesen, deren Bedeutungen insgemein leicht auszufinden, zuweilen aber aus ihrem gegenwärtigen Zustande kaum zu verstehen sind. Desto gewißer läßet sich der gröste Theil davon durch die Bearbeitung leichter oder schwerer in Akkerstükken oder auch künstliche Wiesen verändern; wie wir sie hin und wieder abwechseln sehen. Die dazu erforderlichen Verbeßerungsarten und schiklichen Geschäfte machen indeßen auch hier unsern Vorwurf nicht aus, da wir von keiner der sonst gewöhnlichen insbesondere zu handeln vorhaben. Denn von verbeßerter Anwendung der nöthigen Geschäfte, auf tief gelegenen Bruch- und Moorwiesen, oder andern, ihrer hohen und troknen Lage wegen von Zeit zu Zeit geringer werdenden Wiesen, ist hier gar nicht eigentlich die Rede; noch weniger aber von allen solchen Umständen, bey welchen sich der Landmann schon sonst

durch

durch die Wäßerung, das Ableiten der Waßer, das Pflügen oder eine abwechselnde Bestellung zur Sommer- und Wintersaat, die eigentliche Hülfe selbst zu geben weis.

Vielmehr gehet die Absicht dahin, alle bekannte Arten der natürlichen und beständigen Wiesen, durch einen Zusatz von besondern noch fehlenden kräftigen Gras- und Pflanzenarten, so merklich zu verbeßern, als sie es der Menge und Güte des Heues und des grünen Futters wegen bedürfen, auch nach Beschaffenheit ihres Grundes und Bodens zulaßen, oder anzunehmen fähig befunden werden. Vor allen Dingen richtet man sein Augenmerk abwechselnd, so wohl auf den Grund, als auf die wegen Beschaffenheit des physischen Klima dahin besonders schiklichen Gattungen von Gras und Pflanzen, die man kennen muß. Die ersten Folgen davon sind die Gewinnung einer größern Menge eines feinern und kräftigern Heues.

Die natürlichen Güte des Wiesengrundes, gehet in ihrer Dauer und Wirkung sehr weit über alle gekünstelte Arten von Fruchtbarkeit, wo sie nicht durch Zufälle vor der Zeit entkräftet oder gar zerstöhret wird. Ihr fruchtbarer Zustand bedarf wenig Zusatz bey einer wenig mühsamen, aber vorsichtigen Unterhaltung. Sie schlägt weniger fehl, als der fetteste, vorzüglich zubereitete Akker, und verspricht, in Verbindung mit der dazu gehörigen Witterung, so wohl die Dauer eines guten

Heuschlages, als sie diejenige gute Gräserey sehr stark vermehret und unterhält, welche ihren natürlichen Stand in einem solchen Grunde durchaus zu haben verlanget. Doch hänget die Menge des guten Heues von mehr als einer Ursach ab; worunter die Zeit der Heuernde, der gleiche oder ungleiche Wuchs und Nachwuchs, so wie er verschiedenen Gräsern und Pflanzen in ihren alten und jungen Stökken fast eigen gefunden wird, auch selbst eine schikliche Art, das Heu wohl zu gewinnen, und andere damit verbundene Zufälle immer von großer Bedeutung gefunden werden.

Beym ganzen Wiesenwachs und deßen glüklicher Unterhaltung, machen die guten, gesunden, feinen und nahrhaften Arten der Gräserey und Kräuter, den aller Betrachtungswürdigsten, zur Zeit aber bey der ausübenden Landwirthschaft noch immer ziemlich unerkannten und vernachläßigten Hauptpunk aus. Diesen Mangel gestehet man ohne Schwierigkeit eben so zu, wie beym Forstwesen die fehlende wahre Erkenntniß der Holzarten, um sich nur auf einmal aller weitern und mühsamen Untersuchung überhoben zu sehen. Den Vortheilen von beyderley Erkenntniß bey der Anwendung und Nutzung in Landwirthschaftlichen Geschäften, widerspricht man desto ohngescheueter und nicht immer ohne Ungestüm. Dadurch glaubt man, habe man alles gethan, um Vorwürfe von sich abzuwenden, die man immer für unangenehm, aber auch für ganz unschädlich hält. Denn fast ein jeder glaubet, er wiße

genung

genug davon, auch mehr, als er zu seinen Geschäften nöthig habe; ob er gleich nicht verstehet und zu beurtheilen geschikt ist, was eigentlich die Grase und Pflanzen an und für sich, so wohl im grünen Futter, als im Heu, für so verschiedene Arten der wiederkäuenden und andern zahmen oder wilden Thiere, und bey den erstern zur Zucht und zum Verkauf, von den Fettweiden für Eigenschaften haben, und was für Wirkungen sie diesen zufolge thun oder thun können: was bey zahmen Thieren sie ferner für Kräfte beweisen, und zwar bey der mancherley Tränke, Witterung, Ruhe, Arbeit, Pflege, auch der Jahres- und Tagezeit, und dem starken Wechsel, den sie aus der Nähe und Ferne durch den Transport bey der Handlung, und bey so mancherley Abänderung der grünen und troknen Fütterung auszuhalten und zu überstehen haben. Allein wenn man sich in dem Fall und unter Leuten befindet, von denen man keine Beweise fordern und erwarten darf: so wird es wohl bey dem Alten bleiben müßen.

Wenn man aber von der wahren Güte der Gräserey und den davon abhangenden Vorzügen des grünen Futters und des Heues, so wohl überhaupt, als insbesondere, auf den Werth einzelner Wiesen schlüßen, und mit einem wirklichen Erweise recht überzeuget werden will, so muß man vorher die natürlichen Geschlechter, die das Gras und Heu abwechselnd ausmachen, nach ihren Gattungen und Abänderungen, und diese weiter nach ihren Haupt- und besondern Umständen kennen lernen.

lernen. Man muß aus den Veränderungsarten in verschiedenem guten oder bösen Zustand, in welchen sie Grund, Boden, Witterung, oder deutlicher zu sagen, das mehr oder weniger veränderliche physische Klima, das in dem Geographisch angenommenen sich befindet, hier oder da versetzet, wirklich verstehen, wozu Alter, Unterhaltung und eine Landwirthschaftliche Zubereitung, das Ihrige besonders thun. Die Betrachtung über alle solche Umstände zusammen genommen, setzet uns in den Stand, von den wahren Vorzügen, dem Werth und Preiße der Wiesen, richtigere Urtheile zu fällen. Sie bahnet uns den Weg zu einer beßern Anwendung unserer Erfahrungen, woraus wir alsdann die Grundregeln zur Ausübung bey der Wiesenwirthschaft mit mehrerer Gewißheit ziehen. So gewiß unterdeßen die Erscheinungen kurz zuvor angeführter Umstände manchem Landwirthschaftsverständigen mehr als zu deutlich in die Sinne fallen, eben so gewiße Ueberzeugung werden sie bald von einer größern Dauer der Menge und Güte ihrer Gräserey auf den Wiesen haben, bald aber von der allmähligen Abnahme und Verschlimmerung derselben: ohne daß eine wirkliche völlige Ausartung oder Verwandlung der natürlichen Gras- und Pflanzenarten vor sich gehen sollte; wie etliche davon zu glauben geneigt gewesen sind.

Allein, da die Natur bey ihrer aller ersten Gründung, zu beständiger Unterhaltung aller Arten der organischen oder lebendigen Körper, sich selbst das Gesetz gemachet, das Mark der einen Geschlechtsart, ohne Veränderung durch den Keim in die Samen und Augen oder Knospen der andern, und so weiter in allen richtig überzubringen, die zu dieser und keiner andern gehören sollten; so ist diese so herrlich vollzogene Bestimmung ein für allemal geschehen, und dergestalt zu ihrer Kraft gekommen, daß eben diese Natur, von da an, ihr einmal angenommenes Ausbildungsgesetze bey Geschlechtern und Arten niemals aufhebet. Wie uns nun die Vernunft niemals eines andern belehren wird, so streitet auch keine einzige wahre Erfahrung dagegen. Die Zufälle mögen die Naturwirkungen noch so scheinbar lenken, zertheilen, oder durch ein anhaltendes Zerstreuen, in ihrer Ordnung stöhren, und bis zu dem aller möglichsten Grade der Abweichung bringen; so muß doch alles Unnatürliche, ohne den innern Bau des Markes im Keime, Samen und Augen umzukehren oder aufzuheben, von selbst wegfallen, so bald die Naturkräfte die vorige Ordnung wieder herstellen.

Demnach kann der beste Wiesenwachs aus den natürlichen Arten des Segge= Ried= Binßen= Liesch= oder aus andern Woll= Darr= Borstengräsern, auch groben und zähen Schilfartigen Gräsern mehr, oder auch grobstieligen Pflanzengattungen, eben so wenig die feinern, weichen, süßen und nahrhaften Vieh= Milch= Schmielen= und Schwingelgräser machen, als der beste Akker den Twalch, die Treßpe, den Lulch,

Wind=

Windhalm und wilden Hafer in Rokken, Gerste oder Weitzen verwandeln wird. Es können zwar erwähnte Gewächsarten, in verschiedenem Grunde, und aus Mitwirkung so mannigfaltiger Ursachen, grösser, schöner, lokkerer, milder und gemäßigter werden, als man sie sonst bey ihrem natürlichen Zustande findet, ohne daß sie deshalb ganz aus ihrer natürlichen Art schlagen sollten. Allein sie fallen bey andern Umständen, Alter und Witterung zurük, und erhalten ihre vorige Eigenschaften und Unarten wieder; wie wir sie, in Absicht unserer Nutzung, etwa nennen könnten. Ob nun also gleich keine wirkliche Verwandlungen der Gras- und Pflanzenarten auf den Wiesen vorgehen können; so kann sich doch die Gräserey, im ganzen betrachtet, und zusammen genommen, iu Absicht der Menge und Güte des Heues, nach und nach vermehren, beßern oder vermindern. Von allen diesen Veränderungen wird der Landwirth durch die Erfahrung überführet, und der Naturforscher wird ihm den Grund von dem, was vorgegangen, hinreichend erklären.

Denn nach sichern Erfahrungen des leztern, schleichen sich aus ganz natürlichen Ursachen, in allen Arten des Wiesengrundes, auch des besten, gewiße Grase und andere Gewächse ein, die sonst ihren eigentlichen Stand nicht auf den Wiesen haben. Sie sind von unterschiedener Dauer, und werden bald in größerer, bald in geringerer Menge, unter dem rechten Wiesengrase gefunden. Viele darunter haben eine sehr schlechte und wenig oder fast nie zu verbeßernde natürliche Eigenschaft, sind aber zum Anfange nicht immer gleich merklich, bis sie überhand nehmen und die vorige Eigenschaft des guten Heues nach und nach verändern.

Eben so hat der elendeste Sandboden, und so gar ein Eisenschüßiger Flugsand, dennoch manche sehr fette, süße und nahrhafte Grasarten, die auf unsern Märkischen Sandhügeln die beste Schafweide, die feinste und meiste Wolle geben, aber aus diesem ihrem natürlichen Grund auch durchaus keine Veränderung in einem naßen, fetten Wiesengrund annehmen und aushalten: wenn sie und ihre natürlich gute Eigenschaften ausdauren sollen. Kein Schaf würde dergleichen Sandgräserey mit andern fetten und süßen, dem Klee und andern Arten, leicht vertauschen; es müste denn das Alter solcher Gräser, oder die Witterung, dieselben bereits unschmakhaft gemacht haben.

Was wünschet sich indessen der Landwirth bey seiner mühsamen Vieh- oder Akkerwirthschaft, beym jährlichen Gewinnst oder Verkaufen wohl mehr, als die Menge recht guten Heues? Er sucht sich deshalb wenn es ihm fehl schlägt, nach seinen Einsichten und Erfahrungen damit so gut zu helfen; als er kann, er wendet alle ihm bekannte Mittel an, er pflüget, streuet Heusamen aus, wechselt mit seinen Wiesen und Feldern,

dern, und hoffet auf beßere Jahre und Witteruug, ohne sich um die weitern Ursachen seines Schadens, seiner Vortheile, Anstalten oder Geschäfte zu bekümmern.

Das forschende Auge des aufmerksamen Naturkundigen hingegen, deßen Scharfsichtigkeit so leicht keine Erscheinung entgehen kann, und soll, suchet alles, was dabey vorgehet, und er bestimmet endlich daraus gute oder schlechte Folgen schon vorher, die sich vornämlich auf Naturwirkungen und andere mit jenen wohl verbundene künstliche Anstalten gründen. Dabey geräth er auf manche Umstände, deren Entdekkung man von keinem gemeinen Landwirthe, noch weniger einem blosen Handarbeiter der Landwirthschaftlichen Geschäfte erwarten kann: indem er nur allein den Spuren der schöpferischen oder auch mitwirkenden Natur folgend, aus allen die nöthigen praktischen Vortheile für seine Wißenschaft und für die Landwirhschaft ziehet, die er eben dahin anzuwenden bemühet ist, wohin sie gehören.

Der verständige Landmann spricht indeßen, mit einer gewißen Zuverläßigkeit, von den bey ihm angenommenen Unterschieden seiner Wiesen, nach der Nuzung und Nuzungszeit, wenn er von März- May- Frühlings- Oster- Pfingst- Sommer- und Herbstwiesen redet. Er spricht von altem und neuem Heu, von Vor- oder Nachmath, oder Grummet und andern dergleichen mehr: und diese Unterschiede sind gegründet. Selbst dem Naturforscher sind die angegebene Namen wichtig und erhalten ihn zu weitern Nachforschungen aufmerksam genug, da sich der natürliche Zustand des Wachsthumes und der Heuernden an jedes physische Klima, nach ihrer Art, Zahl, Güte und Nutzung, wegen Lage und Witterung, ganz ungemein bindet. Noch viel genauer betrachtet der Naturforschende diese Umstände, nach ihrer Gewißheit oder Abweichung, nach ihren Ursachen und deren abwechselnden Folgen. Nachdem er sich aber vor allen Dingen die Natur des Bodens unter mancherley Veränderung bekannt gemacht, gehet er weiter und zwar nach seiner ausgebreiteten Kenntniß, bis zu denjenigen Arten der Gräser, Kräuter und Staudengewächse, die jeder Boden eigentlich nach seiner innern und äußern Beschaffenheit, natürlicher Weise von selbst hervorzubringen, und bey ihrer Güte zu unterhalten im Stande ist.

Hier sammlet er Erfahrungen mit Einsicht, er wiederholet sie an vielen Orten, und wird dadurch endlich in den Stand gesetzet, der ländlichen Wiesenwirthschaft durch allerhand Anmerkungen nützlich zu werden, welche das Wesentliche selbst angehen: er unterscheidet sich also durch seine Bemühungen und Absichten ganz offenbar vor allen andern vorgeblichen Landwirthschaftsverbeßerern. Denn diese letztern erschweren vielmehr die Landwirthschaftsgeschäfte, durch ihre Vorschläge und Erfindungen, mit welchen sie nicht sparsam sind, ohne die wahre Beschaffenheit, nach der Natur und nach den Unterschieden der Grundstükken, wirklich zu kennen. Dieses geschiehet auch fast ohne alle gute Folgen, vielmehr durch lauter solche unökonomische Künste, welche in die Hauptsachen entweder gar keinen oder einen geringen, wo nicht gar einen schädlichen Einfluß haben.

Die Kennzeichen eines ächten Naturforschers sind demnach sehr unterscheidend, als welcher nach Ueberzeugungen handelt, und seine Erfahrungen mit dem Landwirthe selbst gemeinschaftlich einsammlet, die er zu Erweiterung seiner Wiesenkenntnisse auf eine so gute Art anwendet, wie und wo er sie dereinst recht brauchbar zu haben wünschet. Daran arbeitet er vorher, aber fast mehr für die Zukunft, als für sich, ohne den geringsten Hang zu Errichtung eines schwankenden Lehrgebäudes, deßen Werth und kurze Schiksale er schon zum voraus übersehen kann. Sein Fleiß verschaft den künftigen Erbauern nur Materialien, wie sein Verstand nirgend Grundregeln antrift, eh er die auf sichere Erfahrung gestützte Gründe selbst genau zu prüfen Gelegenheit gehabt. Befindet er sich aber im Stande, dergleichen endlich zu geben, so geschiehet es mit aller Behutsamkeit, und auf eine so einfache und faßliche Weise, wie sie den Geschäften der Wiesenwirthschaft recht angemeßen sind. Sein Fleiß wird auf solche Weise dem verständigen Landmann immer nützlich: indem dadurch, deßen Wunsche gemäß, ganze

Lükken ausgefüllet werden, dergleichen sonst viele, ohne ihn, lange Zeit noch übrig geblieben seyn würden. Wie man deshalb mit Wahrheit sagen kann, der Mangel an gründlichen physisch-ökonomischen hierher gehörigen Arbeiten, setze den Staat bey mancherley Absichten und guten Einrichtungen, doch immer noch sehr weit zurükke, in so weit solche das Allgemeine, das Wesentliche und Vorzügliche bey der Viehzucht und beym Akkerbau, nebst dem davon abhangenden innländischen Handel mit rohen und weiter zu veredelnden Landesprodukten betreffen. Die Zeit, und mit dieser, der Erfolg so vieler mißlungenen Anstalten in ihrer schlechten Dauer, wie auch der bisher noch immer unbekannt und ungenüzt gebliebene Vorrath von manchen recht einträglichen Produkten, werden für mich den Erweiß führen.

Es thun zwar außerordentliche, nicht immer vorauszusehende Zufälle, auch wohl andere mehr gewöhnliche, bey aller Einsicht und werkthätigen Aufmerksamkeit, immer einige Gegenwirkungen: wie der jedesmalige Zustand der besten Wiesen, der natürlichen Mütter des Akkerbaues, eben so wohl, als der schlechtern, zur Gnüge beweiset. Alle diese können weder den Naturforschern, noch den Landwirthen auf irgend eine Weise zur Last geleget werden, so lange die Mittel, sie abzuwenden oder ihnen vorzubeugen, noch nicht erfunden sind. Glüklich genug, wenn man nur immer im Stande wäre, die Folgen ihrer Heftigkeit mit Vortheil in etwas zu mäßigen!

Bey

Bey der übrigen Beschaffenheit des Bodens, in Absicht auf die Lage, wird ein an sich sonst schon fruchtbarer Wiesengrund, bald in einzelnen Stükken, bald in größern weitläuftigen Strekken, auch bloß nach Verschiedenheit seiner Lage, zeitiger oder später erwärmet. Im erstern Falle, bringet er seine sämtliche Gräserey, deren Wachsthum an eine gewisse Höhe des Sonnenstandes und dabey obwaltende gewöhnliche Witterung gebunden ist, zuweilen früher, als andere einzelne nächst anliegende, oder auch entferntere Wiesenstriche: daß folglich die erste und früheste Heuernde nach natürlichen Umständen, in ein oder eben derselben Gegend, bald etwas zeitiger einfallen kann, bald noch einige Zeit verschoben bleiben muß. Diejenigen Gras- und Pflanzarten, die daselbst die Gräserey alsdann ausmachen, können dabey aus ihrer natürlichen Blüte- oder Wachsthumszeit niemals dergestalt und völlig gebracht werden, daß ein Sommer- oder Herbstgras zu einem wirklichen Frühlingsgrase werden könnte, so wie etwan ein Frühlingsgras der hohen, kalten Lage wegen, erst im Sommer oder gar zu Anfange des Herbstes hervorkommen kann: des doppelten oder einfachen Nachwachses oder Frühlingsgrases zu geschweigen, den man ohnedem im Sommer oder Herbste hin und wieder finden wird; mit welchem man aber den vorbesagten Hauptumstand auf keine Weise zu verwechseln hat. Doch giebt es bey den zufälligen und abwechselnden Ausnahmen, auch allgemeinere Umstände, deren Beständigkeit fast bey allen

Arten von Wiesen statt findet, die Gräserey mag sonst von einer Beschaffenheit seyn, von welcher sie wolle.

Das Hauptklima in den größern Erdstrichen zeiget uns seine ihm eigene Ausnahmen beym Wachsthume der Pflanzen, so, daß alles, was davon in Absicht auf die Blütezeit und Reife der Frucht, auch dem Zustande derselben, in welchem sie sich am besten befinden und zu nutzen sind, gesagt werden kann, darinnen gesucht und daraus entlehnet werden muß. Dieses Klima richtet sich aber nach der Höhe und Lage der Erde, so wohl wegen der Arten von Gewächsen, die es noch besonders hervorbringet, als wegen des Wechsels der Jahreszeiten und Witterung, die ihren Wachsthum und Eigenschaften hie oder da abändern, oder auch vester bestimmen: welches in einer und eben derselben Weltgegend doch ganz verschieden gefunden wird. Wie wir denn zum Beweis und zur Erläuterung dessen, was wir sagen, eben keine von uns sehr entfernte Gegend nöthig haben. Denn es sind dergleichen, wo entweder kein eigentlicher Frühling und fast nur ein halber Sommer, oder auch kein besonderer Herbst ist: so daß bey dem Mangel einer sonst gewöhnlichen Jahreszeit, noch überdem eine Abkürzung der übrigen statt findet, und die sonst in andern Gegenden des Erdballes gewöhnlich auf einander folgende Jahreszeiten gleichsam in einander geschoben und in eine einzige vereiniget werden; wodurch ein besonderer Witterungszustand entstehet, auf welchen die Natur-

wirkun-

wirkungen ihre besondere Beziehung haben. Dieses bezeugen die hohen und Mittelgebirge, deren besondern Zustand wir alle Jahre in ziemlich kleinen Abständen wahrnehmen, die sich von den Ebenen nach verschiedenen Himmelsgegenden nach und nach erheben, wie auch ihre Hügel, welche an dem Fuße derselben liegen, und zwischen denselben in die Thäler ausstreichen.

Dagegen sieht man auf unsern und andern weitläuftigen Flächen, die ihrer Entfernung halber, von solchen Gebirgen und Höhen weniger oder auch gar keine Veränderung leiden, die gewöhnlichen von einander verschiedenen Frühlings- Sommer- und Herbstgewächse, in jeder Art des Bodens, zu rechter Zeit nach einander hervorbringen, und zwar eben diese, noch mit einem Zusatze von fremden oder hier seltenen Pflanzen vermehret, welche beyde daselbst, nach der verschiedenen Höhe und Lage der Gebirge und Hügel, zwar überhaupt 4. 8 bis 10 Wochen später, aber auch hernach fast alle zugleich, oder doch sehr geschwind auf einander, angetroffen werden. Was für ein Zustand, Vorzug und Wechsel der Güte bey der gebirgischen Gräserey, vor der in unsern Plänen oder sehr tief gelegenen Gründen wachsenden, muß nicht zuweilen statt finden! in Betrachtung, daß der ganze Frühlingswuchs, als der kräftigste, mit dem folgenden Sommerwuchse, von dessen erstern Hälfte beysammen ist, und mit einander gewonnen werden kann, so wie in Kur- und Liefland, wo lauter solche einmähige Wiesen gefunden

werden,

werden, die man jährlich bis auf Himmelfahrt mit dem Viehe betreibet, hernach im Julio eine einzige Heuernde davon hat, und bis in den Oktober wieder zur Viehweide eingiebt! So gewiß diese Vorzüge und Abwechselungen sind, so haben die wohlgelegenen Ebenen doch auch vieles wegen der Menge und Güte des Heuschlages mit den vorigen gemein; wie es der starke und gute Viehstand in gewissen Gegenden und gewiße davon abhangende Produkte zur Gnüge beweisen. Doch bleibet der Vorzug den drey- und zweymähigen Wiesen vor den einmähigen in den Auen sonder Widerspruch.

Unter andern pflegt ein recht reiner, guter, natürlich fetter, lokkerer und dabey beständig, aber doch gemäßiget feuchter Wiesengrund der beste zu seyn, auf welchen Regen, Luft und Sonne, zu Beförderung des Einsaugens und Ausdampfens, recht frey und mit gleicher Kraft wirken können, daß er gegen andere Grundstükke, denen dergleichen Hauptvorzüge mehr oder weniger fehlen, immer zu rechter Jahreszeit, eine feinere, reinere, gesunde, süßere und kräftige Gräserey, auch in gehöriger Menge, hervorbringet. Ein anderer von sonst gleicher Güte, will indessen nur einer kleinen Abänd rung halber, schon einige Aufsicht mehr haben, wenn er sich dabey erhalten soll. Je mehr aber die guten Wiesen von gedachten oder andern Hauptvorzügen abweichen, desto mehr werden sie durch Zeit und Zufälle dermaßen verändert, daß sie entweder viel weniger

niger Heu geben, als vorher, oder man gewinnet nach und nach davon nur ein grobes und wenig nahrhaftes Heu, welches zuletzt nicht für die meisten Arten der zahmen Thiere tauglich befunden wird. Manches Gras wird in der grünen Fütterung fast eben so schlecht befunden, als im Heu, da sonst der Unterschied unter beyden sehr beträchtlich ist.

Etliche fehlerhafte Eigenschaften des frischen Grases verändern und verbeßern sich öfters, bey einem zu rechter Zeit gut gewonnenen Heu, eben so, wie nicht alles dasjenige Gras seine Kräfte und gute Eigenschaften im Heu lange oder auch immer beybehält, die es, in seinem vorigen frischen Zustande, bey der Stallfutterung zeigte. Alles neue und frisch gewonnene Heu wird seiner Stärke halber, aus Vorsicht, nicht immer gleich, nicht stark, auch nicht ohne Zufälle gefüttert, und etliche Arten von gewissen Orten, werden dem Rindvieh, Pferden und Schafen so gar gefährlich; die nach einiger Zeit erst in Güte und Dauer ihre besten Vorzüge beweisen. Andere Gräserey hingegen, verlieret mit dem Troknen ihre erste und beste Kraft, und viele scharfe und schädliche, ja fast die meisten Pflanzenarten, werden nach und nach im Heu ganz unschädlich, und man hat nichts von ihnen, oder doch weniger, zu fürchten, wenn sie sich nicht in allzugroßer Menge unter dem Heu befinden. Ein anders ist in diesem Falle die Weide und grüne Fütterung, wofür man, solcher Gewächse halber, schon mehr sorgen muß, da sie zu scharfe, salzig- harzige und recht beitzende Säfte haben, denen aber ein Theil durch die Ausdünstung beym Austroknen, als flüchtig, gröstentheils davon gehet, daß die ganze Substanz gelinder wird. Sollten aber dergleichen scharfe Pflanzensäfte nicht von einer so flüchtigen Natur seyn, daß man im Heu auf eine Mäßigung hoffen dürfte, so kömmt es alsdann schlechterdings auf ein stärkeres oder geringeres Verhältniß derselben, gegen die übrigen schleimig- süßen oder süßsäuerlichen und erdhaften Gras- und Pflanzenarten an, welche die Schärfe unter dem Futter genugsam zu dämpfen im Stande sind. Es kann aus der gemeinen Erfahrung bekannt genug seyn, daß die auf einer und eben derselben Weide erzogenen Thiere, gewisse Gräser und Gewächse von besagter scharfen Eigenschaft, frisch entweder nur in gewissem Boden, Alter und Witterung, auch nur bey großem Hunger, oder auch gar nicht anrühren, und wo sie ihnen bey der grünen Stallfütterung dennoch vorgeleget werden, selbige einzeln beym Freßen mit der Zunge aus dem Futter absondern. Diejenigen Grasarten und Gewächse, welche frisch keine nährende Eigenschaft und angenehmen Geschmak haben, erlangen hernach dergleichen sehr selten, und das Vieh rühret in beyderley Zustande sie nicht an: wie die groben, sauer und herbe schmekkenden überall beweisen, die noch außerdem eine stopfende Eigenschaft haben. Der Zufall macht indeßen auch manches Unglük, von welchem sich aber nicht wohl urtheilen läßt, bevor er uns jedesmal recht bekannt worden ist.

Die

Die zu tief, schattigt oder sonst kaltgründig gelegene naße Wiesen geben ein weit rohsaftigeres, unschmakhafteres, auch grobstieliges und unkräftiges Heu; ob schon deßen Menge zuweilen weit größer ist, als ein Heu, welches auf weit beßern Wiesen gewonnen wird. Doch giebt es außerdem noch mancherley Umstände, auf die man überhaupt so wohl einzeln, als zusammengenommen, in ihrer Verbindung, bey der Untersuchung und Beurtheilung der Gräserey, als des nachgehens davon zu gewinnenden Heues zu sehen hat, welche in beyden selbst nicht eigentlich enthalten sind. Unter andern rechnen wir dazu, die verschiedene wirthschaftliche Behandlung jeder Art von Wiesen, bey, nach, oder auch außer den Heuernden selbst, die Vor- und Nachmathen, Jahreszeit und Witterung, nebst dem Alter der Wiesen. Ferner das Abmähen, Auftroknen und Wenden beym Gewinnen oder Einsammlen des Heues, und endlich das Aufsetzen, Einbringen und Bewahren deßelben, mit mehrern kleinen Nebenumständen, deren Wichtigkeit und Einfluß der praktische Naturforschende bey der Untersuchung der Gründe am besten bestimmen kann, wovon auch der erfahrne Landmann, aber jederzeit erst bey der Anwendung, durch die guten oder schlimmen Folgen die rechte Ueberzeugung haben wird.

Da nun aber alle natürliche und künstliche Grundstükke, die wir bey der Landwirthschaft, ihrer Produkte halber, beständig und ordentlich zu nutzen gewohnt

sind,

sind, mit der Zeit, wie schon gesagt, bald geschwinder und offenbar, bald langsamer und unmerklich, doch immer ihre sichere Veränderungen leiden, welchen sie nicht nur aus eben so gewißen Gründen unterworfen bleiben, sondern auch der unaufhörlich beschäftigten Naturwirkungen halber, nirgend entgehen; so muß die Aussicht und Unterhaltung derselben, den Landmann beständig aufmerksam erhalten.

Die natürlichen Wiesen sind davon um desto weniger ausgeschloßen, sie mögen vorzüglich gut, mittelmäßig oder schlecht seyn. Das Auge des Naturforschenden Kenners siehet schon vorher, alle dergleichen Veränderungen nach einander gleichsam ankommen; ehe sie noch wirklich eintreten oder recht merklich zu werden anfangen: diese aber zeigen sich weder allezeit oder nothwendig so gleich im ersten Jahre, sondern erst nach dem 2ten 3ten 4ten oder 6ten Jahren, wenn der Landmann dergleichen selbst an der Nutzung, dem Werth und den Preisen des Heues wahrnimmt. Es giebt indeßen, wie schon gedacht, überaus gute Wiesen, auf deren natürliche Vorzüge und längere Dauer man sich verlaßen kann. Sie geben vor vielen andern lange Jahre ein Heu und Grummet von einerley Menge und Güte, daß man davon fast sagen kann, die Natur unterhalte sie mit Fleiße. Ihr feiner Rasen bleibet dichte, vest und gleichförmich geschloßen, er bringet ein feines, fettes, süßes, hochwachsendes ständiges Gras, und unter diesem weit weniger eingemischte

Kräu-

Kräuter oder andere grobstielige Staudengewächse, als sonst gewöhnlich. Und beyderley Arten solcher Gewächse sind weder zu scharf oder beizend, flüchtig und berauschend, noch zu durchdringend bitter, ekel oder allzu stopfend, sondern bey den meisten vielmehr von einer nährenden, gemäsigt süß säuerlichen, balsamisch-öhlig-bitterlich-schleimig-gewürzhaften und erdigen Mischung. Die außerordentlich starken Arzeneygewächse sind nur einzeln darunter verstekket, und außer den Wurzeln oder den ganz reifen Samen, der vorher angeführten verschiedenen Pflanzen, haben die wenigsten unter ihnen auf den Arzneygebrauch eine sonderliche Beziehung. Vielmehr pflegen die flüchtige und gewürzhafte, balsamische Arten, während dem Troknen, dem Heu ihre gute kräftige Eigenschaften mitzutheilen.

Die Lage scheinet dergleichen Wiesen in einzelnen Gegenden zum öftern dermaßen zu begünstigen, daß ihnen weder der Wind, noch der Abzug von Waßern ihre eigene sehr gut oder recht reif gewordene Samen, wie sonst bey andern geschiehet, fast beständig und ganz wegführen, oder auch dagegen andere schlechtere Arten aus der Nähe und Ferne ohne Aufhören zuführen könnten: durch deren Uebermaaß ihre erste und natürliche Gräserey nach und nach vermischt, verschlimmert, verdrükt und endlich gar erstikket werden müste. Zum besondern Beyspiel einer höchst übeln Lage, der an sich sonst fruchtbaren Wiesen, kann folgende gar wohl dienen: wenn gute Wiesen zu nahe an dem Fuße hoher mit vielen starken Staudengewächsen bewachsener Gebirge liegen, von welchen die Winde und Tagewaßer viele Jahre nach einander, allen Samen in die Thäler herunter führen, daß sich die davon aufschlagende Gewächse, von Zeit zu Zeit daselbst anhäufen, ohne daß die künftigen Samen durch einen Ausgang irgend wohin weiter fort gebracht werden könnten. Dergleichen Wiesen werden gegen diesen Umstand schwerlich lange bestehen, und man wird dagegen vergeblich und doch beständig arbeiten, wenn man nicht etwan im Stand ist, die darüber liegenden Berge von nur erwähnten Gewächsarten so zu reinigen, daß sie zum Theil auf eine lange Zeit kahl bleiben, ehe sie sich mit anfliegenden Graspflanzen wieder bedekten, die weniger schädlich werden, als die vorhergehenden!

Sonst ist, wie bekannt, die natürliche Aussaat der Gewächse, als das allgemeine Vermehrungs- und Unterhaltungsmittel derselben, ein Gesetzmäßiges Werk und erstaunendes Geschäfte bey der großen Naturhaushaltung, nach welchem sämtliche davon abhangende Naturwirkungen und Folgen sich, zu Erfüllung aller möglichen Endzwekke, zusammen vereinigen und in ihrer Ordnung vor sich gehen. Alles scheinet sich zu gesetzter Zeit gemeinschaftlich dahin zu lenken, um der Natur in dieser Absicht die wichtigsten Dienste zu thun. So wie sich nun der Zustand der Wiesen, bey der allgemeinen und natürlichen Aussaat, gleichsam durch eine, mit selbiger wohl verbundene Auswanderungs-

rungs-

rungsart der Gewächse, aus einer Gegend in die andere, nach und nach verändert, eben so können so wohl schlechte Wiesen, ohne unser Zuthun, zufälliger Weise gar sehr verbeßert werden, als sich die allerbesten auf eine, dieser entgegen gesetzte Weise völlig verschlimmern.

Diese sowohl bey der Wiesenwirthschaft im Großen, als beym Forsthaushalte sich beständig ereignende Naturbegebenheit, bleibt noch immer theils unerkannt, theils weniger beherziget, als es seyn sollte; ob sie gleich dem Haushalter eben so wenig gleichgültig seyn müste, als sie den Naturforschern immer wichtig ist. Die erste Folgerungen, die sich daraus herleiten laßen, sind die Nothwendigkeit einer beßern Erkenntniß der natürlichen Wiesen, ihres verschiedenen Zustandes, und der innländischen, darauf befindlichen Pflanzenarten, welche die Gräsereyen abwechselnd ausmachen. Nicht weniger sollten die gleichfalls nöthige Aufmerksamkeit auf das Daseyn ihrer verschiedenen Menge, der Mangel und die Veränderungen solcher Gewächse, imgleichen die Nothwendigkeit, solche Anstalten, welche im ökonomischen Verstande deshalb zu machen nöthig befunden werden, nirgend vernachläßiget werden Zu mehrerer Erläuterung solcher Wahrheiten, können die Anmerkungen sichere Dienste thun, welche ich in der zwoten Abtheilung dieser Abhandlung anführen werde.

XX.

Versuch einer natürlichen Eintheilung der Schmetterlinge.

von

Joh. H. F. Meineke

Quedlimb. den 17ten Nov. 1775.

An dem Nutzen einer systematischen Eintheilung des Pflanzen- und Thierreichs, da man die Kennzeichen nicht bloß von der Größe, den Farben, oder dem von ihnen zu erwartenden Nutzen, sondern von andern äußern Merkmalen hernimmt, die verschiedene Thiere oder Pflanzen mit einander gemein haben, wird wohl nicht leicht ein Naturforscher von Range, wenn ich etwa den Hrn. von Büffon *) ausnehme, zweifeln. Und selbst der Hr. von Büffon scheint

*) Allgem. Gesch. der Nat. 1ster Th. Berl. 1771. p. 50 ff.

scheint sich diesem Vorurtheile, mehr aus Partheylichkeit gegen den Ritter von Linné, als aus eigner Ueberzeugung überlaßen zu haben. Seine, gegen das System des Ritters gemachte Einwürfe beruhen, wie unser gemeinschaftlicher Freund, Hr. D. Martini in einigen Anmerkungen, bey der unten angeführten Stelle, genugsam gezeiget hat, auf einem sehr seichten Grunde, und seine eigne Methode, die Thiere und Pflanzen einzutheilen, ist willkührlicher, als irgend eine andere.

Es ist unleugbar, daß eine systematische Eintheilung natürlicher Körper nicht bloß dem Gedächtniß dessen ungemein zu statten kömmt, der sich eine Kenntniß derselben anschaffen will. Sie hindert auch die Verwirrung, die ohnedies bey Erlernung der Naturgeschichte, und bey der so erstaunenswürdigen Mannigfaltigkeit der Natur, unvermeidlich seyn, und das Studium dieser so Reizvollen Wissenschaft unendlich erschweren würde.

Eben so gewiß ist es aber auch auf der andern Seite, daß die Naturgeschichte selbst, durch die Bemühungen der Gelehrten, die Produkte der Natur in gewisse Ordnungen, Klassen und Gattungen abzutheilen, sehr viel gewinnet. Ein Gelehrter, der natürliche Körper in der Absicht untersucht, um sie nach gegewissen angenommenen Merkmalen unter Klassen zu bringen, wird oft Aehnlichkeiten und Verschiedenheiten

 ten

ten entdekken, die einem andern, obgleich eben so sorgfältigen Naturforscher, eben darum entgehen, weil er keine Rüksicht auf irgend ein System hat, und den Körper zwar selbst sorgfältig genug, nach seinen Eigenschaften, aber nicht mit ähnlicher Sorgfalt in Vergleichung mit andern, untersuchet. Man darf nur die Vögel z. B. oder die Insekten mit einem flüchtigen Blik übersehen haben, um sich zu überzeugen, daß es ohne Anhärglichkeit an ein System, oder an gewisse, von der Natur selbst hergenommene Merkmale, sehr leicht ist, zween Vögel, Käfer, Schmetterlinge mit einander zu verwechseln, die, wo nicht zu einer und eben derselben Gattung, doch wenigstens zu einer Klasse gerechnet werden müßen; daß es aber auch auf der andern Seite sehr leicht ist, andere für Thiere von einerley Gattung zu halten, die gleichwohl Himmelweit unterschieden sind. Die Anhänglichkeit an ein gewißes System, wenn es nur nicht gar zu willkührlich ist, wird auch noch den Nutzen haben, daß sie uns, den wahrgenommenen Merkmalen zu Folge, analogische Schlüße machen läßt, die, wo nicht immer, doch sehr oft, durch den Erfolg als richtig bestätiget werden. Und dieses gilt vorzüglich in der Insektenlehre. Ich bekomme z. B. eine gedornte Raupe; sogleich schlüße ich aus diesem Merkmale, daß der daraus entstehende Schmetterling kein Sphinx, keine Phaläne, sondern ein Tagevogel seyn müße. Oder es wird mir eine schön gefarbte Phaläne mit dikkem, rothen oder gelben Unterleibe gebracht. Ich finde an ihr einen

einen kurzen Sauger, und die ganze Bauart der sogenannten Bärvögel; sogleich schlüße ich, daß die Raupe dieser Phaläne auch eine Bärraupe seyn, daß sie den Winter hindurch als Raupe leben, und sich nicht in der Erde, sondern in einem weitläuftigen Gespinnste zur Puppe verwandeln müße. Solche Schlüße hat der selige Rösel sehr oft gemacht, und selten hat er sich betrogen. Dem Systematiker fällt die kleinste Verschiedenheit zweener, übrigens der Farbe, Größe und anderer Verhältniße nach, sehr ähnlicher Körper leicht in die Augen; dahingegen der Feind der Systeme eben so leicht durch gewiße Anscheine, worauf der Systematiker nicht merkt, hintergangen werden kann.

Aus diesem Gesichtspunkte betrachtet, ist die Beschäftigung, natürliche Körper in Ordnungen, Geschlechter u. s. w. abzutheilen, zwar nicht der Hauptzwek des Studiums der Naturgeschichte, aber doch eine sehr nothwendige Beschäftigung, um sich dieses Studium auf alle Art und Weise zu erleichtern, und alles aus dem Wege zu räumen, was uns verführen könnte, den Hauptzwek, die richtigere und vollständigere Kenntniß natürlicher Körper, aus den Augen zu verlieren. Wie vielen Dank verdienen daher alle Naturforscher, die uns in dieser Absicht mit ihrem Fleiße zuvorgekommen sind, und einer, in manchem Betracht, höchst schweren und mühsamen Arbeit überhoben haben!

Worauf wird also wohl ein Naturforscher bey der Eintheilung der mannigfaltigen Produkte der Natur zu sehen haben? Ist wohl bereits ein System vorhanden, das in allen seinen Theilen vollkommen wäre; nach dem man sich, ohne den geringsten Irrthum zu befürchten, in allen Stükken richten kann? und hat der große Linné alle Bemühungen in dieser Absicht ganz überflüßig und unnütz gemachet? Ich will diese Fragen zuvörderst zu beantworten suchen, und dann selbst einen Versuch einer natürlichern Eintheilung der Schmetterlinge einer Gesellschaft zur Beurtheilung vorlegen, die sich in kurzer Zeit beynahe durch ganz Europa ausgebreitet hat, und der ich einen öffentlichen Beweis schuldig bin, wie sehr ich die Ehre schätze, an ihren gemeinschaftlichen Bemühungen Theil nehmen zu dürfen. Wie glüklich würde ich mich schätzen, wenn dieser Versuch (denn so lange wir nicht den ganzen Umfang der Natur kennen, sind ja alle unsere Eintheilungen lauter Versuche) nicht ganz unwürdig schiene, unter den Schriften der verdienstvollesten Männer zu stehen, die Gelehrsamkeit und ein gutes Herz für unzertrennlich halten, und eben deswegen auf meine und eines richtig denkenden Publikums ganze Achtung, vollkommenen Anspruch machen können.

Welches wird also das beste System seyn? Dasjenige ohnstreitig, das den Spuren der Natur am genauesten folgt, das wenigste Willkührliche hat, und worinn die Verschiedenheiten der natürlichen Körper

nicht

nicht nach einem, sondern nach vielen und zugleich in die Augen fallenden Merkmalen sichtbar werden; dasjenige System, wobey es, wo nicht gar keine, doch die wenigsten Ausnahmen giebt; bey dessen Merkmalen die Einbildungskraft das wenigste zu thun bekömmt, und bey dem es einem Anfänger, wofern er nur einmal die Merkmale an Exemplaren selbst gesehen, und sich bekannt gemacht hat, nicht schwer wird, alle noch außerdem dahin gehörige Körper gehörig zu beurtheilen.

Ein solches System haben wir noch nicht, und können es freylich auch nicht so vollkommen haben, als es wohl sich denken läßt, so lange unsre Einsichten eingeschränkt sind, und das werden sie ewig bleiben; aber nähern können wir uns doch dieser Vollkommenheit immer mehr und mehr, je mehr sich dieselben aufklären, je mehr die Zahl natürlicher Körper, die wir kennen, von Zeit zu Zeit sich vermehret.

Der Ritter von Linné hat in dieser Absicht ein unleugbar großes Verdienst. Daß er aber selbst sein System nicht für unverbeßerlich halte, beweisen die vielen Veränderungen, die er mit demselben, fast in jeder neuen Ausgabe, vorgenommen hat. Am allermeisten scheint sich mir der große Mann bey der Klaßifikation der Insekten von der Natur entfernt zu haben. Ohne also den Vorwurf zu befürchten, mich über einen Linné erheben zu wollen, will ich mit einer Eintheilung der Schmetterlinge die Probe machen, ob ich bestimmtere Karaktere angeben, und mich der Natur selbst mehr nähern könne. Ich setze dabey folgende Grundsätze voraus:

1) Man muß b y der Klaßifikation eines Insekts nicht bloß auf das Insekt sehen, so wie es in seinem vollkommenst n Zustand erscheint; sondern man muß auf alle Hauptgestalten sehen, darinn es uns in seinem ganzen Leben sichtbar wird. Ich nenne sie den Larven- Puppen- und Insektenstand. Bey der Klaßifikation anderer Thiere ist dieses nicht nöthig. Sie kommen dem Naturforscher nicht unter verschiedenen Gestalten vor. Der Hund wird als Hund gebohren, der Sperling kömmt als Vogel aus dem Ey, der Fisch, als Fisch aus dem Roggen. Aber wird aus dem Ey, das der Schmetterling legt, wieder ein Schmetterling? Sind denn die Abweichungen unter den Raupen und Maden so unmerklich, oder sind diese Gestalten so unvollkommen, daß sie nicht dürften in Betrachtung gezogen werden, und daß man sie lieber übergeht, um die schöne Natur nicht zu verunglimpfen, wenn man ihre Meisterstükke zur Bewunderung aufstellet? Ueberdem haben genannte drey Stände gewisse Beziehungen auf einander, wodurch mir die Natur gleichsam selbst ihre Ordnungen und Klaßen scheint gemacht zu haben. Der Ritter von Linné hat hierauf bey seiner Klaßifikation der Insekten nicht gesehen. Allein ich

ich kann nicht leugnen, daß es mir immer etwas unnatürlich vorgekommen ist, Phalänen aus Bärraupen und glatten Raupen darum in einer Klasse, ja unter einer Gattung zu finden, weil etwa beyde Borstenförmige Fühlhörner haben, übrigens aber Himmelweit von einander verschieden sind. Und wie unbestimmt ist nicht dieser Karakter einzeln genommen? Ich besitze selbst in meiner Sammlung verschiedene Phalänen, welche Linné *noctuas* nennt, da sie doch unter die *bombyces* gehören. Er hatte aber vermuthlich nur die Weibchen gesehen, deren Fühlhörner oft nicht Kammförmig aussehen. Der selige Rösel ist, wie mich dünket, in dieser Absicht der Natur schon weit getreuer gewesen. Allein er ist nur bey den Ordnungen stehen geblieben, und hat es vermuthlich für unmöglich gehalten, diese Ordnungen wiederum nach gewißen Karakteren, in Geschlechter und Gattungen einzutheilen.

2) Der zweete Grundsatz. Man künstle bey der Eintheilung der Insekten so wenig, als möglich in Bestimmung der Karaktere. Ich will soviel sagen: man wähle theils leicht in die Augen fallende Merkmale, die man nicht etwan erst mit dem Vergrößerungsglase suchen muß, theils solche Namen für dieselben, die nicht erst eines Kommentars bedürfen, um hinlänglich verstanden zu werden. Dieser Fehler ist dem neuesten

System

System des Hrn. Prof. *Fabricius*, dessen sehr große Vorzüge ich übrigens nicht verkenne, mit dem Schäferschen eigen, und selbst das Linneische scheint mir davon nicht ganz frey zu seyn. *Cerambyx* und *Leptura* des Ritters, ingleichen *Ichneumon* und *Sphex* sollten, meiner Einsicht nach, wenn er sie ja hätte trennen wollen, Unterabtheilungen eines einzigen Geschlechts, nicht zwey Geschlechter seyn. Die Merkmale, wodurch sie abweichen, sind zu klein, und die Aehnlichkeit beyder für zwey verschiedene Geschlechter zu groß.

3) Die Natur giebt selbst gewiße Verschiedenheiten an, die oft in einzelnen kleinen und kaum merklichen Abweichungen bestehen, die aber zusammengenommen den Unterschied des Insekts besonders merklich machen. Diesen Unterschied der ganzen äußern Bauart darf man nicht aus der Acht laßen, wenn man der Natur getreu bleiben will. Man nehme nur einmal *Phalaenam pauoniam*, *Cajam*, *nuptam*, *umbraticam*, *pronubam*, und stelle sie in eine Reihe zusammen, was für ein merklicher Unterschied wird sich zeigen! Man sehe ferner die in dem vortreflichen Käferwerke des Hrn. D. Voet gemachte Eintheilung, wie sicher, wie ungekünstelt, wie getreu der Natur! Jede Abtheilung, die Hr Voet macht, hat so sichtbare Abweichungen von der andern, daß ein

ein Anfänger sie nur mit einem Blik übersehen darf: so wird es ihm leicht werden, seine gesammlete Käfer darnach zu ordnen. Aber diese Verschiedenheiten liegen nicht bloß in der Freßzange, im Brustschild, im Schienbein oder in den Fühlhörnern; nein, sie sind in dem ganzen Bau des Thieres gleichsam vertheilet, und laßen sich leichter erkennen, als deutlich angeben.

Dieses vorausgesetzt, wende ich mich zu meinem Plane selbst. Es soll nur der erste Grundriß seyn, den ich jedem Sammler und Beobachter zur Verbeßerung, Berichtigung oder Ergänzung überlaße. Da die Natur in ihrer Mannigfaltigkeit so unerschöflich ist, und oft durch unmerkliche Nüancen von einem Geschlechte zum andern, von einer Gattung zur andern übergeht: so darf man sich nicht wundern, wenn in einer Tabelle, die dem Entwurfe derselben getreu seyn soll, sich verschiedene Unterabtheilungen finden; wenn es nicht bey allen Thieren gleich leicht ist, ihnen die Klasse, wohin sie gehören, anzuweisen, und wenn man zuweilen um eines einzigen Thieres willen, eine ganz besondere Abtheilung zu machen genöthiget wird. Ich habe dieses in meiner Tabelle mit dem Apollo thun müßen, und habe geglaubt, dieses um so viel eher thun zu können, da es mir nicht einmal wahrscheinlich vorkömmt, daß Apollo der einzige in seiner Art seyn sollte, so wie es doch gewiß der Elephant unter den vierfüßigen Thieren ist. Hat aber der Elephant das Recht, eine besondere

dere Klasse zu erfüllen, warum sollte Apollo unter den Schmetterlingen es nicht gleichfalls haben?

Wenn die Verwandelungen ausländischer Schmetterlinge, deren wir eine große Menge kennen, schon so genau beobachtet wären, als der Europäischen; oder wenn nur das in anderer Absicht prächtige Werk der Fr. Merianin zuverläßiger wäre: so würde vielleicht manches in meiner Klaßifikation, theils bestätiget, theils verbeßert, theils berichtiget werden können. So aber muß ich bekennen, daß ich, in Ansehung ausländischer Schmetterlinge, bloß der Analogie habe folgen können. Statt der Kosten, welche die Herren Holländer auf den Besitz dieser reizenden Geschöpfe in ihren Kabinetten wendeten, sollten sie dieselben in ihrem Vaterlande beobachten, ihre Verwandlungen und Lebensart bemerken laßen, und die Resultate bekannt machen, zumal da das Vergnügen des Besitzes dadurch nicht gestöhrt, und vielmehr für einen wahren Forscher der Natur befördert und erhöhet wird. Was helfen mir die prächtigen Werke eines Drury und Kramers, wenn ich darinn die Abbildung, das Vaterland und die Seltenheit eines Schmetterlings, aber nichts von seiner Raupe und Verwandlung bemerkt finde? Dem Hr. Drury muß ich inzwischen die Gerechtigkeit wiederfahren laßen, daß er allemal, wo er etwas von der Raupe gewußt zu haben scheint, es auch mit angezeiget hat. Zur Sache!

Ich theile alle Schmetterlinge in Tagvögel (Papiliones) Dämmerungsvögel (Sphinges) und Nachtvögel (Phalaenas). Diese Eintheilung ist unverbeßerlich, und in der Natur völlig gegründet. Also

I. Tagvögel, (Papiliones) und hier keine Griechische und Trojanische Ritter; wozu diese Allegorie! sondern

1) Tagvögel mit vier vollkommenen und zween stumpfen, oder wenigstens kurzen Füßen: der Unterleib ist in die Unterflügel im Sitzen eingehüllt. Die Puppe ist ekkicht oder gezähnt, und hängt perpendikulär. (*Tetrapodes; Puppa* dentata pendens, illaqueata.) Diese entstehen

a) aus Dornraupen mit Herzförmigem Kopfe (*Larva* spinosa, capite cordiformi); dahin gehören Papilio vrticae, Polychloros, cardui, Io, Plexippus. Midamus, Bolina, Iphicla, Leda, Phaerusa, Orithya Linnei, u. a. m. Man kann auch Papilionem Iris und populi hierher rechnen, wo sich nicht unter den ausländischen Raupen mehr solche Abweichungen finden, als man an den Raupen dieser Schmetterlinge bemerkt, daß man eine besondere Unterabtheilung davon machen könnte.

b) aus gedornten Raupen mit rundem Kopfe, (*Larva* nuda, capite rotundo.) davon

Hr.

Hr. Sepp, ein fürtreflicher Beobachter, uns zuerst einige mit ihrer ganzen Verwandlung hat kennen gelehret. Dahin gehören Jurtina, Janira, Dejanira, Aegeria des Linnéz und ich werde nicht irren, wenn ich vermuthe, daß die meisten äugichten Wald- und Wiesenvögel aus Larven dieser Art entstehen.

2) Tagevögel mit sechs vollkommenen Füßen. Der Unterleib ist im Sitzen von den Flügeln entblößet. Die Puppe ist entweder ekkicht und hängt in einer Schlinge, oder rund, und liegt im Gespinnste (*Hexapodes. Puppa* vel dentata, pendens, laqueata, vel rotundata, jacens, inuoluta.) Hierher rechne ich zuerst dreyerley ausländische Gattungen, die mir entweder in Ansehung ihrer Larve, oder Puppe, besondere Merkmale zu haben scheinen, wodurch sie sich von andern Raupen und Puppen dieser Klasse eben so unterscheiden, als die Schmetterlinge selbst von andern unterschieden sind.

a) Langflügel erster Größe (alis elongatis primae magnitudinis) Z. B. Priamus und Glaucus Linnei, Hypolitus, Pompeus, Lysander, Hyppason, Agenor, Amphitruo (*Crameri* *) u. a.

b) Lang-

*) Siehe dessen Papillons exotiques de trois parties du monde 1 — 3tes Heft.

b) Langflügel zwoter Größe (alis elongatis, secundae magnitudinis.) Z. E. Pap. Psidii, Melpomene, Ricini, Polymnia.

c) Nachtvögelähnliche (Phalaenoides,)

α) mit Käulenförmigen Fühlhörnern, (antennis clavatis) Dahin rechne ich diejenigen, die beym Drury I Tab. 16. f. 1. 2. und beym Kramer II. Tab 17. f. E. F.. und Tab. 18. f. A. B. abgebildet sind,

β) mit Fadenförmigen Fühlhörnen, dergleichen der beym Drury I. Tab. 7. f. 1. Die beßere Kenntniß, welche wir vielleicht künftig von der Verwandlung ausländischer Insekten zu hoffen haben, wird lehren, ob diese 3 Geschlechter wirklich so unterschieden sind, als ich sie unterschieden habe, oder ob sie unter andere Geschlechter vertheilt werden müßen?

d) Schwalbenschwänze. Die Unterflügel haben zween lange Spitzen, wie die Schwänze der Schwalben, (alae caudatae) oder laufen in eine stumpfe Spitze zusammen, ohne eigentlich einen Schwalbenschwanz zu bilden. (subcaudatae.)

Die Raupe ist glatt, dik, und hinter dem Kopfe mit zween fleischernen Organen versehen, die, wenn man sie berühret, sichtbar werden. (*Larva* nuda, crassa, organis carneis in cervice latentibus instructa, quae, nisi tacta, non exserit.

Die Puppe ist eckicht und hängt in einer Schlinge. (*Puppa* dentata, laqueata). Zu dieser Gattung gehören Papilio Machaon, Podalirius, Paris, Protesilaus *Linnei;* Ascanius, Dolicaon, Phorcas *Crameri*, und die beym Drury I. Tab. 11. 19. f. 1. 2. und Tab. 22. Im 4ten Th. des Röselschen Werks Tab. 6. f. 1. steht eine Abbildung eines Exemplars derjenigen Gattung, die ich *alis subcaudatis* genannt habe.

e) Rundflügel (alis rotundatis simplicioribus)

α) aus kurzharigen Raupen, mit zween fleischernen Organen hinterm Kopfe, deren Puppe rund ist und im Gespinnste liegt. (*Larva* subpilosa, organis defensoriis carneis, in cervice latentibus. *Puppa* rotundata, inuoluta)

Apollo des Linne ist der einzige, der diese besondere Karaktere hat. Vielleicht finden sich unter den Ausländern auch noch einige, die zu dieser Gattung gehören; und es ist mir nicht unwahrscheinlich, daß der, in dem Kramerischen Werke Tab. VI. fig. A. B. abgebildete müsse hierher gerechnet werden.

β) aus

ε) aus kurzharigen Raupen, ohne gedachte Organe. Die Puppe ist ekkicht und hängt in einer Schleife. (*Larva* subpilosa inermis. *Puppa* dentata, laqueata) Z. B. Cardamines, Rapae, Brassicae *Linnei*, u. a. Papilio Rhamni und alle diesem ähnliche Ausländer, können füglich zu dieser Gattung mit gerechnet werden.

f) Blaulinge und Feuervögel. Sie sind kleiner, als alle aus den vorhergehenden Geschlechtern, haben mehrentheils eine schöne blaue, zuweilen auch wohl Feuerfarbe auf den Oberflügeln; zeigen aber gleichwohl in den Farben viel Abänderungen. Die Unterflügel sind bey einigen Arten geschwänzt. Sie entstehen aus Schildräupchen die sich in eine kurze, stumpfekkige Puppe verwandeln, die in einer Schleife hängt (Cyaneopteri. *Larva* scutata. *Puppa* brevis, subdentata, laqueata, pendens). Hierher rechne ich alle, die den Naturforschern unter dem Namen der Argusvögel bekannt sind, und deren Geschichte noch manche Erläuterung bedarf.

g) Dikköpfe mit abgekürzten Flügeln. Die Raupe, ist mit sehr kurzen Haren versehen, und hat beynahe einen Herzförmigen Kopf. Die Puppe ist rund und liegt im Gespinnste. (Pachynocephali, alis detruncatis. *Larva* subpi-

subpilosa, capite ferè cordiformi. *Puppa* rotundata, involuta). Hierher gehören Papilio malvae Linnei, dessen ganze Verwandlung der selige Rösel I. Pap. Cl. II. Tab. 10 abgebildet und beschrieben hat, nebst verschiedenen andern aus dem Geschlechte der Urbicolarum.

h) Bastart Pfeilschwänze. Diese Klasse macht den Uebergang zu den Dämmerungs- und Nachtvögeln. Die Vögel sind aber wirklich Tagvögel, ohnerachtet die Flügel derselben im Sitzen platt aufliegen. Die Raupen sind eine Art von Bärraupen. Die Puppe ist rund und liegt im Gespinnste. (*Sphingoides*, alis incumbentibus. *Larva* hirsuta. *Puppa* involuta). Dahin rechne ich alle, die der Ritter von Linne Sphinges adscitas nennet.

II. Dämmerungsvögel (Sphinges). Sie sind

1) eigentliche Pfeilschwänze, mit schmalen Flügeln, zugespitztem Hinterleibe, und langem Sauger. (Sphinges celeres, linguâ spirali).

Die Raupe ist glatt, hat einen runden oder ovalen Kopf, ein glattes oder Rüßelförmiges Horn auf der Schwanzkappe. Die Puppe ist schlank, lebhaft, rund, und überwintert in der Erde, zuweilen ist eine besondere Saugrüßelscheide an derselben sichtbar. (*Larva* glabra, capite rotundato, ano cornuto. *Puppa* mobilior, sub-

ſub terra hiemans, rotundata, vaginâ ſubidè linguae diſtincta) Z. B. Sphinx Nerii, Atropos, Convolvuli, Elpenor, Celerio, Vitis, Euphorbiae, Porcellus u. a.

2) Dikbäuche mit kurzem Sauger, breiten ausgeschweiften Flügeln. Die Raupe iſt rauh, wie Schagrin, hat einen zugeſpitzten Kopf, und ein Himmelblaues Horn. Die Puppe iſt nicht ſo ſchlank, auch nicht ſo lebhaft, als die von der vorhergehenden Gattung, von dunkler Farbe, überwintert in der Erde. (Sphinges tardae, linguâ ſpirali minutiſſimâ, alis latioribus angulatis. *Larva* aſpera, acrocephala, ano cornuto. *Puppa* immobilior, hiemat ſub terra). Hieher gehören: Sphinx tiliae, populi, ocellata u. a.

3) Unruhen oder Karpfenſchwänze mit bärtigem Unterleibe, mit oder ohne Sauger. Die Raupe hat einen kleinen runden Kopf, und verwandelt ſich außer der Erde in einem Geſpinnſte. (Sphinges barbatae ſpirilingues aut elingues. *Larva* microcephala cornuta. *Puppa* involuta). Z. B. Sphinx ſtellatarum, fuciformis, apiformis u. a.

III. Nachtvögel (Phalaenae).

1) Breitflügel (Attaci alis patulis ocellatis, vel feneſtratis). Sie haben unter allen Nachtvö-

geln die breitesten Flügel, und auf denselben entweder Augen, oder helle durchsichtige Flekke. Die Männchen haben statt der Fühlhörner breite Kämme. Sie entstehen

a) aus glatten Raupen, die mit harichten Warzen besetzt sind, daraus, wenn sie berührt werden, ein weisser, riechender Saft schwitzet. Die Puppe liegt alsdann in einem Gespinnste. (*Larva* glabra, verrucis pilosis. *Puppa* involuta). Dahin gehören: Ph. Pavonia major, minor, Atlas und vielleicht verschiedene, die uns noch nicht bekannt genug sind.

b) aus glatten Raupen ohne harichte Warzen. Sie machen auf oder in der Erde ein weites Gespinnst. (*Larva* tota glabra. *Puppa* ad terram sive in terrâ leviter involuta hiemat. Unter den Europäischen Gattungen gehört Phalaena Tau *) hierher. Vermuthlich wird sie nicht die einzige in ihrer Art seyn. Phalaenam versicoloram L. wäre ich nicht abgeneigt, auch hierher zu rechnen. Sie hat in ihrer ganzen Oekonomie viel Aehnliches mit den Arctacis.

2) Bären (Arcti). Die meisten dieser Phalänen unterscheiden sich durch ihre schöne Farben. Sie haben

*) Einige Merkwürdigkeiten an der Raupe dieses Insekts sind von mir im 6ten St. des Naturforschers p. 118 bekannt gemacht worden.

ben mehrentheils einen kaum merklichen Sauger, und einen dikken Leib. Ihr Flug ist schwer und langsam. Das Männchen hat mehrentheils Kammfühlhörner. Die Raupe ist durchgehens mit langen Haren besetzt, und läuft sehr schnell. Die Puppe liegt in einem weitläuftigen, weichen Gespinnste. (Phalaenae pictae, tardiusculae. *Larvae* hirsutissimae, celeres. *Puppae* amplissimo filamento circumvolutae). Z. B Phalaena Caja, Villica, Hebe, purpurata, fuliginosa, lubricipeda. Matronula Linn. u. a.

3) Afterbären (Arctoides). Diese Phalänen sind ohne Zunge. Männchen und Weibchen haben Kammförmige Fühlhörner. Die Unterflügel haben mit den Oberflügeln eine Grundfarbe, und ragen, wenn der Vogel sitzt, etwas über dieselben hervor. Sie entstehen aus Filzharichten Raupen, die sich mehrentheils in einem harten, Eyrunden, oder länglichen weichen Gespinnste, selten in der Erde, verwandeln. (Phalaenae elingues pectinicornes, alis posticis prominentibus. *Larva* pellicea. *Puppa* vel duriore ovo, vel molliore latens folliculo, rariùs sub terra). Beyspiele zu diesem Geschlecht sind: Phalaena potatoria, rubi, quercifolia, ilicifolia, quercus, pini, Neustria u. a. Im 6ten St. des Naturforschers p. 15 hat Hr. D. Kühn eine Filzharichte Raupe beschrieben, die das Besondere hat, daß sie sich in der Erde verwandelt.

4) Igel (Echini). Die Raupen haben lange steife Hare, wie Igel, jedoch weniger, als die Bärraupen. (*Larva* ferè setosa). Die Puppe liegt im Gespinnst, oder hängt zuweilen nur in einigen Faden. Selten überwintert sie in der Erde. (*Puppa* vel folliculo latens, vel paucis tenetur filis; rarius in terrâ hiemat). Die daraus entstehende Phalänen sind:

a) entweder Kammigel (Echini pectinicornes) Z. E. Phalaena dispar, Salicis chrysorrhoea, bucephala, welche sich in der Erde entwikkelt, u. a; oder

b) Borstenigel (Echini antennis setaceis), und diese können wieder eingetheilt werden

α) in edle (nobiles), die schön gefärbt sind, und, gegen die Länge der Flügel gerechnet, einen dünnen Leib haben. Z. B, Phalaena Hera, Quadra, Dominula, Jacobeae, oder

β) in gemeine (plebejas). Diese sind klein, und haben kürzere Flügel und dikkern Leib. Die Farben der Flügel sind dunkel. Z. B. Phalaena Psi, rumieis, und die vom Rösel Pap. Noct. Cl. II. Tab. 44. 45 vorgestellten, davon ich den Linneischen Namen nicht weis. Diese Phalänen sind kaum von den gemeinen Eulen zu unterscheiden.

5) After-

5) **Afterigel** (Echinoides). Diese Phalänen sind sehr wollicht, besonders an den Vorderfüßen. Die Männchen haben Kammförmige Fühlhörner, und die Weibchen sind bey einigen Gattungen ungeflügelt. Die Raupen haben auf dem Rükken Harbüschel, und verwandeln sich, in einem weichen, weiten Gespinnst, zu einer harigen Puppe. (Phalaenae lanigerae, pectinicornes. *Larvae* fasciculatae. *Puppae* involutae). Phalaena coryli, fascelina, pudibunda, antiqua und Gonostigma sind die bekanntesten dieser Gattung.

6) **Spinner** (Bombyces). Die Phalänen dieser Art sind mehrentheils ohne Sauger, mit Kammförmigen Fühlhörnern. Die Raupen sind glatt oder haben nur einzelne kurze Hare, und verwandlen sich in einem Gespinnste. (Bombyces elingues. pectinicornes. *Larvae* glabrae. *Puppae* involutae). Phalaena vinula, mori, Furcula, Cossus würden zu dieser Gattung gehören. Auch Phalaena versicolora, wenn man diese nicht lieber zu den Attacis rechnen will. Ph. libatrix hat einen Sauger.

7) **Eulen** (noctuae). Sie haben Borstenförmige Fühlhörner, und mehrentheils alle Sauger. Die Raupen sind glatt, und gehen entweder in die Erde bey ihrer Verwandelung, oder hüllen sich in ein Gespinnst ein. (Antennae setaceae phalaenis

laenis raro elinguibus. *Larvae* glabrae, *Puppa* vel involuta vel sub terrâ latet). Ich theile sie

a) in edle (nobiles). Diese Phalänen sind unter den Eulen die grösten. Die Unterflügel haben oft eine sehr lebhafte Farbe, wiewohl ich glaube, daß dieses nicht bey allen eintrift. Am Tag über sind sie sehr scheu, und laßen sich leicht verjagen. Sie haben alle einen Sauger. Die Raupen sind von grauer Farbe, schlank und lebhaft, auf dem Bauche weiß, mit runden schwarzen Flekken. Sie machen ein feines Gespinnst, und verwandeln sich in eine schlanke lebhafte Puppe, die mit einem blauligen Staub überzogen ist. (Plalaena spirilinguis timida, alis posticis saepiùs egregiè picta. *Larva* gracilis grisea, subtùs discis nigris maculata. *Puppa* gracilis, involuta). Diese Gattung ist sehr kenntlich. Man sehe Phalaenam nuptam, fraxini, pactam, Paranympham *Linnei*, und die Ausländer zu dieser Gattung in Kramers 3ten Heft der Papillons exotiques Tab. 30. f. A. B. C. Tab. 33 B. C.

b) in Dämmerungseulen (Sphingides). Sie haben einen zugespitzten Hinterleib, schmale Flügel, langen Sauger, und fliegen mit den Dämmerungsvögeln des Abends an den Blumen.

men. Die Raupen sind glatt, bisweilen höckericht, die Puppen halbdurchsichtig. Die Saugrüßelscheide ist an denselben merklich verlängert. (*Larva* glabra, subindè gibbosa. *Puppa* ferè pellucida, vagina linguae elongata). Dahin gehören Ph. verbasci, umbratica L. und verschiedene andere, die ich selbst besitze. Sie sind ebenfalls sehr kenntlich.

c) in Eulenspinner (Bombycides). Dahin rechne ich alle die wollichten Eulen, die keinen Sauger haben, und aus glatten Raupen entstehen, die sich in der Erde verwandeln. (Bombycides lanigerae elingues. *Larvae* glabrae; *Puppa* sub terrâ latens). Außer der vom Hrn. Kleemann in seinen Beyträgen zu den Röselschen Insektenbelustigungen Tab. XII. f. A. B. vorgestellten Phaläne, kenne ich noch verschiedene andere, die zu dieser Gattung gehören könnten.

d) in Spanneulen (Geometroides). Diese Phalänen unterscheiden sich wenig von den gemeinen Eulen der folgenden Abtheilung. Die Raupen haben nur 12 Füße. Die Puppe liegt im Gespinnst; ihre Saugrüßelscheide ist etwas verlängert. (Ph. geometroides spirilingues. *Larvae* duodecim pedibus submetientes. *Puppa* involuta, vagina linguae elon-

elongatior). Ich kenne drey Gattungen dieser Art: Ph. Gamma, Chrysitis, und noch eine, der gamma sehr ähnliche, aber doch wirklich verschiedene, von der ich noch nirgends etwas angemerkt gefunden habe.

e) in gemeine Eulen (plebejae). Dahin rechne ich alle übrige Arten, die nicht unter obige Geschlechter gebracht werden können. Sie sind mittlerer Größe, selten mit lebhaften Farben versehen, haben Borstenförmige Fühlhörner und, wo nicht alle, doch mehrentheils einen Sauger. Ihre Raupen sind glatt, und machen entweder ein Gespinnst, oder verwandeln sich in der Erde. (Ph. noctuae plebejae, tristes, spirilingues pleraeque. *Larvae* glabrae. *Puppa* vel involuta, vel latens sub terrâ). Es giebt ihrer eine große Menge, die schon bekannt sind, und eine eben so große Menge, deren Geschichte noch dunkel ist. Ph. exoleta, persicariae, atriplicis, oxyacanthae oleracea, brassicae L. u. a. gehören hieher.

Die übrigen Nachtvögel sind, meiner Einsicht nach, unverbeßerlich vom Ritter Linné geordnet worden. Ich darf diese Ordnungen also den meinigen nur noch anhängen..

8) **Spanner** (Geometrae.)

9) **Blattwikler** (Tortrices).

10) Licht=

10) **Lichtmükken** (Pyralides).
11) **Motten** (Tineae).
12) **Federeulen** (Alucitae).

Wird man aber bey dieser Eintheilung von jedem neuen Schmetterling oder Nachtvogel sogleich, beym ersten Anblik sagen können, zu welcher Klasse er gehöre? Freylich nicht! So wenig, als man nach Linneischen Kennzeichen sogleich von einer weiblichen Phaläne sagen kann, ob sie Noctua oder Bombyx sey? Man ordne indeßen einmal eine Sammlung bekannter Schmetterlinge nach der Linneischen Klaßifikation, und eine andere nach meiner. Der Augenschein wird lehren, daß in der Linneischen viele Schmetterlinge von einander getrennt worden sind, die offenbar zusammen gehören. Phalaena Matronula und Hebe z. B. stehen bey mir dicht neben einander. Wie weit hat sie hingegen Linne getrennet! Man betrachte sie aber nur, und urtheile dann unpartheyisch!

XXI.

Einige neue Bemerkungen über die Molukkische Krabbe.

von

Lor. Spengler.

Die so genannte große Molukkische Krabbe, oder Monoculus Polyphemus Linnéi, Cancer perversus nach Rumph rc. hat für Naturliebhaber viel Wunderbares und Unerwartetes. Obgleich diese Krabbe von so vielen Schriftstellern beschrieben, und von verschiedenen gute Abbildungen bereits darvon geliefert worden; so hat gleichwohl keiner ihre wunderbare Augen angezeigt, und kaum den eigentlichen Ort richtig und bestimmt angegeben, wo diese Augen an dem Körper ihre eigentliche Stelle haben. Ich bin auch versichert, daß viele Besitzer dieses wunderlichen Geschöpfs, welches in seinem Geschlechte das einzige ist, lange mögen darnach gesucht und sie doch nicht gefunden haben. Vom Rumph, der sich überall als einen

einen der geschiktesten Beobachter der Natur gezeigt, scheint es, daß er die Augen dieser Krabbe gekannt habe. Er schreibt p. 22. „Het groote schild is met „korte stekeltjes bezet, waar onder men twee stompen ziet, boven witagtig, twelk de *Oogen* zyn." Nach der Lineischen Beschreibung in deßen Natursystem und Deutschen Uebersetzung, wo es heißt: „Das „vordere Schild ist halbmondförmig rund, stumpf und „gerändelt, nach den Stükken zu mit 7 Dornen gewafnet. An der Wurzel des vorderen Seitendorns „stehen die zwey Augen." — läßt sich der Ort auch noch nicht deutlich erkennen, am wenigsten paßt sich das Linneische Geschlechtskennzeichen von den Augen, die an einander stehen sollen, zu dieser Krabbe. Es ist mir kein lebendiges Geschöpf bekannt, wo die Augen Verhälnißmäßig weiter auseinander stehen, als an dieser Krabbe. Der Schild derselben besteht eigentlich aus zwoen Schalen. Die gröste derselben ist vorn ganz rund, und von aus- und inwendig mit einem netten Rand eingefaßt. An der hintern Seite ist diese Große Schale tief ausgeschnitten, welche Höhlung in der Mitte eine gerade Linie macht, die etwas mehr, als den dritten Theil der Schalenbreite, in sich schlüßet. Die 2 Seiten sind ziemlich ausgeschweift, mit zarten Stacheln besetzt, und endigen sich in eine lange Spitze. In diesem Ausschnitt der vorderen Schale, ist die zwote kleinere, woran der lange Pfeil oder Stachel durch ein künstliches Gehäuse eingelenket ist, mit ihrer verbundenen Schalenhaut, und noch be-

sonders

sonders in der Mitte durch eine Art eines Gelenks, vereiniget, so daß dieser Theil der Schale dasjenige vorstellet, was bey den andern Krebs- und Krabbenarten der Schwanz ist. Sie hat auch darum von unten die wunderbar gestaltete und zum Theil in der Mitte abgetheilte Blättergehäuse, worinnen die Weibchen ihre Eyer verstekken.

Die vordere große Schale nun, ist von außen rund gewölbt, und aus den beyden Ekken des vorhin gedachten Ausschnitts, gehen aufgehobene Ribben gegen das Vordertheil der Schale in ausgeschweifter Linie heraus. In der Mitte ist diese Ribbe etwas mehr erhöhet und dabey auswärts gebogen, und eben an dieser Stelle und unter dieser Erhöhung liegen, an jeder Seite nach der äußern Kante zu, die Augen, die gleich einer länglichten Warze (von 4 Linien Länge und 2 Linien Breite an Mittelgattungen) weißlich von Farbe, über die Schale hervorstehen und mit ihr verwachsen sind. Bey Rumph Tab. XII. Fig. A ist zur linken Hand durch einen weißen Flekken in der Mitte der oben gemeldeten Ribbe, eines dieser Augen ziemlich deutlich zu erkennen. Alle andere Abbildungen, auch Seba, haben diesen Umstand unbemerkt gelaßen. Diese Augen sind nun gänzlich, nach allen Theilen, den Augen des Ißländischen Oskabiören ähnlich, und kann ich dahero die Liebhaber an die umständliche Beschreibung derselben im Ersten Bande der Gesellschaftlichen Beschäftigungen S. 298, hinweisen. Keine andere Krebs- oder Krabbenart

art hat dergleichen, aus unzähligen Spiegeln zusammen gesetzte Augen. Ich hätte auch kaum geglaubt, daß es mehrere Seegeschöpfe gebe, die, gleich dem Oskabiören, in so viele Zellen eingetheilte Augen haben sollten. Nur ist die Lage dieser Augen merklich verschieden, da letzt gedachtes Insekt die Seinigen nahe zusammen, vorn am Kopf, hingegen die Molukkische Krabbe die Ihrigen oben auf dem Rükken und in einer weiten Entfernung von einander, stehen hat. Man kann also sagen, daß an diesem Thier kein eigentlicher Kopf wahrzunehmen ist, es müste denn die ganze vordere Schale selbigen vorstellen. Ein Zeichen von einem Mund habe ich auch nicht finden können, es sey dann, daß er zwischen den Füßen, welche an ihrem untersten und ersten Gelenk, wo die beyden Reihen in der Mitte an einander stoßen, mit einem rund aufstehenden und mit Stacheln dicht besetzten Flügel versehen sind, verborgen stekke. Die Füße sind auch gar noch nicht hinlänglich beschrieben. Insgemein sind die ersten 5 Paar richtig genug mit langen Scheren versehen, das sechste Paar aber ist sehr wundersam. Es hat an seinem Vordertheil nur eine kleine kurze Schere, ist aber noch mit 4 gebogenen Zungenförmigen Blättern, deren jedes im Grund eingelenkt ist, umgeben. Und unten am grösten Gelenk, auf dem Rükken desselben, kömmt noch ein neuer Fuß, nach dem äussern Rand hervor, deßen äußerstes Gelenk statt der Scheren oder Klauen ein Ruderblatt ist. Ich habe auch eine Molukkische Krabbe, deren drey erste Füße mit keinen Scheren, sondern mit spitzigen langen Klauen versehen sind. Eine dieser Krabben habe ich auch von einander geschnitten, ob sich von innwendig etwas Besonders entdekken ließe, da sie eben so hohl von innwendig, als von außen gewölbt ist? Beyde, die obere und innwendige Schale, liegen in der Mitte fast dicht auf einander, nur allein an dem vordersten runden Ende, da die Schale von innwendig sich in eine Spitze unterwärts zieht, war der Zwischenraum von dem verhärteten Fleisch des Thieres ausgefüllet. Da ich im Frühjahr an das Kabinet der Gesellschaft, unter andern Sachen, auch eine solche Krabbe senden werde; so sollen die geehrtesten Mitglieder derselben, dasjenige Seltene, was ich davon angeführt, sicher bestätiget finden.

XXII.

Beschreibung
einer besondern, schönen
Korallenmuschel,
mit Abbildung.

von

Lor. Spengler.

Tab. XIII. f 1. 2.

Unter den Kammmuscheln (Pectines) nimmt ohnstreitig das Geschlecht der so genannten Korallendupletten den ersten Platz ein. Ihre ansehnliche Größe, die wunderbare Gestalt ihrer erhabenen und gereiften Ribben, die Stuffenweise mit aufgerichteten Knoten und Bukkeln geziert sind; die Pracht ihrer Farben, da sie bald Pommeranzenfarbig, bald Purpurroth, bald roth und weiß marmoriret, bald aber mit dem schönsten Violet gemischet sind, machen sie, vieler andrer Vorzüge nicht zu gedenken, zu der schönsten Muschelschale, die sich nur denken läßt. Die gegenwärtige Korallenmuschel, die ich zu beschreiben mir vorgesetzt habe, ist die allerschönste ihres Geschlechts, dergleichen ich weder bey den Schriftstellern noch irgend in andern Kabinet angetroffen. Ich dadurch denke den Konchylienliebhabern keinen unangenehmen Dienst zu erweisen. Das Geschlecht der Korallenmuscheln ist nicht völlig gleichschalig. Die untere Schale pflegt ein klein wenig flacher, als die obere zu seyn, zumal bey den großen und ausgewachsenen Muscheln, ob schon auch dieser Satz eine Ausnahme leidet, da es Korallenmuscheln giebt, deren Untertheil gewölbter ist, als der Dekkel. Ich nenne aber diejenige Schale den Dekkel oder das Obertheil, auf deren Ribben die vielen erhabenen Knoten und Bukkeln sich befinden, da hingegen die andere, oder untere Schale, bey den gewöhnlichen Korallenmuscheln, von allen Knoten und Bukkeln gänzlich entblößet erscheinet. So ist auch diese Muschelart ungleichöhrig; denn das Ohr zur rechten Hand, an dem Untertheil, ist von unten gegen die Schale zu ausgeschnitten, so daß sie zwischen sich und der andern Schale eine dreykantige Oeffnung läßet, wovon die Seite der untern Schale an diesem Ort mit 6 scharfen Zähnen bewafnet ist, welches als ein Kennzeichen einiger Kammmuscheln angesehen werden kann, weil diese Zähne niemals mangeln.

Der Dekkel hat 9 und das Untertheil 10 erhabene ungleiche Falten. Die Anordnung und Eintheilung

dieser

dieser Falten ist folgende: Auf dem Dekkel theilet die gröste und breiteste Falte die Schale in zween gleiche Theile, sie gehet nämlich gerade durch den Dekkel. Sie hat auch die grösten und erhabensten Bukkeln oder Knoten, wovon die zween untersten von unten hinauf gerne hohl und geöfnet zu seyn pflegen. Zu beyden Seiten dieser großen Falte steiget aus der Fläche der Muschel eine niedrige und schmalere Falte hervor, die weder Knoten, noch Bukkeln hat. Und nun folget wieder an jeder Seite eine Falte, die in Ansehung der geschloßenen und geöfneten Bukkeln, in allem der mittelsten gleich ist. Dann kommt die dritte Reihe von Falten, von der Mitte an gerechnet, die wieder kleiner sind, gleichwohl aber runde Knötchens zeigen, und gleichwohl schlüßt die vierte Reihe, die wieder erhabener und mit Knoten und Bukkeln in verjüngterm Ebenmaaß besezt ist, die ganze Fläche der Schale. Nach diesem Plan wechseln die Falten dergestallt ab, daß immer eine niedrige und flache zwischen 2 breiten und hochaufgehobenen, mit Bukkeln besezten Falten zu stehen kömmt. An der untern Schale sind die Ribben oder Falten zwar in der Länge stark gereist, gleich denen auf dem Dekkel, hingegen haben sie nur Wellenförmige Erhöhungen, statt der Knoten und Bukkeln. Die Ordnung dieser Falten ist gegen die Ordnung auf dem Dekkel umgekehrt. Wo auf diesem in der Mitte die Falte ist, da sieht man dort die vertiefte Hohlkähle, so daß am Ende immer eine Falte über die einwärts tretende Hohlkähle

kähle schlüßet; daher dann hier zehen Falten entstehen müßen, wenn der Dekkel 9 derselben hat, wie solches bey allen dergleichen eingekerbten Arten von Muscheln zu geschehen pfleget. Diese Beschreibung ist von sämmtlichen Korallenmuschelarten zu verstehen. Ganz anders ist die zu beschreibende Muschel beschaffen. Hier auf dem Dekkel so wohl, als auf dem Untertheil, haben alle Falten, ohne Ausnahme, sämmtlich hohe aufrechtstehende Knoten und zum Theil geöfnete Bukkeln, wenn bey den vorhin beschriebenen, nur jede 2te Falte, und zwar nur auf dem Dekkel allein, mit Knoten besetzet ist. Diese Falten sind außerordentlich hoch aufgehoben, und beynahe vierkantig, wenn die vorigen halb rund erscheinen. Die Furchen, mit welchen sie nach der Länge durchzogen, sind merklich tief und bilden zwischen sich erhabene Stäbchens. Auf gleiche Weise ist der Grund zwischen den Falten, in der schönsten Ordnung, mit Hohlkählen und Stäbchen gleichenden, abwechsenden Reiffen ausgezieret, und beyde zusammen genommen, sind überzwerg mit unmerklichen Schuppen dichte besetzet. Die Grundfläche der ganzen Schale ist der Länge nach, so wohl von außen, als von innen Wellenförmig. Von außen aber ist sie noch besonders mit Stuffenmäßigen Absätzen, die gleich den Dachziegeln übereinander geschoben zu seyn scheinen, nach der Anzal und Ordnung der Knotenreihe, Verhältnißmäßig eingetheilt und merklicher ein- und auswärts gebogen. Diese Stuffenartige Absätze machen es wahrscheinlich, daß sie den jährlichen Anwachs der Muschel zu erkennen

nen geben. Was mich in dieser Meynung bestärket, ist dieses: Innwendig an dem äußersten Rand herum, von beyden Schalen, siehet man einen, zwo Linien breiten Ansatz, der noch nicht die gehörige Länge erreichet, und dem noch die eigentliche Glasur mangelt, womit das innwendige der Schale bekleidet ist. Die äußerste Kante an beyden Schalen ist, gleich einem Kamm, scharf gezähnelt, welches die auf dem Obertheil der Schale in die Länge auslaufende Furchen verursachen, und dieser Ansatz ist der eigentliche Fortwuchs der Muschel, und macht es wahrscheinlich, daß sie, wenn sie ungestört in der See liegen geblieben wäre, zu einer ansehnlichen Grüße würde angewachsen seyn. Die untere Schale dieser Korallenmuschel hat, wie oben schon gesagt worden, eben dergleichen mit Knoten und Bukkeln hocherhobene Falten, wie der Dekkel, und hiedurch unterscheidet sie sich am merklichsten von den gewöhnlichen Muscheln ihres Geschlechtes, deren Falten ohne Bukkeln und Knoten zu seyn pflegen. Sie sind auch meistens vierkantig und sehr viel breiter, als an dem Dekkel. Uebrigens schlüßen beyde Schalen sehr dicht in einander, bis an die Ohren, welche zwischen sich eine Ofnung laßen, die dem ganzen Geschlecht eigen ist. Innwendig haben beyde Schalen unter dem Wirbel eine besondere tiefe Grube, in welcher das Band (Ligament) eingeschloßen ist. Die übrigen Vertiefungen und Erhöhungen, an dem inwendigen Theil der Ohren, haben mehr Breite und Stärke, als gewöhnlich, sonsten sind sie aber in der Figur und Gestalt den andern

Korallenmuschein gleich. Ihre Größe enthält $4\frac{3}{4}$ Zoll in der Breite, und in der Länge $4\frac{1}{4}$ Zoll.

Die äußere und inwendige Farbe des Dekkels ist dunkel Violet, an der untern Schale nur etwas heller; inwendig unter dem Wirbel und in der Tiefe der Falten, weiß, wie Porzelain.

Insgemein sind sie entweder einfarbig Korallenroth, oder auch roth und weiß marmoriret. Es giebt aber auch einige, die gänzlich schön Pommeranzenfarbig sind. Daß sie unter den zweyschalichten Konchylien zu den Rangstükken gehören müßen, kann man aus ihrem Preiß urtheilen, wornach sie in Holländischen Versteigerungen bezahlet werden. Auf der Leersischen Auktion wurde eine Pommeranzenfarbige Korallenmuschel No 1024. mit 48 Gulden bezahlet. Und Nikolaus Andersen erkaufte auf des Hrn. de la Faille Auktion eine weiß und roth marmorirte von $3\frac{1}{2}$ Zoll Größe, für 53 Gulden 10 Stbr. Weil dieses Muschelgeschlecht kein gezahntes Gelenk hat, sondern statt desselben eine Grube mit seinem Bande, so ist auch diese Korallenmuschel beym Herrn von Linné eine Ostrea, und zwar unter der zwoten Abtheilung der ungleichöhrigen Kammmuscheln, deßen Ostrea nodosa No. 194. Die Küste Guinea, als das Vaterland aller Korallenmuscheln, ist auch der Geburtsort dieser schönen Gattung. Sie ist aus der reichen Sammlung des Hospital-Apothekers, Herrn Rappel, der sie, weil

er

er noch mehrere dieser Muscheln besitzt, aus besondrer Freygebigkeit und Freundschaft an mein Kabinet verehrt. Zum Andenken meines verehrungswürdigen Freundes soll sie in meinem Verzeichniß den Namen: die Kappelische Korallenduplette führen.

Kopenhagen den 20. Febr.
1776.

XXIII.

Beschreibung
eines kleinen
Papier Nautilus,
von einer neuen Art, mit sichtbaren Windungen.
Mit vergrößerter Abbildung.

von

Lor. Spengler.

Tab. XIII. f. 3 — 5.

Seitdem die Naturforscher in unsern Zeiten angefangen haben, auch die kleinsten Gegenstände der immer geschäftigten Natur aus ihrer, den bloßen Augen verborgenen Werkstätte heraus zu ziehen, mit gestärkten Augen zu betrachten und in ihre noch unbekannte Geheimniße einzudringen, seit dem, sage ich, öfnen sich denenselben unerschöpfliche Reichthümer verborgener Schätze, ja eine ganz neue Welt der herrlichsten Geschöpfe, die auf der

Erde

Erde, in der Luft und im Waßer leben und schweben, aus welcher sie zu näherer Betrachtung und Verherrlichung des großen Urhebers, immer neuen Stoff hervor suchen können. Der Gegenstand, den ich für diesesmal, den Konchylienfreunden zu gefallen, gewählt habe, allgemeiner bekannt zu machen, ist ein kleiner Papier Nautilus, der aber noch so groß ist, daß er ohne Vergrößerungsglas, nach allen seinen Theilen kann gesehen und betrachtet werden. Gleichwohl habe ich es für zuträglich gehalten, daß er in der Abbildung in vergrößerter Gestalt erscheinen mögte. Nach seiner Materie, Farbe und Durchsichtigkeit, ist er gänzlich den schon bekannten Papier Nautilis gleich, in der Gestalt aber ist er sehr von ihnen unterschieden; obschon er immer zu ihrem Geschlecht gehöret, da er noch weniger Gleichheit mit irgend einer andern Schnekkengattung zeiget. Seine Windungen gehen in einer Spirallinie herum, sind aber nicht in einander gerollt, wie alle die andern Nautili zu seyn pflegen, sondern gänzlich sichtbar und außen vor dem Rande der Mündung. Diese macht, ihrer Figur nach, ein länglichtes Vierek, aus. Vorn ist sie etwas breiter, wo sie gerade in die Höhe steiget, hinten aber, am schmaleren Ende, beugt sie sich, gleich einer Lippe, über die andern Windungen, die sie gleichwohl nicht berührt, weil sie sämmtlich in einer abgemeßenen Entfernung, zierlich von einander abstehen, und sich zuletzt etwas mehr nach der einen Seitenfläche hindrehen, wie bey Fig. 3. zu bemerken ist, wo das innerste des Wirbels hervorkömmt,

hinge-

hingegen auf der anderen Seite Fig. 4. in einer Vertiefung lieget. Der sonderbareste Theil dieses Nautilus ist der Rükken. Anstatt daß man bey den andern Papier-Nautilis den flachen Rükken an beyden Seiten mit Knoten oder Stacheln eingefaßt findet, ist dieser hingegen flach und ausgebogen, breit und mit vier aufgehobenen glatten Reifen, die zwischen sich weite und in die quer gestreifte Hohlkählen bilden, gezieret. Dieser gereifte Rükken fängt gleich an der Mündung an, wo er sehr breit ist, läuft in seiner Spirallinie über alle Windungen verjüngt herum, und faßet die gewölbten, glänzenden Seitenwände der Schnekke durch einen erhabenen Rand an jeder Seite, auf das schönste ein. Diese gedachte Seitenwände sind durch alle Windungen herum, mit zarten, gebogenen Linien, der Breite nach, fein gestreift. Es hat diese Schnekke in ihrer Bildung bey dem Sonderbaren so viel übereinstimmende Schönheit, daß sie eben so wohl verdient allgemein bekannt zu seyn, als des Gualtieri wunderbare Galere mit langem Verdek (wie der Herr Dr. Martini sie ganz füglich zu nennen beliebt und bey Fig. 161 — 162 abgebildet) die aber nur Sandkorns Grösse hatte. Die gegenwärtige Schnekke hingegen hat fünf Linien in der Breite und 4 Linien in der Höhe, wie bey Fig. 5. ihre natürliche Größe im Umriß zu sehen ist.

Ich habe sie vom Vorgebirge der guten Hofnung erhalten. Die alten Deutschen und Nordischen Völker, welche viel auf das Trinken hielten, bedienten sich gern solcher Trinkgefäße, die aus den Hörnern

ver-

verschiedener Thiere zubereitet waren, die sie dann mit meßingenen und verguldeten Zierathen von außen zu schmükken pflegten, und dadurch der Gestalt dieser kleinen Schneke ziemlich nahe kamen, deswegen ich sie auch das Antike Trinkhorn nennen werde.

Kopenhagen den 26. Febr.
1776.

XXIV.

Untersuchung des stralichten Zeoliths

von

J. C. F. Meyer.

Die Eintheilung der mineralischen Körper nach ihren chymischen Bestandtheilen, wird, wenn man die äußerlichen Kennzeichen mit zu Hülfe nimmt, wohl ohnstreitig am natürlichsten ausfallen, und die Erweiterung der mineralogischen Kenntniße ungleich mehr befördern, als wenn man sie bloß nach äußerlichen Kennzeichen betrachtet und eintheilet. Verschiedene Mineralogen haben diesen Weg mit Nutzen betreten; es ist aber nicht zu leugnen; daß wir so bald noch keine, nur einigermaßen vollständige Eintheilung in dieser Art zu erwarten haben, weil so verschiedene Körper noch übrig sind, an deren Untersuchung sich noch niemand gewaget hat; und verschiedene

dene andere, die zwar untersuchet sind, mit deren Untersuchung die Mineralogen aber nicht gänzlich zufrieden zu s yn scheinen, da sie ein jeder unter andere Geschlechte geordnet hat.

Die bloße Untersuchung dieser Körper im Feuer, entweder für sich, oder mit Zusätzen von Salzen und andern mineralischen Körpern, ist leichter, als die Verhältnisse derselben gegen die nassen Auflösungsmittel zu erforschen, sie ist aber bey weitem so sicher nicht, als dieser Weg. Wer weis nicht, daß sonst unschmelzbare gemischte Erdarten durch Beymischung des Eisens im Feuer fließen, und woher soll man nun wißen, ob die Erde ihre Schmelzbarkeit sich selbst, oder dem beygemischtem Eisen zu verdanken habe?

Sind es einfache Erden, so können die Versuche im Feuer schon hinlänglich seyn; sind es aber gemischte Mineralien, so werden sie ziemlich unsicher. Man rechnete den Serpentinstein und die ihm verwandten Erden, wegen ihres mit dem Thon im Feuer ähnlichen Verhaltens, zu dieser Klaße, bis die Verhältniße derselben gegen die naßen Auflösungsmittel, die uns der Herr Direktor Marggraf gelehret, ihnen eine eigene Klasse anwiesen.

Die Zeolitharten sind, so viel ich weis, nur nach ihrem Verhalten im Feuer untersucht worden, und dieses bewog mich, eine Art derselben mit Säuren zu versuchen, um seine Bestandtheile kennen zu lernen.

Herr

Herr Kronstedt war der erste, der diesen Steinarten in den Abhandlungen der Schwedischen Akademie der Wißenschaften vom Jahr 1756 den Namen gab, und sie zu einem Geschlechte rechnete, deßen Kennzeichen er in seiner Mineralogie vermehrte, wo er folgende vestsetzet.

Er sagt daselbst: der Zeolith ist

1) etwas härter, als Fluß- und Kalkarten, kann aber doch am Stahl gerieben werden, und giebt keine Funken.

Anmerkung. Die Härte der Arten, die man unter dies Geschlecht rechnet, ist sehr verschieden. Die krystallisirten sind weicher, als die im Bruche stralichten, und jene laßen sich weit leichter zerschlagen und zerreiben, als diese, ja der verwitterte läßt sich sehr leicht mit dem Meßer schaben.

2) Schmelzet er für sich sehr leicht mit einem Aufschäumen, wie der Borax, zu einem weißen schaumichten Glase, welches schwerlich zur Dichtigkeit und Durchsichtigkeit zu bringen. In der Anmerkung zum Zeolith eignet Herr Kronstedt dieses aber nur dem krystallinischen zu. In den Abhandlungen der Schwedischen Akademie sagt er: daß er den von Swappawari zu einem durchsichtigen Glase geschmolzen.

Anmerkung. Das Aufschwellen habe ich auch nur bey dem krystallinischen aus konzentrischen Keilen bestehenden, wahrgenommen, keinen von allen aber habe be ich so wenig vor dem Lothröhrchen, als auch in einem zwo Stunden anhaltenden Feuer im Ofen mit der Zugröhre schmelzen können. (Ich meyne hier überhaupt nur die reinen Arten und schlüße den Lasurstein aus, der schwerlich hieher gehöret). Der stralichte wird dadurch auf der Oberfläche glatt, auch etwas im Bruche; der krystallinische, der noch die mehreste Veränderung leidet, war nach dem Aufschwellen wieder etwas zusammen gefallen, in der Oberfläche mit einer Glasartigen Haut umgeben, innwendig auch etwas Glasartig, wie Porzellain; er war aber weder ordentlich, noch schaumicht gefloßen, sondern nur zusammengesintert und das kann man wohl kein Schmelzen nennen.

3) Vom mineralischen Laugensalze läßet er sich leichter auflösen, als vom Borax und dem Urinsalze mit der Phosphorussäure.

Anmerkung. Der krystallisirte wird vor dem Lothröhrchen von allen dreyen aufgelöset, der stralichte aber nur von beyden letzteren. Mit dem mineralischen Laugensalze konnte ich ihn nicht zusammenschmelzen.

4) Mit dem letzteren Salze brauset er nicht auf, wie es der Kalk thut, auch nicht, wie der Gips, mit dem Boraxe.

5) Mit Säuren, nämlich mit dem Vitriolöl und Scheidewaßer, brauset er zwar nicht, wird aber nach und nach von demselben aufgelöset. Wird von dem

ersten konzentrirten Oel etwas aufs Zeolithpulver gegoßen, so entstehet eine Hitze, und das Pulver bakt vest an einander.

Anmerkung. Den stralichten habe ich gänzlich in der Salpeter- und Salzsäure aufgelöset, der krystallisirte scheinet dieses nicht zu thun; da ein Skrupel davon, mit einer Unze starker Salzsäure gekocht, bey weitem nicht aufgelöset wurde, ob die Säure ihn gleich angegriffen.

Ueber die Arten, die unter dieses Geschlecht gehören, sind die Mineralogen nicht einig. Herr von Born und Herr Profeßor Wallerius haben die mehresten, Herr Bergrath Skopoli und Herr Bergrath Gerhard die wenigsten angenommen. Siehet man das Aufblähen im Feuer als eine Haupteigenschaft an; so kann man freylich auch nur den krystallisirten und Spatartigen dazu rechnen.

Ich habe nicht alle von den Mineralogen unter diesem Geschlecht aufgeführte Arten erhalten können, und weis also nicht, in wie weit sie mit einander übereinstimmen. Der dichte von unfühlbaren Theilen, der krystallisirte, und die Menge von Abänderungen des stralichten, die ich besitze, sind alle von Island und Färoe. Sie sind weiß, bis auf ein Stük, das an einigen Stellen vom darinn liegenden gediegenen Kupfer, roth und grün gefärbt ist. Der dichte von unfühlbaren Theilen, den ich habe, ist ohnstreitig verwit-

verwittert und rühret vom stralichten her. An der Oberfläche ist er sehr weich, wird aber nach unten immer härter und zuletzt findet man noch eine dünne Lage des stralichten. Wie dieser verhält er sich auch gegen die Salpetersäure, in der er sich auflöset und mit ihr zur Gallert wird. Auch im Bruche bemerket man noch hier und da Spuren des stralichten Gewebes, ob er gleich, die unterste Lage ausgenommen, wie Kreide aussiehet. Ob diese Art aber allemal einen solchen Ursprung habe, kann ich nicht entscheiden.

Der dichte, im Bruche stralichte ist es eigentlich, mit deßen Untersuchung ich mich jetzt beschäftigen werde. Von diesem besitze ich einzelne Keile, deren Länge vier Rheinländische Zolle beträgt, theils Stükken, die aus Halbkugeln oder Keilen bestehen, welche mit der Peripherie gegen einander liegen, und deren Stralen in der Peripherie zusammen laufen. Diese Halbkugeln sind von verschiedener Größe, vom Durchmeßer einiger Linien bis zu einem Zoll und drüber. Die mit kurzen Stralen, glänzen wie Atlas im Bruche, die mit längeren, sind schon von gröberem Gewebe. Das Fadenartige Gewebe rühret von der Krystallisation dieses Steines her. Bey den mehresten siehet man die Flächen der Krystalle sehr deutlich, bey einigen aber sind selbige im Mittelpunkte der Kugeln kaum zu kennen, in der Peripherie aber, wo sie zusammen stoßen, sind sie zuweilen ganz von einander abgesondert. Die ich absondern konnte, zeigten rechtwinklichte

Säulen, deren zwo gegen einander überstehende Flächen etwas breiter waren. Er ist etwas durchsichtig, welches man, wenn man ihn auf die scharfe Ekke setzet, deutlich sehen kann. Von dem krystallinischen unterscheidet er sich dadurch, daß dieser weit durchsichtiger und daß seine Krystallen aus breiteren Blättern, wie das Marienglas, bestehen, wenn er sonst auch auf ähnliche Art zusammen gesetzet ist.

Herr von Born nennet ihn in seinem *Lithophylacio: Zeolithus* albus fibrosus, fibris capillaribus ad centrum tendentibus.

Und Herr Prof. Wallerius, *Zeolites* crystallisatus, radiis ad centrum convergentibus, *stellaris*.

Ich bemühete mich, um allen Zeolith zu den Versuchen von Einem Stükke nehmen zu können, um ein großes Stük dieses Steines, das ich durch die Güte des Herrn Profeßor Fabricius erhielt, und wovon ich den noch übrigen Theil zu der Sammlung der Naturforschenden Gesellschaft in Berlin eingesandt habe.

Die Stralen dieses Stükkes waren von der Länge eines Zolles. Er war sehr dichte, nur da, wo die Stralen an der Oberfläche der Halbkugeln zusammen liefen, war er etwas weniger vest; er nahm auch, außer an diesen Stellen, eine mäßige Politur an.

Aus kleinen Versuchen, die ich mit diesem Stein anstellete, bemerkte ich, daß er roh zwar von Säuren

ange-

angegriffen ward, daß die dabey entstehende Gallert aber Schwierigkeiten verursachte, welche sich beym kalzinirten Steine nicht fanden. Ich entdekte hiebey auch schon die Alaunerde und Kalkerde, und die stärkere Wirkung der Salz- und Salpetersäure auf ihn, als der Vitriolsäure, die das mehreste unaufgelöset zurüklies.

Ich lies daher ein Stük dieses Steins, das eine und eine halbe Unze wog, eine Stunde im Tiegel glüen. Er war nun ungemein weiß und ganz undurchsichtig geworden. Sein Fatenartiges Gewebe war kaum noch merklich; er lies auch leicht sich zerbrechen und zerreiben, hatte Riße bekommen, und war da, wo er den Tiegel berühret hatte, auf der Oberfläche glänzend, wie mit Glas überzogen, auch härter. Am Gewicht hatte er beynahe ein Sechstheil verlohren; denn er wog nur noch eine Unze, zwey Quentchen und zehn Granen. Ich zerrieb ihn und wollte das darinn Auflösliche zuerst mit der Salpetersäure ausziehen. Ich übergoß daher einen Theil desselben mit dieser reinen, durchs Silber gefällten und wieder destillirten Säure in einer Retorte und kochte es; ein Versuch der mich fast um alle Geduld und um einen guten Theil des Steines brachte, da ich ihn so oft wiederhohlen muste! Dreymal gieng er mir durch verschiedene Zufälle verlohren, der Stein war aber auch selbst Schuld daran, daß er mißrieth. Er legte sich so stark am Boden an, daß er, bey Verstärkung des Feuers, um die Säure zum kochen zu bringen, ſo ſtark in die Höhe ſtieß, daß die Retorte aus dem Sande gehoben ward, die nur vorgelegte Vorlage abflog und alles verſprützete.

Da ich einmal, auch ſchon mit gelinder Wärme, alles Auflösliche ausgezogen, aus der Lauge mit der Vitriolſäure die Kalkerde niedergeſchlagen, und von dem übrigen die Salpeterſäure durchs Deſtilliren abſondern wollte, ſtieß es zuletzt, ob man gleich nichts Pulvrichtes in der Retorte bemerken konnte, ſo heftig, daß alle Feuchtigkeit mit einem mal in die Vorlage flog, und faſt nichts in der Retorte zurük blieb. Ich gelangte doch endlich zu meinem Zwekke, da ich eine halbe Unze dieſes kalzinirten, und in kleine Stükken zerbrochenen Steines nach und nach mit vier Unzen erwähnter Salpeterſäure (die in einem Raume, der genau eine Unze deſtillirtes Waſſer enthielt, eine Unze und zwo Drachmen wog) in einer Retorte kochte. Ich ward nicht das geringſte Schäumen bey dem erſten Aufguſſe gewahr. Die erſten Auflöſungen waren gänzlich geſättiget, ſchmekten zuſammenziehend und nicht ſauer, die letzte aber ſehr ſauer. Aus dem erſten ſetzten ſich, nach dem Erkalten, über dem Zeolith Rautenförmige Kryſtallen, die an der Luft zerfloſſen. Wärend der Auflöſung hatte ſich doch wieder etwas Pulverichtes von den Stükken des Steines losgemacht, das auch ſties, aber doch nicht ſo ſehr, als da ich ihn zerrieben hatte. Das unaufgelöſet Zurükgebliebene ſüßte ich mit

deſtil-

destillirtem Wasser bestens aus, und lies es troknen. Es war sehr weiß von Ansehen und wog zwo Drachmen und zwanzig Grane a).

Die Laugen goß ich alle zusammen, und rauchte sie so weit ab, bis ohngefähr drey Unzen übrig blieben. Zu dieser Lauge goß ich zwo Unzen Vitriolgeist, wodurch bald Selenit zu Boden fiel, den ich, nebst dem beym Abrauchen der Lauge sich herausscheidenden, absonderte und aussüßte.

Es krystallisirte sich, da ich die Lauge abrauchte, ein Theil Alaun in vesten Krystallen; da aber das übrige, wegen der überflüßigen Säure, zu einer aus lauter kleinen Nadelförmigen Krystallen bestehenden Masse anschoß, schlug ich alle Erde durch das Weinsteinsalz nieder, lösete sie wieder in der Vitriolsäure auf, und erhielt, durch Hülfe des Weinsteinsalzes, bis zulezt Alaun.

Den Selenit digerirte ich mit einer hinlänglichen Menge des aufgelöseten Weinsteinsalzes, und erhielt vier und funfzig Granen Kalkerde, die sich in der Salpetersäure mit Schäumen auflösete und durch die Vitriolsäure wieder zum Selenit niedergeschlagen ward, die auch das flüchtige Salz aus dem Salmiak losmachte.

a) Ist der Zeolith nicht genug kalziniret worden, so erhält man weniger; man findet aber diesen Abgang in der Lauge, daraus sich dieser nachher in saure, nicht auflösliche Erde, als eine Gallert, scheidet.

Den Alaun schlug ich mit dem Weinsteinsalze nieder, und erhielt zwo Drachmen und einen Skrupel Alaunerde.

Eine halbe Unze kalzinirten Zeolith übergos ich nach und nach mit so viel Vitriolsäure (aus einem Theile rektifizirten Englischen Vitriolöl, und drey Theilen destillirtem Wasser bereitet), daß die letzte Lauge, nach hinlänglicher Digestion dennoch sauer schmekte, wozu vier Unzen erfordert wurden. Die ersten Laugen waren gänzlich gesättiget, und schmekten nach Alaun, das Unaufgelösete wog drey Drachmen und fünf Granen, also weit mehr, als das von der Salpetersäure Zurükgebliebene. Es war aber leicht zu schlüßen, daß dieser Ueberschuß, von dem aus der Kalkerde und der Vitriolsäure entstandenen Selenite herrührte. Es ward also mit einer Drachme Weinsteinsalz gemischt, über diese Mischung destillirtes Wasser gegossen, und so digeriret. Die Lauge schmekte noch alkalisch, aber auch bitter, und gab nach dem Abrauchen vitriolisirten Weinstein. Der getroknete Stein wog zwo Drachmen und neun und vierzig Granen. Nun schäumete er sehr mit der Salpetersäure, die neun und dreyßig Grane davon auflösete, welches Kalkerde war und zwo Drachmen und zehn Grane zurük lies.

Die Laugen, welche ich zusammengegossen, rauchte ich ab. Es ward zulezt wieder zu einer aus kleinen Krystallen bestehenden Salzmasse, ohne daß rechte Alaunkrystallen anschießen wollten. Ich lösete sie daher in sehr wenigem Wasser wieder auf, und sonderte den sich daraus geschiedenen Selenit ab, der noch zwölf Granen Kalkerde lieferte. Nun tröpfelte ich nach und nach aufgelösetes Weinsteinsalz zu, und es fiel sogleich eine Menge Alaunmehl in kleinen Krystallen zu Boden. Da ich das mehreste herausgeschlagen, goß ich das flüßige ab, und schlug daraus, um den häufigen dabey entstandenen vitriolisirten Weinstein los zu werden, alle Erde nieder, süßte sie aus, lösete sie noch feucht wieder in der Vitriolsäure auf und schlug das Alaunmehl, da ich es hinlänglich abgeraucht hatte, nieder. Dieses war auch so gut geschehen, daß sich aus der wenigen übrig bleibenden Feuchtigkeit, daraus kein Alaunmehl mehr fiel, durchs Niederschlagen mit Weinsteinsalz, nur ein Gran Erde schied. a)

a) Der im Bruch wie Atlas glänzende Zeolith mit kurzen Stralen verhielt sich eben so. Ich erhielt aber bey der Auflösung desselben in der Vitriolsäure, da ich die Laugen nicht so stark abgeraucht hatte, durchs Zugiessen des aufgelöseten Weinsteinsalzes kein Alaunmehl, sondern der Alaun setzte sich nach und nach in schönen Krystallen an. Während der Krystallisation des Alauns schied sich aber aus der Lauge eine feine Erde, die sich weder in dem Vitriolgeist auflösete, noch, nachdem ich sie vorher mit alkalischen Salze digeriret hatte, mit der Salpetersäure schäumte. Da ich sie aber noch einmal mit Vitriolgeist übergoß, und sich die

Das Alaunmehl lösete ich wieder auf, ließ den Alaun anschießen und erhielt eine Unze zwo Drachmen und zween Skrupel grosse Krystallen dieses Salzes.

Die Hälfte dieses Alauns kalzinirte ich scharf. Da die dadurch erhaltene Erde aber doch noch etwas schmekte, übergoß ich sie mit einer schwachen Auflösung des Weinsteinsalzes, laugte sie aufs neue aus, und kalzinirte sie wieder. Sie wog nur zween Skrupel und vier Granen, und das ganze Gewicht der Erde von diesem Alaun betrug also eine Drachme, einen Skrupel und acht Granen.

Die bey diesen Versuchen zurük gebliebene unaufgelösete Erde, schmolz mit gleichen Theilen des Weinsteinsalzes zu einem klaren Glase und durchs Kochen lösete sie sich mit dem Weinsteinsalz im Wasser auf, schied sich aber nach dem Erkalten wieder heraus, es war also Kieselerde.

Der Versuch mit der Salpetersäure hatte demnach zwo Drachmen und zwanzig Granen Kieselerde, vier und funfzig Granen Kalkerde und zwo Drachmen und einen Skrupel roher Alaunerde geliefert; der mit der Vitriolsäure, zwo Drachmen und zehn Granen Kieselerde, ein und funfzig Granen Kalkerde und vier Skrupel und acht Granen kalzinirte Alaunerde.

Da

die Feuchtigkeit ganz verdunstet hatte, ward es eine ganz durchsichtige Salzmasse, wie gestossener Alaun, und das war es auch; denn es lösete sich nun im Wasser auf, und gab Alaun.

Da ich aber den Stein kalzinirt genommen, muſte ich auch das Gewicht der erhaltenen Erden nach dem Kalziniren berechnen und nun wog die von dem Verſuche mit der Vitriolſäure erlangte Kieſelerde eine Drachme ſechs und funfzig Granen, die Kalkerde ein und dreyßig Granen, und dieſes betrug, mit den vier Skrupeln und acht Granen der kalzinirten Alaunerde, drey Drachmen und fünf und funfzig Granen; fünf Granen fehlten alſo an dem dazu genommenen Gewichte des Steines.

Das Uebergewicht der Kieſelerde des erſten Verſuchs verlohr ſich nach der Kalzination, nach welcher ſie auch nur eine Drachme und ſechs und funfzig Grane wog.

Ich kochte nun ſo wohl den rohen, als auch friſch kalzinirten Zeolith mit deſtillirtem Waſſer, und miſchte dieſes Waſſer mit der Auflöſung des Weinſteinſalzes, dem in der Salpeterſäure aufgelöſeten Silberbley und Eiſen, ohne daß es die geringſte Veränderung dadurch litte. Auch mit dem Weinſteinſalz und deſtillirtem Waſſer kochte ich ſowohl den rohen, als kalzinirten Stein, ſchlug mit beyden das in der Salpeterſäure aufgelöſete Bley nieder und goß zu dieſer weiß und milchicht gewordenen Miſchung recht reine Salpeterſäure. In dieſer ward der gefallene Niederſchlag gänzlich mit Schäumen aufgelöſet, und alles ſo helle, wie Waſſer, daß man auch nicht die geringſte Spur eines unaufgelöſeten Niederſchlags gewahr ward.

Die

Die Kalkerde ist also nicht als Selenit, sondern als eine reine Kalkerde in diesem Zeolith befindlich.

Man kann daher wohl annehmen; daß der rohe stralichte Zeolith ohngefähr aus der Hälfte Kieselerde, zwen Sechstheilen Alaunerde und einem Sechstheil Kalkerde bestehe.

Der Hr. Bergrath Gerhard zählet den krystallisirten Zeolith unter die Steine, welche die Bittersalzerde enthalten. Findet sich diese auch in dem stralichten, aber nur in sehr geringer Menge; so konnte sie bey den eben erzählten Versuchen leicht meiner Aufmerksamkeit entgangen seyn.

Ich zog daher aus zwo Drachmen des kalzinirten Steines, mit zwo Unzen Vitriolgeist, alles Auflösliche aus, suchte das Unaufgelösete auszusüßen, rauchte alle Laugen trokken ab, und durchglühete diese Salzmaße so lange, bis ich alle Vitriolsäure von dem dabey befindlichen Alaun ausgetrieben. Die weiße lokkere Erde schmekte gar nicht mehr nach Alaun, doch etwas salzicht. Ich laugte sie aus, und erhielt, nachdem ich davon den sich mit aufgelöseten Selenit geschieden, zehn Granen eines in kleinen spitzigen Krystallen angeschoßenen Salzes, das bitter schmekte, in der Luft zu einem weißen Pulver zerfiel, vor dem Lothrörchen floß, in der Salpeter- und Salzsäure aufgelöset, unter dem Vergrößerungsglas, mit ersterem zu würflichtem Salpeter

peter und mit letzterem zu gemeinem Salze anschoß; und also Glauberisches Wundersalz war. Es muste daher in diesem Zeolith etwas mineralisches Laugensalz befindlich seyn.

Da der rohe so wohl, als auch kalzinirte Stein aber keine Spur von diesem Salze gezeiget hatten, fieng ich schon an, die Richtigkeit dieses Versuches zu bezweifeln. Ich untersuchte daher mein Vitriolöl, das ich rein befand. Ich wiederholte den Versuch mit dem kurzstralichten Zeolith; ich nahm vom schwarzen rauchenden Vitriolöl; alles mit gleichem Erfolge. Ich ersuche aber doch die Liebhaber der Chymie, diesen Versuch zu wiederholen, da man bey aller Vorsicht und überdem bey der Wiederholung eines und eben desselben Versuchs, nur gar zu leicht fehlen kann.

Es war nur noch zu untersuchen, woher die Gallert bey der Bearbeitung des rohen Steines entstand? Zu diesem Ende übergoß ich einen Skrupel rohen Zeolith, den ich in einem gläsernen Mörser zerrieben, in verschiedenen Gläsern mit einer Unze des Vitriolgeistes, der Salpeter- und Salzsäure, des konzentrirten Eßigs und der Ameisensäure und lies sie ohne Wärme einige Tage stehen. Alle wurden zu einer Gallert, die bey der Eßig- und Ameisensäure aber lange nicht so vest, wie bey den mineralischen Säuren war. Bey allen blieb viel Unaufgelöstes, bey der Salpetersäure höchst wenig, und bey der Salz-

säure

säure gar nichts. Diese letzte Mischung hatte kaum eine Stunde gestanden, so hatte sich schon über das am Boden liegende Pulver eine steife Gallert von der Höhe einiger Linien angesetzet, die ganz durchsichtig war. Ich rührte es um und in kurzer Zeit verschwand alles Pulverichte, nur die Gallert nicht und die Auflösung blieb ganz flüßig. Nach einigen Stunden, da ich wieder nachsahe, war es ganz vest und durchsichtig, ohne daß man auch nur einen Tropfen Feuchtigkeit darauf sehen konnte. Diese Gallerte süßte ich mit destillirtem Wasser aus, und erhielt davon, nach dem ich sie getroknet, eilf Granen einer weißen, wie Sand aussehenden Erde, die sich in Säuren nicht auflösete und mit Weinsteinsalze vor dem Lothrörchen floß, also Kieselerde war *). Mit allen den vorhin erwähnten Säu-

*) Hier war die Kieselerde auch in der Säure aufgelöset, und doch schied sie sich wieder als solche. Bestärkt dieses nicht meine im ersten Band angeführten Versuche? Verschiedene Gelehrten haben sich zu wundern geschienen, daß ich von der Kieselerde, nach Anleitung des Herrn Beaume, keinen Alaun erhalten; ich ersuche aber diejenigen Chymisten, denen es glükt, Alaun mit der Kieselerde zu erhalten, fals nicht alle dazu angewandte Erde in der Vitriolsäure sich auflöset und Alaun giebt, die zurükbleibende aufs neue so zu bearbeiten und sie ganz zu Alaun mit der Vitriolsäure zu machen. Nur dann erst deucht mir, kann man sicher seyn, daß die Sache keinen weitern Zweifel übrig lasse. Ich habe meine am angeführten Ort erwähnten Versuche noch nicht fortgesetzet; ich hoffe es aber thun zu können, und werde es aufrichtig bekennen, wofern ich Alaun erhalten sollte.

Säuren übergoß ich auch ſtark kalzinirten Zeolith und lies dieſe Vermiſchungen einige Tage ſtehen. Er war von allen angegriffen worden; denn mit der Auflöſung des Weinſteinſalzes lies ſich aus allen Säuren etwas niederſchlagen, Gallert zeigte ſich aber nicht; wovon man doch, wenn man den Stein nicht genug kalziniret, etwas erhält.

Die Kieſelerde ſcheinet in dem rohen Steine feiner mit den andern Erden vermiſcht, ſich bey dem Kalziniren mit der Thonerde zuſammen zubrennen, dann aber nicht mehr ſo auflöslich zu ſeyn. Ueberhaupt glaube ich, daß die Kalkerde hier viel zur Auflöſung dieſer Erde in den Säuren beyträgt.

Es war nun noch übrig, das Verhältniß dieſes Steines gegen die Salze im Feuer zu unterſuchen.

Einen Skrupel miſchte ich mit gleichen Theilen reinen Salpeters und deſtillirte beydes in offenem Feuer. Die Salpeterſäure gieng in rothen Dämpfen über, und die wenigen davon geſammleten Tropfen ſchäumten ſehr mit dem Laugenſalze.

Reines Küchenſalz in eben dem Verhältniſſe mit dieſem Stein in offenem Feuer deſtilliret, zeigte keine Veränderung und ließ die Säure nicht fahren.

Folgende Miſchungen wurden in verdekten Tiegeln in dem Windofen mit der Zugröhre zwo Stunden im Feuer erhalten.

Ein

Ein Skrupel roher Zeolith mit gleichen Theilen des Weinsteinsalzes war zu einer weissen Masse zusammen gebakken, die sehr alkalisch schmekte.

Ein Skrupel des kalzinirten mit zween Skrupeln des Glauberisches Wundersalzes gab eine sehr zerbrechliche Maße, die wenig salzig schmekte.

Ein Skrupel dieses Steines mit gleichen Theilen des trokkenen mineralischen Laugensalzes war zu einem klaren, etwas grünlichen Glase geflossen; dieses Salz scheinet also auf die Alaunerde im Feuer weit stärker zu wirken, als das vegetabilische Laugensalz.

Ein Skrupel mit gleichen Theilen des kalzinirten Boraxes gab ein ganz weißes, ungemein klares Glas.

Ein Skrupel mit gleichen Theilen, und auch mit zween Theilen des kalzinirten leuchtenden Spathes war nicht geflossen. Beyde Mischungen waren sehr weiß und zu einer nicht sehr vesten Maße zusammen gebakken, welche im Bruch einige ganz kleine Höhlen hatte, wie ein körnichter Quarz aussahe und auf deren Oberfläche ich, besonders auf der, mit zween Theilen Spath, spitzige, in verschiedenen Richtungen liegende Krystallen in dünnen Blättern wahrnahm. An den Seiten des Tiegels, auch in den kleinen Höhlen, schien man bey der letzteren einen Anfang zum Fließen zu bemerken.

Die

Die kleine Krystalle würden die Möglichkeit der Krystallisation durchs Feuer beweisen, wenn man nicht durch die Menge der krystallinischen Körper in der Lave, die Herr Professor Ferber beschrieben, schon davon überzeugt wäre. Der stralichte Zeolith würde also zu den, die Alaunerde in sich enthaltenden Steinen zu setzen seyn, und die Herren Mineralogen mögen ihm eine Stelle anweisen.

Die krystallinischen Zeolithe scheinen mir aus ganz andern Bestandtheilen zusammengesetzet zu seyn, und mit diesen kann der stralichte dann nicht unter ein Geschlecht kommen, wovon ihn der Herr Bergrath Gerhard auch mit Recht getrennet.

Von dem kalzinirten krystallinischen, aus konzentrischen Theilen bestehenden, habe ich eine halbe Unze mit einer Unze Vitriolgeiste lange digerirt, ohne daß die Säure sich verlohr. Der ausgesüßte Stein hatte fast nichts verlohren und von der abgerauchten Lauge blieb das Vitriolöl zurük, darinn man kaum eine Spur eines Salzes entdekken konnte.

Vielleicht erfordert er eine andre Behandlung und er wäre wohl einer nähern Untersuchung würdig.

Ich denke jezt den Basalt und die Egerische Lave, mit der ich schon den Anfang gemacht habe, zu untersuchen, und liefere, wenn es mir die Zeit erlaubt, vielleicht auch die Untersuchung jenes Zeolithes in einem künftigen Bande.

XXV.

Kurze Nachricht von der 1769 geschehenen Entdekkung des Blaufarbenkobalts, in Schlesien.

von

D. Joh. Gottlieb Gleditsch.

Unter die besonders vorzüglichen Produkte eines Landes gehören außer Zweifel diejenigen, welche vor vielen andern, bey ihren gemeinnützlichen Eigenschaften, einigen wenigen Ländern ganz allein eigen sind, und es auch eine ziemlich lange Zeit dermaßen bleiben, daß, bey und wegen ihres unentbehrlichen Gebrauches, in allerhand Nahrungszweigen der Nachbaren und anderer weiter entlegener Völker, kein, dem Gebrauche nach so vollkommen

men ähnlicher Naturkörper ausgefunden wird, der ihre Stelle wirklich vertreten und sie entbehrlich machen könnte. Daß es aber dergleichen in der That gebe, und daß davon gewiße Länder etliche Jahrhunderte nach einander gleichsam in einem alleinigen Besitze sich befinden, oder doch befunden haben, ist keines Erweises bedürfig, wenn man bedenket, daß aus einer einzelnen oder nur wenigen Weltgegenden ganz Europa, oder wohl gar die übrigen Welttheile, so geraume Zeit damit versehen worden. Die Geschichte der Handlung, auch der Haus- und Landeswirthschaft, aus verschiedenen Welttheilen, geben davon die überzeugendsten Beyspiele. Wir dürfen nur, um uns näher hievon zu überzeugen, bey gewißen sehr bekannten, sonst aber an und für sich besondern oder doch seltenen natürlichen Landesprodukten stehen bleiben, welche von eben angeführten Eigenschaften sind, und noch bey ihrer Veredlung, zu gewißen besondern innländischen Fabriken den eigentlichen Hauptstoff, und dadurch zu Verfertigung ganz besonderer Waaren die Veranlaßung geben, auch in gewißer und mancherley Absicht, andere weiter daraus entstehende Bedürfniße reichlich darbiethen. Dabey verschaffen sie einer Menge von Menschen Arbeit und Unterhalt, müssen folglich für einen großen Theil derselben, auch bloß deshalb, als unentbehrlich angesehen werden.

Es ist aus diesem Grunde vielleicht unnöthig, die unter den Völkern der alten und neuen Welt, um solcher einträglichen Produkte willen, seit etlichen hundert Jahren geführte Kriege zu erzählen oder zu erinnern, daß dergleichen deshalb noch immer geführet, und gewiße Uneinigkeiten, zum Vortheil der Handlungen, heimlich und öffentlich mit Fleiß unterhalten werden, daß große Wachsamkeit und listige Streiche, aus einer Art von heimlicher Eifersucht, obwalten, und endlich daß, aller dieser Aufmerksamkeit und Anstalten ohngeachtet, den Aufsehern in der neuern Zeit, dennoch viele Vortheile entgangen sind, welche die Gewinnsucht ihnen durch ihre zum Theil bekannte Mittel und Handgriffe auf das feinste zu entziehen gewust. Am aller wenigsten sind wir gesonnen, hier weiter auszuschweifen, und eines mehr, als zu verhaßten Umstandes dabey zu gedenken, der die harten Leib- und Lebensstrafen betrift, welche die Uebertreter, besonders eines etwan obwaltenden und als rechtmäßig angenommenen Nationalgesetzes halber, bisweilen auszustehen haben: es müste denn bloß dieses seyn, daß eine dergleichen harte Ahndung, so wie sie wenigstens in andern Welttheilen ausgeübet worden, der Menschheit zwar wohl Schauder und Schande, aber niemals Ehre gemacht habe: ohne doch die Verwegenen von ihren Versuchen und Unternehmen völlig abhalten zu können; weil ihre Absichten jederzeit viel zu wichtige Vortheile zum Grunde hatten. So unangenehm uns die Wiederholung aller solcher Vorfälle seyn muß, für eben so überflüßig würde man es halten, solche einträgliche Handelsprodukte aus den alten und neuern Kurranten

der

der größern Handelsplätze heraus zu suchen, die uns an denjenigen von neuen erinnern, wovon bereits im Vorhergehenden Anzeige geschehen.

Ein erst in den neuesten Zeiten, und zwar kaum vor 6 Jahren, in unsern, an Naturprodukten so reichlich gesegneten Schlesien, entdektes Mineral, und dessen ansehnlich geförderte Vorräthe, können nach allen Hauptumständen in dieser so wichtigen Sache das Wort reden. Es ist der sogenannte Blaufarbenkobalt, Kobelt, oder Kobold, *Cobaltum*, wovon der erste Name immer der bedeutenste seyn kann. Im Alterthume diesen aufzusuchen, und ihn aus bloßen Buchstaben oder dunkeln Beschreibungsüberbleibseln mehr zu muthmaßen, als wirklich zu bestimmen, ist nicht rathsam: wenn man zumal schon zum voraus weis, daß der Kobalt bald mit dem Schwefel- Gift- und Vitriolkiese, in welchen er eingesprengt gefunden wird, bald mit andern Zinkischen, Wißmuthischen und Eisenschüßigen Bergarten und Erzen, mit welchen er in einerley Lagerstädten vorkömmt, so, wie er mit mehrern vorkommen kann, verwechselt worden sey. Kaspar Schwenkfelt zeiget eine *Cadmiam metallicam* an, von welcher er etliche Eigenschaften kurzlich nahmhaft macht; nur von den wesentlichen schweiget er, oder weis vielmehr, nach Beschaffenheit seiner Zeit, nichts davon: und dieses betrift dessen Blaufarbenwesen, mit der Zubereitung und Anwendung. Er setzet den Geburtsort seiner *Cadmia* ins Riesengebirge und nennet Schmottseifen und Kupferberg, ohne daß man durch ihn oder andere nachfolgende Entdekkungen von dem Geburtsort in Schlesien gewißer worden wäre.

Was aber dieser Blaufarbenkobalt eigentlich für ein Mineral sey, haben andere neuere metallurgische Versuche, seit dessen wirklich bekannter gewordenen Anwendung im Sächsischen Obererzgebirge, mehr bestimmt, nebst den Arbeiten geschikter Männer, die zugleich die Unterschiede dieses Kobalts außer Zweifel gesetzet. Man fand ihn auch nachgehens außer Sachsen in Böhmen, Hessen, im Salfeldischen, und Würtembergischen vornehmlich, wie auch in der Grafschaft Hohenstein, im gebirgischen Antheil des Fürstenthums Halberstadt, zu Sachswerften, Hasserode und endlich auch in Schlesien weit reicher und ergiebiger, als man anfangs vermuthete. Man hat ihn auch auf seiner guten Seite besser kennen gelernet, anstatt ihn, wie ehedem, für eine schädliche Bergart anzusehen, welche nur die edle und unedle Metalle in ihren Müttern zerstöhren sollte. Außer dem Eisen, als dessen fast wesentlichem Bestandtheile, hat er einen gar verschiedenen Gehalt, und wechselt in den Gruben mit Silber, Bleyglanz, Gift- Schwefel und Kupferkies, auch mit Zink, Wißmuth und andern, und wird oft als ein Blaufarbenkobalt, mit oder ohne Speiße, rein gefunden, ohnerachtet er wirklich sein reines Blaufarbenwesen enthält.

Eben-

Eben dieser Kobalt hat sich schon vor sehr alten Zeiten im Sächsischen Obererzgebirge gezeiget, und zwar bey allerhand Erz- und Bergarten: da man aber dessen wahre Eigenschaften und den Gebrauch noch nicht gekannt, ihn auch damals noch nicht recht zu untersuchen oder zu einer weitern Anwendung zuzubereiten gewußt, so hielt man es insgemein für überflüßig, ihn zu Tage auszufördern: und wo es ja geschehen muste, da war, bey etlichen Zechen, der reiche Silbergehalt des Erzes Schuld daran. Das übrige wurde in den Gruben zurükke gelaßen, wovon sich dann hernach unter andern, in ziemlich ausgebauten Stellen, die sich bey den neuern Gesenken entblößt und neben den Gruben befanden, auch wo man bey der Arbeit durchschlächtig geworden war, wider Vermuthen, große Berge von dem schönsten Kobaltvorräthen, zum Vortheil des nachfolgenden Bergbaues, zeigten.

Man achtete diese reiche Kobalterze in damaligen Zeiten so wenig, daß man den Kübel davon für einen Kaysergroschen verkaufte: auch nur vielleicht an solche, die es verstanden und wagten, den in selbigem noch befindlichen Silbergehalt heraus zu bringen. Doch wurden diese vormals unerkannte und als unbrauchbar schon verstürzte Erze, hernach ein durch die Unwissenheit der Vorfahren gleichsam gesammleter, und ohne Mühe und Kosten schon gewonnener Schatz, aus welchem die Nachkommenden außer der blauen Farbe, Silber und Wißmuth scheiden lernten.

Seit ohngefähr 160 Jahren hat man so viel man weis, erst angefangen, sich um den Nutzen dieses so lange unbrauchbar gebliebenen Minerals besser zu bekümmern, und da man von dessen Anwendung zu einem Blaufarbengkase, und den bey gewißem Fabriken- und anderm Gebrauche, daraus weiter erwachsenden beträchtlichen Vortheilen immer gewißer wurde; so machte man ein ordentliches und überall noch immer gangbares Kaufmannsgut daraus. Es entstand aber in Sachsen, seit etwa 134 Jahren, zu diesem Behuf eine recht beträchtliche Handelsgesellschaft, welche noch seit der Zeit bestehet, und den grösten Theil von Europa bis jetzo, durch ihren Blaufarbenhandel, noch immer, im eigentlich kaufmännischen Verstande, recht zinsbar erhalten hat.

Das Aufsehen darüber bey allen Nachbarn, welche sonst die Handlung, den Bergbau und manche ansehnliche Manufakturen mit nicht weniger Ordnung, als Glük betrieben, ward von Zeit zu Zeit größer, so wie ihre desfalls darauf gewandte Kosten, Mühe, Anstalten und Entdekkungen bekannt genug sind. Indessen konnte dieses alles, wegen Mangel der guten und feinen Kobalterze, oder doch der zu Betreibung und Wirkung eines recht ansehnlichen Handels fehlenden Menge derselben, außer etwan im Heßischen, niemals recht wirksam werden.

Da

Da unterdessen seit den letztern Jahren, nach Einrichtung eines besondern Hütten- und Bergwerksdepartementes bey einem Königl. Preußl. hohen General-Ober-Finanz-Krieges- und Domainen-Direktorio, Se. Majestät der König Dero Augenmerk vorzüglich mit auf eine neue Einrichtung des Bergbaues im Herzogthum Schlesien richtete, so empfohlen Allerhöchst Dieselben gedachtem Departemente, bey einer bald vorzunehmenden Untersuchung der Schlesischen Gebirge, mit dahin zu sehen, und Versuche zu machen, ob nicht etwan ein wahrer und recht brauchbarer Blaufarbenkobolt daselbst aufzufinden seyn würde?

Die dazu damals besonders ernannte Bergkommißion bestand aus dem Hrn Geheimen Ober-Finanzrath Reichardt und dem Hrn. Ober-Bergrath Gerhard, welche beyde sich alle Mühe gaben, nicht nur von den wahren Umständen des damaligen Betriebes des Schlesischen Bergbaues die gehörige Kenntniße zu nehmen, sondern auch noch mehrere vernachläßigte und nützliche Mineralien aufzusuchen, und die bauwürdigsten Oerter zum ordentlichen Betriebe aufzunehmen: worunter ihnen die Versuche auf Entdekkung des Blaufarbenkobalts vorzüglich empfohlen waren. Gedachte Königl. Bergwergskommißion war endlich so glüklich, und entdekte diesen Kobalt zuerst 1769 im Riesengebirge, in dem Dorfe Schreibersbau, woselbst auch noch in dem nämlichen Jahre der

Bergbau mit allen erforderlichen Anstalten seinen Anfang nahm. Hr. Anton Zepichal, ein geschikter Geistlicher aus dem Jesuiterorden, und ordentlicher Lehrer der Mathematik und Mineralogie bey der Universität zu Breßlau, zeigte in seiner Einleitung zu der Bergmännischen Kenntniß des Erdballes, pag. 95 von dieser zuerst in Betrieb gesetzten Schlesischen Kobaltzeche folgendes an: „Dieses Werk gewähret bergmännische Hofnung, und verspricht in Zukunft einen ergiebigen Bergbau auf Kobalterz". Diese Grube hat nachgehends den Namen der Juliana erhalten, und liegt an einem Granitgebirge.

Zugleich und in eben dem 1769 Jahre, wurde diese vortrefliche Entdekkung durch gedachte Bergkommission am Kahlenberge zu Quehrbach weiter vermehret, und durch die so beträchtliche Grube Maria Anna noch wichtiger gemacht. Der erste Schacht wurde daselbst auch sofort abgeteufet, wo man befand, daß dessen Gestein ein Talkartiger Schiefer (Schistus corneus) sey. Zu dieser Grube kamen hernach erst die beyden Gruben Susette und der Jakob, welche Gruben mit der nur erwähnten Maria Anna in einem Striche liegen. Ihre derbe Kobalterze brechen Nesterweise auf dem Gange.

Im Jahr 1774 erhielt der Obergeschworne Weiß, noch wegen der nützlichen Entdekkung eines Kobal-

tischen

tischen Quarzes, der, für sich geschmolzen, ein blaues Glas giebt, eine sehr ansehnliche Prämie, und der Margerethenstollen, welcher zur Entdekkung des Jakobs die Gelegenheit gegeben, hat bey seinem Betriebe 1774 außerdem noch ein schönes Pocherz geliefert. Bey dem ersten Anfange ließ die Königl. Bergkommißion mit ihren neu entdekten Erzen, an Ort und Stelle, in der nächst anliegenden Glashütte ein Probeschmelzen vornehmen, und etwan 80 Pfund Blaufarbenglas machen, welches, seiner Schönheit halber, nach der weitern Zubereitung für ächtes Kaufmannsgut von Kennern erkannt wurde.

Der Hr. Oberbergrath Gerhard hat von allen diesen Entdekkungen, so wie von dem übrigen physikalischen Zustande der Schlesischen Gebirge, der hiesigen Königl. Akademie der Wissenschaften schon 1769, nach seiner Zurükkunft, in einer besondern Abhandlung Nachricht gegeben, welche sich in ihren Gedenkschriften befindet. Zugleich hat er alle dabey gesammlete Erze, Handstufen, Stein- und Erdarten in der Naturaliensammlung derselben niedergeleget, von den Kobaltischen aber mir einige der ganz ersten Originalstuffen gegenwärtig übergeben, um diese, unter Versicherung seiner besondern Hochachtung, an die Gesellschaft, zum Andenken dieser Entdekkung, auch in ihre Naturaliensammlung abzuliefern.

Se.

Se. Exzell der Königl wirkl. diregirende Geheime Etats und Kriegesminister, auch Oberberghauptmann Hr. Wayts, Freyh. v. Eschen, bereisete nachhero 1775 die Schlesischen Bergwerke von neuen. Es wurde unter Dero selbst eigenen Aufsicht mit dem Kobaltschlichen so gleich ein Probeschmelzen von 12 Zentnern gemacht, welchem die nöthigen Einrichtungen zum Hauptbetriebe eines Blaufarbenwerks folgte: von dem nichts anderes zu erwarten ist, als die reiche Frucht von den Einrichtungen eines solchen vorzüglich erfahrnen und scharfsichtigen großen. Bergverständigen, über welche sich die Nachkommen dortiger Gegenden zu freuen Ursach haben werden.

Aus vorerwähnten Hrn. Zepichals Einleitung mögte hier noch anzuführen seyn, was er von der Fundgrube Maria Anna zu Querbach geurtheilet, daß sie nämlich die gründlichste Hofnung gebe, daß in der Folge der Zeit daselbst etwas Ergiebiges auszurichten seyn werde. Die Wirklichkeit aller bergmännischen Vermuthungen, der in Schlesien gemachten Entdekkungen und Anstalten, hat sich auch bereits ziemlich aufzuklären angefangen: da die Grundherrschaft den Bau gedachter ergiebigen Kobaltzechen zu betreiben, und die blaue Farbe selbst machen zu lassen ubernommen, da sie auch, unter Hetziger Aufsicht, solche schon gewonnene Vorräthe bereits erhalten, und das Schmelzen mit einer sichern und ununterbrochenen Dauer zu unternehmen, so weit in den Stand gesetzet ist,

um

um vor der Hand Schlesien selbst bey seinen Fabrikenanstallten, auch bey dem allgemeinen bekannten Gebrauche, mit blauer Farbe zu versorgen. Und dieses ist für diesesmal genug zum Andenken der Entdekkung eines so erwünschten, vormals unbekannten Landesproduktes gesagt, welches erst den jetztlebenden und nachfolgenden zum Nutzen vorbehalten gewesen zu seyn scheinet.

XXVI.

Ergänzung der Geschichte

des, im ersten Bande dieser gesellschaftlichen Schriften, S. 359 ff.

beschriebenen Wasserthierchens.

von

J. A. E. Götze.

Die Natur entdekt ihren Freunden nicht alles auf einmal. Es gefällt ihr oft, uns erst durch allerley unwegsame Gegenden zu führen, ehe sie uns das gesuchte Ziel finden läßt. Ihre Absichten kann niemand tadeln. Sie thut es theils uns, wenn sie uns auf die Spur gebracht hat, desto mehr zum Nachforschen zu reizen, theils unsere Freude, wenn sie den Schleyer abnimmt, und sich in ihrer ganzen Schönheit zeigt, desto süßer und schmakhafter zu machen.

Als ich meine ersten Beobachtungen über das oben angezeigte Wasserthierchen machte, hielt ich es für ein höchstseltenes, wo nicht gar noch ganz unbekanntes Thierchen. Niemand in unserem Vaterlande kannte es, meine Rezensenten auch nicht; doch waren sie darinn mit mir einig, daß ich nicht unrecht gemuthmaßet hätte, selbiges für die Larve eines Insekts auszugeben. In meiner Beschreibung selbst hatte ich auch die Gründe angezeigt, warum ich es eher für eine Larve, als für einen eigentlich sogenannten Wurm hielt.

Diese Gründe sowohl, als mein ganzes darauf gebauetes Vorgeben, fanden in dem 64ten Stük des Hannoverischen Magazins vom vorigen Jahr einen Gegner, den ich zwar namentlich noch bis jetzo zu kennen nicht die Ehre habe, der aber sowohl durch seine Einwendungen und Zweifel, als durch den Glimpf, mit welchem er sie vortrug, mich ermunterte, die Sache näher zu untersuchen, und diesem Wahrheitliebenden Freunde im 86ten Stükke desselben Jahres zu antworten. Doch muste ich mich damals noch blos damit begnügen lassen, meine Gründe für den Larvenstand des bezweifelten Thierchens zu vertheidigen. Kaum aber hatte ich dieses Antwortschreiben abgesendet, als ich mit einemmale über die ganze Sache den erwünschtesten Aufschluß erhielt, und meinen kleinen Sieg im 92ten Stükke desselben Jahres dem Publikum bekannt machen konnte.

Die

Die Muthmaßung des Hrn. Prof. Erxleben *): daß es wahrscheinlich die Larve eines *Dipteri* sey, ist glücklich bestätiget. Es ist des Ritters Linné Tipula *littoralis* **). Das Geschlecht ist Tipula, oder Langfuß, und zwar die zwote Gattung mit Flügeln, die über dem Körper zusammengelegt sind, und deren Gestalt fliegenartig ist. Den karakteristischen Namen hat der Ritter von den Gegenden des Aufenthalts genommen: *littoralis*, weil sich dieses Thierchen gern an den Europäischen Ufern aufzuhalten pfleget. Ein Umstand, der sich mir im vorigen Sommer durch die Erfahrung bestätiget hat, indem ich die Larve häufig an den Ufern der Spree in Berlin gefunden habe. Indessen hat sie der Ritter auch, nach dem Zeugniß des nunmehro schon verewigten Hrn. Prof. Müller ***) auf hohen Bergen angetroffen.

Bey der Ergänzung der Geschichte dieses Insekts kann ich mich nun desto kürzer faßen, da es keinem Zweifel mehr unterworfen ist, daß sich die von mir beschriebene Larve nicht in eben dieses Insekt verwandeln sollte. Die Sache ist durch Erfahrungen und Zeugniße entschieden.

Ich

*) Physikal. Biblioth. 2 B. S. 301.

**) S. N. ed. 12. p. 974. no. 27. Virescens, alis immaculatis, pedibus anticis longissimis *Faun. Suec.* ed. 2 1759.

***) Ausführliche Erklärung des Linn. Naturs. 5 Th. 2 B. S. 937. no. 27. der Strandschwärmer. *Fabric.* S. E. p. 752. Tipula 32.

Ich kenne nunmehro nur drey Schriftsteller, die außer mir dieses Insekt ihrer Aufmerksamkeit gewürdiget haben, oder so glük ich geworden sind, die ganze Verwandlung desselben zu erfahren, wiewohl ich glaube, den Larvenstand deßelben so genau und vollständig, als möglich, beobachtet und beschrieben zu haben.

Geoffroy *) nennet das Insekt Tipulam viridem, alis albis, immaculatis. Reaumür **) hat es überaus kurz beschrieben, und die Larve so gezeichnet, daß man sie kaum erkennet.

Es ist ihm anfänglich, wie mir ergangen. Er hat die Larven, die er Waßerwürmer nennet, in den Baßins gefunden, aber nicht gleich zur Entdekkung ihrer Verwandlung gelangen können, bis er endlich durch seine Wannen und Gefäße, worinn er sie aufbewahrte, dazu gelangete. Sie verwandeln sich, sagt er, in kleine Mükken, die eben nichts Merkwürdiges an sich haben; desto merkwürdiger aber sind diese ihre Larven, in Absicht ihrer seltsamen Gestalt, wodurch auch meine Neubegierde gereizt wurde.

Jeder

*) Nach dem Linné lautet das Citatum also: *Geoffr.* Parif. 561. n. 17. Ich glaube nicht, daß es richtig sey, weil es der Hr. Prof. Fabricius l. c. also angeführet hat: *Geoffr.* Inf. 2. 564. n. 21. Weil ich das Werk nicht besitze, mögen es meine Leser selbst vergleichen.

**) Inf. Tom. 5. Part. 1. p. 51. t. 6. f. 4. 5. 6. 7. 8. 9. 10. 11. 12. 13.

Jeder Wurm ist so weiß und durchsichtig, wie ein Stükchen Krystall, und wenn das Wasser, worinn er schwimmt, recht klar ist, hat man Mühe, ihn wahrzunehmen. Je näher die Zeit seiner Verwandlung kömmt, desto weniger bewegt er sich, gleichwohl kann er sich durch einige Stöße des Schwanzes gegen das Waßer helfen, wenn er seinen Platz verändern will. Alsdann ist er auch nicht größer, als eine Schnakenlarve.

Das merkwürdigste, was er an sich hat, ist ein großer niedergebogener Haken vorn am Kopfe, der ihm das Ansehen eines Einhorns mit niedergebogenem Horne giebt *). Neben dem Horn befindet sich auf jeder Seite ein brauner Flek. Nicht gar weit vom Kopfe liegen oben auf, aber inwendig, zween braune, Nierenförmige Körper, und eben dergleichen, nur etwas kleiner, und heller, nicht weit vom Schwanze. Dieser endigt sich mit zwey fleischichten Hörnern, die mit der Länge des Körpers in gerader Linie stehen. Bey

*) Reaumür hat nachher angemerkt, daß dieser Haken sich in zwey Stükken mit einer Spitze theile, da wir doch deutlich drey Spitzen daran bemerkt haben, welches in dem folgenden deutlicher sich aufklären wird. Da er das Thierchen blos mit der Lupe beobachtet hat; so muste ihm manche Merkwürdigkeit in seiner Struktur verborgen bleiben, und so verhält sichs mit mehreren seiner Beobachtungen, welches auch bey der großen Menge und Mannigfaltigkeit der von ihm beobachteten Gegenstände nicht wohl anders seyn konnte.

Bey der Wurzel derselben sitzt eine Floßfeder, welche Eyförmig gestaltet wäre, wenn sie nicht einen besondern Anhang hätte. Aber aus demselben gehen rund herum verschiedene Stralen heraus. Es ist kaum nöthig anzuzeigen, daß man dieses alles nur vermittelst einer Lupe sehen kann. Und durch dieselbe entdekt man auch das, längs dem Körper, zwischen den vier Nierenförmigen Körpern, heruntergehende Gefäß, welches vermuthlich der Speisedarm ist.

Sucht man die Struktur seiner Theile etwas genauer zu beobachten; so findet man, daß der oben angegebene einfache Haken eigentlich aus zwey, dicht aneinander liegenden Haken bestehe, die das Thier nach seinem Gefallen auf- und zuthun kann. Beyde sitzen unmittelbar am Kopf, und jeder hat in der Mitte ein Gelenke. Allein der, über das Gelenke hervorgehende Theil ist braun und Hornartig *).

Bey der Wurzel dieser beyden Haken, die nur einen auszumachen scheinen, sitzt das Maul, und auf jeder Seite desselben eine Art von flacher Hand, die

 mit

*) Diesen Theil hat Reaumür an jedem für ein einfaches Organ gehalten, und auch so abgebildet; allein jeder bestehet sicher aus drey dicht aneinander liegenden Theilen, die es, wie eine Dreygabel, auseinander thun kann. So habe ich sie gesehen, und im ersten Bande der Gesellschaftlichen Beschäftigungen T. 8. F. 3 b, b, vorgestellet. In dem folgenden wird sichs ausweisen, daß ich richtig gesehen habe.

mit grossen Haren, wie mit Stacheln, besetzt ist. Drükt man den Wurm ein wenig; so kömmt aus dem Maul ein langer Körper heraus, den ich aber mir nicht getraue, die Zunge zu nennen. Nach seiner Gestalt und Größe siehet er fast aus, wie das dikke Ende des blinden Darms, welches steif genug ist, sich gerade zu halten.

Ich habe dergleichen Larven oft in recht weiße, durchsichtige, mit klarem Wasser angefüllte Zukkergläser gesetzt, und nachgehends darinn viele kleine Körperchen, wie Stükken Walzenförmiger Röhren gefunden, von denen ich nicht mit Gewißheit sagen will, ob es die Exkremente gewesen sind.

Im Julius und August verwandelten sich meine Larven in den Zukkergläsern in Nymphen, die in Absicht der Lage der Füße, andern Mükkennymphen glichen; allein sie hatten noch zwey über den Kopf hervorstehende Hörner, die aus dem Halskragen giengen, und gegen das Verhältniß des Körpers viel größer, als bey irgend einer andern Mükkennymphe waren. Sie stehen fast eben so wie bey den Schnakennymphen. An sich sind sie flach, und bey der Wurzel dünn; allmählig aber werden sie breiter, dann wieder schmal, und gehen zuletzt spitzig zu. Sie dienen der Nymphe zum Othemholen, da sie solche immer über das Wasser heraussteckt. Unter dem Vergrösserungsglase scheinen sie körnericht, oder Schagrinartig

artig zu seyn, und es ist sehr wahrscheinlich, daß die beyde gröste Nierenförmige, zunächst am Kopfe liegende Körperchen *), sich in diese beyden Hörner der Nymphe verwandeln.

Hinten haben sie zwo einander gleiche Floßfedern, welche wie ein Blatt gestaltet, und sehr durchsichtig sind. Inwendig sind sie stark geadert, und die kleinere Adern gehen alle aus zwo Stammadern, darunter eine größer ist, als die andere.

Wenn das Insekt zehn bis zwöf Tage im Nymphenstande gelebt hat; so verwandelt sichs in eine kleine Art von Langfüßen (Tipula), darunter das Männchen Federbuschartige, das Weichchen aber minder harichte Fühlhörner hat. Beyde Geschlechter tragen die Flügel Kreuzweise über den Körper, der sie auch an Länge übertrifft. Das Männchen hat hinten zwo Arten harichter Lamellen, und darunter zwey fast gerade Häkchen oder Zangen, davon jede mit einem dikkern Stük zusammengegliedert ist. Gewöhnlicherweise stehen die Spitzen der Zangen nach dem Bauche zu, und formiren ein Kreuz, indem sie beyde Kreuzweise übereinander liegen.

Nun noch ein kurzer Auszug aus dem ersten Hefte des Schlabberschen Werks, welches vielleicht noch

*) Mithin bestätigt sich das, was ich von der Absicht der Nierenförmigen Körper bereits gemuthmaßt habe, daß es vielleicht Werkzeuge zum Othemholen wären.

nicht in vielen Händen seyn mögte*). Slabber nennet die Larve einen *Devorator*, oder verschlingenden Wurm der Fliegenartigen Tipula.

Die Eyer legt diese Mükke nach Art aller Langfüße auf die Oberfläche des Wassers, jedoch nicht allezeit in der Gestalt eines Ringes, sondern ganz unregelmäßig, das sie wie Fetttropfen auf der Oberfläche des Wassers liegen, an sich aber ganz durchsichtig sind. Die Würmchen sind darinn nicht eher zu sehen, als wenn sie etwan die Länge von einem Viertelzoll erreicht haben.

Die Larve wird bis zu einem halben oder fünf Achtelzoll groß, und zuletzt über und über gelblich, einige heller, andere dunkler.

Der Körper bestehet ohne Kopf aus eilf Gelenken. Der Kopf ist der wunderbarste Theil des Geschöpfes. Die braunen Flekke des Reaumürs hält Hr. Slabber mit Recht für Augen, aber ohne Fazetten. Aus der Mitte des Kopfs gehet eine Art von Schweinschnauze, die sich in einen stumpfen, doppelspitzigen Rüßel endiget, dessen gedoppelte Spitzen in (drey) Borstenförmige Härchen auslaufen. Diese Spitzen können auseinan-

*) Der ganze Titel heißt: Physikalische Belustigungen oder mikroskopische Wahrnehmungen in- und ausländischer Wasser- und Landthierchen durch Martinus Slabber, aus dem Holländischen übersetzt von P. L. St. Müller, mit illuminirten Kupfertafeln. Nürnb. 4. 1775. Die Beschreibung unseres Insekts stehet S. 6 bis 15, und die Abbildungen T. 3. 4.

einander gebreitet, und im Schwimmen auch aneinander gehalten werden. Beyde dienen sie dem Insekt, seinen Raub damit vest zu halten. Unten an der Schnauze befindet sich noch ein stumpfer heraustretender, ebenfalls beweglicher Körper, der an der Spitze mit feinern Härchen besetzt ist, womit es, wie Slabber meynt, seinen Raub abbürste und reinige. (Das ist nun wohl, nach dem angeführten Beyspiel von den Fühlhörnern mancher Schmetterlinge, theils falsch, theils zu analogisch geschloßen. Denn die Schmetterlinge holen mit ihrem Saugerüßel den Honigsaft aus den Blumen, und können mit ihren Fühlhörnern den Raub nicht abbürsten, wie denn auch sehr viele Arten bloß Schnurförmige Fühlhörner haben).

Noch zween Theile sind am Kopf, an jeder Seite einer, zu bemerken, deren jeder in einem starken Köcher stekt, und fast die Gestalt einer fünffingerichten eingekrümmten Hand hat. Die Larve kann sie ganz in ihre Köcher einziehen, aber auch sehr geschwinde wieder herausstrekken. Alle diese Organen sind dem Thierchen wegen seiner gewaltigen Raubsucht gegeben.

Auf dem zweeten und neunten Absatze liegen die Nierenförmige Körperchen, welche im Schwimmen einen Silberglanz von sich geben. Wozu sie dienen mögten? sagt der Verfasser, ist mir unbekannt. Er wirft die Frage auf, ob die vordersten wohl zween Mägen wären, weil sich der, den ganzen Körper durchlaufende Kanal mit zween Armen anfange, und ob die Speise wohl in dem Hintersten noch einmal verdauet werde?

An jedem Ringe des Körpers vom zweeten bis neunten, sitzen zwey Härchen, ein langes und ein kurzes.

Am eilften oder letzten Ringe siehet man oben auf dessen hinterstem Theile vier Borstenartige, oder vielmehr Flachsartige, rauhe Härchen, die wiederum ihre Nebenhärchen haben, und gerade hinten vier platte spitzige Körper, die sich über und auf einander schieben können, so daß öfters nur zwey, oder eins vorhanden zu seyn scheinet. Der After ist gerade an der untersten Spitze des letzten Absatzes unter obigen vier Lamellen. Noch sitzen unter demselben 24 Borstenartige Stralen, welche Fächerförmig auf einander stehen, und einen Winkel von fast 150 Graden ausmachen. (Hieran sind aber die zarten Nebenfasern an jedem Stral, welche ihm ein prächtiges Ansehen geben, nicht mit abgebildet).

Der Wurm kann sich sehr schnell bewegen. Er biegt sich Zirkelförmig zusammen, und bringt den Kopf an den Schwanz; dazu kömmt noch die Fertigkeit der vorbeschriebenen Händchen, wodurch er im Stand ist, die kleinen Goldfische, Armpolypen, und die kleinen Posthornschnekken zu fangen.

Die

Die Nymphe hat acht Absätze, der Kopf fast die Gestalt eines Hundekopfs, und ist mit einem Halsband umgeben. Die zwey hervorragenden Hörner oder Luftröhren hat Reaumür sehr gut vorgestellet. Der Körper aber ist nicht, wie er ihn abgebildet hat, rund, sondern länglicht vierekkig. Bey der Slabberschen Figur siehet man hinten noch die Ueberbleibsel der hintern Nieren. Bey einer weiblichen Nymphe liegt oberhalb dieser Nieren der Eyerstok.

An der achten Abtheilung sitzen zwey mit feinen Adern gleichsam durchwirkte Blätter, an die sich wieder zwey kleinere anschlüßen, die dem Herrn von Reaumür entwischet sind. Dazwischen sitzen noch Gabelförmige, oben dikke Körperchen, zwischen welchen ein Spießförmiger Körper heruntergeht. Von allen diesen Theilen kennet Slabber die Absicht nicht. Nach zehn bis zwölf Tagen werden die Nymphen schwärzlich, und in Zeit von sechzehn bis achtzehn Tagen kömmt der Langfuß zum Vorschein.

Er nennet diese Art Mükken Tipula *crucifixa*, oder der Fliegenartige Langfuß, der Kreuzfaden.

Das Männchen hat Federbuschartige Fühlhörner und einen sehr dünnen, mehrentheils in die Höhe gekrümmten Körper, der aus sechs Gelenken bestehet, die von den weiblichen sehr verschieden sind. Wodurch sich das Männchen besonders auszeichnet, sind zwey rundlichte, von einander abgesonderte Körperchen am sechsten Gelenke, die doch am innern Rande durch einen Kreuzfaden zusammengeheftet werden. Diese Körperchen leisten bey dem Begattungsgeschäfte ihre Dienste; allein der eigentliche Nutzen der Kreuzfaden ist wohl nicht zu bestimmen, doch können sie sich einziehen, und gedachte beyde Körperchen näher zusammenbringen.

Das Bruststük ist sehr erhaben, woran die sechs Füße sitzen, darunter die vördersten und hintersten die längsten sind.

Die Flügel sind Glasartig, durchsichtig und bedekken fünf Gelenke des Körpers, übrigens wie andere Mükkenflügel, nebst ihren Balanzirstäbchen. Die Augen sind sehr groß, und fazettirt, die Schnautze länglicht, aber ohne Sauger, daher sie nicht stechen können. Nach den Fühlspitzen gehört das Insekt zu den Langfüßen, nach der Schnautze aber nicht; also eigentlich ein Mittelding zwischen den Fliegen und Langfüßen.

Die eigentlichen wahren Fühlhörner bestehen aus 22 Gelenken, woran die Härchen sitzen, die gleichsam den Federbusch ausmachen.

Das Weibchen ist blos in den Zeugungswerkzeugen und Fühlhörnern verschieden. Erstere sind hier wie ein Halbzirkel geformet. Den Körper trägt es selten anders, als horizontal, doch stellt es das Zeugungsgungsorgan bey der Begattung in die Höhe; das Männchen aber trägt das seinige niedergebogen. Beyde haben sie einerley, nämlich eine bräunlichgraue Farbe, und an beyden Seiten der Brust einen weißlichen Strich. Die Fühlhörner des Weibchens sind blos mit kurzen Härchen besetzet.

Werden meine Leser dieses alles mit den schönen Slabberschen Figuren vergleichen; so werden sie gewiß auf meine Seite treten, und mir das Zeugniß geben müssen, daß ich in meinem ersten Aufsatze, nach richtigen Erfahrungsgründen, nichts anders, als eine Insektenlarve beschrieben habe, deren ganze Oekonomie, Verwandlung und Geschichte, bis auf einige kleine und besondere Umstände, hierdurch ziemlichermaßen scheint erschöpft und ausgeführt zu seyn.

Aus dem letzten lehrreichen Schreiben meines vortreflichen Freundes, des Hrn. Etatsraths Müllers in Kopenhagen, kann ich noch folgendes zur Ergänzung der Geschichte dieses Thierchens beyfügen.

„Das von Ihnen in den Beschäftigungen beschriebene und genau abgezeichnete Wasserthierchen, schreibt er, ist auf Friedrichsthal nicht selten. Ich habe selbiges in den Jahren 1767 und 1768 oft gefunden, bewundert, beschrieben, und zweymal zeichnen laßen; aber es immer für eine Larve gehalten, ohne daß mir die Verwandlung je geglükt wäre. Es ist ein Beweis vieler Aufmerksamkeit, wenn man das Thierchen entdekket,

dekket, weil man es wegen seiner Klarheit leicht für eine bloße abgelegte Haut ansiehet, und das Thierchen selbst die Kunst verstehet, sich durch einen Stoß aus dem Gesichte des Beobachters zu entfernen. Folgendes will ich noch zur Ergänzung seiner Geschichte mittheilen.

„Ich kann die lange Streife, die vom Munde bis in die Gegenden des Afters hingehet, nicht für die große Arterie ansehen; sondern ich muß sie für den Mastdarm halten. Oft erscheint sie weiß und durchsichtig, zu andern Zeiten gelb oder rothbraun, und diese Farbe rühret, wie zu vermuthen, von dem ausfüllenden Unrath her. In dem Brustſtük ist sie bald länglicht, bald ganz rund. Bisweilen ist sie nur in der Brust, bisweilen nur in dem Bauch, oft an beyden Stellen zugleich leer oder angefüllet; also kann sie nicht wohl etwas anders, als der Mastdarm, und der Theil im Bruststük, darinn sich die Nahrung eine Weile aufhält, ehe sie in den schmalen Darm hineintritt, etwa der Magen, seyn. Auch habe ich eine Wurmförmige Bewegung wahrgenommen, und oft gesehen, daß das Thier etwas eingeschlukt habe, welches, gleich einer Luft- oder Wasserblase, sich in die gelbe Streife hineinbegeben hat.„

„Dennoch kann die Pulsader, und selbst die Blutader ihren Gang neben dem Mastdarm haben, so wie ich es bey meinen Naiden, bey den Nereiden, und

andern

andern Wurmarten gefunden. Die Bewegung dieses Thiers ist gemeiniglich horizontal, langsam, und ohne merkliche Regung der Glieder. Oft stehet es geraume Zeit ruhig an der Oberfläche des Wassers. Bisweilen beugen sich Schwanz und Kopf eiligst gegen einander, und eine jede dergleichen Bewegung schnellet den Körper eine Ekke fort, bald aufwärts, bald unterwärts, bald in einer horizontalen Linie. Ich habe es in meiner Handschrift *Pegasus fluviatilis* genannt, und es den ganzen Sommer durch im Julius, August und September, ohne einzige Veränderung zu bemerken, in Teichen, Morästen, und Torfgräben angetroffen. Die aus den letztern waren braungelb, wie das Wasser."

XXVII.

Kurze Bemerkung über den Scheibering und dessen Gebrauch bey der grünen Fütterung in etlichen Gegenden der Neumark.

von

D. Joh. Gottlieb Gleditsch.

Der Name dieses in der Kurmark Brandenburg überhaupt sehr gemeinen süßlich= balsamisch= gewürzhaften Gewächses, ist bey den Botanisten *Sium nodiflorum*, die Deutsche Benennung aber, **Scheibering**. Letztere scheinet, außer etlichen jenseits der Oder zusammen liegenden Provinzen, nicht sonderlich bekannt zu seyn. Ich wenigstens habe die Pflanze unter gedachtem Deutschen Namen weiter nicht ausfragen können. In verschiedenen daran stoßenden Pohlnischen Klosterdörfern weis man

man den Gebrauch, nicht aber den Namen dieser Pflanze, welche sonst in den benachbarten Brandenburgischen Gegenden, zwischen der Oder und Warte, vorlängst als nützlich angesehen worden. Diejenige Gattung also, von der im folgenden die Rede seyn soll, da sie eine weitere Untersuchung gar wohl verdienet, ist

Sium (2. *nodiflorum*), foliis pinnatis, umbellis axillaribus sessilibus. *Linn.* Spec. Pl. ed. 2 pag. 361.

Sium foliis radicalibus ovatis, pinnatis, dentatis: caulinis appendiculatis: umbellis alaribus. *Haller.* Hist. Stirp. Indig. Helvet pag. 346. n. 778.

Sium aquaticum procumbens, ad alas floridum. *Moriss.* Hist. Plant. Oxon. III. p. 283.

Sium erectum, umbellâ brevi s. *Pastinaca aquatica. Raji* Hist. p. 444.

Sium minus. *Rivini.* Umbell. Tab. 78.

Scheibering. Brunnenpeterlein. Klein Waßerkerk. Brunnenmerk. Waßerpeterlein. Wassereppich. Waßermorellen. Kleine Waßerpastinak. Rehepastinak. Quellenmerk.

Man muß diesen Scheibering nicht mit der größern Art, und deren auf dem Moor- und Torfgrund wachsenden breitblättrigen Abänderung verwechseln: wovon ich weiter unten eine besondere Nachricht geben werde.

werde. Noch weniger aber darf man aus den beyden erstern verschiedene Geschlechtsarten machen, wie der sonst wahrhaftig große Rajus gethan, der in seiner Pflanzengeschichte noch ein *Sium* minus aquaticum aufgeführet, welches von unserer Pflanze nicht verschieden, wohl aber eine durch Grund und Klima hervorgebrachte Abänderung derselben ist. Diese letztere und vermeynte Gattung treibet, gegen ihre natürliche Geschlechtsart gehalten, viel ästigere und mehr gestrektere Stängel und Zweige, die durch den Zug des Waßers, wie andere Pflanzen, ihre eigentliche Richtung erhalten; sonst aber bey jüngern und in vollerm Wachsthum stehenden Pflanzen, gerade und aufrecht stehend gefunden werden. Bey uns in der Berlinischen Gegend, kann man oft beyderley Pflanzen in den kalten und klaren Waldbächen, um die Quellen, auch zur Sommerszeit, in den kleinen Feld- und Wiesengräben in der Blüte, neben oder unter einander antreffen.

Ob man aber schon, um unsere Pflanze richtiger zu bestimmen, in die ältern Zeiten der Pflanzengeschichte nicht eben sonderlich weit zurükke gehen darf, als woselbst oft bloße, und sehr beliebliche Muthmaßungen fast die einzigen sehr schlechten Belohnungen eines zu mühsamen Fleißes werden: so kann man doch einiges hierher wohl Paßendes mit Grunde anführen. Als unter andern, daß unsere Pflanze beym Hyeronymus Tragus und mehrern Botanisten der beyden vorhergehenden

henden Jahrhunderte, öfters *Sium odoratum*, zum Unterschiede der längst bekannten Brunnenkreße (*Sisymbrii aquatici*) genannt worden, weil man diese leztere insgemein für das *Sion* oder *Sium alterum* des *Dioscorides*, auch für das *Sium majus* des *Cratevae*, und wer weis, für die *Anagallis aquatica* und *Dareum Dioscoridis*, endlich gar für die *Pupillam Oculi Avicennae* und *Laver* Plinii ausgegeben hat. Diese und andere grundgelehrte Irrungen, haben bey den Auslegern der alten Schriftsteller zum Theil noch mehrere Fehler nach sich gezogen: unter andern besonders diesen, daß die *Veronica Beccabunga* fälschlich zu einem *Sio* gemachet, und dagegen unser Scheibering, als ein wahres *Sium*, noch zu Morissons Zeiten in England für Brunnenkreße verkaufet worden: vielleicht auch, weil die Bachbunge mit der Brunnenkreße und dem Scheibering um die Quellen abwechselt. Sonst führet auch der Scheibering den Namen *Apium fontanum et aquaticum minus*, und wegen seines, dem Gartenpastinak ähnlichen angenehmen Geruches und Geschmakkes, den Namen *Pastinaca aquatica*, und nach einer alten offizinellen Benennung *Berula* und *Merula*. Die Franzosen nennen die Pflanze *Berle*, die Italiener *Lavarella*, *Ranella* auch *Gorgolestro*, die Spanier aber *Rabacas*.

Daß der Scheibering in hiesigen Königlichen Landen eine sehr gemeine Pflanze sey, ist anfangs schon bemerket worden. Wegen ihres natürlichen Standortes

tes hingegen ist anzumerken, daß sie, als eine beständige Pflanze, denselben im flachen Lande, in feuchtem Wiesengrunde, vornämlich aber um die klaren Quellen, in den flachen Feld- Wald- und Wiesengräben habe, wo sie mit ihren langen, einfachen Wurzeln sowohl in der feinen lokkern und fetten Schlammerde gar sehr weit um sich greift, und starke Stökke macht, als auch in den gröbern Flußsande oder Steingruß, in den gebirgischen Bächen, auch andern starken Gewäßern, auf dem Grunde sich dermaßen bevestiget, daß sie dergleichen Waßern, wenn sie zuweilen reißend werden, und sich von den Höhen herunterstürzen, dennoch Widerstand thun und sich erhalten können: wie man in der Grafschaft Hohenstein und dem gebirgischen Antheil des Fürstenthums Halberstadt, auch an mehrern Orten im Harze, zwischen Gebirgen, als unter andern zwischen Walkenried und der Zorge, der hohen Tanne, der Sorge und mehrern Hammerwerken dieser Gegend, wie auch auf der Böhmischen Gränze hinter Schwarzenberg und Johanngeorgenstadt im Sächß. Obererzgebirge, und in andern ähnlichen Gegenden finden wird: wo sie auf dem Grunde mit der 5ten *Arabis Halleriana* des Hrn. von Linne vornämlich abwechselt.

Der verschiedene Grund und Stand giebt der Pflanze ein verschiedenes lebhafteres, zum Theil reinlicheres Ansehen. Sie stehet fast an allen besagten Orten einen ziemlichen Theil des Jahres unter Waßer,

wo

wo sie die kühlen Quellen und klaren Waßer zu lieben scheinet, welche auch im harten Winter nicht so leicht zufrieren. Daher diese Pflanze mit der Kreße und Bachbungen zugleich, zu gedachter Jahreszeit, von den hungrigen Rehen, auch dem Schwarzwilde, daselbst gesuchet wird: welche, indem sie in die Waßer hineinspringen, die auf dem Grunde stehenden Kräuter mit dem Füßen ausscharren und losmachen, daß sie oben aufschwimmen und ihnen zur Aesung dienen können. Dieser Umstand, welcher sonder Zweifel durch die Jagdbedienten zur Winters- und Frühlingszeit oft angemerket worden seyn mag kann wohl den Einwohnern der Feldmarken einige Anleitung zur Anwendung des jungen Scheiberings, zur frischen Fütterung, in einer Jahreszeit gegeben haben, in welcher der Mangel an grünem Futter aller Orten etwas sehr gewöhnliches ist. Man hat auch weitere Versuche damit gemacht, und das junge, noch unter dem Waßer stehende Kraut, nebst der Kreße, zu Ausgange des Winters und noch früher, zu den ersten Arten des Salats, auch unter die Gemüßkräuter aufzusuchen angefangen, besonders aber im flachen Lande, mit dieser Sammlung fortzufahren, gut gefunden, bis deßen Blätter theils zu zähe zu werden angefangen, theils von dem Läich der Frösche und anderer Waßerthiere unrein geworden sind.

Die Hauptwurzel des Scheiberings ist etwas stärker als dessen Stängel, welche die Stärke einer Federspule haben. Sie hat ein starkes und schwammiges Mark, und treibet ihre sehr lange, weiße Fasern, in gewißen Absätzen oder Gliedern. Eben dergleichen Wurzelfasern kommen überall aus den Gliedern der gestrekten Stängel und Zweige hervor, sowohl unter Waßer, als wo sie das feuchte Erdreich sonst berühren, wodurch die Pflanze noch mehr im Stand ist, sich im Grunde recht vest zu setzen, und den bisweilen zu starken Zug der Waßer auszuhalten: wie es geschiehet, wenn sie einmal sich recht bewurzelt hat; daß man sie deshalb viel öfterer ganz übersandet oder verschlämmet, als loßgerißen findet.

Die Stängel, welche sich in sehr unregelmäßige, auseinander stehende Zweige vertheilen, sind gegliedert. Sie haben eine weite, mit vielem Mark ausgefüllte Röhre im Kern, und die eben angeführte Stärke eines Federkieles. Die Schwere und Lage ihrer Zweige macht, daß sich die ganze Pflanze mehr nach dem Zuge oder Falle des Waßers, bey gewißer Jahreszeit, und nach dem Anwachs oder Verminderung deßelben richtet, und folglich mehr gegen eine oder die andere Seite lenket und strekket, da sie sonst mehr aufwärts stehen würde. Die Pflanze treibet ihre Stängel gegen die andere Hälfte des Junii, auch wohl später aus dem Waßer, zumal an den Gebirgen. Sie werden etwan einen Fuß hoch, und bringen ihre weißen Blumenbüschel gleich andern Schirmpflanzen auf den Spitzen: so wie die kürzern Nebenzweige und Stiele, die aus den Winkeln zwischen den erstern und den obern Blätterscheiden entstehen, ihre Blumenbüschel an den Seiten tragen, die auch öfters gar fehlen, oder, ihrer Kürze halber, doch zu fehlen scheinen. Nach der ersten Heuernde, wo bey trokner Witterung, Pfühle und Gräben zwischen den Wiesen nicht selten ganz ausgemähet werden, wachsen die Stängel nach, und kommen wieder zur Blüte, daß man, wie sonst, wenn sie nicht mit abgeschnitten worden sind, Blumen- und Samenbüschel im Augustmonat und später unter einander stehend finden kann.

Die Farbe der Blätter des Scheiberings ist bald dunkelgrüner, glänzender und reiner, bald heller, und es zeiget sich einiger Unterschied daran, den sie, da sie theils in und unter dem Wasser, an der Wurzel bevestiget sind, vor den übrigen haben, theils an den Stängeln in und über dem Wasser und endlich an den Zweigen unter den Blumenbüscheln; woselbst sie sich nicht nur merklich verkürzen, sondern auch ihre Gestalt bey der allmähligen Ausbildung nach und nach verändern. Ueberhaupt sind diese Blätter aus andern kleinen (pinnulæ oder foliola) dermassen zusammen verbunden, daß das Hauptblatt durch die Zusammensetzungsart diejenige bekannte Gestalt erhält, die bey den Botanisten, von der Aehnlichkeit mit den Floßfedern, die gefiederte (*pinnata*) genennet wird. Unter dem Wasser haben die kleinern Blätter eine Eyrunde Gestalt, und geben den Hauptblättern eine schrägere

Richtung, die der Zug oder die Bewegung des Wassers verstattet. Dagegen stehen die Hauptblätter über dem Wasser mehr gerade aufwärts, und haben kleinere, mehr velängerte Blätterchen, die mit den feinsten spitz- und scharf gezakten Rändern versehen sind. Die Blätterstiele werden nach ihrem untersten Enden zu, auf beyden Seiten breiter, und haben daselbst einen hervorstehenden dünnern Rand mit einem Ohre. Bey der Entwikkelung vergehen die ganz untersten Blätter nach und nach, und über dem Wasser werden sie im Herbste gelb. Dagegen treibt die Wurzel unter dem Wasser neue Blätter und Wurzelstökke, die den ganzen Winter grünen und in Menge fortwachsen, auch diejenigen guten Eigenschaften zeigen, wovon im Verfolg die Rede seyn wird, und die sie haben können und sollen, ehe die Pflanze in die Stängel gehet, und ihre gesammelte Säfte in andere Theile weiter verbreitet. Diese junge Pflanze ist es, die eigentlich nur in ihrem ersten Zustande mit Nutzen gebraucht wird!

Die kleinen Schiermblumenbüschel (umbellæ) die sich vom Ende des Brachmonats bis zu Ende des Augusts zeigen, stehen, wie schon gesagt, theils oben auf den Stielen, theils auf der Seite der Hauptstängel. Sie sind mit Hauptdekken oder Hüllen (involucra) versehen, die gröstentheils aus breiten, dreyzakkigen Blättern bestehen, zuweilen unscheinbar werden, oder auch gar fehlen. Die Blüte selbst ist

eine

eine Zwitterartige, ganz fruchtbare, und hat nach innen zu lauter gleich grosse, weiße Blumenblätter, auswärts hingegen befindet sich unter den übrigen ein einzelnes etwas grösseres Blättchen. Die beyden kleinen frischen Samen haben bey ihrer Reife im August, eine plattrunde Gestalt und eine flach gefurchte oder gestrichelte Oberfläche. Alles übrige zu dem natürlichen Karakter dieser, zum Geschlechte des *Sium* gehörigen Pflanze, ist aus der guten Bestimmung des Hrn. von Linné klar, und durch den Hrn. von Haller ausser zweifel gesetzt: ohne daß die Wiehohlung dieser Karaktere hier ihren Platz mit Nutzen finden könnte.

Geruch und Geschmak an unserer jungen Wasserpflanze sind gemäßigt balsamisch, Gewürzhaft und angenehm, wenn sie nur in reinem und klarem Quellwasser stehet. Sie vergleichet sich hierinn einer im guten reinen Gartengrund erzogenen jungen Pastinakpflanze. Wenn sie aber in einem schlammigen, unreinen, stehenden Wasser wächset, oder älter wird, so verliehret sich diese Annehmlichkeit merklich.

Ihre wirksamen Bestandtheile sind ein Oeliges, flüchtiges, balsamisch gewürzhaftes Wesen, in einer beständigen sehr gemäßigten Harzigschleimigen Mischung, so daß sie eine sehr gegründete Anzeigung von reizenden, bewegenden, erwärmenden, verdünnenden, auflösenden und stärkenden Hauptarzneykräften

 giebt,

giebt, welche sie auch, laut sichern Erfahrungen, an Menschen und Thieren nach dem körperlichen Unterschieden erweiset. Hierzu kömmt noch die nahrhafte Eigenschaft bey den Thieren insbesondere. Morißon hat schon den Arzeneygebrauch des ganzen Siumgeschlechtes und seiner Gattungen empfohlen, so weit es ihm damals bekannt gewesen ist, wir mögten aber, aus näherer Kenntniß, diesen Gebrauch nicht gern weiter, als auf das *Sium Sisarum*, oder auf unsere Zukkerwurzel, und *Sium Falcaria* oder die bekannte Spergrithe unserer Bauern, ausgedehnet wissen, da sich von der trokenen Nisi- oder Ninsing-Wurzel, auf die Beschaffenheit ihrer frischen Pflanzen nicht mit Sicherheit schließen läßet.

Sison Amomum und *Sison Ammi*, deren Samen unsere Apotheken führen, gehören hieher auch nicht, oder eben so wenig, als man das *Sium odoratum S. bituminosum* vieler Alten, wegen seiner Gattung, Bestandtheile, Kräfte und Wirkung mit unserm *Sio nodifloro*, dem Brunnenmerk oder Scheibering verwechseln sollte. Von dem *Sio bituminoso* oder dem Harzpeterlein will ich am Ende dieser Bemerkung noch etwas zu sagen Gelegenheit nehmen.

Vor hundert und mehr Jahren machten unsere Alten von *Sio nodifloro* einen guten Gebrauch in der Arzeney, wo reizende, bewegende, erwärmende, verdünnende, auflösende und stärkende Mittel nöthig waren.

waren. Sie verordneten das Kraut innerlich, bey den von grosser Erschlappung der vesten Theile und sämtlicher Eingeweide, auch besonders von Verstopfung derselben herrührenden langwierigen Krankheiten, und empfohlen es vor andern kachektischen Personen, bey wäßrigen Geschwulsten, angehender Wassersucht und Fehlern des Urins: den Frauenspersohnen aber in solchen Umständen, wo durch die Schwäche und Verschleimung die monathliche Reinigung zu unordentlich oder zu schwach wurde, und ganz außen blieb, auch wo nach der Geburt das Geblüt, aus ähnlichen, Ursachen zu gehen zu bald aufhörte. Wegen Linderung und Hülfe, die solche Kranken davon verspührten, welche mit Lendenweh vom Gries und Schleim, auch selbst mit dem Blasenstein behaftet waren, wurde das Kraut und dessen Samen öfters angerathen, und zwar bald der Aufguß mit Wein, bald nur das Pulver in einer Lattwerge, mit Wacholdermus. Ferner verordnete man das aus dem frischen Samen destillirte Wasser, welches man auf diesen Samen selbst aufgegossen, zu trinken gewohnt war, wobey man auch den Kranken ein Bad von diesem Kraute gebrauchen ließ. Aus Versehen und Unwissenheit wurden, statt des Samens von unsern Scheibering, sechserley und mehrere Samen unter dessen Namen gebrauchet, welche die sonst davon zu erwartende Wirkung nicht thaten. Man wurde zweifelhaft, der ganze Arzneygebrauch der nüzlichen Pflanze wurde, zumal beym übermäßigen Anwachse der fremden Arzeneyen, vernachläßigt und gar vergessen. Wie vielen Antheil indessen die Neuerungssucht, Unwissenheit und Eigennuz bey diesem und ähnlichen Umständen von je her gehabt haben mögen, wollen wir hier nicht untersuchen.

Ob man indessen unsere Pflanze gleich unter den Arzneymitteln so sehr hatte verkennen lernen; so nahm man dieselbe doch in verschiedenen Gegenden von Deutschland im Frühlinge, zur Fastenzeit, und zwar ihre junge weiche Blätter aus dem Wasser, unter die frühen Salatkräuter, auch unter das erste grüne Gemüse, mit der Brunnenkreße (*Sisymbrium aqvaticum.*) Bachbungen (*Veronica Beccabunga.*) dem Giersch (*Aegopodium Podagraria.*) Scharboks= (*Ranunculus Ficaria.*) Rübsen= (*Brasica Napus.*) und Löffelkraut (*Cochlearia officinalis.*) Sie ist noch hin und wieder unter den Frühlingsgewächsen im nämlichen Gebrauche, ohne daß man sie zu nennen wüste. Der Name des Scheiberings ist an etlichen Orten der Neumark, und vornämlich im Lande Sternberg zwischen der Oder und Warte eigentlicher bekannt, auch daselbst der Gebrauch der jungen, noch unter Wasser stehenden weichen Pflanzen, mit sammt der Wurzel zur Frühlingzeit, in Ermangelung anderer Nahrungsmittel, zur ersten grünen Fütterung, für allerhand junges Feder= und anderes Vieh, mit oder ohne Kleye und Schrot, von Alters her schon eingeführet.

Der

Der Stand dieses Gewächses, nebst der Aesung des Wildes, an den warmen Quellen und Bächen zur harten Winterszeit, vielleicht auch der angenehme, den zahmen Pastinaken ähnliche Geschmak und Geruch der jungen Pflanze, können den Landleuten bey dem Futtermangel, in einer so außerordentlichen Jahreszeit, wohl Gelegenheit zu Versuchen über den Gebrauch gegeben haben. Sie ist in eben erwähnten Gegenden besonders in und um Drossen und Sonnenburg, zu Tornaw, Polenzig, Buchholz, auch weiter bey der grünen Frühlingsfutterung im gewöhnlichen Gebrauche. Denn man holet den Scheibering mit dem Anfang des Märzes aus den Qellwassern und Bächen, auch von nassen Wiesen, bis zum Eingange des Brachmonats, da das warme Wetter recht eintritt und anhaltend wird. Dieses geschiehet, ehe das Kraut zähe zu werden und in die Stängel zu gehen anfänget, aber nicht leicht weiter. Kraut und Wurzeln werden gewaschen und den Schweinen, Gänsen, Enten und anderm alten und jungen Federvieh hingeworfen, oder man giebt es ordentlich gestampft oder geschnitten, und wie gesagt, mit Schrot oder Kley angemenget, ohne Rüksicht auf gewisse abzuändernde Quantitäten, so viel das Vieh davon freßen will. Das Vieh erhält man damit bey Kräften und im Wachsthum, es wird früher stark und fett. Zufälle oder Schaden hat man von dieser Fütterung niemals bemerket, wenn man sie nicht etwa bey anhaltender Hitze und ausser der Frühlingszeit fortgesetzet.

Wie

Wie die ältesten Landleute dasiger Gegend sagen, so wüsten sie sich auf ihren Feldmarken bey der rauhen Frühlingswitterung, in welcher kein Graswuchs ist, mit ihrem jungen Vieh gar nicht zu helfen oder diesen grünes Futter zu verschaffen, wenn sie den ihnen längst bekannten Scheibering in solcher Jahreszeit nicht hätten! So bald aber die Wärme einfället und anhällt, welche im Junio sehr merklich wird, kann der Scheibering ohne Schaden weiter nicht gefüttert werden: da er eben die untersten fettesten, vorher so angenehm und nahrhaft gewesenen Wurzelblätter bald einbüßet, daß sie gelb werden, in Fäulung gehen, und die übrigen hin und wieder mit Maden und Eyern der Wasserinsekten und Flechten verunreiniget gefunden werden, welche die zunehmende Wärme immer mehr zu begünstigen scheinet. In diesem Fall können also die Zufälle von unreiner, zum Theil schlammiger Fütterung nicht aussen bleiben. Ueberdies werden dergleichen Arten von Gewächsen dem Vieh zuwider, so bald es junge und süßere reine Gräsung gegen die vorige haben kann.

Die nähere Untersuchung dieser Umstände, wenn sie zumal die verschiedene Menge des auf den zum Füttern gewöhnlichen Wasserpflanzen wechselnden Ungeziefers betreffen, muß ich den mühsamen Naturforschenden Freunden empfehlen. Mir sind etliche und 80 Gattungen solcher Insekten bekannt worden, worunter

unter etliche 30 auf dem *Sio bituminoso*, dem *nodi-floro*, der *Angelica pratensi*, *Selino Oelsnitio* und *Phellandrio aquatico* dergestalt wechseln, daß man ihre Eyer, Larve und Puppen bald äußerlich oder in dem Marke verschiedener Theile finden, bald, nach Beschaffenheit der Witterung und Tageszeit, die Insekten selbst in ihrem verschiedenen Zustande darauf antreffen kann.

Was im Vorhergehenden von den Eigenschaften, der Güte und dem Gebrauch unserer Pflanze angeführet worden, gilt bloß vom *Sio nodifloro* des Herrn von Linné, welches der rechte Scheibering ist; nicht aber von der großen Gattung des Wassermerks, oder dem *Sio latifolio* des Ritters: wie uns nicht allein die bey der Vieh- und Wiesenwirthschaft hier zu Lande gemachte traurige Erfahrungen, sondern auch die davon gegebene Nachricht des Herrn Beyersteens, welche sich im XIIten Theile der Abhandlungen der Königl. Schwedischen Akademie zu Stokholm, Deutscher Ausgabe p. 332. befindet, längst belehret und wiederholend bezeuget haben.

Das *Sium latifolium*, *Linn.* Sp. Pl. ed. 2. pag. 136 und C. *Bauhini* in Pinace 154, welches beym letzten auch *Apium palustre*, *foliis oblongis* genennet wird, und an den torfigen Orten noch eine grössere Abänderung mit breiten Blättern, doch nur einzeln erzeuget, ist bey uns abwechselnd in den Niederungen

gen zu finden. Es hat theils von seinen unangenehmen Bergharzigen Geruch, theils von dem Torfgrunde, worinn es wächset, den Namen *Sium bituminosum*, auch *Apium aquaticum bituminosum*, im Deutschen aber, des großen Wassermerks, Harzpeterleins, Torfpeterleins erhalten, wovon *Tabernaemontanus* in seiner Pflanzengeschichte Libr. I. p. 202. sequ. mit mehrerem nachgesehen werden kann.

Bey uns ist diese Gattung eine der gemeinsten Pflanzen, in fließenden und stehenden, reinen und faulen Wassern, um die Dämme, Ufer, Inseln und Wiesen, auch in dem Schlamm- und Torfgrunde, wie auch an den meisten Orten, wo die Winterwasser Schlamm zurükke laßen. Man hat sie seit geraumer Zeit, fur ein sicheres Zeichen mächtiger, darunter liegender Torfschichten halten wollen, welches in hiesigen Landen sehr oft eintreffen könnte. In den tiefen Orten stehet sie die Hälfte des Frühlings unter Wasser, auch wohl den Winter über unter Eis und Wasser. Ihre erste Wurzelblätter, die sie im Frühlinge, noch unter dem Wasser bringet, sind sehr fein, und dem Fenchel ähnlich; sie verändert aber deren Gestallt ein oder zweymal in den folgenden Blättern, ehe sie noch aus dem Wasser wächset, und den Stängel treibet: da denn die erstere vergehen und die nachfolgenden obern Blätter breiter werden und nicht mehr so tief zertheilet und ausgezakket, sondern nur ausgezakt und gefiedert sind. Diese Blätterveränderung ist bey diesem

Sio

Sio so sonderbar, daß diejenigen, denen diese anmerkliche Verwandlungsordnung der Pflanze, vom Anfange aus dem Samen in die Blätter, bis in den Stängel, nicht bekannt ist, die jungen Pflanzen in oder unter dem Wasser, ehe sie ihre Stängel treiben, leicht für ganz andere ansehen würden, als sie nach ihrer Ausbildung werden müssen. Die weiße Blüte dieser Schirmpflanze, welche sie bey dem höchsten Sonnenstand ererhält, dauret, da die Pflanze nach den Heuerndten nachwächset, bey guter Witterung, bis durch dem ersten Theil des Herbstes, und die Samen werden in der Mitte des Septembers insgemein reif. Die übrigen Umstände, da sie zu unserm Zwek nicht dienen, und die Gestallt der Pflanze und ihrer Blumentheile betreffen, auch durch die oft wiederhohlten Beschreibungen vieler Schriftsteller bekannt genug sind, werden hier mit Fleiß übergangen.

Der Geruch der etwas gequetschten oder zerriebenen Pflanze ist stark balsamisch und Gewürzhaft, dabey Pastinakkenartig, Bergharzig, schwer, unangenehm und etwas berauschend, der gleichfalls unangenehme, bitterliche, etwas süßliche harzig = torfige Geschmak, scheint mit dem angeführten Geruch auf keine Weise übereinzustimmen. Die Pflanze reizet, beweget, erhitzet und dehnet das Blut weit schneller und heftiger aus, als die vorige, und ihr höchst flüchtiger Bestandtheil bringet in seiner Verbindung, wie andere narkotische, auch ähnliche Wirkungen und

Zufälle

Zufälle hervor. Der Erfahrung zu Folge macht der innerliche Gebrauch derselben Kopfwehe, Schwindel, Herzensangst, und Unempfindlichkeit, daß also die Pflanze unter den stärkern und wirksamen Arzeneymitteln ihren Platz finden könnte, wo man dergleichen mit ziemlicher Vorsicht zu gebrauchen nöthig haben solte. Besonders ist sie denjenigen Personen nachtheilig befunden worden, die den Zufällen unterworfen sind, welche bey einem schwachen Nervensystem sehr leicht und plötzlich entstehen. Die fallende Sucht wird zur Warnung ausdrüklich angeführet. *Taberna-emontanus* warnet vor ihrem innerlichen Gebrauche, da er sie mit Recht für hitziger hält, als unsern Scheibering, den er zum Unterschiede Brunnenpeterlein nennet und von der großen Art seines Wassermerks oder Harzpeterleins absondert, von welcher er saget, der Geruch sey zu heftig, und könne man sie sehr gut entbehren, da man von jener die Menge habe.

Der Schaden, den der Genuß des großen Wassermerks bey den Thieren anrichtet, wenn er frisch oder grün genossen wird, ist, daß sie sich niederwerfen, mit dem Kopf überall anschlagen und stoßen, und davon sterben: wie man an angezeigtem Ort aus den Schwedischen Abhandlungen weitläuftiger lesen kann. Unsere Landleute haben davon bemerket, daß der Genuß der frischen Pflanze auf der Weide, das Blut des Rindviehes und der Pferde erhitze, nach dem Kopfe führe oder sehr schnell und heftig ausdehne, daß die Pferde insbesondere davon, nach ihrem Ausdrukke,

ganz

ganz dumm werden: welches aber von dem unter dem trofnen Heu sehr häufig befindlichen Kraut eben so wenig geschiehet, als vom trofnensten Schierling. Sollten nun zu gewisser Jahreszeit, nach Verschiedenheit der Witterung, noch andere vermischte Unreinigkeiten, als Schlamm von verfaulten Konserven und Ungeziefer hinzukommen; so ließe sich wohl einsehen, aus wie vielerley Grunde das Vieh vom Genuß der bereits ausgewachsenen Pflanze oder ihrer Wurzel, so bedenklichen Zufällen ausgesetzet seyn müßte, welche die reine, zarte Pflanze, in ihrem ersten Zustand, entweder gar nicht, oder doch seltener verursachet.

Angezeigte Umstände können zu Erläuterung der gegenwärtig kurz abgehandelten Gewächse hinreichend seyn, da sie Anleitung geben, gewisse sehr bekannte Fehler und Irrungen zu vermeiden, die sich auf die Kenntniß der Eigenschaften, und die sonst schon gewöhnliche Anwendung einer innländischen Wasserpflanze zur grünen Fütterung, in einzelnen Haußhaltungen, bey der kleinen Wirthschaft beziehen. Eine Pflanze, welche in solchen Gegenden unter den Landleuten noch weit bekannter zu werden verdiente, besonders wo es im Anfange des Frühlings, und bey einer anhaltenden kalten Witterung insgemein an grünem Futter gebricht, und die nach Gelegenheit des Grundes und Bodens in niedrigen, naßen und sumpfigen Stellen, auch selbst in den Gräben, nach Art der Brunnenkresse, wie es bey Erfurt geschiehet, nützlich und häufig zu vermehren stünde! Dabey nochmals anzumerken, daß nicht alle Gewächse auf der Weide, den Wiesen und im Heu, wovon das Vieh unterweilen Zufälle bekömt, für giftig oder schädlich gehalten werden können; denn es sind oftmals die kräftigsten und besten Arzeneykräuter, welche man von den eigentlichen gemäßigten Nahrungsmitteln der Thiere eben so wohl zu unterscheiden hat, als junge, starke muntere, von alten, schwachen und von innerlich verborgenen Fehlern bereits anbrüchigen Thieren selbst, oder auch ein von der Hohe nach den Niederungen wechselndes; und endlich ein solches, welches auf einer gewissen Art der Weide, als Berg- Feld. Moor- und Waldweide erzogen wird, von einem, in verschiedenem Zustand und Alter dahin fremd eingebrachten. Es kann ja schon eine sehr gute Frühlingsweide an solchem Vieh, wegen der, zu der Zeit besonders kräftigen Gräserey, welche auf eine elende Strohfütterung im Winter folget, bisweilen Zufälle verursachen, die von Unwissenden dem Genuße schädlicher Pflanzen zugeschrieben werden, wo keine auszufinden sind. Man wird indessen wohl einigermaßen begreifen, warum die Natur die Arten der Pflanzen in den Gräsungen abgewechselt, wie auch, daß es nicht gut für das weidende Vieh seyn könnte, wenn unter andern die Weide und Wiesen aus einer oder etlichen wenigen Gattungen von einerley Gewächsen bestünden, als aus lauter scharfen, bittern, süßen, herben, Gewürzhaften, narkotischen schleimigen und dergleichen. Die natürliche und Verhältnißhältnißmäßige Vermischung der einen Art gegen die andere, mögte zum allgemeinen Gebrauch oder für alle Thiere wohl die beste bleiben. Die scharfen, flüchtigen Gewürzhaften müsten sich vielmehr nur einzeln unter den übrigen nährenden befinden, und gleichsam das Gewürz ausmachen, wie wir uns dergleichen Mischungen etwa bey Zubereitung der Speisen vorstellen können. Die rechte Kenntniß, Anwendung und der Wechsel der Wiesen und der sehr verschiedenen Weidearten nach deren Produkten, bleibt immer ein Werk eines verständigen und erfahrnen Landmannes, welches in verschiedenen Gegenden, nach vorbesagten Umständen, hauptsächlich gesucht, erlernet und eingerichtet werden muß.

Vermischte kurze Nachrichten
aus
unterschiedenen Briefen
unserer auswärtigen
Herrn Korrespondenten und gelehrten
Mitglieder.

I.
Auszug aus einem Briefe
des
Herrn Prof. Pallas
in St. Petersburg vom 16ten Novembr. 1775
an den
Herrn D. und Prof. Kölpin
zu Stettin,
die
Naturgeschichte und Verpflanzung
des Sterlets
betreffend.

Die Laichzeit des Sterlets ist im Frühling. Im Aprill streicht er am stärksten in den Flüßen. Mich dünkt also, es wär am besten, ihn im Herbst kommen zu lassen. Denn die Witterung ist nicht zuträglich. Der Maduisee in Pommern müste, meinem Bedünken nach, so viel ich davon weis, bis auf die Grösse recht sehr gut zum Pflan-

Pflanzen seyn Aber der Sterlet liebt, wie alle Störarten, grosse Gewässer, und muß zu seinem Winterlager wenigstens 4 bis 6 Klafter tiefe Stellen haben. In grossen Wässern ist auch mehr Abwechselung zur Nahrung; denn der Sterlet scheint wirklich blos von Schlik zu leben, da man in seinem Magen niemals etwas findet, und er in trüben, lehmichten Strömen, wie der Irtisch und Don, am allergrösten (oft über $1\frac{1}{2}$ Ellen lang) und am fettesten gefunden wird. Der Transport der Sterlete nach Petersburg geschieht, mit andern Fischen, in ofnen Barken, die nicht kalfatert sind, und aus welchen das eindringende Wasser abwechselnd ausgepumpet wird. Ein geräumiger, mit kleinen Löchern häufig durchbohrter Fischkasten an einem starken Schleppthau, oder noch besser an der Seite des Schiffes unbeweglich bevestiget, müste wohl das beste Gefäß zum Transporte seyn; denn das Seewasser wird dem Sterlet nicht schaden, da er ursprünglich ein Seefisch ist, der aus dem Kaspischen, schwarzen und Eismeer in unsere Ströme steigt. Um ihn die Veränderung des Wassers nicht so schnell fühlen zu lassen, müste hier dem Kommißionair oder dem Schiffer, welcher den Transport besorgen soll, befohlen werden, die Sterlette, noch ehe er Fracht einnimmt, zu kaufen und in dem Fischkasten nach Kronstadt zu schikken, wo das Wasser schon etwas aus der See brak wird, und man die Fische bis zur Absegelung im freyem Wasser bewahren lassen müste. — Noch eins! Der Fischkasten muß nicht neu seyn, sondern schon allen Holzgeruch verlohren haben, und man müste hier lauter kleine Fische von 1 bis 1½ oder 2 Spannen kaufen lassen, die wohl dauerhaft seyn mögten. —

2.

Auszug eines Briefes des Herrn Banko-Kommissarius Bergius in Stokholm an eben denselben über dieselbe Materie.

Es ist nicht so leicht, über die Versetzung des Sterlets hieher, welche zu des Höchstsel. Königs Friedrichs Zeiten geschehen ist, Nachricht zu erhalten; denn meines Wissens ist nichts schriftlich abgefasset, und kaum wird noch jemand, der damit zuthun gehabt haben mögte, beym Leben seyn. So viel habe ich in Erfahrung gebracht, daß die Sterlette, welche zuerst hieher gekommen, auf Russischen Ruderschiffchen (Lodjor), so wie sie auf dem Ladogesee gebraucht werden, zu uns gebracht sind, und auf denselben in grossen offenen Gefässen standen, welche inwendig mit Fries ausgefüttert waren, damit der

der Fisch, durch das Schütteln auf der See nicht mögte zunichte gestossen werden. Das Wasser soll sehr oft in diesen Gefässen erneuert worden seyn. Ob aber darein einiges Futter für die Fische gelegt sey? Und worinn dieses bestanden? hat mir niemand sagen können. Wie die Fische hier ankamen, wurden sie in den Hammarbysee eingesetzet. Dieser hier bey Stokholm belegene See ist eine Meile lang, aber nicht sonderlich breit. Er hat einen verschiedenen Boden, Grasgründicht, schlammicht und steinicht. Was Hr. von Linné in seiner Fauna schreibet, daß der König Friedrich die Sterlette im Mäler, einem See von 12 bis 15 Meilen lang, verpflanzt habe, wird von allen, die ich befraget habe, bestritten, und scheinet auch nicht wahrscheinlich. Es können wohl einige wenige auf gut Glük dahinein gesetzt seyn, man höret aber jetzt nie, daß ein einziger Sterlet darinn gefangen wird; wogegen sie im Hammerbysee noch jetzt, obgleich sparsam, gefangen werden sollen, in welchem Fall die Fischer durch eine Verordnung verbunden sind, dieselben wieder in den See hinein zu werfen. Ein Hauptumstand zur Erhaltung des Lebens der Sterlette ist, daß der See des Winters nicht überall zufrieren muß, so daß der Fisch erstikken könne, sondern daß Oefnungen an vielen Stellen auf dem Eise offen gehalten werden, welches in genugsamer Menge auf dem Hammarbysee geschiehet. Ich weis nicht, daß die Fische durch Veranstaltung der Menschen einiges Futter erhalten, sondern sie müssen es sich selbst suchen. —

3.

Auszug eines Briefes
aus Tranquebar
vom 6ten Februar 1771
von

Herrn Joh. Gerh. König,
Königl. Dänischen Natural-Historikus und
Mißions-Medikus daselbst,
an

Herrn Joh. Heinr. Ferber,
Assessor des Königl. Schwed. Kollegii Medici
zu Karlskron ꝛc.

Im Frühlinge des Jahres 1764 wurde ich in Königl. Diensten, um physikal. Reisen anzustellen, angenommen. Meine erste Reise geschah unter Anführung des Hrn. Prof. Oeder und Askanius durch Schonen nach Bornholm. Im Ausgang des Maymonaths 1765 wurde ich nach Island geschikt, wo ich am Ende des Junius in dem südlichsten Theile dieser Insel landete. Die gehörige Zubereitung zu der Landreise, mit Anschaffung der vielen

vielen nöthigen Pferde, die Fürsorge für den folgenden Winter, raubten mir 14 Tage, in welcher Zeit ich eine kleine abgelegene Lustreise nach Kriesewig machte, wo Schwefel durch unterirrdische natürliche Hitze am Fuß eines Berges, unter einer selenitischen und Thonartigen Rinde in die Höhe sublimiret wird, oft in der Dikke der Breite von einer Hand, rein gediegen, etwas krystallinisch. Dieser Schwefel wird gesammlet, in eisernen Grapen geschmolzen, mit Thran abgeschäumt und in dazu verfertigten hölzernen Formen in Stangen gegossen. In dieser Gegend sind sehr viele kochende Brunnen. Einer hatte im Durchmesser bis 6 Ellen Die Hitze des Wassers war am Rande 67 Grad über 0 nach dem Reaumürischen Thermometer. Der an den Rändern abgesetzte Tophus gährte nicht mit Scheidewasser, sondern war Thonartig. Auf meiner Rükkehr reisete ich über eine große ausgebrannte Fläche, wo die Schakken Wellenförmig erstarrt waren. Ein sonderbarer Prospekt! Hierauf trat ich die Hauptreise an, die sich nach der östlichen Gegend dieser Insel richtete. Ich kam zu entsetzlichen Höhlen, die offenbar durch Volkane und Erdbeben entstanden waren. Der Aberglaube erzählte sehr viel Fabelhaftes davon. Am Fuße des *Torfwa Jœkuls* sah ich einen Geburtsort des sogenannten Isländischen Achats, der aus einem grauen stralichten, vielleicht selenitischen Stein, durch die Wirkung des Feuers, entstanden zu seyn schien. Von hier aus reisete ich nach dem Hekla, welchen ich völlig überstieg. Auf dessen höchstem Rükken waren dicht neben einander unabsehliche Spalten, bisweilen so breit, daß man nicht darüber springen konnte. Ihre Richtung war nach der Länge des Berges, die Steinart eine ganz rothe Schlakke. Außer diesem Rükken hat Hekla noch 7 Bergspitzen, die durch Thäler abgeschieden sind. Der große Schlund war im Grunde mit Schnee angefüllt, den ich durchgieng, wo wir aber alle schwindlicht und wie Seekrank wurden (Muffere Italorum.) Drey Kompasse, die wir mit hatten, wichen hier gewaltig ab. Glüklicher weise hatten wir ein schönes Wetter und der ganze Hekla war ohne Wolken, welches selten ist, bis gegen 4 Uhr, da wir herunter eilten. Am Fuße des Hekla fand ich in einem Thale große Blökke von einem sehr feinen schwarzen Jaspachat, den ich für eine Anzeige von Volkanen halte. Rund um den Hekla sind verschiedene abgestumpfte, Kegelförmige Berge, die vor Zeiten volkanische Schlünde gewesen sind. Dieser ihre Schlakken waren Feuerroth ausgebrannt. Um den Hekla sind weite Flächen mit Bimstein bedekt, und an dem nordöstlichen Ende ist noch ein kochender Brunnen.

Als ich den Hekla verlies, kam ich zu einem sehr hohen Jökul, der Eyafiadl genannt wird und eben so, wie ein im Thale befindlicher andrer, nicht so hoher Berg, mit ewigem Schnee oben bedekt war. Ich reisete reitend über einen gefährlichen Bach, der fast

½ Meile

½ Meile breit war und sich in mehr als 100 Arme theilte, und fast täglich neue Tiefen und Arme macht. Der Grund oder Boden in demselben ist sehr falsch und besteht oft aus schwimmendem Bimstein. An einer langen steilen Wand eines hohen Gebirges fand ich tausenderley Springbrunnen von der Natur gebildet. An einem andern Ort sah ich wieder den sogenannten schwarzen Achat, der hier entweder nur in kleinen Handstükken vorfiel, oder auch in Nadeln, wovon einige über 1 Finger lang und kaum 1 Linie dik, ekkicht, aber doch von unbestimmter Gestallt, im Durchsehen blaulicht waren. Wenn diese an die Flamme eines Lichts gehalten wurden, bließ es sich etwas auf und ward Milchweiß, nachdem anfänglich einige Funken herausgefahren. In dünnen Stükken glükt diese Probe immer, in großen nicht so. Die Nadeln waren konzentrisch in die Höhe gerichtet, zwischen feinen Borstenförmigen Stacheln (spiculæ) von Schneeweißer, glänzender Farbe. Es fiel da auch eine Steinart vor, die ganz milchicht, mürbe und in Allem dem Glase von Borax ähnlich war. Auf dieser Stelle waren alle Anzeigen eines kochenden Brunnens. Ich kam zu einer Stelle, wo man aus der Isländischen Geschichte zuverläßig wuste, daß es da vor 800 Jahren gebrannt hat. Bey Untersuchung der hier befindlichen Schlakken fand ich in den schäumicht aufgetriebenen die feinsten Härchen, welche die Schlakke bey dem Schäumen gezogen und die Luft in so langer Zeit nicht zerstört hatte. Hier

war

war auch das besonders, daß der Schwefelkies in Substanz (und nicht als Schwefel) sich an der Spitze eines Berges sublimirte und die Körper übersinterte, die man über diese Stelle legte.

Den Winter hindurch lies ich viele *Fucos* und *Mollusca* ec. zeichnen und bis 300 Isländ. Vögel ausstopfen. Von ersteren sind viele im Linn. Syst. Nat. aufgenommen. Im Frühling 1766. machte ich unter andern kleinen Reisen eine Westliche, um den Geburtsort des rothen und gelben Jaspachats zu besehen. Der rothe scheint von dem gelben durch einen Erdbrand entstanden zu seyn, wenigstens habe ich zuverläßig gesehen, daß die Schichten über und unter dem rothen Jaspachat ausgebrannt und schäumicht waren; der gelbe hingegen hat eine okkerhafte, sandicht = lettige Schicht oder Lage. Meine Hauptreise wurde dieses Jahr nach der nördlichsten Gegend der Insel gerichtet, wo ich durch eine große Wüsteney muste, die das Mittelste des Landes ausmacht. Außer den Pflanzen, die hier sehr schön und besser als im südlichen Theile waren, besah ich auch das versteinerte Holz in seiner natürlichen Lage. Es fällt wie Steinkohlen und geht auch hier zu Steinkohlen über *). Die Einwohner verfertigen von dem besten ganz artige Arbeiten. — Der Kalzedon und der Milchweiße Achat oder Kachalong sind nur in ihrer Lage getrennt oder unterschieden. Der Zeolith ist bis-

*) Vermuthlich ist es bituminöses Holz: Ampelites.

bisweilen ein Saalband, bisweilen fällt er in Nestern zwischen und in einem sehr harten schwarzgrauen Sandstein. Der grüne Jaspachat fällt nicht so mächtig, wie der rothe und gelbe, die bisweilen $\frac{3}{8}$ Ellen dik und stark sind. Im Herrst reiste ich von Island weg, muste bey Bergen, nach einer langen und fatalen Reise, Nothhafen suchen und reiste von dort zu Lande nach Kopenhagen, wo ich im November ankam.

Zu Anfang des Dezembers 1767 reiste ich als Königl. Medikus bey der Mißion in Tranquebar von Kopenhagen ab. Im Januario landeten wir zu Madera, wo wir uns 9 Tage aufhielten. Wir segelten nachher bey den Kanarien Inseln vorbey und sahen den Piko. Auf dem schönen Vorgebirge der guten Hoffnung war ich nur 8 Tage, hernach auf der Kommorischen Insel Johanna. Diese Insel, die Kanarischen, Madera, sind alle so gut, wie Island, von Volkanen entstanden. Ihre Struktur, ihre Steinart, alles ist eins. Wir segelten Zeylon den 4ten Jul. 1768 ganz nahe vorbey. Den 5ten Jul. landete ich auf Tranquebar, wo ich mich seit der Zeit befinde und Ihnen dieses Blatt aus Indien schreibe. Eben steh ich im Begriff, unter andern Sachen, 13 St. der in Europa so raren Wendeltreppe, 250 Arten frische Samen, worunter viele neue sind, 16 ausgestopfte Vögel, viele Insekten, Schlangen, neue Fische und andre Thiere in Weingeist ꝛc. nach Kopenhagen zu schikken. Künftig will ich Ihnen auch kleine Naturhistorische Nachrichten von Tranquebar mittheilen. — —

4) J. C. F.

4.

J. C. F. Meyers Gedanken über eine merkwürdige Siberische gediegene Eisenstuffe *)

In der Pallaßischen Eisenstuffe, die ich der Freygebigkeit desselben zu danken habe, kann ich keine andre Erdart gewahr werden, als einen durchsichtigen, im Bruche Glasartigen Körper, der theils ganz ungefärbt, theils gelblich, wie der Topas

*) Der Hr. Prof. Pallas, eines unserer sehr würdigen Mitglieder zu Petersburg, hatte zum Beweis, wie sehr Er unser Freund und Beförderer unserer Absichten sey, nicht allein für unsre Bibliothek seine sämmtliche wichtige und lehrreiche Werke, sondern auch eine sehr merkwürdige Siberische Stufe gediegenen Eisens, aber ohne weitere Nachricht von derselben, eingeschikt, welche wir im 3ten Bande seiner gelehrten Reisebeschreibung zu erwarten haben. Die Stufe war sehr groß und ansehnlich, am Gewichte 2 Pfund und 16½ Loth, klüftig, und in ihre Klüften mit einem gelblichen Topas- oder Krystallartigen Gestein zum Theil ausgefüllet. Alles an derselben reitzte die

pas, theils dunkelgelb, wie der Hyazinth, mit darzwischen fallenden Schattirungen gefärbt ist. Er liegt zwischen dem Eisen an einigen Orten, wie es scheint, in Stükken von unbestimmter Figur. Das mehreste bestehet aber aus Kugeln von der Grösse mäßiger Erbsen, auch etwas grösser, und dieses zeigen auch die Spuren, welche die beym zerstossen aufgesprungene Kugeln zurük gelassen haben. An einer derselben sahe ich ein Paar 5 ekkichte Flächen, an ein Paar andern schienen sie aber nur von nahe an einander gelegenen Kugeln, die nicht Raum zu ihrer völligen Ausbildung gehabt hatten, entstanden zu seyn. Sie liegen so häufig in dem Eisen, daß es scheinet, als wenn sie loß auf einander gelegen und in diesem Zustande das Eisen darüber geflossen wäre, und die Zwischenräume angefüllet hätte. Ganze Stükke konnte ich, ohne Beschädigung der Stuffe, nicht heraus schlagen. Sie sind fast alle sehr zersprungen, ungemein spröde, laßen sich mit dem Meßer nicht schaben, widerstehn der Feile nicht, geben aber gegen den Stahl Feuer. Ich klopfte etwas aus der Stuffe, suchte, durch Hülfe des Suchglases, die ganz reinen Stükchen, woran kein Eisenrost, und die ganz klar waren, heraus, und zerrieb sie in einem achatenen Mörser. Das Pulver sahe ziemlich weiß aus, wollte

die Aufmerksamkeit derer, welche sie sahen; daher wir vorläufig, bis zu des Hrn. Professors eigner und nähern Beschreibung, folgende Gedanken des Herrn Hofapotheker Meyers und Hr. D. Brumbey von derselben unsern günstigen Lesern zur Prüfung vorlegen.

wollte vor dem Lothröhrchen, weder mit dem Weinsteinsalze, noch mit dem mineralischen Laugensalze fliessen. Mit Borax floß es klar, und mit dem Urinsalze zu einer durchsichtigen Kugel. Ein ganzes Stük zeigte vor dem Lothröhrchen keine Veränderung und gab keine Anzeige, daß es fließen wollte. Die wenigen Grane, die ich noch mit dem geriebenen übrig hatte, übergoß ich mit der Salzsäure und digerirte sie. Es war ganz rein ausgetroknet, zeigte über dem am Boden liegenden Pulver eine salinische Masse, die ich in Waßer auflösete und die viel braune Flekken zurükließ. Die Lauge mit dem aufgelösten Weinsteinsalze und der Blutlauge vermischt, ward trübe und grau, und durch Zugießung der leztern Mischung schön blau.

Diese wenige Proben entscheiden nun freylich noch nicht viel; ich hoffe es aber näher bestimmen zu können, wenn ich den, durch die Güte des Herrn Profeßor Pallas mir von diesem Minerale versprochenen Vorrath erhalten werde. So viel aber, deucht mir, kann man aus ihrer Härte wohl schlüßen, daß sie mehrentheils aus Kieselartiger Erde bestehn, welcher Eisen und vielleicht noch andre Erdarten beygemischet sind. Daß das Eisen in dieser Stuffe reines Eisen sey, zeigt seine Geschmeidigkeit: denn es läst sich in dünne Blättchen schlagen, das Anziehen vom Magnete und die Auflösung in der Vitriol- und Salpetersäure, welche unter Aufsteigung vieler Luftblasen geschiehet. Ist dieses Eisen aber gediegen, oder

ist

ist es durch einen Volkan geschmolzen? wie einige glauben.

Soll es die Ausgeburt eines Volkanes seyn, so müste man den Kieselartigen Stein als Schlakke betrachten, und dazu ist er, meines Erachtens, zu rein und zu hart. Würde er nicht mehr vom Eisen gefärbet seyn, wenn dieses wäre? Die bestimmte Figur stehet dieser Meynung auch entgegen und ist auch der Meynung des Herrn von Engström in seiner vor der Schwedischen Akademie gehaltenen Rede nicht günstig, da er glaubt: daß es ein ausgeschmolzenes, durch einen Zufall in die Erde gekommenes Eisen sey. Ich weis wohl, daß man in den Laven krystallinische Körper findet, die uns Herr Prof. Ferber in seinen lehrreichen Briefen über Welschland bekannt gemacht hat; diese sind aber aus einer ihren Bestandtheilen ähnlichen Maße, vermuthlich beym Erkalten der Lave, angeschoßen; hier aber wäre nur die Lave und Eisen, so ganz durch einander gemischt gewesen, wie man es nicht vermuthen kann, und sie hätte sich in dem Eisen zu solchen Kugeln gebildet. Mir ist es wahrscheinlicher, daß es durch den naßen oder einen andern Weg von der Natur gebildet worden. Vielleicht sind die gelben Quarzartigen Kugeln zuerst entstanden, der Stein oder die Erde, worinn sie sich bildeten, ward entweder weggespült und an derern statt das Eisen angesetzet, oder die Erde enthielt selbst schon den Stoff zu dem gediegenen Eisen.

5.

D. Karl Christian Brumbey's

Gedanken

über eben diese

Eisen-Stuffe.

Diese Stuffe kann kein natürlich gewachsenes Eisen seyn; 1) weil sie nicht das geringste von ihrem Muttergestein oder noch weniger vom Saalband eines Flötz- oder Ganggesteines an sich hat, daran man sehen könnte, wie das Eisen daraus hervorgewachsen wäre, sondern vielmehr umgekehrt; 2) weil sie eine Art Rauchtopasen, oder hoch und blaßgelbe Bergkrystallen, davon die meisten ihre 6eckichte prißmatische Figur noch haben, in flüßiger Gestallt auf solche Art in sich genommen hat, daß diese Krystallen, theils mit ihren Pyramidenförmigen Spitzen, theils mit ihren Grundflächen in dem fließenden Eisen stechen geblieben; daher sie auch, als wahre Glas-krystallen,

krystallen, die weder den kochenden sauren, noch Laugensalzen das geringste nachgeben, von der großen Hitze des fließenden Eisens, in größere oder kleinere Trümmer zersprungen. 3) Besitzet das Eisen eine so große Reinigkeit und Geschmeidigkeit, die nicht allein ein gewöhnliches gutes Gußeisen, sondern selbst das meiste geschmiedete Eisen bey weitem übertrift, welches nicht anders, als durch öfteres und langes Fließen, mit Absetzung seiner Schlakken, entstehen kann. An der konvexen Grundfläche dieser Eisen- und Krystallmasse, siehet man ganz deutlich, daß sie sich 4) in einer ohngefähr vorgefundenen Vertiefung des Erdbodens, in flüßiger Gestallt abgeformet hat; und wenn ich mir 5) ein gediegen gewachsenes Eisen vorstellen soll, so kann ich mir solches, in Absicht seiner Reinigkeit und Geschmeidigkeit, ohnmöglich reiner und feiner vorstellen, als in Vergleichung des gewachsenen Harsilbers und Kupfers; denn ersteres ist höchstens kaum 14löthig, und letzteres ist einem guten Gahrkupfer, seines Glanzes ohngeachtet, noch nicht gleich; dahingegen unser Eisen, wie bereits gesagt, vieles geschmiedetes Eisen an Güte übertrift, welches man billig weit eher von einem starken und langwährenden Schmelzfeuer, als von einem reinen und natürlichen Anwachs, besonders in so grossen Stükken, gewärtigen kann.

Ich habe das Schreiben unsres Freundes, des Hrn. Hofapotheker Meyers, mit aller Aufmerksamkeit gele-

 sen.

sen. Er hat den rühmlichsten Fleiß angewendet, so weit in Erforschung dieser Eisen- und Krystallenmasse zu gehen, als es unter diesen Umständen nur immer möglich ist. Allein er muß doch endlich bey den Fluße dieses Eisens stille stehen, und auf einer volkanischen Wirkung sein Urtheil beruhen laßen. Wir wissen auch, daß nicht allezeit ein wirklich Feuerspeyendes Gebirge zu dergleichen nöthig ist, sondern daß Schwefelkies, Steinkohlen, und Eisenminern, auch in den niedrigsten Flötzgebirgen, und selbst unter bey nahe ebenen Flächen, in Geschieben und Nestern, wie die Steinkohlen bey Wettin, sich entzünden können, besonders wenn sie alle drey mit einander zusammen kommen.

Außer dem ist sehr zu vermuthen, daß uns der Herr Profeßor Pallas durch eine genaue Historie der Umstände des Ortes, wo dieses Eisen gefunden worden, das, was wir jetzt aufs wahrscheinlichste schlüßen müssen, auf das vollenkommenste wird erklären können.

Die Stuffe des Hrn. Meyers hat noch dieses voraus, daß die Hitze und der Fluß des Eisens so groß gewesen, daß die reinen Glaskrystallen in dem fließenden Eisen zu Glastropfen zusammengeflossen, daher der Krystall, den wir prißmatisch finden, sich ihm als Kugeln dargestellet hat. Wo bleibt nun die Unschmelzbarkeit der Glasartigen Erden und Steine?

Hier

Hier sind sie, ohne allen Zusatz, in reine Glastropfen zerschmolzen, weil keine Mischung mit dem Eisen vorgegangen; denn sonst müsten Eisen und Krystall mit einander verschlakket worden seyn. Die abgesonderte Glastropfen von dem Eisen finden sich nur als Kugeln in dasselbe eingeschloßen. Ein unerwarteter Beweis, durch einen natürlichen Ausbruch des Feuers, daß nicht alles unschmelzbar ist, was wir mit einer zu leichten Schmelzanstalt nicht zum Schmelzen bringen können!

Was für ein chemischer Eigensinn, nicht von andern zu glauben, was man selbst, aus Mangel genugsamer Kenntniß des Feuers, und der dazu gehörigen Anstalten, nicht zu Stande bringen können? Gewiß die Klaße der unschmelzbaren Erden und Steine muß gänzlich aus der Mineralogie heraus, wenn wir uns nicht selbst mit allem Fleis noch mehr verwirren, und die Augen noch länger bey dem Schmelzwesen verkleistern wollen. Kronstedt hat Recht, daß kein unschmelzbarer Körper vorhanden, und daß die Schmelzbarkeit der Körper nur nach Graden ihre Abänderung habe; ob er gleich noch nicht angeben konnte, wie sich diese Grade mit Gewißheit bey allen Arbeiten bestimmen ließen. Ich aber, der ich viele Jahre vorher, ehe Kronstedts Mineralogie zum Vorschein kam, diese Veranstaltung zu meinem Gebrauche gehabt, würde erröthen müßen, daß ich, nach so vielen Proben, und bey mir zur Gewohnheit gewordenen Gewisheit, diese Richtigkeit im Schmelzwesen, nicht allein in kleinen, sondern auch in großen Arbeiten, nicht schon längst bekannt gemacht habe, wenn mich meine langwierige körperliche Schwachheiten nicht davon abgehalten hätten. *)

*) Als diese beyde Nachrichten bereits der Preße übergeben waren, erhielten wir durch den Hrn. Hofapotheker Meyer noch folgende Nachricht aus einem Schreiben des Hrn. Prof. Pallas.

Der Hr. Professor fand erwähnte Stuffen in Siberien, zwischen Krasnojarsk und Abakansk, an der rechten Seite des Jenisei, zwischen zween kleinen Bächen Sisim und Ubei, auf einem hohen Waldreichen Berge, der an einen andern, von den Tatarn Nemir genannten Berg angrenzet, in hohem Schiefergebirge, ganz oben auf dem Rükken, am Tage liegend. Die Maße hatte eine ganz irreguläre, etwas niedergedrükte Gestalt, wie ein rauher Pflasterstein, war äußerlich mehrentheils mit einer ungediegenen Eisenartigen Rinde umgeben, die an einigen Stuffen auch jetzt noch zu sehen ist. Die ganze Maße wird im bevorstehenden Sommer in Petersburg seyn. Sie hat im Ganzen 1600 Pfunde gewogen. Es finden sich in der beschriebenen Gegend keine Spuren von Volkanen; ein Paar hundert Schritte aber von dem Orte, wo diese Maße lag, entstehet ein Anbruch eines reichen magnetischen Eisenerzes.

6. D.

6.

D. P. S. Pallas
Erinnerung
wegen des
Mergus Serrator.

Derjenige Vogel, welchen Herr Prof. Bekmann im ersten Theile der Beschäftigungen der Naturforschenden Gesellschaft S. 170. und f. f. beschrieben hat und für den *Mergus Serrator* des Herrn von Linné zu halten scheinet, ist ganz gewiß die Art von Sägetaucher oder Meerrachen, welche im Natursystem des Ritters Merganser zugenamet wird. Dieser Vogel ist auf allen großen und kleinen Landseen Rußlands und Siberiens allgemein und einer der frühesten Zugvögel, ja in südlichern Gegenden, oder wo sonst das Eis ofne Stellen zu laßen pflegt, weil seichte Strudel oder starke Quellen das Wasser in Bewegung erhalten, auch den ganzen Winter hindurch, einzeln vorhanden. Ich habe ihn, so wie ihn Marsilli (Danub. V. Tab. 37.), Brisson (Ornith. Vol. VI. p. 231. Tab. 22.) und am allerbesten die Brittische Zoologie (p. 147. sp. 1. Tab. N. N. *) abbildet, nie anders, als männlichen Geschlechts bemerket. Aber unter denjenigen Sägetauchern, welche Hr. von Linné *Castor* zugenamet hat, und welche der unzuverläßige Brisson einmal als das Weibchen des Merganser anzuzeigen scheint und hinterher doch noch als eine besondere Gattung aufstellet, die eben den Herrn von Linné verleitet haben mag, unter diesen, sage ich, findet man beyde Geschlechter, und, so viel ich durch vielfältige Beobachtungen habe heraus bringen können, so sind alle junge Männchen des *Merganser* L. nur so lange sie das vollkommne Gefieder vom zweeten Sommer noch nicht erhalten haben, die Weibchen aber Zeitlebens, vollkommen von der Farbe und Beschaffenheit, wie Brisson seinen Mergum cinereum (Orn. VI. p. 254. Tab. 25.) welcher eben der *Castor* des Linné ist, beschreibet, und also ist im Grunde diese vermeynte Gattung mit dem Merganser eine und eben dieselbe, nur durch Geschlecht und Alter unterschieden. Vollkommen eben so verhällt sich des Hrn. von Linné *Mergus minutus* zu dem *Albellus* der Ornithologen. Die jungen Vögel und Weibchen von der Gattung *Albellus* sind das, was Linné unter diesem, und andre von ihm (im Syst. ed. XII. p 209 sp. 6.) angeführte Schriftsteller unter andern Namen von dem Albellus unterscheiden. Ueber diese beyde, von vorigen Ornithologen verdoppelte Gattungen ist mir aus Jagdbeobachtungen und Betrachtung sehr vieler Vögel kein Zweifel übrig.

Eben

Eben so gewiß aber bin ich versichert, daß der Mergus Serrator eine eigne und ganz verschiedne Gattungen ausmacht, und daß Edwards (Vol. II. Tab. 95.) Albin (Vol II Tab. 101.) und Brisson (Vol. VI. Tab 23) ihn richtig abgebildet haben. In Europa scheint er sich nur an den Meergestaden, und am meisten in nördlichen Gegenden aufzuhalten; im mittelländischen Rußland ist er, so weit ich es kenne, höchst selten. Nur um die Kaspische See zeigt er sich im Frühling und zieht vermuthlich weiter nach kältern Gegenden und den grösten Seen und Flüssen, die er liebet, nordwärts. In den an großen Landseen reichen Steppen, welche unter den Namen der Isetskischen, Ischimischen und Barabynzischen, vom Uralischen Gebirge bis an den Obstrom fortsetzen, ist er, so wie auf diesem grossen und Fischreichen Strome selbst, am allermeisten aber auf dem Baikal, gemein genug. Man sieht ihn zu allen Zeiten Schwarmweise schwimmen und die Fische gemeinschaftlich zusammen treiben. Er ist immer etwas kleiner, als der gewöhnliche Merganser, und wiegt ein bis vier Apothekerpfunde, dieser aber oft darüber. Der Schnabel ist viel dünner, dunkelroth und oben der Länge nach schwärzlich; der Kopf bey vollkommnen Männchen schwarz, mit einem Goldgrünen Glanz und schmalen, vom Genik herabhängenden Federn, die so lang, als der Kopf selbst sind. Die Augenlieder allein sind weiß. Der Hals ist weiß, längs dem Nakken herunter schwarz; die Gegend um den Kropf, (recht wie sie Edwards illuminiret hat,) Rostbraun, mit schwärzlichen vertriebnen Punkten. Aber auf beyden Seiten des Kropfs stehen weiße, schwarz eingefaßte Federn. Der Rükken ist schwarz, der Steiß und die Seiten zart grau geweliet, und die Unterseite des Rumpfs Schneweiß. Der Schwanz hat bald 16, bald 18 schwarzgraue Federn; die Flügel sind schwarz, auf dem Schlage mit einem Rautenförmigen, weißen Raum, die mittlern Schwingfedern der zwoten Ordnung sind mit ihren Dekfedern weiß, nur unten am Grundstükke schwarz; die vier innerstern weiß und am äußern Rande schwarz eingefaßet, wodurch eine Art von Fachwerk gebildet wird, wenn die Flügel ruhen. Der Dekflügel (Ala spuria) ist ganz schwarz. Die Füße sind roth. — Junge Vögel dieser Gattung haben einen dunkelbraunen Kopf, einen fahlern und geflekten Rükken und sind am ganzen Hals mehr oder weniger gelbbraun, mit schwärzlichen Punkten, auch längs dem Nakken hin schwärzlich. Erwachsene Männchen, ehe sie noch das vollkommne Gefieder haben, und die Weibchen vom vollkommensten Alter, haben einen fahlschwarzen, etwas grünglänzenden Kopf, mit einem braunen Flek auf jeder Seite. Vielleicht ist das Weibchen, dessen Hr. Prof. Bekmann S. 175 Erwähnung thut, ein Junges von dieser Art, wenigstens scheint es mir allerdings zu der Gattung des Serrator zu gehören.

Aus

Aus obigen Bemerkungen und aus der hier gegebnen Beschreibung erhellet:

1) Daß die Linneische Bestimmung des Serrator im Natursystem ziemlich getreu, und die dabey angeführte Schriftsteller größtentheils richtig gewählet sind.

2) Daß der Ritter von Linné allerdings in der Fauna Suecica das Männchen vom Mergus Serrator, (welcher an den Norwegischen Küsten gemein seyn soll), für den Merganser beschrieben, und ihm das rechte Weibchen des Merganser, welches mit dem *Mergus Castor* einerley ist, zur Gattinn gegeben hat. Wohingegen er das Weibchen oder ein Junges vom Mergus Serrator mit braunen Flekken am Kopf, eben daselbst unter dem Namen *Mergus serratus*, besonders beschrieben; daß er also ganz recht im neuern System seinen Fehler verbessert und die Beschreibung, welche in der Fauna vor dem Merganser stehet, als das Männchen, die vom Mergus serratus der Fauna hingegen, als das Weibchen, zum Mergus Serrator, angeführt hat.

3) Daß Edwards den rechten Mergus Serrator gekannt, und, (wie ich aus Zusammenhaltung versichern darf), sehr genau abgebildet, auch richtig illuminirt geliefert hat; und daß ihn Brisson und Linné ganz recht zum Mergus Serrator zitiren.

4)

4) Daß wir in Europa drey wirklich unterschiedne Arten von Meerachen, aber auch nicht mehr, besitzen, den Merganser, Serrator und Albellus; wogegen Castor und Merg. minutus des Linné zur ersten und letztern jener Gattungen geschlagen werden müßen; so wie ich auch ganz zuverläßig weis, daß des Ritters *Anas glacialis* eine blosse Spielart der *A. hyemalis* und *Anas minuta* im Natursystem das Weibchen von *Anas histrionica* ist.

Das Werk unsers Landsmanns Frisch habe ich nicht zur Hand und kann also nicht bestimmen, zu welchen der obigen Gattungen seine Figuren gehören. Von Kleins Serrator oder Knyper bin ich, so viel man es aus seinen kurzen Worten seyn kann, versichert, daß darunter der rechte Merganser und unter dem Serrator cristatus, der rechte Serrator des Linné zu verstehen sey. Die kurze Observation in dem Werke Stemmata avium S. 33. passet ganz genau auf diese Gattung und seine weiße Striche der Flügel scheinen von dem obgedachten Fachwerk zu verstehen zu seyn. Mein Freund Brünniche in seiner Ornithologiâ boreali S. 21 und f. f. hat erst den rechten Merganser, dann, unter dem Zunamen *Rubicapilla*, dessen Weibchen oder Junges; unter dem Namen M. cristatus aber, unsern Serrator beschrieben. Sein Mergus serratus scheint mir eine Spielart, und Mergus glacialis vom Albellus das Weibchen zu seyn. Seine Beschreibungen sind sonst anderwärts sehr getreu,

treu, so viel sie es nach ausgestopften Vögeln seyn können.

Darf ich noch zum Beschluß wegen des gelblichen Schimmers, welchen Hr. Prof. Bekmann an seinem Meerrachen, und zwar nach dem Tode stärker, an Brust und Bauch bemerkt zu haben S. 172 erwähnet, eine Muthmaßung hinzufügen, die ich selbst bey diesem Vogel und der Brillente, zur Erklärung der braunen Farbe, welche einige dieser Vögel, sonderlich die ältesten, um den Kropf zu äußern pflegen, gehabt habe? Sie scheint mir von überflüßigem Fett und Genuß fetter Fische herzurühren. Denn sie ist um den Kropf, wo das meiste Fett sitzt, am stärksten, und bey Jungen und magern Vögeln nie bemerket worden.

Im Pallasischen Briefe selbst steht:

Ich wünsche nicht, dem Hr. Prof. Bekmann, dessen Verdienste ich hochschätze, durch diesen Aufsatz mißfällig zu werden. Vielmehr hoffe ich, meine Bemerkungen werden ihm angenehm seyn. Alle Naturforscher sind zur Wahrheit verpflichtet; aber sie zu finden, hängt oft von der Gelegenheit ab, die man haben kann, ein Produkt häufig zu erhalten und mit verwandten Gattungen zu vergleichen. Diese Gelegenheit fehlt in dem stark bewohnten Deutschlande, wo die fleißige Menschen die Natur verdrängt haben, gar sehr. Um sie zu haben, ist keine günstigere Verfassung, als diejenige, in welcher ich die Wüsteneyen Asiens zu durchstreichen das Glük hatte ꝛc.

Auf billige Mittheilung dieser gründlichen Erinnerungen an unsern verehrungswürdigen Freund in Göttingen, erhielten wir von Ihm folgende Antwort: **)

**) Diesen Aufsatz des Hr. Prof. Pallas sehe ich als eine Frucht der kleinen Mühe an, die ich auf die Beschreibung des Vogels verwendet habe. Bey Arten, die noch so zweifelhaft und von Ornithologen so oft verwechselt sind, muß man, nach meiner Meynung, die Gewißheit von der genauen Vergleichung vieler Stükke, oder ihrer Beschreibungen und Abbildungen zu erhalten hoffen. Aus dieser Ursache habe ich das Individuum, was ich hatte, beschrieben und mit Abbildungen verglichen. Zu solchen Vergleichungen hat unter allen lebenden Naturforschern keiner mehr Geschiklichkeit und Gelegenheit, als Hr. Pallas, auf dessen Verdienste Deutschland stolz seyn darf.

Joh. Bekmann.

7. Aus-

7.

Auszug aus einem Briefe des Herrn Garnisonpred. Chemnitz in Kopenhagen, Seine

bestätigte Theorie

von Entstehung der Perlen und die Verhauderung der Schiffe betreffend.

Was meynen Sie wohl, theurester Freund, — der Hr. Prof. Müller in Erlangen hat, gleich nach mir, in Absicht der Entstehungsart der Perlen eben dieselben Gedanken und Vermuthungen bekannt gemacht, welche ich in dem ersten Theile der Beschäftigungen *) geäußert und vorgetragen. — Lesen Sie doch die 222 Seite, im ersten Bande des VI Theils seiner ausführlichen Erklärung des Linneischen Natursystems, und sagen Sie es mir nun im Vertrauen, ob wohl ein Ey dem andern

*) S. 344 &c.

dern ähnlicher seyn könne, wie seine Gedanken und Bemerkungen den meinigen sind? — Sie glauben es nicht, wie sehr mich diese Uebereinstimmung vergnüget und belustiget, und wie stark ich mich dem Herrn Prof. für diese Erklärung verpflichtet erkenne. — Hier sind seine eigene Worte: „Wenn Perlen an der „Schale sitzen, so haben wir durchgängig eine Ver„letzung in der Schale gefunden, welche in einer, ver„muthlich durch einen Waßerwurm gemachten, einge„bohrten Oefnung bestehet, die eine feine Steknadel „einläßet. — — — Man würde wohl durch Kunst „Muscheln mit Perlen befruchten können, wenn man „Schalen lebendiger Muschelthiere ohnweit dem Schloß „durchbohrte, und sie sodann wiederum in den Bach „zum Wachsthum hinsetzte, und vielleicht ließen sich „noch wohl mehrere Handgriffe angeben, eine reiche „Perlenerndte zu machen.„

„Der kleine Aufsatz, darinn ich Ihnen vormals die Verwahrungsmethode beschrieben *), dadurch unsere Asiatische Kompagnie ihre nach Ostindien und China gehenden Schiffe wider die schreklichen Verwüstungen des Pfahlwurms zu sichern suchet, leidet noch manche beträchtliche Zusätze, davon ich Ihnen die erheblichsten in möglichster Kürze mittheilen will. Eine solche Verhauderung, (wie sie bey unseren Schifszimmerleuten genannt wird,) kostet der Kompagnie bey einem großen Schiffe jedesmal 1000 bis 1200 Rthlr. Erstau-

*) S. Unsre Beschäftigungen I Band S. 426.

Erstaunen Sie nicht über diese große Unkosten, welche der kleine Teredo verursacht? Und doch kömmt man jetzo noch gar wohlfeil davon. Da man vormals die Schiffe ohne einen solchen Ueberrok und Ueberzug abgehen laßen; so hat ein Schiff nur 2, oder höchstens 3 Reisen machen können — alsdann ist es durchfressen und unbrauchbar gewesen. — Welch ein entsetzlicher Schade, da ein solch Schiff immer 60000 ja 100000 und mehrere Rthl. kosten kann! Nunmehro aber, da man bey jeder Reise eine Verhauderung vornimmt und zuerst recht dikkes Holländisches Kardußpapier, alsdann Kühhare und darauf wohl getheerte, $\frac{3}{4}$ Zoll dikke Bretter ums ganze Schiff, bis auf die halbe Höhe desselben, herumlegt, alsdann aber alles nochmals reichlich theeret und bey einem flammenden Feuer, damit Pech und Theer mehr zerfließen und überall, auch in allen Fugen und Ritzen, besser eindringen möge — recht auspichet und überziehet: kann man wohl 9 bis 10 Reisen nach China, oder nach Ostindien mit dergleichen Schiffen vornehmen. — Es hat einstmals jemand der Kompagnie den Vorschlag gethan, sie mögte ihre Schiffe lediglich mit einer Maße von Bleyglanz überziehen laßen, so werde allen Würmern der Appetit vergehen, die Schiffe zu benagen und zu durchbohren. — Allein er ist ihnen nicht vergangen. — Daher denn dieser Versuch, welcher gar die Probe nicht gehalten, verworfen und die Verhauderung allein beliebet worden. — Wie geht es aber, werden Sie fragen, den Westindischen Schiffen, welche die Dänischen

schen Eylande im südlichen Amerika so häufig befahren? — Diese haben von den Pfahlwürmern ungleich weniger zu erdulden. — Sie dürfen daher auch nicht bey jeder Reise, sondern nur selten einmal, verhaudert oder mit einem neuen Ueberzug versehen werden. — Aber giebts denn in Dännemark und Norrwegen keine solche Bohrwürmer? — Allerdings giebts dergleichen — Unsere Pfähle, die rund umher an den Kanälen in Kopenhagen stehen, sind gar nicht frey davon. — Sie laßen auch unsere Schiffe in den Dänischen und Nordischen Gewässern, nicht gänzlich unbenaget. Doch sind sie von einer kleinern und friedlichern Art, als die Ostindischen.„

Mir sind vor kurzem eine Menge Afrikanischer Konchylien, und unter denselben sonderlich viel zum Spekulazienguth gehörige Schalen in die Hände gefallen. Ich kann Ihnen jetzo zu einem linksgewundenen Marokkanischen Buccino Hoffnung machen; auch war ich so glüklich, ein Paar neue Arten von linken Schraubenschnekken zu finden, wovon ich Ihnen die Abbildung, auch vielleicht ein Original, senden werde. Beym Durchsuchen der vielen, von den Afrikanischen, besonders Marokkanischen Ufern erhaltenen Schalen, ist mir in einer zweifelhaften Sache nun ein Licht aufgegangen. Ich habe jene, unter den Patellen in Ihrem system. Konchylienwerk Fig. 39 abgebildete Schale, mit Ihnen, wirklich bisher für eine Napfschnekke gehalten. Jetzo fielen mir aber auf einmal wohl 100 Stük in die Hände, und nun, — da ich sie genauer betrachte, sehe ich meinen und meiner Freunde Irrthum. Nicht Patellen sind es, sondern die Warzen oder Köpfe von den Kahnschnekken oder Tepelbakken. Ich will Ihnen einen Vorrath schikken. An einigen werden sie noch die Spuren der zwoten Kammer oder Windung der Kahnschnekke finden. Der Augenschein mag für die Sache reden und ich bin versichert, Sie werden bey so viel dargelegten Beweißstükken, gewiß meiner Meynung seyn. Da sich nichts leichter, als der Tepel der Kahnschnekken abstößet, welches ich beym Aufschleifen derselben oft erfahren; da überdies die Tepel- oder Kahnschnekken in Afrika zu Hause gehören, und eben an den Afrikanischen Ufern diese Patellenförmige Köpfe in so großer Menge gefunden werden; so bedarf wohl meine Meynung, außer dem Augenschein, keines ausführlichern Erweises *).

*) Durch diese wichtige Nachricht hat unser würdiger Chemnitz, wie ich sicher glaube, nicht bloß mich sehr verpflichtet, sondern zugleich allen eifrigen Konchyliologen einen Dienst erwiesen. Für mich ist es eine Wollust, einen unwillkührlichen Irrthum, von welchem ich so freundschaftlich überzeugt werde, öffentlich zugestehen und ich glaube sogar, daß in dem Bekenntniß eines unvermeidlichen Fehlers mehr Ehre zu finden ist, als in einer hartnäkkigen Beharrlichkeit bey erwiesenen Irrthümern. M...

8.

Auszug eines Schreibens von Herrn Spengler in Kopenhagen an den Herrn D. Martini *) von einigen Konchyliologischen Entdekkungen.

Wenn meine Aufsäze, wie Sie mir zu melden beliebt, würdig befunden werden, in den Beschäftigungen unserer Naturforschenden Gesellschaft eine Stelle zu finden; so kann es mir, wenn Gott mein Leben verlängert, in vielen Jahren

*) Obgleich unser forschender Spengler bey Ausfertigung dieses Schreibens gewiß nicht vermuthet, etwas davon gedrukt zu lesen; so glauben wir doch dieses kurzen Auszugs wegen, von ihm Vergebung zu erhalten, weil uns die Nachrichten dieses Briefes zu wichtig schienen, um nicht gemeinnütziger gemacht zu werden, und weil sie zugleich einen Wink geben, was unsere Leser künftig von diesem aufmerksamen Naturforscher zu erwarten haben.

Jahren gewiß nicht an Stoff zu Beschreibungen physischer Merkwürdigkeiten und Nachrichten von ganz neuen Entdekkungen fehlen. Da Sie, mein Lieber M. . . Die Materie von Reinigung und Polirung der Konchylien selbst mir aufgegeben; so will ich nicht ermangeln, bey vorfallender Muse eine umständliche Nachricht aufzusetzen, wie weit man diesen Aufputz treiben dürfe, wenn der Naturforscher die simple Natur nicht unter übel angebrachter Kunst verlieren soll? Vielleicht kann ich dadurch eifrigen Sammlern einen kleinen Dienst erzeigen. — Ich habe Ihnen wohl noch nicht gemeldet, daß ich aus Engelland ganz Wunderwürdig schöne Konchylien aus der Südsee, nebst guter Hofnung zu noch mehrern, erhalten. Sie können es kaum glauben, welche Schönheiten diese Schnekken zieren — (denn es sind lauter einschalichte). Viele sind ganz neue, noch unbekannte Arten, und alle, die auch zu den schon bekannten gerechnet werden könnten, haben eine fast unbeschreibliche Feinheit der Streifen und Stralen und eine Perlenmutter, die man mit wenig Worten am besten schildert, wenn man in dem Farbenspiel sie noch über den orientalischen Opal erhebet. Alles ist sauberer, zierlicher und netter, als an den gewöhnlichen Schnekken anderer Meere.

Außer einem, von den bekannten Arten ganz unterschiedenen Seeohr, das ich künftig beschreiben werde, besitze ich zween andere, die zwar mit den Kapischen Aehnlichkeit haben, an Feuer aber alles, was man in Perlenmutter jemals gesehen, weit übertreffen. Sie gleichen dem Chinesischen Goldkäfer, in seinem prächtigen Goldgrünen Glanze. Ein ganz grosser Trochus, von ganz eigner Art und Ueberzug ist jezt unter den Händen des Malers. Zwo ganz schwarze, sonst sogenannte Westindische Pabstkronen, äusserst fein und zart gestreifet, gleichen den gewöhnlichen, wie der Hofmann dem Bauer. O! ich könnte Sie noch lange mit Erzählung meiner grossen Eroberungen aus der Südsee unterhalten; ich könnte Ihnen sagen, daß ich von den im Naturforscher (4 St. T. I. F. 5. 6.) abgebildeten Kräuselförmigen Schnekken auserlesene Stükken, aber nicht als Landschnekken, die nie eine Perlenmutter haben, sondern als ächte Seeschnekken, erhalten, daß die eben daselbst abgebildete dornichte Nerite (F. 1. 2.) nicht ein Bewohner der Südsee, sondern Mauritiens und der Magellanischen Strasse sey. — Allein ich habe noch von weit andern Entdekkungen mit Ihnen zu reden.

Es hat wohl noch Niemand ausdrüklich darauf gedacht, daß Steinschalichte Wurmröhren von zwoschalichten Muscheln bewohnet würden. Ich habe vor kurzem diesen merkwürdigen Umstand an drey Arten von Wurmröhren wahrgenommen. Diese zwoschalichten Röhrenbewohner sind an sich zwar schon sehr unterschieden, sie scheinen aber doch nur ein Geschlecht, und zwar ein ganz eignes auszumachen, das an die Linneischen Mytulos grenzet, aber durch beson-

dre

dre Geschlechsmerkmale davon unterschieden ist. In einer vierten Wurmröhre fand ich die Pholade, welche die Pfähle und Schiffe durchbohret und ehemals die Holländer so sehr geängstiget hat. Diese Entdekkung führte mich also ganz natürlich auf die nähere Untersuchung des Teredo oder schalichten Bohr- oder Schifswurms des Hrn. von Linné, welcher die Schalen dieses Pholadenthieres für seinen Kiefer ausgegeben. Ich habe diesen Muschelwurm genau bestimmt und seine seltsame Gestallt, mit seinen 4 Schalen, aufs deutlichste nach der Natur, aber vergrößert abbilden laßen. Den Senegalischen Bohrwurm hat Adanson getreu beschrieben, aber nicht eben so deutlich in Kupfer vorgestellet. Er kömmt mit dem überein, welchen die Holländer mit so vielem Schaden kennen gelernet. Ich verglich diese Pholaden, denn diese sind eigentlich der sogenannte Bohrwurm, mit denenjenigen, die an den Chinesischen Schiffen die Bekleidung und Verhauderung auf jeder Reise gänzlich durchbohren und sich in Millionen darinn einschlüßen. Gott! was zeigten sich mir da für neue Wunder! Diese Pholade hat wieder eine ganz andere Bildung, als die Senegalische und Holländische. Ich wurde ganz Verwunderung, als ich die vielen Abänderungen in den schön gebildeten Muschelschalen, die Federartige Röhren, die Lanzetförmige Flügel, womit, an ihrem vordern Ende, die Pholadenwürmer begabet sind, aus ihren Löchern hervorzog. — Alles wird genau gezeichnet und ich denke, neben der Beschreibung und Zeichnung, unserer Gesellschaft auch die sämtlichen Originale, bis auf eine einzige, die allzu zerbrechlich war, senden zu können.

Alle benannte 4 Arten von Wurmgehäusen, würde Niemand leichtlich dafür ansehen, daß Muscheln sich diese Bekleidung gebauet hätten, oder ob sie zugleich mit aus dem Ey gekommen? Eine von diesen Gattungen werden Sie unter solchem Grottenguth vermuthlich finden, welches von der Küste von Koromandel zu kommen pfleget. Es setzet sich nämlich auf die einfachen kleinen Stralmuscheln, (Pectines,) die am Seestrand ausgeworfen werden, oder auch an andern zerbrochenen Schnekken eine Stahlgraue, Steinschalichte Materie, von Gestallt eines Pyramidenförmigen Wurmgehäuses, das am schmalen Ende eine kleine Oefnung hat. Wenn man diese verdorbene Muschel oder Schnekke rüttelt; so klappert es inwendig in jedem solchen Wurmförmigen Gehäuse, zum Beweis, daß erwähnte Muschelschalen darinn verborgen liegen. Wenn man es öfnet, so findet man zwo schmale, schief gedrehte Schalen, von denen man kaum glauben sollte, daß sie sich, als ordentliche Muschelschalen zusammen setzen ließen, die an ihrem untern Ende einen weiten Ausschnitt zwischen sich laßen, welchen man sonst an keiner einzigen Muschelart antrift. *)

Man

*) Schon längst habe ich in meiner Sammlung einige Pektunkeln, auch eine Transparentduplette mit solchen

Man findet oft auch Klumpen von kalkichten Maßen, auf denen sich kleine Wurmröhren herum gesetzet. Verschiedene kleine Löcher verrathen, daß in einem solchen Klumpen auch noch ein anderer Schatz verborgen liege. Klappert er beym Rütteln, so bricht man

solchen Kräuselförmigen Ansätzen, sowohl an der innern, als äußern Fläche der Schalen, wahrgenommen, ohne damals, ich muß es gestehen, errathen zu können, welchem Thier, oder welchem Zufall ich dergleichen sonderbare Erscheinungen zuschreiben sollte? Durch diese Bemerkung unsers auf die Natur sehr aufmerksamen Spenglers war mir das Geheimniß auf einmal, zu meinem größten Vergnügen, erkläret, und ich fand ohne Mühe die darinn wohnende Muschel nach einiger Erweiterung der am hintern Ende jedes dieser Gehäuse befindlichen kleinen Oeffnung. Damit aber eifrige Sammler schalichter Gehäuse desto aufmerksamer auf diese besondere Gebäude werden mögen, habe ich den übrigen Raum der Tabulæ IX A. darzu angewendet, einige Zeichnungen solcher Schalen, die einst mein Chemnitz unter andern Seltenheiten mir geschikket, zu liefern.

Fig. 3 und 4 stellen die Schale des Transparentduplets vor, auf welcher ein solches, gleichsam viermal gewundnes (S. Fig. 4. a — d,) oben halb Kugelförmig, unten schmal zulaufendes, hartschalichtes Pholadengehäuse, nicht etwa blos an der einen Fläche vest angeklebt ist, wie am Pektunkel, sondern die ganze Substanz der Schale so durchdrungen hat, daß man auf der andern Seite noch deutliche Spuren davon wahrnimmt. (S. Fig. 3. e.) Man darf die Absätze nicht so wohl Windungen, als Aufsätze nennen, man ihn von einander und siehet in ausgebohrten Höhlungen eben solche zweyschalige Muscheln liegen. *)

nen, die, gleich einer Reihe Semmeln, über einander gebakken und nach unten zu von abnehmendem Umfang und ungleicher Höhe sind. Die Maße selbst ist Steinhart und in Ansehung der Substanz von den Muschelschalen unterschieden, von aussen uneben und rauh, von innen glatt ausgehöhlet; in Ansehung der Farbe gemeiniglich weißgrau, bisweilen ins Blaulliche spielend. In einem geöfneten Gehäuse dieser Art fand ich beyde Schalen einer sehr nahe verwandten oder eben der 2 klappigen Pholade, welche ich Tab. 12 f. 10 abbilden laßen. Das merkwürdigste bey dem hier beschriebnen Gehäuse ist wohl, daß es die ganze Schale des Transparent Duplets durchdrungen, wie f. 3 lit e zeiget, wo von den Auffätzen Fig 4. b. c. d. ein Theil des Rükkens der entgegengesetzten Seite, noch über die Unterfläche der Schale hervorraget.

An der Schale des Pektunkels Fig. 5 lit. g. h. siehet man 2 dergleichen Gehäuse von 3 bis 4 Auffätzen, wovon eines inwendig, das andere von aussen tief in die Substanz der Schale eingedrungen und eingeklebet ist. Beyde sind am spitzigen Ende geöfnet, in beyden klappert eine der beschriebnen ähnliche Pholade, deren Schalen bey Fig 5. lit. f, wo ich die Oefnung etwas erweitert habe, deutlich in die Augen fallen. M...

*) Auch hiervon habe ich in meinem Kabinette die schönsten Proben gefunden und gesehen, wie sicher man sich in allen Fällen auf die Spenglerische Bemerkungen zu verlaßen habe. M...

9. Von

9.

Von einem

neuen Mittelsalze

oder vom

Salze von Kanal in Italien.

Eines unserer auswärtigen Ehrenmitglieder hat uns eine Nachricht von einem natürlichen Mittelsalze, welches neuerlich in Italien entdekket worden, in einem Französischen Sendschreiben mitgetheilet, wovon wir dem Publikum folgenden Auszug im Deutschen vorzulegen nicht undienlich erachten.

Die in einem artigen Dorfe, Namens Kanal, zehn Meilen von Turin, in der Provinz Asti wohnende Apotheker, die Hrn. Aloy, Vater und Sohn, machten die Entdekkung, daß in den Monaten Februar, März und Aprill, eine Art von salziger Erde in dortigen Gegenden flekweise auf der Oberfläche der Erde ausschlägt. Diese Erde hat eine Aschgraue Farbe, be, ist lokker, sehr zerreiblich, leicht und, ohngefähr zween bis drey Zolle hoch über dem Erdboden, wie ein Moos ausgebreitet. Man findet sie nicht überal in gleicher Menge. In trokkenen und hökkerichten Gegenden, an den Ufern der Flüße, neben den Wegen, und in den Felsenritzen wird sie weit häufiger angetroffen. Dahingegen bringen die gegen Mitternacht liegenden Gegenden sehr wenig davon hervor. Nach einem gelinden Winter, und wenn die Kälte nicht groß gewesen ist, kömmt diese neue Erde viel zeitiger zum Vorschein. Ist aber die Witterung sehr kalt, so zeiget sie sich später; und wenn man sie nicht sogleich einsammlet, wird sie von den Winden zerstreuet und weggeführet, oder vom Regen weggespület. Ein Pfund von dieser Erde giebt durch das Auslaugen drey Unzen reines Salz, welches krystallinisch und sehr weiß ist, und sich auch sehr leicht in reinem Wasser auflösen lässet. Dieses Salz hat einen bitterlichen, ein wenig styptischen, jedoch nicht unangenehmen Geschmak. Durch ein Vergrösserungsglas haben die kleinen Krystallen die Figur eines Parallelepipedi, jedoch nicht durchgehends; denn einige darunter sind beynahe prismatisch, mit dreyekkigen, auch sechsekkichten Grundflächen; andere hingegen sind Rautenförmig, würfelicht oder auch wohl von achtekkichter Figur. Dieses Salz verändert die Farbe des Violensafts nicht, und brauset auch nicht mit den stärksten Säuren. Die Hrn. Aloy weisen ihm daher einen Platz unter den Mittelsalzen an, die aus der

Vitriol-

Vitriolsäure mit einer absorbirenden Kalkerde entstehen, welche vorher die Grundlage und Mutter des Seesalzes ausmachte. Man hat dieses Salz bereits in vielen Krankheiten mit dem besten Erfolg, als ein erweichendes und Schleimzertheilendes, abführendes Mittel gebrauchet. Seine Dosis zum Purgiren ist eine Unze. Es verursacht nicht die geringsten Leibschmerzen oder andere Beschwerden. Es treibt auch die Würmer ab. Man hat überdies bemerket, daß die Schafe, Kühe und anderes Vieh, welches auf die Weide getrieben wird, wenn es diese salzige Erde antrift, selbige sehr begierig lekket, und davon starke Oefnung bekömmt. Auch den Pferden ist es ein gutes Abführungsmittel.

Dieser Auszug ist hinreichend, unsere Leser mit einem neuen Produkte der Natur bekannt zu machen. Wir überlassen es ihnen, über die Art und Weise, wie diese Erde alle Jahre unausgesetzt aus physikalischen Ursachen entstehet, nachzudenken. Unser auswärtiges Mitglied hat unserer Gesellschaft auch eine Probe von diesem Salze zugeschikt, aber die Quantität war zu gering, als daß wir selbst chymische Untersuchungen damit hätten anstellen können. Uns kömmt es vor, als wenn dieses Salz viel Aehnlichkeit mit dem Glauberischen Salze habe. Als Aerzte wollen wir es gern entbehren, und wünschen keinesweges, daß das Salz von Kanal jemals in unsere Apotheken komme. Wir können sicherlich mit dem Sedlizer

Salze

Salze, dem Polychrestsalz und dem Glauberischen Salze, auf eine viel wohlfeilere Art, in den Krankheiten der Menschen eben das ausrichten, was das Salz von Kanal thun soll; und in Viehkrankheiten thun der Salpeter, das Küchensalz und Steinsalz schon das Ihrige hinlänglich.

10.

Auszug aus einem Schreiben Sr. Hochfürstl. Durchlaucht des Erbprinzen Friedrich Karl von Schwarzburg Rudolstadt vom 20. Februar 1776. *)

Was haben denn die Gelehrten zu Berlin für Anmerkungen bey der strengen Kälte gemacht? Die ich in den Zeitungen gelesen, waren außerordentlich von einander verschieden, und kommen mit meinen Reaumurischen und Fahrenheitischen Ther-

*) Se. Hochfürstl. Durchlaucht haben für unsre Gesellschaft bey unterschiedenen Gelegenheiten so gnädige Gesin-

Thermometern fast gar nicht überein. Ich lasse alle Tage im ganzen Jahre die Witterung und die Winde aufschreiben, und nach meinem Wetterbuche waren, der 20. 21 und 28ste Jänner die kältesten Tage, an vielen Orten aber der 29ste. Meine Anmerkungen sind folgende:

Jan.	Reinthal.	Fahrenh.	Réaum.	de l'Isle.
d. 20sten				
Früh	22' unt. o.	15° unt. o.	20 unt. o.	188.
Abends	24 —	16 —	22 —	190.
		Westwind.		
d. 21sten				
Früh	24½ —	16 —	24 —	190.
Ab.	11 —	12 —	13 —	168.
		Früh Ost. Süd-Ost.		
		Abends W. N. W.		
d. 28sten				
Fr. 7 U.	29° —	20° —	28 —	195.
bey Sonnenaufg.	31½ —	22 —	30 —	197.
		Wind N. Z. W.		
Dieser außerordentliche Grad der Kälte daurete kaum eine Stunde, und fiel nachher auf 7 Grade.				
Abends.	23° —	18 —	20 —	180.

Folg-

Gesinnungen, und an dieser Stiftung ein so rühmliches Wohlgefallen zu bezeigen geruhet, daß wir, durch weitere Bekanntmachung dieses kurzen Auszugs meteorologischer Beobachtungen, diesem Durchlauchtigen Beförderer der Wissenschaften mißfällig zu werden, nicht fürchten dürfen.

Folglich war die Kälte weit heftiger, als Anno 1709. 33. 40 und 67 und also die stärkste in diesem Jahrhundert. Mein Thermometer hängt nach Norden, und ist, weil unser Schloß auf einem hohen Berge liegt, der Luft sehr ausgesetzet — —

Bey uns in Berlin war der Stand des Thermometers nach Reaumurs Gradleiter im M. Jan. 1776.

d. 18.	Jan.	Abends	8 Uhr	—	$12\frac{1}{2}$° unter 0
19.	—	Morg.	$10\frac{1}{2}$ Uhr	—	$10\frac{1}{2}$°
—	—	Ab.	8 Uhr	—	13°
20.	—	Morg.	8 Uhr	—	$15\frac{1}{2}$°
21.	—	Morg.	8 Uhr	—	$16\frac{1}{4}$
—	—	Ab.	7 Uhr	—	11
22.	—	Morg.	8 Uhr	—	$7\frac{1}{2}$
23.	—	Morg.	8 Uhr	—	6
25.	—	Morg.	8 Uhr	—	$10\frac{1}{2}$
26.	—	Morg.	8 Uhr	—	$10\frac{1}{4}$
—	—	Nachm.	3 Uhr	—	$12\frac{1}{2}$
—	—	Ab.	10 Uhr	—	17
27.	—	Morg.	8 Uhr	—	18
—	—	Ab.	8 Uhr	—	18
28.	—	Morg.	8 Uhr	—	$13\frac{1}{2}$
29.	—	Morg.	8 Uhr	—	$10\frac{1}{2}$
31.	—	Morg.	8 Uhr	—	$15\frac{1}{2}$
1.	Febr.	Morg.	8 Uhr	—	$16\frac{1}{2}$
2.	—	Morg.	8 Uhr	—	$10\frac{1}{2}$
—	—	Ab.	7 Uhr	—	4
3.	—	Morg.	8 Uhr	—	2

Das Thermometer hieng in freyer Luft gegen Nord-Ost.

II. Aus-

II.

Auszug eines Schreibens

des

Kurf. Sächß. Bergkommißionsraths und Prof. bey der Bergwerksakademie zu Freyberg,

Herrn von Charpentier

an die

Naturforschende Freunde

in Berlin.

Der gelehrte Herr Verfasser dieses Schreibens von 6ten Febr. dieses Jahres ist mit dem Herrn Arduino einig und zufrieden, daß man drey besondere Hauptklassen der Gebirge macht. Er rühmet dessen vortrefliche Beobachtungen und giebt zu, daß die Natur, im

Ganzen genommen, sich überall gleich sey. Was aber Herr Arduino in seinem *Saggio fisico orittogr.* &c. womit er unsere Bibliothek freundschaftlich zu beschenken beliebet, p. 157 & 58 von der zwoten Klasse, besonders der Kalkberge erzählet, die er, ohnerachtet sie keine Versteinerungen haben, für Berge neuer Entstehung, und von denen von erster Entstehung ganz verschieden hällt; so habe er hierinn die Natur der Sächsischen Gebirge anders gefunden, und könne er sie also, ohnerachtet die Italiänischen und Sächsischen Kalkberge, zu einem und eben demselben Produkte der Natur gehören, nach seinen Beobachtungen, nicht zur andern Klasse nehmen. Man läßet die geneigten Leser aus folgender Erzählung selbst urtheilen, ob sie nicht mit allem Rechte zur ersten Klasse gehören? Weil man aber befürchtet, durch mehrere Verkürzung undeutlich zu werden, so wird man den Herrn Verfasser, ohne einige Veränderung, selbst reden laßen.

„An sehr vielen Orten unsers Obergebirges, und zwar bis auf die höchsten Punkte, wo die mittlere Barometerhöhe nur wenig über 24 Pariser Zoll ist, habe ich die Rükken dieser Berge mit Lagen von Kalkstein, oder vielmehr vom weissesten und schönsten Marmor bedekt gefunden, der aber nicht auf diesem Berge aufgeschwemmt oder vom Wasser abgesetzt, sondern innigst mit den Lagen und Bänden des Kneusses (quarzigen Schiefers, wie ihn Arduino nennet) vermischt

mischt ist, und Sie sollen Stükken von mir erhalten, wo die genaue Mischung des Glimmers, Kneusses und Marmors aufs klärste wahrzunehmen ist. Ja nicht nur die Oberflächen oder Rükken der Berge sind damit bedekket, sondern auch unter und in dem Kneusse findet man Marmorlager. Versteinerungen? — Auch nicht die geringste Spur davon ist irgendwo in denselben anzutreffen, wohl aber Erze; wie denn an vielen Orten, wo man ein dergleichen 40—50 Fuß starkes Lager durchsunken, die Sohle desselben, ehe man auf den darauf folgenden Kneus gekommen, mit Bleyglanz, Blende Schwefel und Kupferkies einige Zoll stark ausgefüllet gefunden. Ich kann hier unmöglich weitläuftiger seyn; aber wenn man diese Lage und den ganzen Bau der Gebirge zusammen nimmt, so kann man sich ohnmöglich etwas anders bereden, als daß diese Kalk- oder Marmorlager nicht zu gleicher Zeit mit den Erzgebirgen entstanden seyn sollten. Alle unsere, in niedrigen Gegenden gelegene Kalkberge und Gebirge, sind gleich nach der Beschaffenheit ihrer Bestandtheile von anderm Ansehen, als vorgenannte: sie sehen mehr einem ausgetrokneten Schlamm vom feinsten Korn ähnlich, und sind keinesweges von dem Salzartigen, oder krystallinisch Spatartigen Ansehen, als die erstere, sie sind auch häufig mit Versteinerungen und Abdrükken angefüllet, und diese zähle ich, mit aller Zuversicht, unter die von neuerer Entstehung. Was Hr. Arduino vom Granit sagt, ist zu wenig. Der Granit macht ganz gewiß den Grund aller aufliegenden andern Gebirge. Ich habe davon überzeugende Proben in Sachsen, auch richtige Beobachtungen von anderm ausländischen Gebirge. Die angeführte Beobachtung von Hrn. Stange auf der 165 Seite des Arduinischen Saggio, ist ganz gewiß nicht richtig. So viele mal ich den Granit und Kneus beobachtet, habe ich niemals eine unordentliche Vermischung dieser beyden Gesteinarten unter einander gefunden, und wenn er, wie es öfters geschiehet, die Oberfläche oder Kuppe eines Berges ausmachet, dessen übrige Maße Kneus ist; so ragt er aus selbigem hervor, und liegt nicht auf; denn man darf nur genau ein dergleichen Gebirge in seinen Thälern durchgehen, so wird man den Granit gewiß wieder in den tiefsten Punkten finden, und wir haben durch den innern Grubenbau überzeugende Erfahrungen gemacht, daß man wohl durch den Kneus, mit den abgesunkenen Schächten in Granit, aber niemals aus dem Grenit in Kneus gekommen.

In Ansehung der Lagerstädte der Foßilien will die bisher gewöhnlich gewesene Eintheilung der Erzeugung der Erze in Gängen, Flözen, und Stokwerken, der Natur keinesweges völlige Genüge thun, und ich habe weit mehrere Abänderungen und Mittel gefunden, deren sich die Natur zur Erzeugung der Erze bedienet, die wenigstens von der gewöhnlichen Beschreibung der Gänge, Flöze und Stokwerke ganz abweichen. Wie kann man die Gänge, ohne selbige in genaue Verbindung des Gesteins zu bringen, deutlich, und der Natur angemessen beschreiben? Flöze finden sich eben sowohl in den sogenannten ursprünglichen Gebirgen, oder denen von der I. Klasse, se, als in dem von Wasser aufgesetzten Flötzgebirgen, wie z. E. Eisleber und Mannsfelder Gebirge sind. Die Theorie von Stokwerken, daß diese nämlich ein Zusammenfluß, ein Durchschneiden und Durchfallen vieler Gänge seyn sollten, habe ich nirgens gefunden, wohl aber ganze Gebirge aus Erzhaltender Masse. Ueberhaupt habe ich, was die Erzeugung der Erze anbelanget, in unsern Gebirgen so viele Verschiedenheit wahrgenommen, daß ihre Beschreibungen gewiß neue Aufklärungen in diesen Kapitel der Naturgeschichte hervorbringen werden. Bey alle dem getraue ich mir keinesweges die Entstehung der Gebirge, der Gänge und andrer Lagerstädte der Foßilien in selbigen zu erklären. Dieses alles ist zu groß, unendlich groß für mich.„ *)

*) Aus diesen vortreflichen Beobachtungen, die vermittelst durchsunkener Schächte, einem jeden, der nur will, vor Augen liegen, und also unwidersprechlich auf das allerstrengste bewiesen sind, kann das gelehrte Publikum zum Voraus urtheilen, was es von einer Naturgeschichte der Sächsischen Gebirge sich zu versprechen habe, die unser gelehrter Freund, schon seit mehr als 4 Jahren, nicht in der Studierstube allein, sondern in dem Eingeweide der Gebirge selbst, bearbeitet hat, und vielleicht noch Jahr und Tag mit beschwerlichen Wiederholungen und mit Lebensgefahr zu bearbeiten haben wird. M..

12.

Der Hr. Past. Klein zu Preßburg schikte, außer oben S. 299 ꝛc. angeführten Bemerkungen und viel seltnen Ungarischen Steinen, Erzen, und andern Merkwürdigkeiten, womit er unsre Gesellschaftliche Sammlungen beehrte, zugleich einen Vorrath von einem grauen, aus Wiesenfilz verfertigten Papier, auf welchem, zur Probe, folgende Nachricht gedrukt war.

Daß beynahe alle Flüße im Jahr 1770 um Presburg aus ihren Ufern getreten, und sehr große, und verderbliche Ueberschwemmungen angerichtet haben, ist leider! fast jedermann bekannt. Aber, nur wenige werden von der Seltenheit gehöret haben, welche eine gleiche Ueberschwemmung des Markflußes, in unserer Nachbarschaft hervorgebracht hat. Man hat nämlich, nachdem sich das auf den Wiesen viele Wochen lang stehen gebliebene Waßer dieses Flußes verloren, dieselbe mit einer Art von Wolle sehr dicht überzogen gesehen. Diese Wolle ist von bräunlichter Farbe, und etwas scharf und rauh anzugreifen, sonst aber der bekannten gemeinen Watta nicht ganz unähnlich. —

Ein

Ein Liebhaber der Naturkunde stellte damit einige Versuche an, und es gelang ihm nicht nur, sehr gutes und vestes, jedoch sehr schwarzes Schreibpapier daraus zu erzeugen, sondern auch einen Rotzen, und einen Hut daraus verfertigen zu lassen.

Da das ausgetretene Waßer sehr lang auf den Wiesen stehen geblieben, so ist dadurch das bedekt gewesene Gras, Rohr und Laub, nebst den Halmen und Kräutern, in die Fäulung gegangen, der in denselben befindliche Saft aufgelöset, die Fäserchen derselben aber, durch das Schlagen der Wellen zerrissen, und zusammgestoppelt worden, woraus dann eine solche Materie entstanden ist, aus welcher die bemeldeten Versuche gemacht worden. Es wäre zu wünschen, daß mehr dergleichen unternommen würden; und es ist gar nicht zu zweifeln, daß man diese Wolle auch bleichen, und ihr eine mehrere Zähigkeit würde verschaffen können *).

*) Man lese hierüber ein mehreres in den hiesigen Mannigfaltigkeiten II. Jahr p. 281—285.

XXIX.

Kurze Lebensgeschichte des verstorbenen Herrn Prof. Philipp Ludwig Statius Müller,

öffentlichen Lehrers der Naturgeschichte und der Deutschen Litteratur, auch Archidiakonus der Neustädtischen Kirche zu Erlangen, der Römisch Kays. Akad. der Naturforscher und unsrer Gesellsch. Naturf. Freunde Mitgliedes.

Herr Philipp Ludewig Statius Müller stammt aus einer alten adelichen Familie derer van Statius her, welche vormals in Ostfriesland ansehnliche Güter besas, und wichtige Ehrenämter bekleidete. Als vor etwa 2 bis 300 Jahren eine plötzliche Ueberschwemmung einen großen Theil dieser Provinz zu Grunde richtete, ward nicht nur das Schloß und gesammte Vermögen dieser Familie ein Raub der Wellen, sondern alle damals lebende Personen derselben

ben fanden, bis auf ein einziges Kind, in dieser Schrekkenvollen Ergießung ihren Untergang. Ein benachbarter Müller sah dieses von den Fluten ergriffene Kind in der Wiege auf dem Waßer umher treiben, setzte demselben in einem Kahne nach, und war so glüklich, es zu retten. Da er Besitzer eines ansehnlichen Vermögens, dabey aber ohne nahe Erben war; so beschloß er, selbiges an Kindes statt anzunehmen und ihm eine, seinen Umständen gemäße Erziehung zu geben. Dieser Statius, welcher aus Dankbarkeit gegen seinen Wohlthäter, nächst seinem Geschlechtsnamen, auch den Namen **Müller** annahm, ist der Stammvater der anjetzt unter diesem Namen bekannten Familie. Die Zeit, in welcher er eigentlich lebte, ist aus Mangel zuverläßiger Nachrichten ungewiß, und das Geschlechtsregister seiner Deszendenten, in Rüksicht auf die ältern Zeiten, vielen Zweifeln unterworfen. So viel weis man, daß um das Jahr 1450 ein gewißer Andreas Statius **Müller** in Ostfriesland eine ansehnliche Ehrenstelle bekleidete, und daß ein anderer von dieser Familie im Jahre 1500 sich durch wichtige Dienste im Zivilstande bekannt machte.

Unser Statius **Müller** wurde zu **Esens** in Ostfriesland im Jahr 1725 den 25. Aprill gebohren. Sein Hr. Vater, **Christoph Anton Statius Müller**, war Prediger daselbst, und ward, da unser Statius noch ein Kind war, als Evangelisch-Lutherischer Prediger nach **Leuwarden** berufen, wo er 1749 im 51

Jahre seines Alters verstarb. Seine Fr. Mutter war Marie Philippine Franken, die Tochter eines Herzogl. Sächß. Oberforstbedienten in Zeitz.

Obgleich unser verstorbener, uns unvergeßlicher Freund in dem Hause seines Hrn. Vaters, bey einer vorzüglichen Erziehung, auch denjenigen gründlichen Unterricht genoßen, welcher ihn in den Stand gesetzt hatte, ohne eine weitere Vorbereitung, die akademischen Hörsäle mit Nutzen zu besuchen; so fand sein Herr Vater es doch für gut, denselben auf das Gymnasium nach Gotha zu schikken. Hier blieb er nur ein halbes Jahr und gieng sodann auf die hohe Schule nach Jena, wo er seine Begierde nach Kenntnissen in den höhern Wissenschaften nach Wunsch befriedigen konnte. Sowohl in der Gottesgelahrtheit, welcher er sich besonders widmete, als in der Philosophie, hörte er hier die berühmtesten Männer mit dem glüklichsten Erfolg und kehrte endlich im Jahr 1744 in sein Vaterland zurük. Er erschien hier mit den ausgesuchtesten Kenntnißen ausgerüstet, und da ihm seine Rechtschaffenheit und vorzügliche Eigenschaften sehr bald Gönner und Freunde erwarben; so gelang es ihm, daß er schon im folgenden Jahr in die Zahl der Kandidaten in Amsterdamm aufgenommen und sechs Monathe hernach als Lutherischer Prediger zu Ammersfort, in der Provinz Utrecht, eingesetzt wurde. Nunmehro hatte er Gelegenheit, seine Talente als Kanzelredner zu zeigen, und er erwarb sich den grösten Beyfall.

Beyfall. Im Jahr 1747, den 19. März, verheyrathete er sich mit Jungfer Sophia Kröse, seiner jetzo nachgelaßenen Frau Wittwe, einer Tochter des Hrn. Anton Kröse, Evangelisch-Lutherischen Predigers zu Rotterdamm. Aus dieser Ehe wurden sechs Kinder gezeuget, wovon gegenwärtig noch drey am Leben sind, als Herr Johann Statius, welcher im Jahr 1749 zu Ammersfort, Hr. Anton Statius, der Arzeneygelahrtheit Doktor zu Erlangen, welcher 1751 zu Leuwarden, und Herr Jakob Julius Statius, welcher zu Amsterdamm gebohren ward, und jetzo noch zu Erlangen die Arzneywissenschaft studiret.

Im Jahr 1749 erhielt unser verstorbener Freund einen Ruf nach Leuwarden als Prediger, in die Stelle seines Hrn. Vaters. Hier hatte er den Verdruß, einiger seiner Schriften wegen, sich von übelgesinneten Personen angefochten, zugleich aber auch die Beruhigung, als diese Sache bey den Landesgerichten anhängig gemacht wurde, sich von letztern gänzlich losgesprochen und gerechtfertigt zu sehen. Während seines Aufenthalts in Leuwarden erhielt er verschiedene Vorschläge, unter ansehnlichen Bedingungen, zu einer anderweitigen Versorgung nach Leiden, Batavia in Ostindien und Kurakao in Amerika, die er aber, aus bewegenden Ursachen, ausschlug.

Unser würdiger Freund hatte von je her die Ruhe einer akademischen Lebensart vorzüglich für eine wünschensschenswerthe Sache gehalten, und auch in dieser Rük-sicht von jenen Anerbiethungen keinen Gebrauch machen wollen. Diesen Wunsch sah er endlich zu seiner grösten Zufriedenheit erfüllet. Er erhielt im Jahr 1757 einen Ruf auf die hohe Schule nach Erlangen, und zwar die Stelle eines ausserordentlichen Lehrers der Weltweisheit. Hier disputirte er zu drey verschiedenen malen, befand sich aber von dieser Zeit an abwechselnd nicht in den besten Gesundheitsumständen, und muste an sich die Wandelbarkeit des Glüks, mehr als einmal, erfahren. Besonders ward die Aussicht zu einer sehr vortheilhaften Verbesserung in den Herzoglich Koburg- und Meinungischen Landen, zu seinem innigsten Misvergnügen, durch einen uns unbekannten Umstand vereitelt. Bey allen diesen widrigen Vorfällen verlohr doch unser schäzbarer Freund niemals diejenige Gemüthsfassung, welche ihn antrieb, allenthalben, wo er nur konnte, Gutes zu stiften und Wolthaten zu verbreiten. Da nach dem frühzeitigen Absterben seines Hrn. Vaters, seine Hrn. Brüder einen andern Versorger nöthig hatten; so übernahm er es, ihr Führer und Unterstüzer zu seyn, und übte die Pflichten der Wohlthätigkeit nicht allein gegen sie, sondern auch gegen andere Verwandte mit einem Eifer aus, der seinem Herzen allezeit Ehre machte.

Von dem Jahr 1763 an schien diesem verdienstvollen Manne das Schiksal günstiger zu werden. Er erhielt nicht nur in diesem Jahre das Amt eines or-

dentli-

dentlichen Lehrers der Weltweisheit und eines Predigers bey der Universitätskirche; sondern er ward auch im folgenden Jahre zum Oberaufseher der akademischen, sehr ansehnlichen Büchersammlung ernennet. Von dieser Zeit an widmete sich derselbe der Kenntniß der Natur, als einer Lieblingswissenschaft, und mit einem Eifer, wovon er sich Ehre und Ruhm zu versprechen hatte. Als im Jahr 1770 die Universität, durch die Gnade ihres Durchlauchtigsten Beschützers, eine ganz neue und schöne Gestallt bekam, wurde unserm, jetzt seligen Freunde dabey das Amt eines öffentlichen Lehrers der Naturgeschichte und der Deutschen Litteratur, auch zur Vergeltung seiner Verdienste, 1772 die Stelle eines Archidiakonus bey der Neustädischen Kirche übertragen. Zweymal wurde er Dekanus der philosophischen Fakultät und 1774 Prorektor der Universität. Er ward auch bald hernach von der dasigen Deutschen Gesellschaft, von der Römisch Kayserlichen Akademie der Naturforscher, und von unserer Gesellschaft Naturforschender Freunde zum Mitglied erwählet. Einst schien unser Freund willens zu seyn, den Ort seines Aufenthaltes mit Petersburg zu verwechseln, wohin er auch schon vorläufig wirklich eine Reise unternommen hatte; die Vorsehung wollte ihn aber für Deutschland erhalten: jedoch nur auf eine kurze Zeit. Mitten unter seinen Amtsgeschäften und übrigen mühsamen Arbeiten, ward er im Anfange dieses Jahres unvermuthet von einem starken Schlagflusse befallen, und

beschloß

beschloß zu Erlangen am 5 Januar d. J. die rühmliche Laufbahn seines Lebens.

Zur Geschäftigkeit gewöhnt, und immer begierig, zum Nutzen seiner Mitbürger etwas unternehmen zu können, brachte er von je her die Stunden, welche ihm seine Amtsverrichtungen übrig ließen, in ununterbrochener Thätigkeit hin, und widmete alle seine Muse den höhern Wissenschaften. Mit wie glüklichem Erfolge solches geschehen, davon sind seine Schriften redende Beweise. Bereits in Ammersfort gab er verschiedene Schriften heraus, die wir aber, da sie auf die Naturgeschichte keine Beziehung haben, hier unangezeigt lassen. Sie erschienen theils unter seinem, theis unter dem angenommenen Namen eines Philipp Aletophilus. Da er zu Erlangen die erwünschteste Gelegenheit erhielt, sich seinem Lieblingsgeschäfte vorzüglich widmen zu können, so unternahm er hier die Bearbeitung verschiedener dahin einschlagender Werke, davon er einige zu Stande brachte, andere aber, wegen seines allzufrühzeitigen und plözlichen Absterbens unvollendet lassen muste. Hieher gehören besonders:

1) Die Abhandlungen der Kayserlichen Akademie der Naturforscher V. Vol. 1760 u. s. w. die er aus dem Lateinischen ins Deutsche übersezte.

2) G. W. Knorrs Vergnügen der Augen und des Gemüths, in Vorstellung einer allgemeinen Sammlung von Schnekken und Muscheln mit illuminirten Kupfertafeln. Nürnberg à 1757 — 74 VI. Vol. in gr. 4to. wovon un-

ser-

ser unvergeßlicher Müller kurz vor seinem Ende, noch eine neue und vermehrte Ausgabe zu veranstalten angefangen hatte.

3) *Deliciæ Naturæ selectae* oder auserlesenes Naturalienkabinet, im Knorrischen Verlag mit vielen illuminirten Kupfern. Nürnberg 2 Vol. in gr. Folio. Dieses in aller Absicht prächtige Werk eignete der Hr. Verfasser der Rußischen Kayserin zu, und übersetzte solches hiernächst, in einer sehr vermehrten Gestallt, in die Holländische Sprache. Der Verleger dieser Ausgabe war Hr. Blaße zu Dortrecht. Es war auch schon im Deutschen eine vermehrte Auflage angefangen.

4) Rumphs Amboinische Raritätenkammer mit K. Wien in Folio. 1769.

5) *Dubia Coralliorum, origini animali opposita* 1770. *Prolusio academica.*

6) *De Historie van de Natuurlyke Historie. Dortrecht.* 1771 in 8vo.

7) Valentini Abhandlung von Schnekken und Muscheln. Wien 1773, in Folio mit K. Ein Anhang zum Rumph.

8) Des Ritters Karl von Linné vollständiges Natursystem, mit einer ausführlichen Erklärung und vielen Kupf. Nürnb. 1773. 74. 75, 6 Bände in 8 Theilen. Der neunte, oder der versprochne Ergänzungsband ist sowohl an Text, als Kupfern, meist vollendet worden, und man hat sichre Hofnung, ihn bald gedrukt, und also das ganze Thierreich, nach dem Linneischen System vollendet zu sehen. Ein jeder Naturliebhaber bedauert mit Recht, daß dieses sehr schätzbare Werk von dem Hrn. Verfasser nicht hat ganz zu Stande gebracht werden können.

9) Mar-

9) Martin Slabbers physikalische Belustigungen oder mikroskopische Wahrnehmungen in- und ausländischer Wasser- und Landthierchen: aus dem Holländischen, mit illuminirten Kupfertaf. Nürnb. 1771 in 4. erste Abtheilung.

10) Auserlesenes Steinkabinet mit illumin. Figuren. Es ist im vergangenen Jahre zu Nürnberg angefangen worden.

Außerdem hat unser Freund zu dem neuen Schauplatz der Natur, davon der erste Theil im vorigen Jahre zu Leipzig herauskam, und zu andern periodischen Schriften, viel wichtige Beyträge geliefert.

Zu früh — nach menschlichen Urtheilen, der Welt und uns entrißen, hat er seiner tiefgebeugten Familie, seinen Ihn hochschäzenden Freunden und allen Freunden der Natur unvergeßliche Beweise des thätigsten Lebens, schätzbare Früchte des rühmlichsten Fleisses, und nie verstummende Proben der edelsten Rechtschaffenheit hinterlassen. Unsre Gesellschaft wird von Seinem, ob wohl in der ersten Thätigkeit unterbrochnen redlichen Eifer für das Beste unserer Stiftung, beständig ein wehmüthiges Andenken übrig behalten, seinen zu frühen Verlust noch lange beklagen, und bey jedesmaligem Gebrauch seiner nützlichen Schriften seine Asche von Neuem segnen.

Regi-

Register
zum zweeten Bande der Beschäftigungen.

A.

B.

C.

Chemnitz

D.

E.

F.

G.

Grasi-

H.

J.

K.

L.

M.

N.

O.

P.

Q.

R.

S.

T.

V.

W.

Wasch-

Drukfehler.

S. 30 l. 17. Lese man Kupfertafel.
— 99 l. 15 — — pinnatis.
— 197 l. 4. muß vor Ohnerachtet ein Punktum stehen.
— 199 l. 14. Pucl muß Juel heißen.
— — l. 24. statt im L. m. in.
— 200 l. 25 statt Hauptstadt — Kaufstadt.
— 202 l. 23.] l. m. Wimmelrost.
— 203 l. 22.]
— 208 l. antipen statt Nervenröhre l. m. Röhre.
— 221 l. 13. statt der Großen, l. m. der Obern.
— 220 l. 18 deutlicher: und oft in ganzen Jahrhunderten kaum ein einziges Erdbeben bemerket?
— 227 l. antip. l. m. Erscheinung.
— 240 l. 7. statt deshalb l. m. derselben.
— 241 l. 4. statt Luftflekke, — Lichtflekken.
— 246 l. ult. — ägige — tägige.
— 249 l. 17. — darzustellen — darstellen.
— 250 l. 7. — Löschung — Böschung.
— 255 l. 5 muß das Komma vor gesunden stehen.
— statt. 276 steht oben 76.
— — 291 — — 191
Nach 301 müssen die Seitenzahlen 302. 303 und 304 heissen.
— 326 l. 14. statt Naturforschenden l. m. Naturforschender.
— 336 l. 17. für seucht l. m. feucht.
— 341 l. 8. l. m. Quedlimburg.

Weiter war es, wegen bevorstehender Meße, nicht möglich, die Bogen durchzusehen, deren Druk auch, nach gehobenen Schwierigkeiten, welche der unvermuthete Tod des Buchdrukkers nach sich zog, gleich korrekter und beßer ausfiel.

Anmerkung.

Die Kupfer werden sämmtlich hinten zum Ausschlagen an weiß Papier angehänget.

Kolibri 360 GmbH
Ferdinand-Jühlke-Straße 7
99095 Erfurt, Deutschland
produktsicherheit@kolibri360.de